# 浙江省森林立地分类与立地质量评价

汤孟平　韦新良　葛宏立　张茂震 等　著

科学出版社

北　京

# 内 容 简 介

本书是关于浙江省森林立地分类与立地质量评价研究的专著，详细介绍了浙江省森林立地分类与立地质量评价最新研究成果，建立了浙江省森林立地分类系统，探索了乔木林和毛竹林立地质量评价方法，并给出具体应用实例，可以为森林经营中遵循适地适树原则、选择合适造林树种、制定合理经营措施提供充分依据，为发挥立地生产潜力、精准提升森林质量和提高森林经营效益提供参考。

本书可供农林院校师生、林业科技人员和相关决策人员阅读使用。

**图书在版编目 (CIP) 数据**

浙江省森林立地分类与立地质量评价/汤孟平等著. —北京：科学出版社，2023.2

ISBN 978-7-03-073870-7

Ⅰ. ①浙… Ⅱ. ①汤… Ⅲ. ①森林生境–立地条件–分类–研究–浙江②森林生境–立地条件–质量评价–研究–浙江 Ⅳ. ①S718.53

中国版本图书馆 CIP 数据核字（2022）第 221306 号

责任编辑：张会格 付丽娜 / 责任校对：郑金红
责任印制：吴兆东 / 封面设计：刘新新

科学出版社 出版
北京东黄城根北街 16 号
邮政编码: 100717
http://www.sciencep.com

北京中科印刷有限公司 印刷

科学出版社发行 各地新华书店经销

*

2023 年 2 月第 一 版 开本：B5 (720×1000)
2023 年 2 月第一次印刷 印张：18
字数：363 000

**定价：198.00 元**

(如有印装质量问题，我社负责调换)

# 前　言

立地分类与立地质量评价是立地研究的两个方面。立地是支持树木生长的各种环境因子综合作用所形成的宜林地段，是森林生长发育的基础。立地分类是根据不同宜林地段在立地因子上的差异性和相似性进行类型划分。立地质量评价是在既定立地下，对某种森林植被类型的生产潜力进行判断或评价。

针对目前浙江省森林立地分类与立地质量评价存在的问题，在国家林业和草原局造林司科技委托项目“全国林地立地质量评价试点研究”（SFA2130218-2）和国家林业和草原局林业公益性行业科研专项“我国主要林区林地立地质量和生产力评价研究”（201504303）资助下，课题组首先以杭州市临安区为研究区，开展毛竹林立地分类与立地质量评价试点研究，在此基础上，以浙江省为研究区，系统开展了浙江省森林立地分类与立地质量评价研究。

本书详细介绍了浙江省森林立地分类与立地质量评价研究成果，共分 9 章。第 1 章为绪论，主要介绍立地、立地分类和立地质量评价的基本概念和研究进展；第 2 章为研究区概况，介绍浙江省及杭州市临安区的地理、气候和植被等情况；第 3 章为临安区毛竹林立地分类与立地质量评价，介绍临安区毛竹林立地分类系统和立地质量评价的方法及评价结果；第 4 章为浙江省主要森林类型生产力地理分异特性，介绍浙江省三大主要森林类型杉木林、马尾松林和阔叶林的生产力地理分异特性；第 5 章为浙江省森林立地分类系统，介绍浙江省森林立地分类的基础数据、立地分类原则、主导立地因子筛选、立地分类系统构建、立地分类结果；第 6 章为浙江省杉木树种适宜性分析，介绍基于 MaxEnt 模型对浙江省杉木适宜性评价的结果；第 7 章为基于优势木最大胸径生长率的杉木人工林立地质量评价，介绍以样地优势木最大胸径生长率为指标的杉木人工林立地质量评价方法；第 8 章为基于立地蓄积指数的立地质量评价，介绍基于立地蓄积指数的松、杉、阔叶类乔木林立地质量评价方法；第 9 章为浙江省毛竹林立地分类与立地质量评价，介绍浙江省毛竹林立地分类系统和以林分优势竹单株竹秆材积及生物量作为指标的毛竹林立地质量评价方法。

本书第 1、2 章由汤孟平执笔，第 3 章由汤孟平、唐思嘉执笔，第 4 章由韦新良、王兰芳执笔，第 5、6 章由韦新良、李培琳执笔，第 7 章由张茂震、杨海宾执笔，第 8 章由葛宏立执笔，第 9 章由汤孟平、沈钱勇执笔，全书由汤孟平审核。

限于著者的学识水平，书中难免有不足之处，敬请读者批评指正。

著 者

2022 年 8 月 12 日

# 目　录

# 第1章　绪　　论

## 1.1　基 本 概 念

立地（site）作为一个术语，首先应用于林业。1795 年，德国林学家哈尔蒂希（Hartig）最早开展立地分类研究，他把林地分为差、中、好三种类型（Tesch，1980）。德国学者 Ramann（1893）在他编著的《森林土壤学和立地学》一书中最早提出森林立地的概念，使森林立地分类和质量评价研究从过去的感性材料分类阶段，逐渐进入理性认识阶段。1904 年，苏联学者莫洛佐夫（Г. Ф. Морозов）发表了《林分类型及其在林学上的意义》一文，这是林型学的经典之作，莫洛佐夫因此被公认为林型学的创始人。莫洛佐夫认为，森林群落的组成、生产力和其他特点主要取决于外界环境条件，在一定的地理范围内，气候条件的差异不显著，主要取决于土壤条件。林分的总体就是立地条件或土壤条件相同的许多林分的联合（王高峰，1986）。芬兰林学家 Cajander（1926）在芬诺斯坎迪亚（Fennoscandia）和西伯利亚开展立地分类研究，强调植物和环境及生境因子的相互关系，并提出了芬兰的立地分类。莫洛佐夫与 Cajander 关于林型和森林立地的研究奠定了森林立地学说的基础（钱凤魁，2011）。

一般认为，立地是林业用地中气候、地质、地貌、土壤、水文、植被及其他生物等自然环境因子的综合作用所形成的不同宜林地段。简言之，立地是支持树木生长的物理和生物环境条件基本一致的地段（Skovsgaard and Vanclay，2008）。对树木生长发育有影响的环境因子也被称为立地因子（site factor）（张万儒等，1992）。

立地分类（site classification）是根据林业用地不同地段在立地因子上存在的差异性和相似性进行类型划分，把立地因子相近的立地组合在一起形成不同等级的分类单位。立地分类的基本单位是立地类型（site type）。立地类型是地域上不相连接但立地条件基本相同、林地生产潜力水平基本一致的地段的组合（《中国森林立地分类》编写组，1989）。

立地质量（site quality）是指在某一立地上既定森林或者其他植被类型的生产潜力，与树种相关联，并有高低之分。不同的立地条件，适合不同树种的生长和发育。一个既定的立地，对于不同的树种可能会得到不同的立地质量（孟宪宇，2006）。同一树种，在不同的立地条件下其生长发育的状态也不同。立地质量评价

（site quality evaluation）就是对立地的宜林性或潜在的生产力进行判断或评价（沈国舫，2001）。

立地分类与立地质量评价是立地研究的两个方面。同时开展森林立地分类和立地质量评价研究，可以为森林经营中遵循适地适树原则、选择合适造林树种、制定合理经营措施提供充分依据，对发挥立地生产潜力、精准提升森林质量和提高森林经营效益有重要指导意义。

## 1.2 森林立地分类研究进展

森林立地分类是涉及气候、地质、地貌、土壤、水文和植被等多种立地因子的综合分类，是一个复杂的系统工程，往往要针对某地区林地建立由不同等级分类单位构成的立地分类系统。200 多年来，诸多学者对森林立地分类开展了大量研究，由于各国自然地理条件、森林集约化经营强度、科学技术发展程度不同，以及研究人员的经历、认识不同，因而产生了多种立地分类方法（张万儒，1997），可以归纳为基于学派的立地分类方法和基于立地因子的立地分类方法。

### 1.2.1 基于学派的立地分类方法

《中国森林立地分类》编写组（1989）根据开展立地分类研究的主要国家，把立地分类方法分为四大学派：法国-瑞士学派、英美学派、联邦德国生态学派和苏联林型学派，分别介绍如下。

（1）法国-瑞士学派

以布朗·布朗凯（Braun-Blanquet）为代表，立地分类方法是以植物区系为基础，分类的基本单位是植物群丛，并以植物的特有种或特征种区分植物群丛。

（2）英美学派

以克里门茨（F. E. Clements）为代表，该学派以天然植被演替顶极学说为理论基础进行森林和植物群落分类，认为顶极群落与气候相一致，一个顶极区即一个气候区，植被由一些顶极以及各个演替系列所组成，在一个气候区内，植被最终发展为单元顶极，即区域性的植被单元——群系，群系以下为群丛，群丛是在外貌、生态结构和种类成分等方面均相似的植物群落。

（3）联邦德国生态学派

以巴登-符腾堡州森林生态系统分类为代表，这是一种综合多因子的分类方法。这种方法强调物理因子与生物因子之间的相互作用关系(《中国森林立地分类》编写组，1989)。巴登-符腾堡州森林生态系统采用6级分类系统：生长区、生长亚区、立地大组、立地组、生态系、立地单元。根据大气候和地质差异划分生长区。在生长区内，根据气候、母质、土壤和植被的差异划分生长亚区。在生长亚区内，根据地形、土壤因子（质地、结构、pH、土层厚度、持水力等)、小气候、上层林木和下层植物等方面的差异再逐级细分立地单元。

（4）苏联林型学派

苏联林型学派分为生态学和生物地理群落学两个分支学派。生态学派的林型学是在芬兰凯扬德尔（A. K. Cajander）的森林立地型分类法的基础上，经过莫洛佐夫（Г. Ф. Морозов)、克留杰涅尔（А. А. КрЮюденер)、阿力克谢也夫（Е. В. Алексеев）到波格来勃涅克逐渐发展起来的以生态学派为基础的林型学。生态学派的产生和应用主要在乌克兰地区，所以又称乌克兰学派（雷瑞德，1988)。生态学派认为生境是比较稳定的综合环境因素，对森林的形成与发展起着决定性作用。强调生境的主导作用是划分立地条件和各级分类单位的基础。立地条件类型是土壤养分、水分条件相似地段的总称。同一个立地条件类型在不同地理区域的气候条件下，将会出现不同的林型。无论有林还是无林，只要土壤肥力相同即属于同一立地条件类型。在森林立地条件类型内，又根据森林植物条件的差异划分亚型、变异型和类型形态（形态型）等辅助单位。以苏卡乔夫为代表的生物地理群落学派强调植被对环境的指示作用（张万儒，1997)。在具体分类时，采用一套森林植物群落分类系统，根据林木层和林下植物的优势种来确定林型（Сукач and Эонн，1961)，林型是最小分类单位，以下是以云杉林为例的分类系统（《中国森林立地分类》编写组，1989)：

植被型　　森林
　群系纲　　针叶林
　　群系组　　暗针叶林
　　　群系　　　云杉
　　　　林型组　　真藓云杉林
　　　　　林型　　　酢浆草云杉林

### 1.2.2　基于立地因子的立地分类方法

立地因子是对林木生长发育有影响的各种环境因子的总称。张万儒（1997）根据立地分类的立地因子不同，把立地分类方法概括为植被因子途径、环境因子途径和综合多因子途径三个方面。实际上，植被本身也是环境因子之一。因此，根据是否考虑植被因子，可以把立地分类方法分为三种：植被因子方法、非植被环境因子方法和综合多因子方法。

（1）植被因子方法

在森林生态系统中，植物与环境相互联系而形成统一整体。由于植被长期适应所处的环境条件，其组成、结构和生长状况与立地条件有密切的关系，特别是一些生态幅度较窄的植物种类可作为一种指示植物反映立地特征（Barnes *et al.*, 1982）。因而许多学者认为，植物本身就是立地条件的最佳反映者和指示者，主张把植被作为立地质量评价和立地类型划分的重要依据（王高峰，1986）。

植被因子方法首先是芬兰学者 Cajander 倡导的（徐化成，1988a）。Cajander（1926）提出直接以下木特征（优势种、恒有种、特征种和区划种）为基础来鉴别立地类型。他认为在某一特定地区，可以通过稳定的植被，特别是下木组成所反映的立地条件来确定森林立地类型。他把欧洲赤松林立地类型划分为：雀舌石蕊赤松林、帚石楠赤松林、越桔赤松林和黑果越桔赤松林（汪祥森，1990）。

20 世纪 40 年代，苏联林学家在 Cajander 立地分类和莫洛佐夫林型学说的基础上，形成了两大林型学派：①采用生境与植被相结合的分类系统并用指示植物标志土壤条件的波格来勃涅克学派，即生态学派（或乌克兰生态学派）；②根据林木层和林下层片的指示作用，采用森林植物群落分类系统的苏卡乔夫学派，即生物地理群落学派（王高峰，1986；雷瑞德，1988）。

20 世纪 50 年代，美国林学家道本迈尔（Daubenmire）在继承 Cajander 方法基础上，提出采用生境类型分类方法，考虑种群结构的作用，以植物群落特别是顶极群落作为立地分类的尺度。此方法广泛应用于美国西北部，特别是在落基山脉地区，并成为美国森林经营的基础（Daubenmire，1976）。

植被因子方法强调植物是森林生态系统的主体和人类生产经营的主要对象，特别在近自然环境区域，植物和植被对立地条件的变化是敏感的，应当在森林立地分类中予以考虑（殷有等，2007）。但是，仅以个别指示植物作为区分立地类型的依据，在复杂而受干扰多的林区，有许多缺陷，有时甚至是行不通的（刘建军和薛智德，1994）。因为指示植物极易受到人为干扰，难以明确说明每一个立地因子对植被的具体影响（徐化成，1988a）。

（2）非植被环境因子方法

林木生长的非植被环境因子主要包括气候、地质、地形、地貌、土壤和水文，这些因子能为立地的性质提供最详细和最直接的信息，并且还具有比较高的稳定性，可以根据这些因子之间的差异性划分各种立地类型（付满意，2014）。

在大尺度范围下，气候与森林的分布和生长有密切的关系。因此，气候常被作为大区区划以及立地类型区等高级单位的分类依据。20 世纪 70 年代后，加拿大学者根据立地区的概念，对生态气候区进行了研究。Jurdant 等（1970）在魁北克省划分生态区，既反映了大气候的作用，又反映了自然地理和地质的特性与格局。柯吉马（Kojima）1980 年在加拿大艾伯塔省西南部通过气候差异划分了 7 个地理气候区（柏立君，1994）。但在同一气候区内，大气候条件趋于一致。一些研究强调，森林的差异主要受地文因子、土壤因子的影响，中小尺度差异可以通过地文因子、土壤因子反映（王高峰，1986；周政贤和杨世逸，1987）。

地文因子包括地形、地质和地貌等，其中最重要的是地形。地形反映光、水、热和土壤等立地因子的组合和变化梯度，常作为鉴别立地类型的依据（钱喜友和权崇义，2001）。Günlü 等（2008）根据坡向、坡度和海拔等地形因子，对土耳其锡诺普-阿扬哲克（Sinop-Ayancık）地区的林地进行立地分类。Barnes 等（1982）和 Bailey（1996）则采用地貌因子把美国的林地划分为 3 种类型：平地、坡地和滩地。

仅用地形因子划分立地类型有其局限性，划分立地类型的精度不如直接用土壤的方法高（张志云和蔡学林，1992）。在一定的气候条件下，土壤对森林生产力有决定性的影响，常被作为立地类型划分和立地质量评价的重要依据（马建路，1996）。尤其在地形区别不大的平原地区，土壤在立地类型划分中显得特别重要。以苏联学者波格来勃涅克为代表的乌克兰生态学派认为，在同一地区，森林的差异主要受土壤因素的影响，根据苏联树种与土壤养分状况的关系，将土壤分为 4 个营养级：贫瘠、较贫瘠、较肥沃、肥沃，将土壤湿度分为 6 级：非常干燥、干燥、潮润、湿润、潮湿和水湿，二者组合形成 24 个立地条件类型（汪祥森，1990）。日本制定的林业土壤分类系统将发生学分类和土壤水分及肥力性质相结合，预测不同树种的生产力。Mashimo 和 Arimitsu（1986）在对日本的立地分类中，将气候及地形等因子对林木生长的影响最终归结于土壤。Pyatt 等（2001）采用气候、土壤水分、土壤养分三个主要立地因子，分别划分为 7、8、6 个带，把全英国分为 336 个立地类型。Smalley（1986）主要根据地貌对美国坎伯兰（Cumberland）高原划分了立地单元，对每个立地单元的描述也包括土壤肥力、指示植物和一些主要树种的立地指数等。

（3）综合多因子方法

综合多因子方法是应用最广泛的立地分类方法，该方法通过对气候、地形、土壤、植被进行综合分析来划分立地类型。综合多因子方法强调把森林视为林分和环境相互作用的统一体，在这个统一体中环境是第一性的条件，环境组成和结构的变化将引起生物群落组成、结构及生产力发生变化，生物群落是第二性的条件（陈昌雄，2005）。

综合多因子立地分类通常以大气候及与大气候相联系的大地貌作为立地区域分类的依据，而将中地貌、局部地形、土壤及植被特征作为立地类型划分的依据（Rodenkirchen，2009；Wu *et al.*，2013；Quichimbo *et al.*，2017）。

最有代表性的综合多因子立地分类是1926年德国学者克劳斯（Krauss）提出的“巴登-符腾堡”立地分类系统，该系统将地理学、地质地貌学、土壤学、植物地理学和植物群落学综合应用于森林立地分类、评价和制图（汪祥森，1990；Rodenkirchen，2009）。“巴登-符腾堡”立地分类系统是4级分类系统，各级和主导因子分别为：生长地带（气候、地质地貌、植被等）、生长区（地方性气候、土壤母质和优势树种等）、生长小区（小气候、母岩和现有植被等）、立地类型（小地形、土壤性状、小气候、上下层植被组成结构、指示种等）。

20世纪50年代以来，“巴登-符腾堡”立地分类系统被认为是最有效的立地分类系统，对加拿大、美国等立地分类产生了较大的影响（王高峰，1986）。1953年，希尔斯（Hills）在加拿大安大略省建立了全生境森林立地分类系统，该系统采用4级分类，各级和主导因子分别为：立地带（气候）、立地区（地形、基岩和成土母质）、地文立地类型（土层和母质深度、土壤湿度和地方性气候）、立地类型（土壤、植被）（Hills，1960）。Barnes等（1982）则把“巴登-符腾堡”立地分类方法应用于美国密歇根州的立地分类，认为森林立地分类必须以现代森林生态学和生态系统的理论为指导，综合地文、土壤和植被等方面的资料，并完整地反映它们之间的相互关系，他提出了森林立地的生态分类方法，该方法认为地形和土壤因子决定植被的组成、结构和生产力，同时认为植被可作为综合地形和土壤及其相互作用的一种“植物计”，也是森林立地分类的重要基础（汪祥森，1990）。

随着人们在现代林业方面对森林植被与物理环境之间相互作用的更深入理解，要求在立地分类中利用更多的立地信息（徐化成，1988a）。目前，地理信息系统（GIS）、遥感（RS）和统计模型等技术快速发展和应用，已具备获取和应用大尺度的气候、地貌、植被分布信息以及小尺度的地形、土壤等信息的能力，为精准立地分类奠定了良好基础（张雅梅等，2005；Lekwadi *et al.*，2012；Ryzhkova and Danilova，2012；Wu *et al.*，2013；Quichimbo *et al.*，2017）。因此，综合多层次精准立地信息的立地分类代表未来的发展趋势。

## 1.3 森林立地质量评价研究进展

立地质量是由许多环境因子决定的，包括土壤、地形、气候以及植被之间的竞争（Lewis *et al.*，1993）。立地质量评价是估计立地在某种利用方式下的潜在生产力（张志云等，1997a）。立地质量评价是研究和掌握森林生长环境以及环境对森林生产力影响的一个重要手段，可以充分挖掘林地生产潜力，建立合理的经营结构，实现科学造林与经营管理（郑镜明，1994；Louw and Scholes，2002），促进林业向多效益发展（杨双保和潘德乾，2000）。

根据研究对象，立地质量评价可分为有林地评价和无林地评价（郭艳荣等，2014）。实际上，由于各国自然地理环境、历史背景、经营目标以及研究学者专业的差异，因而形成了多种森林立地质量评价的方法，归纳起来可分为直接评价法、间接评价法和综合评价法。

### 1.3.1 直接评价法

直接评价法是直接利用林分的收获量或生长量来评价立地质量。根据评价指标的不同，直接评价法包括两种指标：材积（或蓄积）生长量和树高。

材积生长量是森林立地质量评价的主要指标（斯珀尔和巴恩斯，1982）。1797年，Späth最早以不同年龄的树木材积绘制生长曲线。1824年，洪德斯哈根（Hundeshagen）和胡贝尔（Huber）对林分平均木进行树干解析计算材种出材量，编制了第一个标准收获表，以森林收获量来预估森林立地生产力（Fernow，1913；Tesch，1980）。1923年，美国林协会将材积生长量作为立地质量评价的主要度量方法，并建议为生长良好的云杉林制定收获表（刘建军和薛智德，1994）。有研究者提出采用立地特性直接表达蓄积生长量的模型（Hägglund，1976；殷有等，2007；徐罗，2014）。但是，材积（或蓄积）生长量除了与立地有关，还受林分密度、经营措施等的影响。因此，采用这种方法时，应将林分换算到某一相同密度状态下才有效，否则评价的结果是不可靠的。

由于树高受林分密度的影响较小，能反映林分在某一立地的生产力，因此研究者转而逐渐利用树高来代替材积进行生产力评价（詹昭宁，1982）。在利用树高评定立地质量的方法中，又根据所使用的树高不同而分为地位级法和地位指数法。

地位级是依据林分条件平均高与林分平均年龄的关系，按相同年龄时林分条件平均高的变动幅度划分为若干个级别（孟宪宇，2006）。地位级是反映林地生产力的一种相对度量指标。该方法广泛应用于苏联和东欧国家。

地位级并不是直接反映立地质量的数量指标。因此，Bruce（1926）在编制美国南方松的收获表时，采用一定年龄优势木平均高作为衡量立地质量的指标，即地位指数。此后，Bull（1931）研究认为不同立地条件下的树高曲线有多形性，由此取代了传统的同形导向曲线编制的地位指数表，从而提高了地位指数的预测精度。Richards（1959）通过研究植物生物量与生长率的关系，提出了基于植物生长的理查德（Richards）生长方程，该方程具有简便、适用性强的特点，而且参数具有良好的生物学意义。20世纪70年代，地位指数在美国中西部已经被广泛应用（Carmean，1975；Monserud，1984）。Pienaar和Turnbull（1973）对Richards

生长方程进行了完善，采用查普曼-理查德（Chapman-Richards）函数拟合多形地位指数模型，提高了地位指数的估计精度。此后，Lauer 和 Kush（2010）又提出用广义代数差分法构建地位指数模型。

### 1.3.2 间接评价法

立地质量的高低是相对于某一树种而言的。在实际工作中，常常出现待评价的树种并未生长在要评价的立地。因此，需要利用间接评价法对立地质量进行评价。间接评价法主要有：植被指示法、树种代换评价法、环境因子法等。

人们很早就认识到，一定的植物生长于一定的环境之中。因此，可以利用植被类型评价其立地质量。苏联林学家苏卡乔夫在莫罗佐夫的“森林是一种地理现象”概念的基础上，发展形成林型学的立地类型评价方法，他认为林型只能在有林地区划分，对于无林地区，则需按其能生长某一森林的适宜程度划分植物立地条件类型（孟宪宇，2006）。霍奇金斯（Hodgkins）则通过对美国长叶松林地指示植物的研究，根据 Braun-Blanquet 覆盖度-多度级，编制了美国长叶松林地的指示植物谱，根据指示植物的多度就可以从谱中查出林分地位指数，进而对林分和土壤生产力进行评价。这种方法对无林地区的宜林地选择特定树种更有参考价值（斯珀尔和巴恩斯，1982）。

当所评定树种的生长型和现实林分主要树种的生长型之间存在密切关系时，可以利用现有林分的地位指数（或地位级）推算所评定树种在相同立地的立地质量，使用这种方法的前提是两个树种的地位指数之间呈线性关系。1959 年，奥尔森（Olson）和德拉-毕安斯（Della-Biance）采用树种代换评价法为美国弗吉尼亚州、北卡罗来纳州及南卡罗来纳州一些树种的地位指数之间建立了简单线性关系方程（Clutter *et al.*，1983）。此方法对于采伐迹地更新时遵循适地适树原则是非常有用的。

通过立地因子间接估计地位指数已有广泛的研究。这种方法是以地位指数为因变量，以立地因子为自变量，建立数量化地位指数评价模型，以间接评价立地质量。该方法使不能直接评定立地质量的无林地也有了估计地位指数的方法，从而实现了无林地的立地质量评价，解决了有林地和无林地统一评价的问题（Schmidt and Carmean，2011）。

近年来，筛选主要环境因子的常用方法有线性回归分析、聚类分析、主成分分析（principal component analysis，PCA）、逐步回归分析、数量化理论[①]和判别分析等统计分析方法。Farrelly 等（2011）采用 10 个模型对包含不同立地质量等级的云杉林样地进行研究，用地位指数与样地土壤湿度、土壤养分因子进行回归分析，表

---

①数量化理论模型是日本数理统计研究所林知巳夫教授首先提出的（关宝树，1988），该理论实质上是多元分析的一个分支，不仅可以利用定量变量，而且可以利用定性变量，从而可以充分利用信息，更全面合理地研究和发现事物间的联系及内在规律，在林业、生物学、企业管理、地质矿产早有成熟应用。数量化理论有Ⅰ、Ⅱ、Ⅲ、Ⅳ四个分支，分别研究规律发现、判别分类、分析主因素、条件分类。

明云杉更适合在土壤湿度高、养分足的立地条件下生长。Sabatia 和 Burkhart（2014）用气候、地形和土壤因子与林分优势高建立回归模型，并与非参数森林随机生长模拟模型进行比较，发现虽然非参数随机生长模拟模型拟合精度稍高，但预测结果缺乏合理的生物学意义，而优势高回归模型的参数则更能说明森林的生长变化规律。Scolforo 等（2020）建立了地位指数与年均土壤水分亏缺之间的非线性回归模型，可以预测巴西无性系桉树（*Eucalyptus robusta*）人工林的立地质量。目前，对于环境因子法已有很多研究，但仍存在较多问题，主要包括有效立地因子的确定、多元方程和统计分析方法的设计、实用性和预估精度的提高等。

### 1.3.3 综合评价法

综上所述，森林立地质量评价的直接评价法和间接评价法各有优势和劣势。因此，在立地质量评价研究中，一些学者开始采用将二者相结合的方法（杨文姬和王秀茹，2004）。以林木生长量为标准，设置固定样地，对林木生长进行长期连续测定，同时结合林地环境条件来评价立地质量的综合方法，被认为是最直接、准确和可靠的方法（孟宪宇，2006）。综合评价法以德国“巴登-符腾堡”立地分类系统为主要代表（刘建军和薛智德，1994）。德国“巴登-符腾堡”立地分类系统根据环境因子和植被的差异划分出地区级、局部级，再对完成划分的区进行立地制图，并对立地进行潜在生产力的评价。Barnes 等（1982）改进该分类系统中的地域分类方法，将生产力相似的立地进行合并管理，使得立地分类与立地质量密切联系起来，这种方法多年来在德国、美国和奥地利被广泛应用。

## 1.4 我国森林立地分类与立地质量评价研究进展

### 1.4.1 我国森林立地分类研究进展

我国森林立地分类研究和实践开始于 20 世纪 50 年代。苏联林型学派的方法对我国森林立地分类的影响最大（吴菲，2010）。对有林地，采用苏卡乔夫的林型分类方法，划分不同的林型。对无林地，主要根据波格来勃涅克（1959）的林型学说，结合我国造林地的具体情况，划分立地条件类型（《中国森林立地分类》编写组，1989）。1954 年，林业部航空测量调查大队在苏联农业部森林调查局特种综合调查队的指导下，根据苏卡乔夫的林型学原理，在大兴安岭林区开展林型调查，对兴安落叶松、白桦等主要树种共划分了 18 个林型。此后，林业部森林综合调查队在小兴安岭、长白山、云南西北部、四川西部、阿尔泰山、天山、秦岭直至海南岛等地均进行了大量的林型调查和研究工作（《中国森林立地分类》编写组，

1989；张志云和蔡学林，1992）。同时，在乌克兰学派的林型学说影响下，我国许多学者在造林设计中进行了立地分类与推广试验。关君蔚（1957）及林业部造林设计局分别在永定河上游、北京林学院妙峰山林场和华北其他无林山地采用乌克兰学派的地体图（立地条件类型图），并结合实践在分级数目和指示植物上进行了探索。

20世纪60年代，我国开始探索自己的立地分类系统（《用材林基地立地分类、评价及适地适树研究专题》森林立地分类系统研究组，1990）。姜志林和叶镜中（1965）将乌克兰分类方法应用于江苏老山林场次生林的研究，除按地体图划分立地条件类型外，还划分了林分型。蒋有绪（1963）对西南高山林区曾提出生境类型分类，张新时等（1964）对天山林区提出森林植物条件类型分类，这两者均采用了两个环境梯度且其中之一是垂直变化梯度，在另一梯度选择上，蒋有绪用的是水分梯度，而张新时等用的则是土壤基质（主要指土层厚度和土壤质地等）梯度。这些立地分类研究和实践为建立我国立地分类系统奠定了基础（《中国森林立地分类》编写组，1989；张志云和蔡学林，1992；滕维超等，2009）。

20世纪70年代，我国立地分类研究相对较少，主要是结合实际开展综合多因素的立地分类。从1973年开始，为扩大我国森林资源总量，在南方建立以杉木为主的商品材基地。1978～1982年，为提高杉木造林和育林效果，南方十四省区杉木栽培科研协作组（1983）采用综合地形、植被、土壤等多因素的立地分类方法，开展了为期5年的杉木立地条件研究，建立了杉木林区立地分类系统。沈国舫和邢北（1979）研究影响北京市西山地区油松人工林生长的立地因子，结果表明主导立地因子是土层厚度，次主导立地因子是坡向，坡度、坡形坡位等因子影响不大。

20世纪80年代，我国在全国范围开展了大量立地分类研究（许绍远等，1982；陈大珂等，1984；刘寿坡等，1986；马明东和刘跃建，1988；王可安，1989；黄正秋等，1989；叶镜中等，1989），对我国立地分类的理论与方法进行广泛和深入的讨论（李正品和蒋菊生，1985；詹昭宁，1986；王高峰，1986；汪祥森，1986，1988；周政贤和杨世逸，1987；沈国舫，1987；张健和蔡霖生，1987；浦瑞良，1987；李芬兰，1987；詹昭宁，1987；邱耀荣，1987；徐化成，1988b），逐渐形成我国有林地和无林地相统一的立地分类基本理论，标志性成果是学术专著《中国森林立地分类》的出版，专著提出了我国6级立地分类系统：立地区域、立地区、立地亚区、立地类型小区、立地类型组和立地类型（《中国森林立地分类》编写组，1989）。《中国森林立地分类》把全国划分为8个立地区域、50个立地区、166个立地亚区，并详细阐述了各立地区、立地亚区的地域分异规律，为各地进一步划分立地类型小区、立地类型组和立地类型奠定了基础。

20世纪90年代，在《中国森林立地分类》确立的原则、依据、系统和方法基础上，进一步分析各立地亚区的立地分异规律、特点，建立完整的中国森林立地分类系统。《中国森林立地类型》得以出版（《中国森林立地类型》编写组，1995），全国划分为494个立地类型小区、1716个立地类型组、4463个立地类型。各地在中国森林立地分类系统指导下，结合当地实际情况，建立和完善立地分类系统并推广应用。高兆蔚（1992）根据《中国森林立地分类》中的系统，结合福建省实际情况，按照分区分类原则，采用定性评定和定量分析相结合的方法，建立了福建省立地分类系统，全省划分为2个立地区域、4个立地区、9个立地亚区、29个立地类型小区、109个立地类型组、408个立地类型。陶吉兴和余国信（1994）在《中国森林立地分类》中的系统的基础上，根据大地貌构造、气候状况、土壤类型和地史等特点，把浙江省立地分类系统划分为沿海和内陆两个子系统（余国信和陶吉兴，1996）。高友珍（1994）依据《中国森林立地分类》中的系统和湖北省毛竹地理分布状况，建立全省毛竹林立地分类系统，共分为3个立地区、5个立地亚区、10个立地类型小区、25个立地类型组、50个立地类型。张志云等（1997b）综合应用《中国森林立地分类》和《中国森林立地》（张万儒，1997）中的两个立地分类系统，紧密结合江西自然环境条件，建立了江西森林立地分类系统。邝立刚等（2008）以《中国森林立地分类》中的系统为基础，采用综合多因子分类方法，通过对山西省气候、地貌、地形、土壤、植被的综合分析研究，以逐级控制的方法，建立山西省立地分类系统，全省划分为5个立地区、11个立地亚区、26个立地小区、115个立地类型组、215个立地类型。

进入21世纪以来，我国森林立地分类研究的发展趋势是精准化、快速化、可视化，计算机、GIS、RS和GPS等现代信息技术在森林立地分类中得到广泛应用。蒋航等（2010）把GIS应用于密云水源涵养林区立地分类，制作了立地类型分布图，并可进行立地类型属性统计和空间分布查询，实现了立地分类的精准化和可视化，为密云水源涵养林的林种配置和经营方式提供了科学依据。何瑞珍等（2010）以河南省商城县国营黄柏山林场为例，以地形图、土壤类型图、SPOT影像和二类调查数据为数据源，利用GIS和遥感技术获取立地信息，借助于GIS的空间分析功能，建立立地类型数据库，并制作森林立地分类图。马天晓等（2013）以河南省驻马店市薄山林场大岭林区111个小班为研究对象，采用第七次全国森林资源清查数据（2004～2008年），探讨利用竞争神经网络（LVQ网络）划分森林立地类型，结果较好地反映了实际情况。赖玉玲等（2016）以湖北省崇阳县毛竹林为研究对象，用GPS对标准地进行精确定位并调查立地因子，分别以毛竹胸径、立地因子为因变量和自变量，进行逐步回归分析，确定影响毛竹生长的主导因子，以此为依据进行毛竹林立地分类。马得利等（2018）基于无人机遥感影像技术和ArcGIS技术，快速、准确地实现对冀北山区废弃采石场立地类型的划分，与实地立地类型调查结果比较，精度高达96%。

### 1.4.2 我国森林立地质量评价研究进展

森林立地质量评价应在立地分类的基础上进行（骆期邦等，1989）。立地类型是立地分类的基本单元，立地质量评价也应以立地类型为基础（林民治，1987）。一个立地类型，可以适用于多种利用方式（如不同树种），因而评价只有与某种利用方式联系在一起，才能确切地判断立地生产潜力的大小（骆期邦等，1989）。

20 世纪 50 年代，我国主要采用地位级评价立地质量，分别编制了西南地区云杉、冷杉和云南松的地位级表，东北小兴安岭红松地位级表，西北地区天山云杉及南方杉木的地位级表（蒋伊尹，1982）。由于当时我国森林经营水平较低，未能把立地条件的优劣纳入森林经营活动中，使得编制的部分地位级表未能实际应用（范济洲和詹昭宁，1978）。

20 世纪 70 年代后，为满足我国森林经营工作的需要，学者们逐渐对地位指数开展研究。沈国舫和邢北（1979）以 25 年生油松人工林上层高作为主要指标评价立地质量。张水松等（1980）通过对江西省各主要杉木栽培区优势木进行树干解析获取数据，分别对不同栽培区编制了杉木立地指数表。王斌瑞等（1982）通过对山西吉县黄土残塬沟壑区众多立地因子的数量化，并结合改算为同一基准年龄的各个标准地刺槐林优势木的平均高进行运算，提出不同立地条件下优势木的预测方程，编制出刺槐数量化地位指数表。刘安兴等（1987）用 Chapman-Richards 公式拟合优势高和林龄，获得了一簇同型的地位指数曲线。骆期邦等（1989）为解决多树种代换评价及有林地和无林地统一评价的问题，通过数量化理论和多元分析技术，建立以立地因子为依据的多元数量化松-杉代换模型，进而将地位指数转化为标准蓄积量，统一评价杉木-马尾松的立地质量。蒋英文（1989）以林分平均胸径为指标并与立地因子相结合编制毛竹林数量化地位指数表。吴承祯等（2002）应用斯洛博达（Sloboda）树高生长模型作为马尾松人工林立地评价的多形地位指数模拟模型，克服了现有多形地位指数曲线模拟林木生长常出现在标准年龄（指数年龄）时的树高值与地位指数值不一致、难以确保曲线拐点参数所表示的生物学意义等矛盾。苏亨荣（2008）则利用舒马切尔（Schumacher）生长方程拟合优势高生长模型，解决了杉木人工林有林地和无林地的立地质量评价问题。李正茂等（2010）利用 Richards 模型建立地位指数导向曲线，再利用树高调整法编制光皮树的地位指数表以及地位指数曲线簇，从而建立了适用性良好的地位指数表。范金顺等（2012）运用数量化理论 I，选择与杉木生长密切相关的立地因子坡位、坡形、开阔度、土层厚度、腐殖质层厚度、母岩、土壤松紧度等为自变量，确定因变量为优势高，建立多元回归方程，计算参数并列出立地因子评价得分表，对杉木立地质量进行评价。

近年来，异龄混交林的年龄难以获得，从而限制了地位级和地位指数的应用，使异龄混交林的立地质量评价成为一个难题。为此，雷相东等（2018）提出基于林分潜在生长量的立地质量评价方法，可以回答一定立地条件下的最大生产力以及现存林分通过密度调控提高多少生产力的问题，该方法不仅适用于纯林，也适用于混交林。付晓等（2019）则基于内蒙古大兴安岭林区一类、二类调查数据，根据树高和胸径之间的密切关系，以标准胸径替换标准年龄，采用立地形作为评价标准，并编制立地形表，经多树种（组）试验证明，该方法适用于异龄混交林的立地质量评价。

## 1.5　浙江省森林立地分类与立地质量评价研究进展

浙江省森林立地分类与立地质量评价始于 20 世纪 80 年代。1985 年，为评价浙江省主要速生乡土树种杉木实生林的立地质量，浙江省林业勘察设计院编制了“浙江省杉木实生林地位指数表”。此后，毛志忠（1987）详细介绍了“浙江省杉木实生林地位指数表”的编制方法。但是，“浙江省杉木实生林地位指数表”只适用于有林地。为科学地评价宜林地对于杉木实生林的立地质量水平，毛志忠(1985)在已编制的地位指数表资料基础上，应用数量化理论，又编制了“浙江省杉木实生林地位指数数量化得分表”。许绍远等（1989）以浙江省文成县石洋林场柳杉人工林为对象，研究了柳杉人工林的立地质量评价方法，编制了“柳杉实生林立地指数表”，为评价无林地立地质量，又采用数量化理论 I，编制了“柳杉实生林数量化立地指数得分表”。浙江林学院杉木课题组（1989）以浙江省建德林场杉木林为对象，探讨“多对多”回归分析方法在杉木林立地质量评价中的应用，认为立地质量不仅可以用林分优势高来表示，还可以用林分平均高或优势木第 6～10 年树高截段长度来评价。最早的浙江省立地分类系统出现于我国 20 世纪 80 年代末建立的中国森林立地分类 6 级系统，该系统把浙江省划分为 1 个立地区域、5 个立地区、8 个立地亚区（《中国森林立地分类》编写组，1989）。

20 世纪 90 年代，在中国森林立地分类系统基础上（《中国森林立地分类》编写组，1989;《中国森林立地类型》编写组，1995），结合浙江省实际情况，开始开展森林立地分类与立地质量评价研究，在已建立的中国森林立地分类系统中（《中国森林立地分类》编写组，1989;《中国森林立地类型》编写组，1995），浙江省被划分为 1 个立地区域、5 个立地区、8 个立地亚区、48 个立地类型小区、215 个立地类型组和 501 个立地类型。唐正良和陶吉兴（1991）参考中国森林立地分类系统（《中国森林立地分类》编写组，1989），针对浙江省的主要用材树种杉木在造林中的适地适树问题，采用定性描述的方法，以产区划分、树种区划和大地貌、中地貌为依据划分立地类型区，以海拔和土壤类型为依据划分立地类型亚区，以局部地形为依据划分立地类型组，以土壤厚度和腐殖质层厚度为依据划分立地类型，提出了浙江省杉木立地分类系统，该系统采用 4 级分类，把全省划分为 4 个杉木立地类型区、17 个立地类型亚区、19 个立地类型组、19 个立地类型。柴锡周等（1991）以地貌作为划分立地亚区的依据，对土壤因子和地学因子分级表示，然后用统计的方法进行分析，筛选出地貌、海拔、母岩、坡位和土层厚度 5 个主导因子，以主导因子作为立地类型分区、立地类型区、类型亚区、类型组和立地类型的划分依据，对天目山东部地区森林立地类型进行划分，并以地位指数为指标，采用数量化理论 I 模型，对杉木和马尾松林立地质量进行评价。郑勇平等（1991）运用数量化理论 I 模型，对湖州市杉木林立地质量进行定量评价研究，找出了对地位指数起主导影响作用的是母岩、土壤类型、土层厚度和坡度，可作为立地类型划分的依据。浙江省林业勘察设计院根据《中国森林立地分类》，结合浙江省实际情况，将浙江省毛竹各适宜区域划分为 10 个立地小区、25 个立地类型组和 59 个立地类型，并结合林分平均胸径和主导立地因子，采用数量化理论Ⅱ模型评价立地质量（毛竹区划课题组，1992）。陶吉兴和余国信（1994）、余国信和陶吉兴（1996）根据浙江省沿海地区和内陆地区的林业生产布局、发展方向、经营目标及立地条件的差异性，采用主导因子分类法，先后建立了浙江省沿海立地区立地分类系统和内陆立地区立地分类系统，将沿海立地区划分为 4 个立地类型区、7 个立地类型组、26 个立地类型，将内陆立地区划分为 7 个立地类型区、14 个立地类型组、27 个立地类型。

21 世纪以来，学者们进一步完善了浙江省立地分类系统，并开展省级以下单位的立地分类与立地质量评价研究。吴伟志等（2011）以中国森林立地分类系统为基础（《中国森林立地类型》编写组，1995），采用综合多因子途径、多级序的方法，基于森林资源二类调查数据，对景宁畲族自治县的森林立地类型进行划分，全县划分为 3 个立地类型组、17 个立地类型，并综合立地类型的立地因子，把立地质量等级划分为优、中、差，进行立地质量定性评价。季碧勇（2014）基于森林资源连续清查数据，考虑与中国森林立地分类系统（《中国森林立地分类》编写组，1989）的衔接以及浙江省沿海、内陆立地区立地分类系统的简洁性、完整性和系统性（陶吉兴和余国信，1994；余国信和陶吉兴，1996），采用定量分析和定性分析相结合的方法确定主导因子，进行浙江省森林立地分类，将全省划分为 2 个立地区、9 个立地类型区，建立 20 个立地类型组、52 个立地类型，并以立地质量主导因子为自变量，以单位面积生物量年生产量为因变量，根据数量化理论 I 和层次分析法，评定各立地单元的立地质量等级，全省共分为 262 个立地单元，分别评为一等地、二等地、三等地、四等地、五等地 5 个质量等级。郭如意等（2016）在浙江省天目山区针阔混交林内设置固定标准样地，用胸径代替年龄，划分不同林分密度下不同径阶的优势树种（组）并构建地位指数曲线簇，确立不同林分密度下各树种（组）的地位指数，并对各树种（组）的地位指数加权求和，计算林分综合地位指数，以此评价林分立地质量。

目前，浙江省森林立地分类与立地质量评价研究已取得一些进展，但仍存在有待进一步研究的问题：①立地分类和立地质量评价通常以立地类型为单位，较少关注在经度、纬度和海拔 3 个维度上浙江省主要森林类型的生产力地理分异特性及其规律，难以在大尺度上为林业生产布局提供参考。②现有的立地分类一般直接以样地调查的立地因子为基础数据，难免存在调查的偏差；同时，在森林资源连续清查数据中，坡向通常是用分级定性的，难以真实地反映生态环境的差异性，而在森林立地因子研究中，坡向的分异性又是十分重要的。③竹林和乔木异龄混交林的立地质量评价仍然是一个难题。

针对目前浙江省森林立地分类与立地质量评价存在的问题，在国家林业和草原局造林司科技委托项目“全国林地立地质量评价试点研究”（SFA2130218-2）和国家林业和草原局林业公益性行业科研专项“我国主要林区林地立地质量和生产力评价研究”（201504303）资助下，课题组首先以杭州市临安区为研究区，开展毛竹林立地分类与立地质量评价试点研究，在此基础上，以浙江省为研究区，系统开展了浙江省森林立地分类与立地质量评价研究，包括：①浙江省主要森林类型生产力地理分异特性分析；②浙江省森林立地分类系统研究；③浙江省杉木树种适宜性分析；④基于优势木最大胸径生长率的杉木人工林立地质量评价；⑤基于立地蓄积指数的立地质量评价；⑥浙江省毛竹林立地质量与适宜性评价。后续各章将详细介绍上述各部分的研究内容。

# 第2章　研究区概况

## 2.1　浙江省概况

### 2.1.1　地理位置

浙江省地处我国东南沿海地区，位于27°2′～31°11′N、118°1′～123°10′E，东邻东海，南接福建，西与安徽、江西相连，北与上海、江苏接壤。东西和南北方向直线距离均为450km左右。全省陆域面积10.55万$km^2$，山地占74.63%，水面占5.05%，平坦地占20.32%，素有“七山一水两分田”之说。海域面积26万$km^2$，大于500$m^2$的海岛有2878个，大于10$km^2$的海岛有26个，是全国岛屿最多的省份。水系有鄱阳湖水系（信江）、太湖水系（苕溪、京杭运河）、钱塘江（曹娥江）、闽江、甬江、椒江、瓯江、飞云江、鳌江等。下辖11个地级市：杭州市、宁波市、温州市、绍兴市、湖州市、嘉兴市、金华市、衢州市、台州市、丽水市和舟山市。杭州市为省会城市。

### 2.1.2　地形地貌

浙江省地形复杂，总体地势是西南高东北低，由西南向东北呈阶梯下降。山脉属南岭山系，大致可分为3支。西北支为天目山脉，是长江与钱塘江的分水岭。中支为仙霞山脉，是钱塘江与瓯江的分水岭。东南支为洞宫山脉，是瓯江与飞云江、鳌江的分水岭。最高峰是位于西南部龙泉市的黄茅尖，海拔达1929m，海拔最低处与海平面基本持平，为杭嘉湖平原地带，涉及杭州、嘉兴、湖州3个地级市。

### 2.1.3　气候条件

浙江省地处亚热带中部，属季风性湿润气候。冬夏季风交替明显，雨热季节变化同步。光照充足，雨量丰富，空气湿润。年平均气温15～18℃，自北向南年10℃以上积温达4800～5600℃；年平均日照时数为1100～2200h；年降水量为1100～2000mm，从北向东南递增，降水以夏季为主，春季、秋季、冬季降水较少。一般，1月、7月分别为全年气温最低和最高的月份，5月、6月为集中降水期。浙江省处于海、陆过渡地带，受海洋影响较大，天气复杂多变，东部沿海区域和岛屿属于气象灾害高发区，以台风、暴雨、龙卷风、寒潮、霜冻等灾害性天气为主。

### 2.1.4　土壤条件

浙江省属于江南红壤、黄壤、水稻土大区。丘陵山地的红壤、黄壤等地带性土壤及海岛的饱和红壤等是林业的主要土壤。另外，局部分布的非地带性土壤有石灰土、紫色土、粗骨土等，也是林业可利用土壤。浙北平原、滨海平原、河谷盆地等多为水稻土、潮土和滨海盐土，主要用于种植业和养殖业（浙江省林业厅区划办公室，1991；浙江省林业局，2002）。红壤主要分布于海拔 600m 以下的丘陵山地，占全省土壤面积的 40%。黄壤分布在红壤之上，占全省土壤面积的 10.6%，其分布下限随纬度增高而降低，浙北海拔为 500～600m，浙中海拔为 700～800m，浙南海拔为 800～1000m。粗骨土主要分布于陡坡丘陵山地，占全省土壤面积的 14.3%。其他如石灰土、紫色土、山地草甸土和潮土等占 35.1%。

### 2.1.5　植被资源

浙江省植物种类十分丰富。全省有高等植物 288 科 1471 属 4600 余种（浙江省林业局，2002）。有维管植物 231 科 1367 属 3878 种，其中，蕨类植物 49 科 116 属 499 种；裸子植物 9 科 34 属 60 种；被子植物 173 科 1217 属 3319 种（单子叶植物 26 科 287 属 780 种）。全省木本植物 107 科 423 属 1407 种（章绍尧和丁炳扬，1993；浙江省林业局，2002）。

全省森林植被可分为针叶林、针阔混交林、阔叶林、灌木林、竹林 5 个植被型（陶吉兴等，2014）。其中，阔叶林又分为常绿阔叶林和落叶阔叶林。常绿阔叶林是浙江省的地带性植被，其组成主要为壳斗科、樟科、山茶科、木兰科、金缕梅科、杜英科、冬青科等常绿种类，常见有木荷（*Schima superba*）、栎属（*Quercus*）、栲（*Castanopsis fargesii*）、青冈栎（*Cyclobalanopsis glauca*）等常绿阔叶树种，也伴生喜温落叶树如枫香（*Liquidambar formosana*）、青钱柳（*Cyclocarya paliurus*）等。由于长期人为活动干扰，原生森林植被已少见，尚残存一些次生的天然常绿阔叶林。

### 2.1.6　森林资源

根据《2018 年浙江省森林资源及其生态功能价值公告》，全省林地面积 660.95 万 $hm^2$，森林面积 607.82 万 $hm^2$，活立木蓄积 36 724.66 万 $m^3$，森林蓄积 33 034.07 万 $m^3$。竹林面积 92.70 万 $hm^2$，毛竹林 81.67 万 $hm^2$，杂竹林 11.03 万 $hm^2$。毛竹总株数 31.34 亿株。森林覆盖率为 61.17%。

全省林地面积中森林 607.82 万 $hm^2$，占 91.96%；疏林地 2.39 万 $hm^2$，占 0.36%；

一般灌木林地 14.85 万 $hm^2$，占 2.25%；未成林造林地 6.95 万 $hm^2$，占 1.05%；苗圃地 5.02 万 $hm^2$，占 0.76%；迹地 6.46 万 $hm^2$，0.98%；宜林地 17.46 万 $hm^2$，2.64%。

全省活立木蓄积 36 724.66 万 $m^3$，其中森林蓄积 33 034.07 万 $m^3$，占 89.96%；疏林蓄积 44.94 万 $m^3$，占 0.12%；散生木蓄积 2283.71 万 $m^3$，占 6.21%；四旁树蓄积 1361.94 万 $m^3$，占 3.71%。

全省乔木林单位面积蓄积量 76.79$m^3/hm^2$，天然乔木林 74.49$m^3/hm^2$，人工乔木林 83.04$m^3/hm^2$。乔木林分平均郁闭度 0.62。毛竹林每公顷立竹量 3548 株。

全省森林林种结构的主要特征是防护林占优势。防护林面积 256.56 万 $hm^2$，占 42.21%，蓄积 17 287.29 万 $m^3$，占 52.33%；特用林面积 19.88 万 $hm^2$，占 3.27%，蓄积 1957.45 万 $m^3$，占 5.93%；用材林面积 235.93 万 $hm^2$，占 38.82%，蓄积 13 314.54 万 $m^3$，占 40.30%；经济林面积 95.45 万 $hm^2$，占 15.70%，蓄积 474.79 万 $m^3$，占 1.44%。

全省乔木林龄组结构主要特征是以幼龄林和中龄林为主体。幼龄林面积 165.69 万 $hm^2$，占 38.51%，蓄积 8527.53 万 $m^3$，占 25.81%；中龄林面积 126.40 万 $hm^2$，占 29.38%，蓄积 10 183.65 万 $m^3$，占 30.83%；近熟林面积 67.27 万 $hm^2$，占 15.64%，蓄积 6371.24 万 $m^3$，占 19.29%；成熟林、过熟林面积 70.85 万 $hm^2$，占 16.47%，蓄积 7951.65 万 $m^3$，占 24.07%。

全省乔木林树种结构主要特征是阔叶林面积占优势。阔叶林面积 197.03 万 $hm^2$，占 45.80%，蓄积 13 307.04 万 $m^3$，占 40.28%；针叶林面积 161.40 万 $hm^2$，占 37.52%，蓄积 14 389.74 万 $m^3$，占 43.56%；针阔混交林面积 71.78 万 $hm^2$，占 16.68%，蓄积 5337.29 万 $m^3$，占 16.16%。

全省森林植被总生物量 52 224.16 万 t，总碳储量 25 842.66 万 t。森林年吸收二氧化碳 6742.27 万 t，释放氧气 4922.27 万 t。森林生态服务功能总价值 5778.66 亿元/年。

森林生态功能好、中、差三个等级的面积所占比例分别为 1.41%、83.32%和 15.27%。全省森林生态功能指数为 0.5089，属于中等水平。

## 2.2 临安区概况

### 2.2.1 地理位置

临安区是浙江省杭州市辖区，位于 29°56′～30°23′N、118°51′～119°52′E，总面积 3126.8$km^2$。东邻杭州市余杭区，南连富阳市和桐庐县、淳安县，西接安徽省歙县，北接安吉县及安徽省绩溪县、宁国市。市境东西宽约 100km，南北长约

50km。临安区辖 5 个街道、13 个镇，包括：锦城街道、玲珑街道、青山湖街道、锦南街道、锦北街道、板桥镇、高虹镇、太湖源镇、於潜镇、天目山镇、太阳镇、潜川镇、昌化镇、龙岗镇、河桥镇、湍口镇、清凉峰镇、岛石镇。

### 2.2.2 气候条件

临安区地处浙江省西北部、中亚热带季风气候区南缘，属季风气候，温暖湿润，光照充足，雨量充沛，四季分明。年均降水量 1613.9mm，年均降水日 158d，无霜期年平均为 237d，受台风、寒潮和冰雹等灾害性天气影响。区内以丘陵山地为主，地势自西北向东南倾斜，立体气候明显，从海拔不足 50m 的锦城至海拔 1500m 的天目山顶，年平均气温由 16℃降至 9℃，年温差 7℃，相当于横跨亚热带和温带两个气候带。

### 2.2.3 地形地貌

临安区地势自西北向东南倾斜，区境北、西、南三面环山，形成一个东南向的马蹄形屏障。西北多崇山峻岭，深沟幽谷；东南为丘陵宽谷，地势平坦。西北、西南部山区平均海拔在 1000m 以上，东部河谷平原海拔在 50m 以下。全境地貌以中低山丘陵为主，低山丘陵与河谷盆地相间排列，交错分布，可分为中山-深谷、低山丘陵-宽谷和河谷平原三种地貌形态。

### 2.2.4 地质土壤

区内基岩有花岗岩、流纹岩、凝灰岩、石灰岩、白云岩、千纹岩、砂岩、页岩等。在不同岩类上发育形成红壤、黄壤、紫色土、山地草甸土、潮土和水稻土等土壤类型，其中以红壤和黄壤面积最大、分布最广。

### 2.2.5 森林资源

2004 年，临安区进行了森林资源二类调查，并建立了森林资源动态监测体系，以后每年根据森林资源动态监测体系对数据进行更新。根据 2013 年更新的森林资源数据，全区林业用地面积 27.92 万 $hm^2$。其中，有林地面积 25.89 万 $hm^2$，占林业用地面积的 92.73%；疏林地面积 0.05 万 $hm^2$，占 0.18%；灌木林地 0.94 万 $hm^2$，占 3.37%；未成林造林地 0.50 万 $hm^2$，占 1.79%；苗圃地 0.01 万 $hm^2$，占 0.04%；无立木林地 0.42 万 $hm^2$，占 1.50%；宜林地 0.10 万 $hm^2$，占 0.36%；辅助生产林地占 0.01%。全区森林覆盖率 78.6%。

# 第3章　临安区毛竹林立地分类与立地质量评价

## 3.1　引　言

临安区素有“中国竹子之乡”“江南最大菜竹园”美誉。临安区有竹林面积5.87万$hm^2$，其中，毛竹林面积2.33万$hm^2$，占竹林面积的39.69%；其他竹林面积3.54万$hm^2$，占竹林面积的60.31%。

以临安区毛竹林为研究对象，利用2013年更新的森林资源数据、临时样地调查数据、单株立竹材积和地上生物量数据，采用综合多因子与主导因子相结合、非线性度量误差模型以及数量化理论评价模型等，开展毛竹林立地分类与立地质量评价研究，建立毛竹林立地分类系统，提出毛竹林立地质量评价指标，旨在为毛竹林经营中充分利用林地生产潜力、提升毛竹林质量和生产力提供理论依据及技术方法。

## 3.2　研究内容

毛竹林立地分类与立地质量评价是一项综合性很强的研究，包括以地貌学、土壤学、植物学、生态学及多元统计等学科为基础，对研究区地形因子、地貌因子、土壤因子和植被因子的调查，采取定性和定量相结合的方式，找出对毛竹生长有关键影响的主导因子，划分毛竹林立地类型、评价研究区毛竹林立地质量，主要进行以下三个方面的研究。

1）确立毛竹林立地分类和立地质量评价主导因子。

2）立地分类标准与立地分类系统的建立。

3）立地质量评价和毛竹适宜性分析。

## 3.3　研究方法

### 3.3.1　数据采集

数据采集包括样地调查和样竹调查两方面内容。

#### 3.3.1.1　样地调查

2014年7月至2015年3月，对临安区毛竹林进行抽样调查，获取毛竹林立地质量评价的基础数据。根据二类调查数据，研究区共有 4149 个毛竹林小班。随机抽取 69 个小班，在每个抽取小班依据毛竹的分布特点和生物学习性，选择具有代表性的海拔、坡向、坡位、坡度、土壤特点等的地方来布设调查样方，共设 69 个样地，样地面积均为 10m×10m。

调查方法：首先，用罗盘仪进行样地的境界测量，并用 GPS 测定样地中心位置坐标。然后，记录海拔、坡向、坡位、坡度、小气候特点，并在样地内挖 50cm 宽、深至底土层的土壤剖面，记录土壤类型、土层厚度及土壤质地。最后，对样地内毛竹进行每竹检尺，记录胸径、竹高、胸高处竹节长（以下简称胸高节长）、地径、竹龄、冠幅、枝下高、生长状态等，选出样地内优势竹。优势竹是指在 10m×10m 的调查样地中胸径最大的 5 株毛竹。

#### 3.3.1.2　样竹调查

2016 年 7 月至 2017 年 1 月，在浙江天目山国家级自然保护区选择未受人为干扰的毛竹林，采用随机抽样方法选取样竹，样竹要求梢头完整、竹秆通直、断面近似圆形、无破损和病虫害的活立竹，共选取 69 株样竹。样竹株数按径阶呈正态分布（$P<0.05$），样竹平均年龄为 2.5 年（图 3-1），分别进行毛竹构件因子、竹秆材积和地上生物量测量。

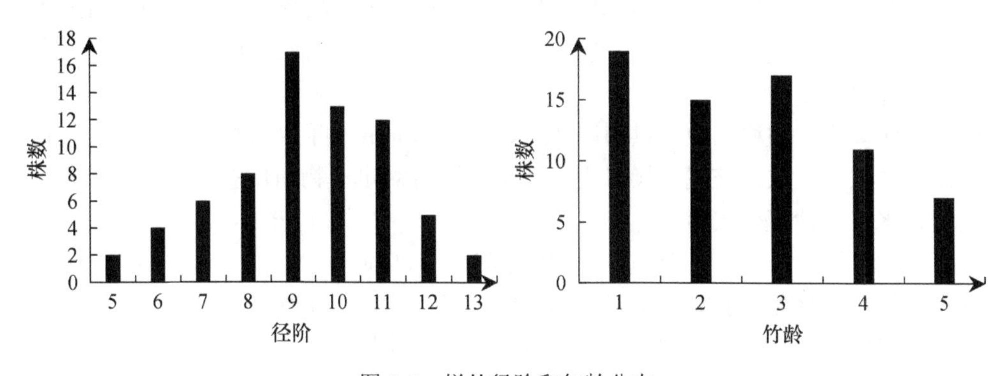


图 3-1　样竹径阶和年龄分布

**1. 毛竹构件因子测量**

在采伐毛竹前，对毛竹胸径（$d_{1.3}$）、胸高节长（$l_{1.3}$）进行测量，用罗盘仪测出正北方向后，在毛竹秆上标注正北方向线并用油漆对胸高竹节进行标注。用油锯从毛竹基部进行平锯，伐倒竹仅作打枝处理，避免损伤梢头。按照毛竹自然竹节进行分段，对每节竹段用胸径尺测量节长（$l$）、节段中心直径（$d$），用游标卡尺对伐桩进行不同方向的竹壁厚测量并取平均值（$r$），用皮尺对竹高（$h$）进行测量并记录。用砍刀沿东西、南北方向，从基部劈开毛竹，将竹秆分成 4 个竹条。

用游标卡尺测量胸高竹节处与 $1/2h$ 处东、西、南、北 4 个方向的竹壁厚，并取平均值作为胸高竹壁厚（$r_{1.3}$）与 $1/2h$ 竹壁厚（$r_{1/2h}$）。

**2. 毛竹竹秆材积测量**

毛竹内部中空，传统测量方法难以准确测量竹秆材积。本研究采用可测量不规则形状物体体积的排水法测定毛竹竹秆材积。首先，将水注入定制水桶内至水龙头齐平处，排出桶内多余的水。然后，将所有竹条与标记后的样条一同放入水桶内，通过水龙头收集由竹条排出的水量，用电子提秤测定总竹条排水量。最后，根据水的密度计算毛竹竹秆材积。计算公式为

$$V_{秆} = \frac{M_{水}}{\rho} \quad (3\text{-}1)$$

式中，$V_{秆}$为竹秆材积；$M_{水}$为排出水的质量；$\rho$ 为水的密度（通常 $\rho$=1g/cm$^3$）。

**3. 毛竹地上生物量测量**

砍下所有竹枝，用尼龙绳捆扎，避免竹叶掉落。用电子提秤（精度 5g）测定竹枝总重。选取有代表性的大、中、小三条竹枝样品，摘取全部竹叶，用电子台秤（精度 0.1g）测定竹枝、竹叶样品鲜重。将竹秆破开成适当长度的竹条，用电子提秤测定全部竹条鲜重。以竹秆 1/2 竹高处为中心，截取 1m 长的竹段，在竹段东、南、西、北方向上各取宽 2cm 的样条 1 个，用电子台秤测定样条鲜重。

在实验室，将样品放入烘箱用 105℃杀青 30min，再 80℃烘干至恒重。样品从烘箱中取出，放入玻璃干燥皿内冷却至室温再测定干物质质量，计算毛竹不同器官含水率。计算公式为

$$P=(M_{鲜}-M_{干})/M_{鲜}\times 100\% \quad (3\text{-}2)$$

式中，$P$ 为各器官含水率；$M_{鲜}$为样品鲜重；$M_{干}$为样品干重。

根据样品含水率，分别计算样竹各器官干物质质量，最终汇总得到毛竹总地上生物量。计算公式为

$$W_{秆}=M_{秆鲜}\times(1-P_{秆}) \quad (3\text{-}3)$$

$$W_{枝}=M_{枝鲜}\times(1-P_{枝}) \quad (3\text{-}4)$$

$$W_{叶}=M_{叶鲜}\times(1-P_{叶}) \quad (3\text{-}5)$$

$$W_{总}=W_{秆}+W_{枝}+W_{叶} \quad (3\text{-}6)$$

式中，$W_{秆}$、$W_{枝}$、$W_{叶}$和 $W_{总}$分别为毛竹秆、枝、叶和总地上生物量；$M_{秆鲜}$、$M_{枝鲜}$、$M_{叶鲜}$分别为秆、枝、叶鲜重；$P_{秆}$、$P_{枝}$、$P_{叶}$分别为秆、枝、叶含水率。

样竹实测数据统计汇总结果见表 3-1。

**表 3-1　毛竹建模实测数据统计汇总**

| 变量 | 平均值 | 最小值 | 最大值 | 标准差 | 变动系数（CV） |
|---|---|---|---|---|---|
| 胸径/cm | 9.06 | 4.10 | 13.70 | 1.95 | 21.56% |
| 竹高/m | 14.16 | 4.10 | 26.20 | 3.11 | 21.98% |
| 胸高节长/cm | 22.94 | 14.80 | 29.50 | 3.20 | 13.96% |
| 立竹材积/$dm^3$ | 15.75 | 2.86 | 36.26 | 6.78 | 43.07% |
| 地上生物量/kg | 11.96 | 2.58 | 31.84 | 5.40 | 45.17% |
| 竹秆生物量/kg | 9.63 | 1.68 | 27.44 | 4.68 | 48.61% |
| 竹叶生物量/kg | 0.69 | 0.07 | 2.39 | 0.48 | 69.39% |
| 竹枝生物量/kg | 1.65 | 0.32 | 3.31 | 0.75 | 45.52% |

### 3.3.2　地形因子提取

数字高程模型（digital elevation model，DEM）是用一组有序数值阵列形式表示地面高程的一种实体地面模型，蕴含着各种各样的地形地貌结构和特征信息，是地形信息获取的数据源（洪莹等，2009）。由于研究区的二类调查数据主要是外业人员实地观测选定样地的坡度、坡向等地形因子，工作量大且无法准确调查大范围内的地形因子，因此，在实际样地调查中存在小班记载与实际情况不符的问题。而通过 GIS 技术，将 DEM 数据作为信息源，可以快速准确地提取各种地形定量因子。因此有必要通过最新的 DEM 数据，对二类调查数据的地形地貌因子进行校正和更新。

#### 3.3.2.1　DEM 数据选择

研究采用 ASTER GDEM 全球数字高程数据（郭亚东和史舟，2003），数据产品基于先进星载热发射和反射辐射仪（ASTER）数据计算生成，是目前唯一覆盖全球陆地表面的高分辨率高程影像数据，空间分辨率为 30m。

#### 3.3.2.2　地形因子数据提取

研究区 DEM 数据共涉及 ASTER GDEM 3 景影像，通过中国科学院地理空间数据云获取。将 DEM 数据导入 ArcGIS 软件进行图像拼接，将研究区与影像数据坐标进行配准，再用研究区矢量文件作为裁剪边界，提取出研究区的 DEM 影像。

利用 ArcGIS 软件的空间分析工具（Spatial Analyst Tools）模块对研究区 DEM 数据提取海拔高程、坡度和坡向数据。坡度和坡向的提取采用拟合曲面法（Burrough and McDonnell，1998），计算公式为

$$\text{Slope} = \arctan\sqrt{\text{Slope}_{\text{we}}^2 - \text{Slope}_{\text{sn}}^2} \tag{3-7}$$

$$\text{Aspect} = \arctan\left(\text{Slope}_{\text{sn}}^2 / \text{Slope}_{\text{we}}^2\right) \tag{3-8}$$

式中，Slope 为坡度；Aspect 为坡向；$\text{Slope}_{\text{we}}$ 为水平方向上的坡度；$\text{Slope}_{\text{sn}}$ 为垂直方向上的坡度。

将二类调查小班数据导入并叠置于 DEM 栅格数据之上（图 3-2a）。在 ArcGIS 软件中，以各小班为统计区域，以 MEAN（均值）统计类型获得各小班海拔（图 3-2b）和坡度因子，以 MAJORITY（众数）统计类型获得各小班坡向因子并对其进行坡向判别。对比二类调查数据及 DEM 提取数据，将变动差异较大的数据进行标注，并通过 Google Earth 软件对这些标注的差异数据进行人工判别。

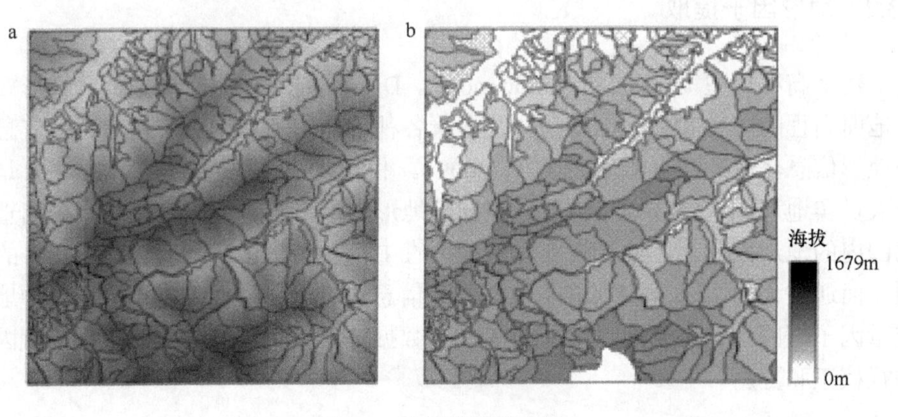


图 3-2　分区统计示意图

### 3.3.3 毛竹林立地分类方法

#### 3.3.3.1 立地分类原则

（1）地域分异原则

立地类型是受自然环境因子综合作用所形成的相同立地条件的宜林地段，在进行立地分类时，要考虑其他地带性和非地带性的变化规律，反映出其地域分异。各级分类单元都是各种尺度地域分异的结果。地域分异是立地分类的理论基础，也是必须遵循的原则（石家琛，1988）。

（2）多级序原则

多级序层次是自然科学的普遍现象。林业用地中客观存在由大同到小异的等级差异，分类的单元等级越高，差异程度越大。反之，分类的单元等级越低，差异程度也越小，因此，形成多级序的分类单元系统。立地分类应遵循由大到小或由小到大在一定地域内的分异尺度标准逐级划分。

（3）有林地和无林地统一分类原则

有林地与无林地是不同的林地类型，是可以相互转化的。有林、无林仅是覆盖类型的变化，所以有林地与无林地的分类应统一在同一分类系统内，便于制定经营措施，科学指导生产。

（4）综合多因子分析基础上的主导因子原则

立地分类取决于自然综合特征的差异，必须综合立地的各种构成因素，找出立地的分异特征，才能反映立地的固有性质。但仅根据综合分析又很难进行具体的分类，因为综合特征很难表达，尤其很难确定立地类型的界线，因此，必须在综合分析的基础上，找出一两个主导因子及其划分的指标，才能比较容易地将立地类型区分开。确定主导因素时，要考虑在生产应用时易于识别和掌握。

（5）定性与定量分析相结合原则

采用定性判断为基础、定量评价为主的定性与定量相结合的评价方法，建立毛竹林立地分类系统。

（6）科学性与实用性相结合原则

科学性指立地分类依据的因素和分类结果应能正确反映立地特征和本质，并能做出符合实际的立地质量评价和生产力预估的要求。实用性是指立地分类所采用的主导因素及分类系统应便于识别和应用，要充分考虑在生产上的技术水平和经营强度（詹昭宁和邱尧荣，1996）。

#### 3.3.3.2　立地因子的类目划分

二类调查和样地调查的立地因子包括：地貌、坡向、坡位、土壤质地等定性因子。在进行数据分析时，需要先将各立地因子进行类目划分，再对各类目进行赋值量化。立地因子的类目主要是根据研究区立地特征和研究需要，同时参考《浙江省森林资源规划设计调查技术操作细则》（浙江省林业厅，2014）进行划分，避免立地因子类目划分过多而造成分类结果的冗余。

#### 3.3.3.3　立地分类主导因子确定

毛竹林立地分类主要采用综合多因子分析基础上的主导因子分类方法。首先，通过综合分析各立地因子如气候、地形、地貌和土壤等对树木生长的影响，从中筛选出与毛竹生长和分布密切相关的立地因子。然后，对毛竹林的不同立地因子进行主成分分析，确定毛竹林立地分类的主导因子，并作为各级分类单元的划分依据，逐级进行立地类型的划分（赖挺，2005）。

主成分分析是一种简化数据集的方法。其目的在于分清主次，简化和精炼原始数据，将不利于整理分类和评价的高维空间转换成低维空间，并尽量减少原有信息的损失，保持它在高维空间分布的规律与特点。主成分分析具体分析步骤：首先对毛竹林各立地因子进行标准化；然后计算立地因子的相关矩阵特征值、贡献率、累积贡献率及其各主成分；最后对各主成分进行解释，并进行重要性排序（汤孟平等，2011）。本研究采用 SPSS for Windows 软件计算各立地因子的相关矩阵特征值、贡献率、累积贡献率和载荷矩阵。

3.3.3.4 立地分类系统建立方法

根据上述立地分类的原则，在确定立地分类的主导因子基础上，考虑衔接《中国森林立地分类》中的系统，采用立地区域—立地区—立地亚区—立地类型小区—立地类型组—立地类型六级分类系统建立立地分类系统。本研究受研究区范围限制，从立地类型小区级开始分类：

立地类型小区

立地类型组

立地类型

其中，立地类型小区、立地类型组和立地类型均为分类单元。立地类型小区为森林立地一级分类单位，在立地类型亚区内可重复出现，分类依据主要有地貌、岩性等。立地类型组是森林立地二级分类单位，是立地类型的组合，根据某种生态条件的相似性，或某种限制因子进行类型合并。立地类型是森林立地分类的基本单位，是地貌、地形、土壤、水文条件及植被等基本一致的地段的组合（《中国森林立地分类》编写组，1989）。

研究区立地分类单元遵循从大到小，逐级划分分类单元，逐级控制立地条件的差异；分类单元等级越高，内部差异程度越大。

### 3.3.4 毛竹林立地质量评价方法

3.3.4.1 立地质量评价原则

（1）评价指标切实有效

立地质量评价指标应吸收前人研究成果中的优良指标，同时根据评价对象的结构、功能及研究区特征，提出切实反映其本质内涵的指标。定量化指标具有现实操作性，人为干预更少，因此在进行立地质量评价时，应多采用定量化指标，而尽量少用定性指标（骆汉，2014）。

（2）评价指标涉及因子数量适宜性

在进行立地质量评价时，应选用对其影响相对较大的立地因子作为评价指标，去除影响作用较小的因子。引入过多的立地因子，会影响立地质量评价效果。

（3）有林地和无林地统一评价原则

立地质量评价是对立地的宜林性或潜在的生产力进行判断或评价（沈国舫，2001）。对于一个既定的立地，当树种相同时，无论是有林地还是无林地，其立地质量应该一致。

#### 3.3.4.2　毛竹林立地质量评价指标

森林蓄积和生物量是反映森林生态系统性质、评价森林生产力和林木生长状况的两个重要指标（唐守正等，2000；孟宪宇，2006），选取毛竹林立地质量评价指标时，应当考虑毛竹材积和生物量。但以往研究忽视了毛竹材积与生物量之间的相容性，不能准确反映毛竹材积与生物量之间的内在关系。因此，应建立相容性立竹材积和地上生物量模型，以便准确估计毛竹材积和生物量，为毛竹林立地质量评价提供评价指标。

**1. 立竹材积和生物量基础模型**

立竹材积和生物量模型选择异速生长方程，它的结构形式（Zeng and Tang，2012；曾鸣等，2013）为

$$y = \alpha_0 x_1^{\alpha_1} x_2^{\alpha_2} \cdots x_n^{\alpha_n} \tag{3-9}$$

式中，$y$ 为立竹材积或生物量；$x_i$ 为胸径、竹高、胸高节长等模型变量；$\alpha_i$ 为参数；$i$=0, 1, 2, …, $n$（$n$ 为模型变量个数）。

材积模型和生物量模型中普遍存在异方差，因此不满足普通最小二乘法要求等方差的假设条件（张会儒等，1999；Parresol，2001）。为消除异方差，常用方法有对数回归法和加权回归法（Tang *et al.*，2001）。本研究采用加权回归法，每个模型根据其独立拟合结果的残差平方与胸径回归关系 $G(D)$确定权函数 $W=1/G(D)$，式中，$W$ 为权函数；$D$ 为胸径。确定权函数后，采用统计之林（ForStat 2.2）软件求解得到参数（曾伟生和唐守正，2011a）。

**2. 相容性立竹材积和毛竹地上生物量模型系统**

毛竹地上生物量与立竹材积高度相关，可以采用非线性度量误差模型，建立毛竹材积与地上生物量相容性模型系统。因竹节长和竹高密切相关，所以建模时选择其中一个变量即可，模型形式为

$$\begin{cases} V = a_0 D^{a_1} \\ M = b_0 D^{b_1} A^{b_2} = c_0 D^{c_1} A^{c_2} V \end{cases} \tag{3-10}$$

$$\begin{cases} V = a_0 D^{a_1} H^{a_2} \\ M = b_0 D^{b_1} H^{b_2} A^{b_3} = c_0 D^{c_1} H^{c_2} A^{c_3} V \end{cases} \tag{3-11}$$

$$\begin{cases} V = a_0 D^{a_1} L_b^{a_2} \\ M = b_0 D^{b_1} L_b^{b_2} A^{b_3} = c_0 D^{c_1} L_b^{c_2} A^{c_3} V \end{cases} \tag{3-12}$$

式中，$V$、$M$ 分别为立竹材积（$dm^3$）、地上生物量（kg）；$D$、$H$、$L_b$、$A$ 分别为胸径（cm）、竹高（m）、胸高节长（cm）和竹龄（年）；$a_i$、$b_i$、$c_i$ 为参数，$i$ =0、1、2、3。

式（3-10）～式（3-12）中还包含了生物量转换因子（biomass conversion factor，BCF）函数：

$$\text{BCF} = M / V = c_0 D^{c_1} A^{c_2} \tag{3-13}$$

$$\text{BCF} = M / V = c_0 D^{c_1} H^{c_2} A^{c_3} \tag{3-14}$$

$$\text{BCF} = M / V = c_0 D^{c_1} L_b^{c_2} A^{c_3} \tag{3-15}$$

式中，$V$ 和 $M$ 分别为立竹材积（$dm^3$）和地上生物量（kg）；$D$、$H$、$L_b$、$A$ 分别为胸径（cm）、竹高（m）、胸高节长（cm）和竹龄（年）；$c_i$ 为参数，$i$=0、1、2、3。

**3. 模型评价与检验**

利用全部样本来建立模型，能充分利用样本信息，使模型的预估误差最小（曾伟生和唐守正，2011a）。所以，本研究采用所有样本建立生物量模型，并利用 5 个指标[决定系数（$R^2$）、估计值的标准差（SEE）、总相对误差（TRE）、平均系统误差（MSE）和平均预估误差（MPE）]来对模型进行评价和检验，计算公式为

$$R^2 = 1 - \frac{\sum (y_i - \hat{y}_i)^2}{\sum (y_i - \overline{y})^2} \tag{3-16}$$

$$\text{SEE} = \sqrt{\frac{\sum (y_i - \hat{y}_i)^2}{n - p}} \tag{3-17}$$

$$\text{TRE} = \frac{\sum (y_i - \hat{y}_i)^2}{\sum \hat{y}_i} \tag{3-18}$$

$$\text{MSE} = \frac{1}{n} \sum \frac{y_i - \hat{y}_i}{\hat{y}_i} \tag{3-19}$$

$$\text{MPE} = t_\alpha \times \frac{\text{SEE}}{\overline{y} \times \sqrt{n}} \times 100 \tag{3-20}$$

式中，$y_i$、$\hat{y}_i$ 分别为第 $i$ 株样竹的实测值和估计值；$\bar{y}$ 为全部样竹的平均实测值；$n$ 为样竹数；$p$ 为参数个数；$t_\alpha$ 为置信水平为 $\alpha$ 时的临界值。

上述指标中，$R^2$ 和 SEE 是反映回归模型拟合优度最常用的指标；TRE 和 MSE 是反映拟合效果的重要指标，二者应控制在一定范围内（±3%或±5%），趋于 0 时效果最佳；MPE 是反映平均生物量估计值的精度指标（梁文业等，2014）。

**4. 毛竹林立地质量评价指标确定**

在毛竹立竹材积和毛竹地上生物量模型研究基础上，结合当前二类调查因子的情况，以及评价指标的实际应用，最终确定合适的毛竹林立地质量评价指标。

#### 3.3.4.3　数量化立地质量评价方法

**1. 立地因子选择和类目划分**

本研究以地貌、海拔、坡向、坡位、坡度、土壤类型、土层厚度、土壤质地等立地因子作为数量化评价模型的自变量。为分析各立地因子在不同水平下对立地质量评价指标（因变量）的影响，需要按照类目划分标准，对各定性因子进行类目划分，具体划分的依据和标准同毛竹林立地分类系统。

**2. 原始数据反应表建立**

根据样地立地因子数据，对临时样地的定性立地因子进行类目划分。海拔和坡度作为定量因子直接以协变量引入立地质量评价模型。利用一个示性函数（取值 0 或 1）对定性因子进行定量化处理，即

$$\delta_i(j,k)=\begin{cases}1 & \text{第}i\text{个样地中第}j\text{立地因子的定性数据为}k\text{类目}\\0 & \text{其他}\end{cases}\tag{3-21}$$

将每个样地的立地因子代入式（3-21），编制出立地因子数量化反应表。原始数据反应表（部分）见表 3-2。

**表 3-2　原始数据反应表（部分）**

| 样地号 | 地貌（$X_1$） | | | 坡向（$X_2$） | | … | 土层厚度（$X_6$） | | | 坡度（协变量） | 海拔（协变量） |
|---|---|---|---|---|---|---|---|---|---|---|---|
| | 丘陵 | 低山 | 中山 | 阴坡 | 阳坡 | … | 薄 | 中 | 厚 | | |
| 1 | 0 | 0 | 1 | 0 | 1 | … | 0 | 1 | 0 | 22 | 530 |
| 2 | 0 | 0 | 1 | 0 | 1 | … | 0 | 1 | 0 | 30 | 592 |
| 3 | 0 | 1 | 0 | 0 | 1 | … | 0 | 1 | 0 | 28 | 672 |
| 4 | 1 | 0 | 0 | 1 | 0 | … | 1 | 0 | 0 | 23 | 509 |
| ⋮ | ⋮ | ⋮ | ⋮ | ⋮ | ⋮ | ⋮ | ⋮ | ⋮ | ⋮ | ⋮ | ⋮ |
| 69 | 1 | 0 | 0 | 0 | 1 | … | 0 | 1 | 0 | 29 | 120 |

**3. 毛竹林立地质量预测模型**

数量化理论是分析在数据中含有定性因子的一类统计方法，在自变量中包含定性因子的回归模型称为数量化理论 I（董文泉等，1979）。它的一般模型是：设因变量 $y$ 是定量因子，与 $p$ 个自变量 $x=(x_1, x_2, \cdots, x_p)$线性相关。自变量 $x$ 的前 $p_1$ 个为定性自变量，后 $p_2$ 个为定量自变量；第 $j$ 个定性自变量的取值只能为 $m_j$ 个水平中的一个。设有 $n$ 个观测点，在第 $k$ 个观测点上，因变量的观测值为 $y_k$。第 $k$ 点第 $j$ 个定性因子的观测值为 $\delta_k(j)$（取值 0 或 1），$j=1, \cdots, p_1$。第 $j$ 个定量因子的观测值为 $x_j$，$j=p_1+1, \cdots, p$。数量化理论 I 的模型为

$$y_k = b_0 + \sum_{j=1}^{p_1} b\left(j, \delta_k\left(j\right)\right) + \sum_{j=p_1+1}^{p} b(j) x_j + \varepsilon \tag{3-22}$$

式中，$b_0$ 为常数项；$b\left(j, \delta_k\left(j\right)\right)$ 为第 $j$ 个定性因子的得分；$b(j)$为第 $j$ 个定量因子的回归系数；$p_1$ 为定性因子的个数；$p$ 为定性因子和定量因子的总个数；$\varepsilon$ 为随机误差。

## 3.4 结果分析

### 3.4.1 毛竹林立地分类

#### 3.4.1.1 DEM 地形因子的提取

研究利用 ArcGIS 软件空间分析工具模块，根据研究区 DEM 数据提取地形因子中坡位和坡向，并以各小班作为分区统计依据进行地形因子统计赋值。依照《浙江省森林资源规划设计调查技术操作细则》（浙江省林业厅，2014）对坡度进行重分类，生成以小班为单位的研究区坡度和坡向图（图 3-3，图 3-4），并对坡度和坡向数据进行统计。

根据图 3-3 的研究区各小班坡度数据进行统计，可以发现研究区整体东部地区林地坡度小于西部地区。其中，坡度为平坡的小班，占林地总面积的 1.52%；坡度为缓坡的小班，占林地总面积的 7.47%；坡度为斜坡的小班，占林地总面积的 37.67%；坡度为陡坡的小班，占林地总面积的 45.21%；坡度为急坡的小班，占林地总面积的 7.63%；坡度为险坡的小班，占林地总面积的 0.50%。

根据图 3-4 的研究区各小班坡向属性进行统计，可以发现坡向为北的小班占林地总面积的 14.77%；坡向为东北的小班占林地总面积的 13.88%；坡向为东的小班占林地总面积的 10.08%；坡向为东南的小班占林地总面积的 14.97%；坡向为南的小班占林地总面积的 14.25%；坡向为西南的小班占林地总面积的 12.65%；坡向为西的小班占林地总面积的 7.77%；坡向为西北的小班占林地总面积的 11.62%；无坡向的小班占林地总面积的 0.01%。

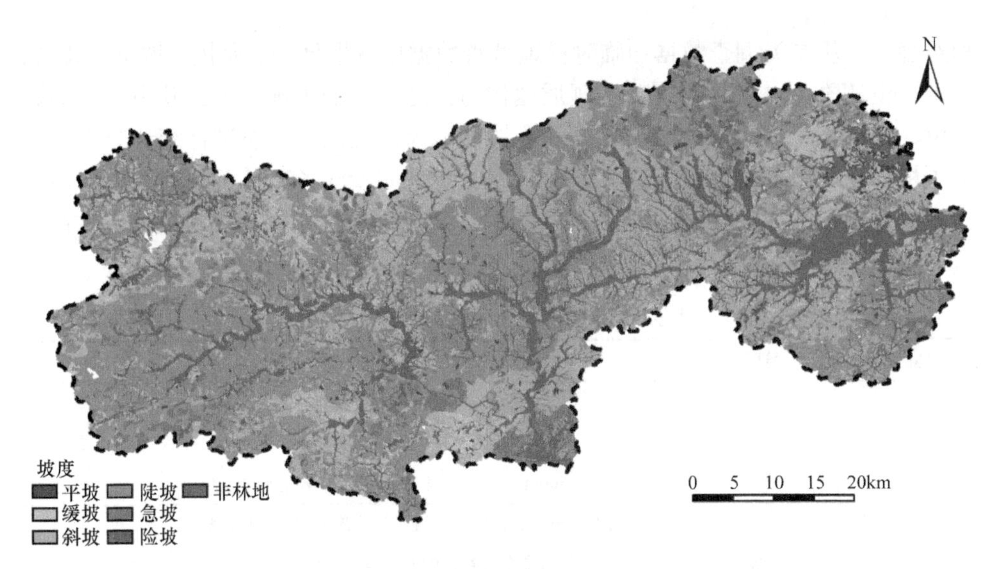


图 3-3　研究区小班的坡度分布（彩图请扫封底二维码）

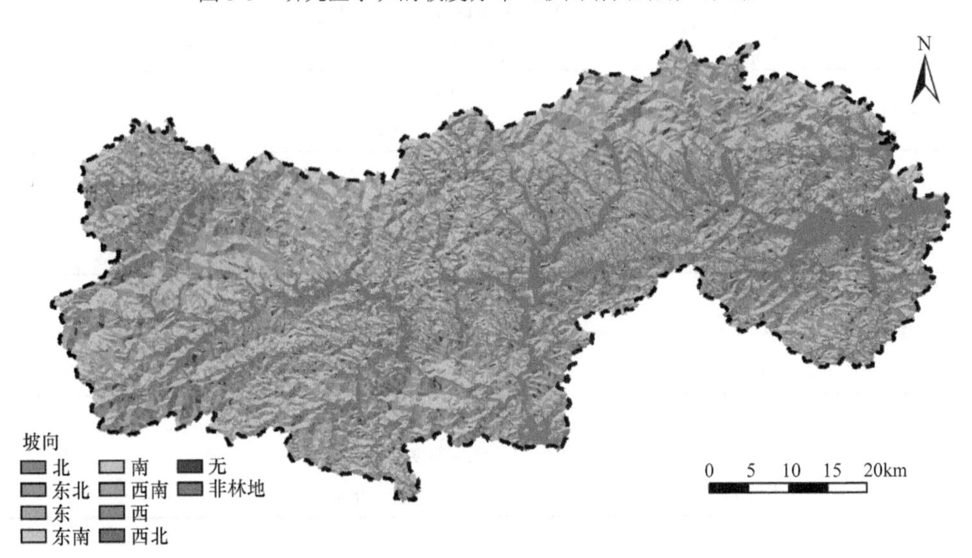


图 3-4　研究区小班的坡向分布（彩图请扫封底二维码）

根据 DEM 数据生成研究区的坡度和坡向图，减少了调查人员的主观因素对地形结果的影响，还具有效率高、易更新的优势。

#### 3.4.1.2　立地分类主导因子的确定

**1. 立地因子类目划分标准与量化**

影响立地分类的因子很多，本研究考虑所选因子要便于调查和在一定时间内相对稳定，从二类调查数据和临时样地调查数据中选取地貌、海拔、坡位、坡向、坡度、土壤类型、土层厚度、土壤质地作为立地分类的主选因子。其中，地貌、坡位、坡向、土壤类型、土层厚度和土壤质地为定性因子。在进行统计分析时，必须根据研究区立地特征和研究需要，同时参考《浙江省森林资源规划设计调查技术操作细则》（浙江省林业厅，2014）对各定性立地因子进行类目划分，并在此基础上进行赋值量化，结果见表 3-3。

**表 3-3 定性立地因子类目划分与量化**

| 立地因子 | 类目 | 划分标准 | 赋值 |
|---|---|---|---|
| 地貌 | 中山 | 海拔 1000m 以上的山地 | 1 |
| | 低山 | 海拔 500～999m 的山地 | 2 |
| | 丘陵 | 海拔<500m，相对高差 100m 以下，没有明显脉络 | 3 |
| 坡位 | 上坡 | 从山脊至山谷范围的山坡三等分最上部，包括山脊 | 1 |
| | 中坡 | 从山脊至山谷范围的山坡三等分中坡位 | 2 |
| | 下坡 | 从山脊至山谷范围的山坡三等分下坡位，包括山谷 | 3 |
| | 全坡 | 从山脚到山顶的全部坡位 | 4 |
| 坡向 | 阴坡 | 西北、北、东北、西 | 1 |
| | 阳坡 | 东南、东、西南、南、无坡向 | 2 |
| 土壤类型 | 红壤 | 按实际土壤类型划分 | 1 |
| | 黄壤 | | 2 |
| | 石灰土 | | 3 |
| 土壤质地 | 壤质 | 按实际土壤质地划分 | 1 |
| | 砂质 | | 2 |
| | 黏质 | | 3 |
| 土层厚度 | 薄土层 | 土层厚度：<40cm | 1 |
| | 中土层 | 土层厚度：40～79cm | 2 |
| | 厚土层 | 土层厚度：≥80cm | 3 |

### 2. 立地因子间相关分析和 KMO 检验

对毛竹林样地各立地因子量化后，进行皮尔逊（Pearson）相关分析，结果见表 3-4。

**表 3-4 立地因子 Pearson 相关分析**

| | 地貌 | 海拔 | 坡向 | 坡位 | 坡度 | 土壤类型 | 土壤质地 | 土层厚度 |
|---|---|---|---|---|---|---|---|---|
| 地貌 | 1.000 | | | | | | | |
| 海拔 | 0.756** | 1.000 | | | | | | |

续表

| | 地貌 | 海拔 | 坡向 | 坡位 | 坡度 | 土壤类型 | 土壤质地 | 土层厚度 |
|---|---|---|---|---|---|---|---|---|
| 坡向 | 0.037 | 0.171 | 1.000 | | | | | |
| 坡位 | –0.319* | –0.300* | 0.111 | 1.000 | | | | |
| 坡度 | –0.288* | 0.173 | –0.065 | –0.283* | 1.000 | | | |
| 土壤类型 | 0.024 | –0.129 | 0.035 | 0.248 | –0.037 | 1.000 | | |
| 土壤质地 | –0.276* | 0.318* | 0.259* | –0.107 | 0.100 | –0.168 | 1.000 | |
| 土层厚度 | 0.020 | 0.005 | –0.319* | 0.006 | –0.108 | –0.166 | –0.009 | 1.000 |

*和**分别表示在 0.05 和 0.01 水平上差异显著，下文无特别说明均相同

从表 3-4 可以看出，各立地因子间存在一定的相关关系，如地貌与海拔呈极显著相关，与坡位、坡度和土壤质地呈显著相关，说明地貌特征受其他立地因子综合影响，可作为较高分类单元的划分依据；坡向与土壤质地、土层厚度呈显著相关，说明土壤性质与局部地形密切相关；土壤类型与其他立地因子均不存在显著相关关系，说明土壤类型因子的分类性能不佳。

进一步采用 KMO（Kaiser-Meyer-Olkin）统计量比较各立地因子间的相关系数和偏相关系数的大小。一般而言，KMO 测度＞0.5 意味着因子分析可以进行（张文彤和邝春伟，2011）。从表 3-5 可知，本研究 KMO 统计值为 0.633，巴特利特（Bartlett）球形检验值 $P$＜0.001，说明研究区毛竹林立地因子进行主成分分析是合理的。

**表 3-5　KMO 和 Bartlett 球形检验结果**

| 指标 | | 值 |
|---|---|---|
| KMO 统计量 | | 0.633 |
| 巴特利特球形检验 | 近似卡方 | 105.402 |
| | df | 28 |
| | Sig. | 0.000 |

注：df 表示自由度；Sig. 表示显著性

### 3. 立地因子主成分分析

对 4149 个毛竹林小班立地因子进行主成分分析，从表 3-6 可知，特征值大于 1 的主成分共有 3 个，前 3 个主成分的累积贡献率所包含的信息占总信息的 67.144%，因而选择前 3 个主成分进行分析。从表 3-7 可知，毛竹林立地因子第 1 主成分的地貌因子载荷与海拔因子载荷相差无几，说明第 1 主成分是反映中地貌的因子；第 2 主成分的坡位因子载荷最大，说明第 2 主成分是反映地形的因子；第 3 主成分的土层厚度因子载荷最大，坡向因子载荷次之，说明第 3 主成分是反

映土壤信息和坡位的因子。因此，毛竹林立地分类的主导因子重要性排序依次为地貌＞坡位＞土层厚度，可根据这 3 个主成分别反映立地的中地貌、地形坡位和土壤信息进行立地类型的划分。

**表 3-6　毛竹林立地因子总方差解释表**

| 成分 | 初始因子特征值与累积贡献率 | | | 被提取的载荷平方和 | | |
|---|---|---|---|---|---|---|
| | 特征值 | 贡献率/% | 累积贡献率/% | 特征值 | 贡献率/% | 累积贡献率/% |
| 1 | 2.326 | 30.877 | 30.877 | 2.326 | 30.877 | 30.877 |
| 2 | 1.537 | 20.404 | 51.281 | 1.537 | 20.404 | 51.281 |
| 3 | 1.195 | 15.863 | 67.144 | 1.195 | 15.863 | 67.144 |
| 4 | 0.863 | 11.456 | 78.600 | | | |
| 5 | 0.632 | 8.390 | 86.990 | | | |
| 6 | 0.443 | 5.881 | 92.871 | | | |
| 7 | 0.323 | 4.288 | 97.159 | | | |
| 8 | 0.214 | 2.841 | 100 | | | |

**表 3-7　毛竹林立地因子成分矩阵**

| 立地因子 | 主分量 | | |
|---|---|---|---|
| | $F_1$ | $F_2$ | $F_3$ |
| 地貌 | 0.792 | 0.012 | 0.121 |
| 海拔 | 0.734 | −0.088 | 0.018 |
| 坡位 | 0.199 | 0.734 | −0.153 |
| 坡向 | −0.466 | 0.332 | −0.696 |
| 坡度 | 0.480 | −0.322 | 0.366 |
| 土壤类型 | −0.312 | 0.413 | −0.170 |
| 土壤质地 | 0.466 | 0.433 | 0.332 |
| 土层厚度 | −0.023 | −0.121 | 0.730 |

### 3.4.1.3　立地分类系统的建立

#### 1. 立地分类单元划分依据及标准

影响毛竹生长的因子有水、热、光、养分等要素，这些要素的差异取决于众多的环境因子，如气候、地貌、地形和土壤因子。由于研究区域范围局限于亚热带季风气候区，大气候条件趋于一致，中小尺度差异可以通过地文因子、土壤因子反映。

从主成分分析结果可知，地貌作为立地分类主导因子的第 1 主成分，制约着土壤养分、水分和热量的再分配，是造成不同地域性差异的重要标志，所以确定以地貌特征划分毛竹林立地类型小区。而坡位作为立地分类主导因子的第 2 主成分，在适宜的地貌下，是影响林地土壤养分状况的关键因素（张国栋等，2014）。因此，采用坡位因子划分毛竹林立地类型组。土层厚度作为立地分类主导因子的第 3 主成分，是保障毛竹生长的重要限制因子。而坡向因子是影响毛竹光合强度的直接因子，并且在主成分分析的第 2、第 3 主成分中均占较大载荷。因此，以坡向和土层厚度划分毛竹林立地类型。

综上所述，研究根据综合多因子和主导因子相结合的原则，对各级分类单元进行划分，立地分类单元划分依据及标准见表 3-8。

**表 3-8　立地分类单元划分依据及标准**

| 分类单元 | 划分依据 | 划分标准 |
| --- | --- | --- |
| 立地类型小区 | 地貌 | 中山：海拔 1000m 以上的山地 |
| | | 低山：海拔 500～999m 的山地 |
| | | 丘陵：海拔＜500m，相对高差 100m 以下，没有明显脉络 |
| 立地类型组 | 坡位 | 上部：从山脊至山谷范围的山坡三等分最上部，包括山脊 |
| | | 中部：从山脊至山谷范围的山坡三等分中坡位 |
| | | 下部：从山脊至山谷范围的山坡三等分下坡位，包括山谷 |
| | | 全坡：从山脚到山顶的全部坡位 |
| 立地类型 | 坡向 | 阴坡（西北、北、东北、西） |
| | | 阳坡（东南、东、西南、南、无坡向） |
| | 土层厚度 | 薄土层：＜40cm |
| | | 中土层：40～79cm |
| | | 厚土层：≥80cm |

## 2. 毛竹林立地类型划分结果

根据表 3-8 分类依据和对应的分类单元，理论上森林立地共可划分为 3 个立地类型小区、12 个立地类型组、72 个立地类型，其中现有研究区森林立地包含 70 个立地类型，现有毛竹林包含 68 个立地类型，划分结果详见图 3-5～图 3-7 和附录 1、附录 2。

经统计，研究区森林立地类型小区中，低山立地类型小区在所有林地面积中所占比例最大，为 64.71%；中山立地类型小区在所有林地面积中所占比例最小，为 14.15%。研究区森林立地类型组中，低山全坡立地类型组在所有林地面积中所占比例最大，为 41.28%；中山中部立地类型组在所有林地面积中所占比例最小，

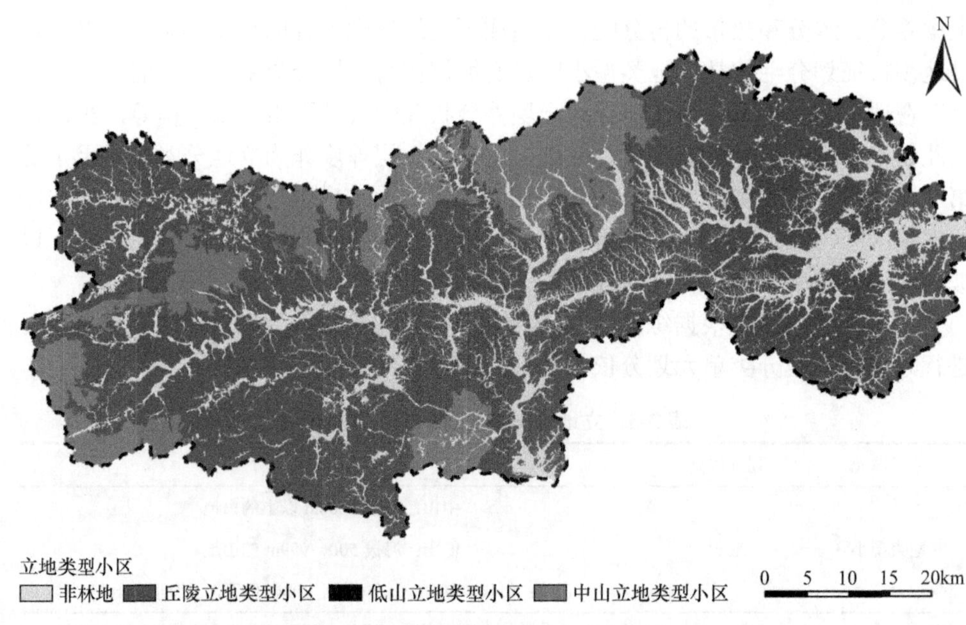


图 3-5 研究区立地类型小区分布（彩图请扫封底二维码）

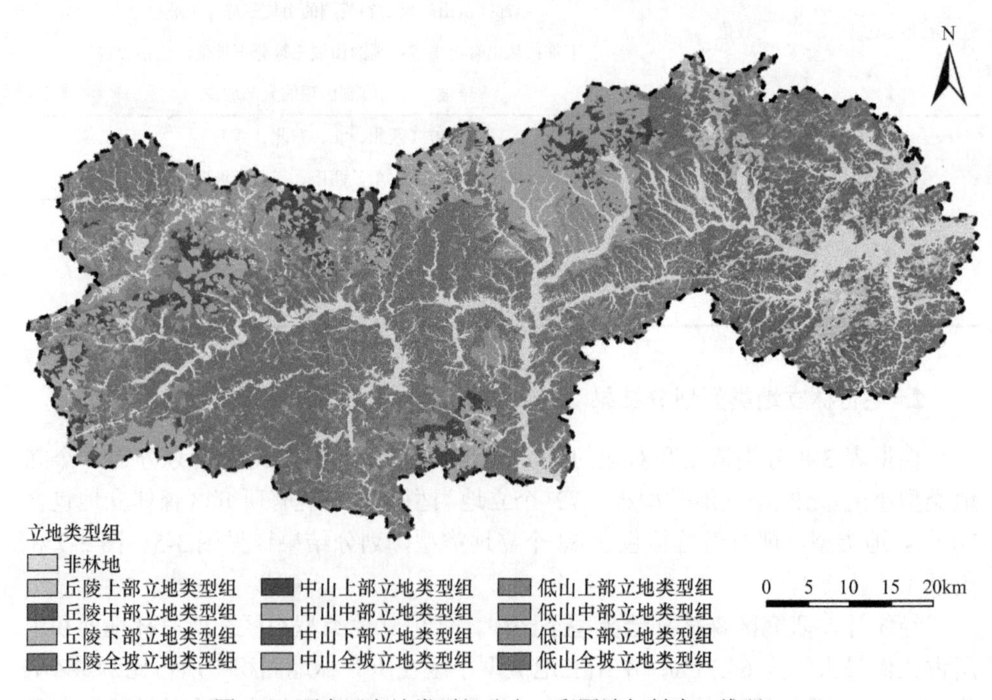


图 3-6 研究区立地类型组分布（彩图请扫封底二维码）

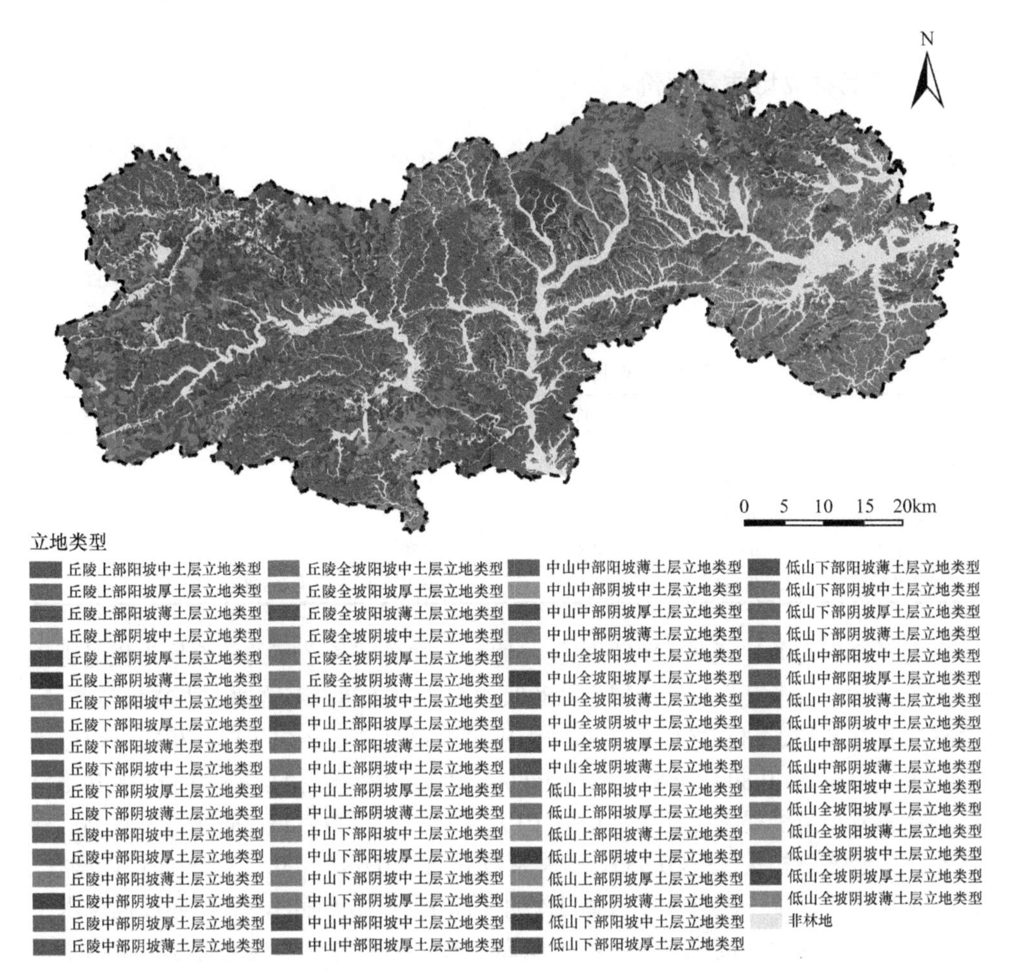


图 3-7　研究区立地类型分布（彩图请扫封底二维码）

为 1.25%；研究区森林立地类型中，低山全坡阳坡中土层立地类型在所有林地面积中所占比例最大，为 17.58%；低山全坡阴坡中土层立地类型次之，面积比例为 15.45%；中山中部阳坡薄土层立地类型占所有林地面积比例最小，为 0.02%。

现有毛竹林立地类型小区中，低山立地类型小区占所有毛竹林面积比例最大，为 58.75%；中山立地类型小区占所有毛竹林面积比例最小，为 15.33%。现有毛竹林立地类型组中，低山全坡立地类型组占所有毛竹林面积比例最大，为 35.33%；中山中部立地类型组占所有毛竹林面积比例最小，为 1.25%。现有毛竹林立地类型中，低山全坡阳坡中土层立地类型占所有毛竹林面积比例最大，为 13.71%；低山全坡阴坡中土层立地类型次之，为 13.47%；中山中部阴坡薄土层立地类型占所有毛竹林面积比例最小，为 0.02%。

### 3.4.2 毛竹林立地质量评价

#### 3.4.2.1 相容性立竹材积和地上生物量模型系统

**1. 毛竹不同构件因子的相关分析**

对毛竹各构件因子和立竹材积、地上生物量进行 Pearson 相关分析，结果见表 3-9。

**表 3-9 毛竹各构件因子 Pearson 相关分析**

| | 胸径 | 竹高 | 胸高节长 | 材积 | 地上生物量 |
|---|---|---|---|---|---|
| 胸径 | 1 | | | | |
| 竹高 | 0.682* | 1 | | | |
| 胸高节长 | 0.713* | 0.845** | 1 | | |
| 材积 | 0.898** | 0.807** | 0.878** | 1 | |
| 地上生物量 | 0.792** | 0.699** | 0.804** | 0.858** | 1 |

由表 3-9 可知，毛竹材积与胸径、竹高、胸高节长之间的关系均为极显著正相关（$P<0.01$），相关系数分别为 0.898、0.807、0.878；毛竹地上生物量与胸径、竹高、胸高节长、材积之间的关系均为极显著正相关（$P<0.01$），相关系数分别为 0.792、0.699、0.804、0.858。各构件因子间也存在一定的相关关系，尤其是竹高与胸高节长呈极显著正相关（$P<0.01$），相关系数为 0.845，而胸径与竹高、胸高节长呈显著正相关（$P<0.05$），相关系数分别为 0.682 和 0.713，表明仅以胸径、竹高或胸高节长单一构件因子反映毛竹生长状况是不准确的，需要通过包含水平方向生长（胸径）和高生长（竹高、胸高节长）的立竹材积或毛竹地上生物量来综合反映毛竹生长状况。

**2. 相容性模型系统**

利用 ForStat 2.2 软件，对建立的相容性立竹材积和毛竹地上生物量模型系统用非线性度量误差模型方法求解参数估计值（表 3-10），并用参数估计值计算相关统计指标（表 3-11）。

从表 3-11 可知，不同自变量所建立的立竹材积和地上生物量模型的确定系数及评价指标均存在差别。立竹材积模型从一元模型增加到二元模型，决定系数（$R^2$）分别提高 2.74%和 4.20%；估计值的标准差分别减少 13.95%和 28.62%，总相对误差（TRE）、平均系统误差（MSE）和平均预估误差（MPE）均有一定优化，二元模型的拟合效果比一元模型要好。对比基于胸径、竹高所建立的模型和基于胸径、胸高节长所建立的模型，发现后者各项评价指标均优于前者，说明基于胸径和胸高节长所建立的材积模型有更好的材积预估性能。

表 3-10　相容性立竹材积模型和地上生物量模型的参数估计值

| 模型 | 材积和生物量模型 | | | | | | | 转换因子函数 | | | |
|---|---|---|---|---|---|---|---|---|---|---|---|
| | $a_0$ | $a_1$ | $a_2$ | $b_0$ | $b_1$ | $b_2$ | $b_3$ | $c_0$ | $c_1$ | $c_2$ | $c_3$ |
| 式（3-10） | 0.154 32 | 2.076 09 | — | 0.169 39 | 1.797 06 | 0.300 04 | — | 1.097 63 | −0.279 03 | 0.300 04 | — |
| 式（3-11） | 0.094 48 | 1.824 43 | 0.393 89 | 0.095 91 | 1.505 75 | 0.456 34 | 0.299 33 | 1.015 11 | −0.318 69 | 0.062 45 | 0.299 33 |
| 式（3-12） | 0.031 64 | 1.908 40 | 0.624 62 | 0.046 29 | 1.662 49 | 0.509 60 | 0.298 42 | 1.463 16 | −0.245 91 | −0.115 02 | 0.298 42 |

注：根据立竹材积、地上生物量基础模型残差方差确定权重。立竹材积权重变量分别为 $1/D^{1.60}$、$1/D^{1.42}$、$1/D^{1.67}$，地上生物量权重变量分别为 $1/D^{1.03}$、$1/D^{1.87}$、$1/D^{1.99}$

表 3-11　相容性立竹材积模型和地上生物量模型的统计指标

| 模型 | $R^2$ | | SEE | | TRE/% | | MSE/% | | MPE/% | |
|---|---|---|---|---|---|---|---|---|---|---|
| | 材积 | 生物量 | 材积 | 生物量 | 材积 | 生物量 | 材积 | 生物量 | 材积 | 生物量 |
| 式（3-10） | 0.9257 | 0.9214 | 1.73 | 1.58 | 0.08 | 0.19 | −0.21 | 0.09 | 2.62 | 3.14 |
| 式（3-11） | 0.9531 | 0.9464 | 1.49 | 1.39 | 0.01 | 0.09 | 0.22 | 0.06 | 2.26 | 2.78 |
| 式（3-12） | 0.9677 | 0.9507 | 1.24 | 1.35 | 0.01 | 0.13 | −0.18 | −0.03 | 1.87 | 2.68 |

同样从表 3-11 可知，毛竹地上生物量模型从二元模型到三元模型，决定系数（$R^2$）分别提高 1.90%和 2.33%，估计值的标准差（SEE）分别减少 11.57%和 14.61%，总相对误差（TRE）分别减少 0.09%和 0.06%，平均系统误差（MSE）分别减少 0.03%和 0.06%，平均预估误差（MPE）分别减少 0.36%和 0.46%。比较基于胸径、竹高和年龄所建立的模型和基于胸径、胸高节长和年龄所建立的模型，发现后者各项评价指标均优于前者，说明基于胸径、胸高节长和年龄所建立的模型对毛竹地上生物量预估性能更佳。

综上所述，不同自变量所建立的立竹材积和地上生物量模型的决定系数及评价指标均存在共同特征：增加模型自变量可提升模型估计精度。而基于胸径、胸高节长所建立的材积模型各项评价指标均优于其他模型，说明基于胸径、胸高节长和竹高所建立的材积和生物量模型系统有更好的预估性能。

#### 3.4.2.2 毛竹林立地质量评价指标选择

为了确定立地质量评价指标，选取调查样地中胸径最大的 5 株毛竹作为优势竹，选择平均胸径、优势竹平均胸径、林分平均材积、优势竹平均材积、林分平均地上生物量和优势竹平均地上生物量 6 个林分调查因子，分析立地质量评价相关因子的变化特征。根据 69 个毛竹样地调查结果，计算林分平均胸径、优势竹平均胸径、林分平均胸高节长、优势竹平均胸高节长，确定林分平均年龄和样竹平均年龄。立竹材积和地上生物量按式（3-12）估算，并计算林分平均材积、优势竹平均材积、林分平均地上生物量和优势竹平均地上生物量（表 3-12）。

**表 3-12 毛竹样地调查因子统计分析**

| 统计因子 | 平均胸径/cm | 优势竹平均胸径/cm | 林分平均材积/dm$^3$ | 优势竹平均材积/dm$^3$ | 林分平均地上生物量/kg | 优势竹平均地上生物量/kg |
|---|---|---|---|---|---|---|
| 最小值 | 8.12 | 10.11 | 11.88 | 18.17 | 8.99 | 11.23 |
| 最大值 | 12.38 | 15.41 | 29.33 | 41.36 | 22.80 | 28.40 |
| 变动范围 | 4.26 | 5.3 | 17.45 | 23.19 | 13.81 | 17.17 |
| 均值 | 10.35 | 12.56 | 18.96 | 26.74 | 15.93 | 18.99 |
| 标准差 | 0.8 | 0.99 | 3.53 | 5.09 | 2.89 | 3.35 |
| 变异系数 | 7.72% | 7.88% | 18.63% | 19.11% | 18.16% | 17.62% |

从表 3-12 可见，优势竹平均材积的变动范围和变异系数均大于其他 5 个林分调查因子，说明优势竹平均材积对立地质量的敏感性较其他林分调查因子高，优势竹平均材积是评价毛竹林立地质量更合适的指标。

同时，立地质量评价指标还应当不受密度的影响，绘制林分立竹度与林分或优势竹平均胸径、平均材积和平均地上生物量的关系图（图 3-8）。从图 3-8 可见，林分或优势竹的平均胸径（图 3-8a）、平均材积（图 3-8b）以及平均地上生物量（图 3-8c）和立竹度之间不存在明显的相关性。也可以看出，优势竹平均材积明显高于林分平均材积，对立地质量的反应较平均胸径和平均地上生物量更敏感。

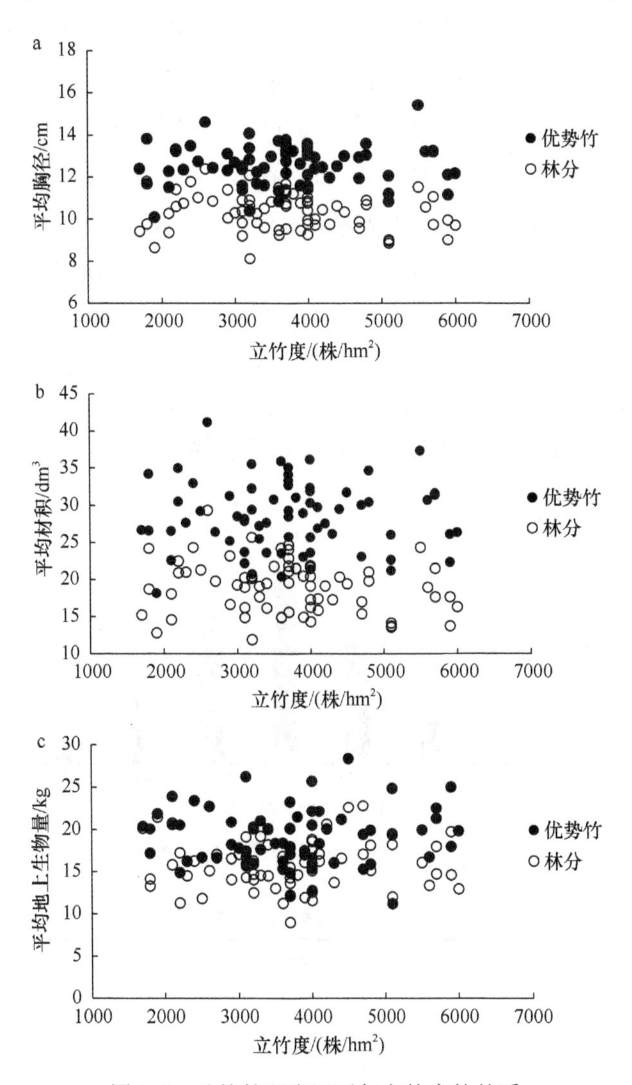


图 3-8　毛竹林调查因子与立竹度的关系

此外，由于毛竹林属异龄纯林，其林分年龄的基准年龄尚难以掌握，因此，为真实反映毛竹林分生长状况，现阶段宜采用立竹材积来反映不同立地条件对毛竹生长的影响。

根据以上分析，确定包含胸径和节长两个因子的优势竹平均材积作为立地质量评价指标，它不受密度影响，是最佳的毛竹林立地质量评价指标。

#### 3.4.2.3 毛竹林立地质量评价等级划分

根据式（3-12）估算所得到的69个毛竹林样地优势竹平均材积，分析其变化特征，确定立地质量等级。统计分析表明，优势竹平均材积$\left(\bar{V}_{优}\right)$的均值为26.74，最大值为41.36，最小值为18.17，标准差为5.09。

绘制优势竹平均材积频数直方图（图3-9），从图中可以直观看出毛竹林优势竹平均材积$\left(\bar{V}_{优}\right)$呈正态曲线的钟形分布，表明该数据$\bar{V}_{优}$的频数分布为正态。进一步经$\chi^2$统计检验（$\alpha$=0.05），呈显著正态分布$N$（26.74, 5.09$^2$）。为便于生产上对毛竹林立地质量评价等级划分的应用，取优势竹平均材积$\left(\bar{V}_{优}\right)$26dm$^3$为毛竹林立地等级的中间级，等级间距4dm$^3$，划分5个立地质量等级范围、5个适宜性等级，见表3-13。其中，立地质量等级为Ⅰ、Ⅱ级的立地可以直接开展毛竹经营和种植，Ⅲ级的立地需根据实际情况，采取有针对性的毛竹林经营措施，而对于Ⅳ、Ⅴ级的立地需因地制宜地改种其他适合该立地条件的植被。

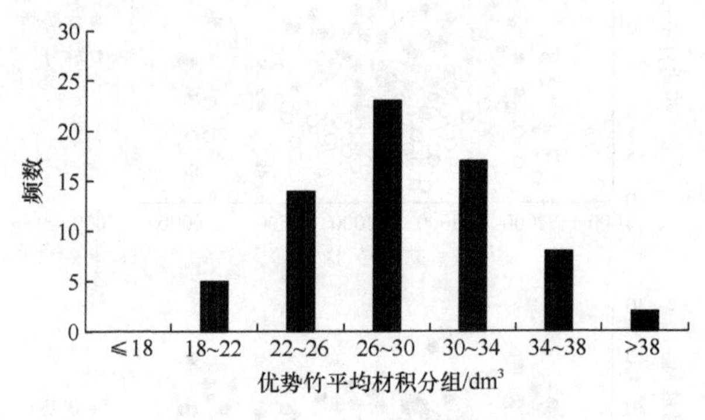


图3-9 优势竹平均材积频数直方图

**表3-13 毛竹林立地质量等级**

| 优势竹平均材积/dm$^3$ | 立地质量等级 | 适宜性 |
|---|---|---|
| $\bar{V}_{优}>32$ | Ⅰ | 最适宜 |
| $28<\bar{V}_{优}\leqslant 32$ | Ⅱ | 适宜 |
| $24<\bar{V}_{优}\leqslant 28$ | Ⅲ | 较适宜 |
| $20<\bar{V}_{优}\leqslant 24$ | Ⅳ | 较不适宜 |
| $\bar{V}_{优}\leqslant 20$ | Ⅴ | 不适宜 |

#### 3.4.2.4 毛竹林立地质量评价模型

采用数量化理论Ⅰ建立毛竹林立地质量评价模型。根据69个样地调查数据，估算优势竹平均材积，应用数量化理论Ⅰ，建立优势竹平均材积与立地因子的关系模型。利用 ForStat 2.2 软件中数量化理论Ⅰ程序求解各立地因子项目、水平的数量化综合系数并进行检验，具体结果见表 3-14、表 3-15。毛竹林立地质量评价模型经 $F$ 检验达到显著水平（$P<0.05$），可以在实际中应用。

**表 3-14　毛竹林立地质量评价各项目因子组系数及检验表**

| 因子组 | 平方和 | 自由度 | 均方 | $F$ 值 | Pr>$F$ |
|---|---|---|---|---|---|
| 地貌 | 35.54 | 2 | 17.77 | 0.83 | 0.44 |
| 坡位 | 63.68 | 3 | 21.23 | 1.00 | 0.40 |
| 坡向 | 158.90 | 1 | 158.90 | 7.45 | 0.01 |
| 土层厚度 | 104.67 | 2 | 52.34 | 2.45 | 0.09 |
| 土壤质地 | 53.96 | 2 | 26.98 | 1.27 | 0.29 |
| 坡度 | 9.39 | 1 | 9.39 | 0.44 | 0.51 |
| 残差 | 1 215.47 | 55 | 21.32 | | |
| 模型 | 569.15 | 13 | 51.74 | 2.43 | 0.01 |
| 校正计 | 1 784.62 | 68 | 17.77 | 0.83 | 0.44 |
| 截距 | 56 948.91 | 1 | | | |
| 合计 | 58 733.53 | 69 | | | |

**表 3-15　毛竹林不同立地因子数量化理论Ⅰ得分及检验表**

| 因子 | 水平 | 得分值 | 标准差 | $T$ 值 | Pr>$T$ |
|---|---|---|---|---|---|
| 截距 | | 10.36 | 4.16 | 2.97 | 0.00 |
| 坡向 | 阳坡 | 3.36 | 1.23 | 2.73 | 0.01 |
| | 阴坡 | 0.00 | | | |
| 地貌 | 丘陵 | 2.34 | 1.94 | 1.21 | 0.23 |
| | 低山 | 2.12 | 1.78 | 1.19 | 0.24 |
| | 中山 | 0.00 | | | |
| 土层厚度 | 中土层 | 3.41 | 2.32 | 1.47 | 0.15 |
| | 厚土层 | 4.04 | 2.58 | 1.57 | 0.12 |
| | 薄土层 | 0.00 | | | |
| 土壤质地 | 壤质 | 6.84 | 3.09 | 2.22 | 0.03 |
| | 砂质 | 5.81 | 4.45 | 1.31 | 0.20 |
| | 黏质 | 0.00 | | | |
| 坡位 | 中坡 | 3.34 | 2.01 | 1.66 | 0.10 |
| | 下坡 | 1.77 | 2.11 | 0.84 | 0.40 |
| | 全坡 | 1.31 | 1.83 | 0.72 | 0.48 |
| | 上坡 | 0.00 | | | |
| 坡度 | 坡度 | 0.08 | 0.11 | 0.66 | 0.51 |

根据表 3-15，得到数量化立地质量计算公式：

$$y = 10.36 + \sum_{j=1}^{2} b(j,\delta_1(j)) + \sum_{i=2}^{4}\sum_{j=1}^{3} b(j,\delta_i(j)) + \sum_{j=1}^{4} b(j,\delta_5(j)) + 0.08x \quad (3\text{-}23)$$

式中，$y$ 是优势竹平均材积（$dm^3$）；$b(j,\delta_1(j))$是坡向因子得分，$j$=1、2 分别表示阳坡、阴坡，当 $j$ 坡向出现时，$\delta_1(j)=1$，否则 $\delta_1(j)=0$；$b(j,\delta_i(j))$表示第 $i$ 因子的得分，$i$=1、2、3 分别表示地貌、土层厚度、土壤质地，$j$=1、2、3 分别表示各因子的水平，当第 $i$ 因子第 $j$ 坡向出现时，$\delta_i(j)=1$，否则 $\delta_i(j)=0$；$b(j,\delta_5(j))$是坡位因子得分，$j$=1、2、3、4 分别表示中坡、下坡、全坡、上坡，当 $j$ 坡位出现时，$\delta_5(j)=1$，否则 $\delta_5(j)=0$；$x$ 是坡度。

根据式（3-23)，如某小班的立地因子中地貌为丘陵、坡向为阳坡、坡位为全坡、坡度 30°、土壤质地为壤质、土层厚度为中土层，则该小班理论优势竹平均材积为

$$y=10.36+2.34+3.36+1.31+6.84+3.41+30\times0.08=30.02\ (dm^3)$$

通过毛竹林数量化立地质量计算公式（3-23)，不仅可以计算毛竹林生产力，对现有的毛竹林生长状况进行评价，还可以评价无林地的生产潜力，预测毛竹的生长状况。

#### 3.4.2.5 毛竹林立地质量评价结果

根据式（3-23)，基于研究区二类调查数据，对全市现有毛竹林小班及所有林地小班进行毛竹林立地质量等级评价，结果见图 3-10。

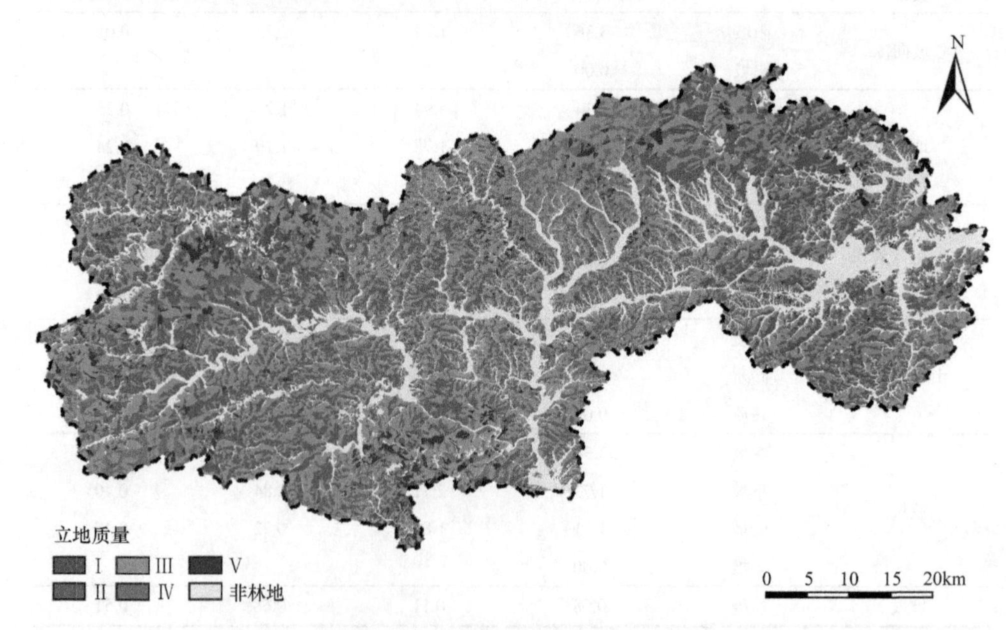


图 3-10 研究区立地质量分布图（彩图请扫封底二维码）

根据研究区二类调查数据，结合图 3-10 可知，研究区内毛竹林立地质量Ⅰ级的林地主要分布在龙岗镇、太湖源镇、清凉峰镇、玲珑街道和湍口镇，分别占该等级面积的 30.00%、12.63%、8.87%、8.56%和 6.77%；毛竹林立地质量Ⅱ级的林地主要分布在太湖源镇、清凉峰镇、昌化镇、龙岗镇和河桥镇，分别占该等级面积的 9.15%、8.12%、8.02%、7.71%和 7.66%；毛竹林立地质量Ⅲ级的林地主要分布在清凉峰镇、天目山镇、於潜镇、昌化镇和湍口镇，分别占该等级面积的 10.06%、8.12%、7.97%、7.60%和 7.46%；毛竹林立地质量Ⅳ级的林地主要分布在天目山镇、清凉峰镇、於潜镇、太阳镇和潜川镇，分别占该等级面积的 18.65%、17.11%、11.51%、10.64%和 10.21%；毛竹林立地质量Ⅴ级的林地主要分布在湍口镇、清凉峰镇、潜川镇、龙岗镇和天目山镇，分别占该等级面积的 16.36%、13.52%、11.33%、10.89%和 6.84%。

### 3.4.3　毛竹林立地适宜性评价

根据毛竹林立地质量评价结果，结合毛竹林立地分类结果，对研究区的各立地类型、立地类型组、立地类型小区进行适宜性评价，结果见附录 3。

经统计，在最适宜区（立地质量Ⅰ级），低山立地类型小区-低山中部立地类型组中的低山中部阳坡中土层立地类型所占面积比例最大，为 53.86%。在较适宜区（立地质量Ⅱ级），低山立地类型小区-低山全坡立地类型组中的低山全坡阳坡中土层立地类型所占面积比例最大，为 43.69%。在适宜区（立地质量Ⅲ级），低山立地类型小区-低山全坡立地类型组中的低山全坡阴坡中土层立地类型所占面积比例最大，为 30.56%。在较不适宜区（立地质量Ⅳ级），中山立地类型小区-中山全坡立地类型组中的中山全坡阴坡中土层立地类型所占面积比例最大，为 43.37%。在不适宜区（立地质量Ⅴ级），中山立地类型小区-中山上部立地类型组中的中山上部阴坡中土层立地类型所占面积比例最大，为 28.34%。

进一步绘制研究区现有毛竹林地和全市林地适宜性等级结构图，结果见图 3-11。

从图 3-11 可知，现有毛竹林地中，毛竹林最适宜区、适宜区和较适宜区占所有毛竹林面积的 92.03%，其中处在较适宜区的毛竹林面积最多，占总现有毛竹林面积的 54.07%，表明研究区现有毛竹林种植区域分布较为合理，仅有少部分毛竹林分布在较不适宜区和不适宜区。从全市所有林地预测来看，最适宜和适宜毛竹林种植区域仍有较大的增长空间，但值得注意的是较不适宜区和不适宜区比例同样增多，说明不能盲目扩大面积，应当选择适宜的立地条件，充分发挥立地生产潜力，提高毛竹生长量。

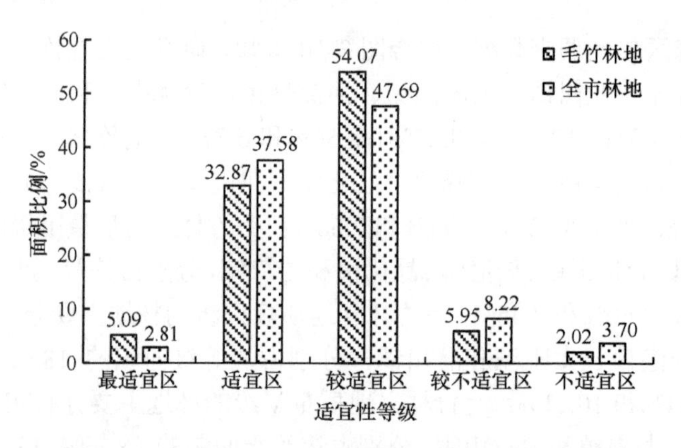


图 3-11　现有毛竹林地和全市林地适宜性等级结构

## 3.5　结论与讨论

### 3.5.1　结论

本研究利用临安区森林资源规划设计调查数据、临时样地立地因子调查数据、单株立竹材积和地上生物量数据、DEM 数据等，通过综合多因子与主导因子相结合、采用非线性度量误差模型方法及数量化理论评价模型方法等，对研究区立地主导因子、立地质量评价指标和毛竹林立地分类与立地质量评价进行了研究。研究结果主要有以下几方面内容。

1）对研究区毛竹林样地的各立地因子进行主成分分析，结果表明毛竹林立地主导因子重要性排序依次为地貌＞坡位＞土层厚度。

2）根据综合多因子和主导因子相结合的原则，建立研究区毛竹林立地分类系统，对研究区所有林地共划分 3 个立地类型小区、12 个立地类型组、72 个立地类型，其中现有毛竹林包含 3 个立地类型小区、12 个立地类型组、68 个立地类型。

3）利用不同毛竹构件因子，通过非线性度量误差模型建立了相容性立竹材积和毛竹生物量模型系统。基于胸径、胸高节长和竹高所建立的材积和生物量模型系统有更好的预估性能，$R^2$ 分别为 0.9677 和 0.9507。

4）确定反映毛竹林生长状况的优势竹平均材积作为立地质量评价的最佳指标。通过数量化理论 I 建立毛竹林立地质量评价模型，经检验模型达到显著水平（$P<0.05$），不仅可以计算毛竹林立地生产力，对现有的毛竹林生长状况进行评价，还可以评价无林地的生产潜力，预测毛竹的生长状况。

5）将研究区所有森林立地评定为Ⅰ、Ⅱ、Ⅲ、Ⅳ、Ⅴ5 个立地质量等级，分别对应 5 个适宜性等级，研究区现有毛竹林种植区域分布较为合理，仅有少部分毛竹林分布在较不适宜区和不适宜区。从研究区所有林地小班预测来看，最适宜和适宜毛竹林种植区域仍有较大的增长空间。

### 3.5.2　讨论

本研究所建立的立地分类系统符合研究区内毛竹生长立地条件情况，在相同气候条件区域内对毛竹经营管理具有一定的推广意义。针对其他区域，还需根据各区域毛竹分布情况，建立相应的毛竹林立地分类系统。

选择合适的毛竹林立地质量评价指标是进行立地质量评价的关键，所选择的指标既要反映立地生产潜力，又要便于测定、计算和应用。本研究以非线性度量误差模型建立相容性立竹材积和毛竹地上生物量模型系统，准确获取立竹单株材积和地上生物量，经过多指标比较分析，确定采用优势竹平均材积作为立地质量评价指标，该指标真实反映了立地生产潜力，也便于测定。

应当指出，所建立的相容性模型系统具有尺度性和区域性问题，在不同气候、立地条件下，毛竹发笋抽鞭、生物量分配等往往存在差异（汪阳东，2001；崔鸿侠等，2008），应根据具体条件对相容性模型的参数进行验证和调整。

# 第4章　浙江省主要森林类型生产力地理分异特性

## 4.1　引　言

森林生产力是指单位林地面积上单位时间内所生产的生物量，反映了森林生长的水平和质量。森林生产力的研究一般从两个方面来考虑：一是生产力的数值测定或估算，主要为森林生产力的测定和区域性生产力的实测研究（孙长忠，2001；赵敏和周广胜，2004）；二是生产力的形成机制研究，主要揭示由生物、环境等因子引起的对生产力的影响（肖乾广，1996；肖兴威，2005）。森林生产力的地理分异特性由太阳辐射、海陆位置和海拔等因素的空间差异而引起，因自然生态环境条件与森林植物群落在空间地域上发生分化而产生，是自然界的一种普遍现象。掌握森林生产力的地理分异特性及其规律，是科学合理地开展森林经营管理、提高森林生态系统质量和效益的重要基础。

杉木（*Cunninghamia lanceolata*）是我国长江流域、秦岭以南地区栽培最广、生长快、经济价值高的用材树种。杉木木材耐腐力强，不受白蚁蛀食，可供建筑、桥梁、造船、矿柱、木桩、电杆、家具及木纤维工业原料等用（俞新妥，1989）；杉木又具有药用价值，可祛风止痛，散瘀止血，用于慢性气管炎、胃痛、风湿关节痛；外用治跌打损伤、烧烫伤、外伤出血、过敏性皮炎（杨玉盛等，1998；肖复明等，2007），其根皮（杉木根）、树皮（杉皮）、枝干结节（杉木节）、心材、枝叶（杉木、杉叶）、木材沥出的油脂（杉木油）皆可入药（陈楚莹等，2000；刘荣杰等，2012）。

马尾松（*Pinus massoniana*）是中国南部主要用材树种，分布极广，经济价值高。马尾松遍布于华中华南各地，木材极耐水湿，有“水中千年松”之说，特别适用于水下工程。木材含纤维素62%，脱脂后是造纸工业和人造纤维工业的重要原料。马尾松也是中国主要产脂树种，松香是许多轻工业、重工业的重要原料，主要用于造纸、橡胶、涂料、油漆、胶黏等工业。松节油可合成松油，加工树脂，合成香料，生产杀虫剂，并作为许多贵重萜烯香料的合成原料。松针含有0.2%～0.5%的挥发油，可提取松针油，供作清凉喷雾剂、皂用香精及配制其他合成香料，还可浸提栲胶；树皮可制胶黏剂和人造板；松籽含油30%，除食用外，可制肥皂、油漆及润滑油等。球果可提炼原油；松根可提取松焦油，也可培养贵重的中药材——茯苓；花粉可入药；松枝富含松脂，火力强，是群众喜爱的薪柴，供烧窑用，还可提取松烟墨和染料（田大伦等，2004）。

阔叶林是指由阔叶树种组成的林分，相对于针叶林，阔叶林的组成树种繁多，栎属（*Quercus*）、杨属（*Populus*）、桦木属（*Betula*）等为我国落叶阔叶林的主要组成树种。中国的经济林树种大部分是阔叶树种，阔叶树种是营造防护林、水土保持林或四旁绿化的常用树种，除生产木材外，还可生产粮油、干鲜果品、橡胶、紫胶、栲胶、生漆、五倍子、白蜡、软木等产品；壳斗科许多树种的叶片还可喂饲柞蚕；另外，一些阔叶树如蓝果树（*Nyssa sinensis*）、盐肤木（*Rhus chinensis*）和柃木（*Eurya japonica*）等也可以作为蜜源开发利用。阔叶林也常作为行道树和大江大河的水源涵养林等。

杉木林、马尾松林和阔叶林是浙江省三大主要森林类型，目前，已对这三种森林类型的生长过程、组成结构和立地评价等开展了大量研究。

杉木林除浙江省北部平原地区外，其他地区均有大面积分布。对杉木林的研究，目前主要集中在杉木林生长过程和生产力（荣薏等，2008；王灿等，2012；黄兴召等，2017）、杉木林生长模型（周国模等，2001；张雄清等，2014，2015）、杉木实生林地位指数（毛志忠，1983，1985，1987；郑勇平等，1993；佟金权，2008；曹元帅和孙玉军，2017）、杉木林立地（唐正良和陶吉兴，1991；李培琳等，2018）、杉木林适宜性（许绍远，1985；高智慧，1986；李培琳等，2018）和杉木林效益（唐正良和王同新，1989；张骏等，2010；王枫等，2012a，2012b）等方面。

关于马尾松林的研究主要有马尾松林天然林生长模型（韦新良等，2001；邹奕巧等，2012）、马尾松林生物量（樊后保等，2006；明安刚等，2013；沈楚楚等，2013；韩畅等，2017；张林林等，2018）、马尾松林经营措施（Zhang *et al.*，2006）、马尾松林立地质量的数量化（迟健等，1995）、马尾松林人工林地位指数（高智慧，1991a，1991b；迟健等，1996）、马尾松林分结构（杨胜利等，2007；胡文杰等，2019）、马尾松林凋落物（黄承才等，2000，2005；杨会侠等，2010；葛晓改等，2012）、马尾松生产适宜性区划（张小波等，2016）、马尾松林效益评价（高智慧等，1994；洪宜聪，2017；刘士玲等，2019）等方面。

阔叶林的相关研究主要有阔叶林物种组成和结构（欧阳明等，2016；陈婷婷等，2018）、阔叶林空间分布格局（汤孟平等，2006）、阔叶林植被动态（丁圣彦和宋永昌，2004）、阔叶林分类（宋永昌，2004）、阔叶林碳储量（张鹏超等，2010）、阔叶林生物量与生物量模型（Yang *et al.*，2010；Blujdea *et al.*，2011；林开淼，2017）、阔叶林凋落物（龚伟等，2007；阎恩荣等，2008；周世兴等，2016；铁烈华等，2018）、阔叶林水源涵养功能（杞金华等，2012）等方面。

本研究以浙江省三大主要森林类型杉木林、马尾松林和阔叶林为研究对象，重点研究其森林生产力地理分异特性及其规律，对精准经营管理杉木林、马尾松林及阔叶林，提高森林生产力水平和经营效益具有重要意义。

## 4.2 研究内容

基于1994～2009年浙江省森林资源连续清查数据，采用生物量换算因子连续函数法计算森林生产力，以平均划分的原则将经度、纬度和海拔三个维度划分成几个梯度带，用最小显著差数法分别计算差异显著性，分析杉木林、马尾松林和阔叶林三个浙江省主要森林类型生产力的地理分异特性及其规律。

## 4.3 研究方法

### 4.3.1 数据来源与处理

以浙江省1994年、1999年、2004年和2009年等4次森林资源连续清查数据（包含样地数据和样木数据）作为基础数据。浙江省森林资源连续清查采用28.28m×28.28m的正方形样地，样地间距4.00km×6.00km，样地面积0.08hm$^2$，各期调查的主要技术标准基本统一。样地数据记录了样地号、横纵坐标、海拔、坡度、优势树种、活立木蓄积等样地因子，样地优势树种、树种组划分与树种、树种组划分标准相同。样木数据记录了立木类型、检尺类型、树种和胸径等因子。

利用MATLAB软件对样地数据进行处理。以优势树种代码为依据筛选树种（主要包括杉木、马尾松以及栎类、桦木、樟木、楠木、檫木、杨树、桉树、木麻黄等阔叶树种），通过横纵坐标筛选复位样地，利用样地号筛选复位样地的样木数据，以检尺类型为依据计算复位样地的活立木蓄积及损耗蓄积，以活立木蓄积为基础结合生物量换算因子计算各森林类型的生产力。结合样地数据和样木数据，对样地数据进行检查，剔除异常值。

4期调查的样地数分别为4222个、4251个、4253个和4252个，样木数分别为121 353、149 681、200 505、263 339，其中杉木林样地数分别为554个、516个、415个和350个；马尾松林样地数分别为895个、724个、468个和347个；阔叶林样地数分别为215个、277个、186个和164个。为探索样地长期固定可能带来的特殊对待的影响，国家林业局在浙江省进行了固定样地的分期移位替换试点工作，导致样地不完全复位，故1994～1999年浙江省复位的杉木林样地255个，马尾松林样地373个，阔叶林样地104个；1999～2004年复位的杉木林样地238个，马尾松林样地283个，阔叶林样地54个；2004～2009年复位的杉木林样地310个，马尾松林样地321个，阔叶林样地83个。

### 4.3.2 生产力估算

对于森林生产力的估算，目前主要有两类方法：基于森林资源清查数据的估算方法和基于遥感信息技术的估算方法（Running and Gower，1991；Peterson and Waring，1994；Hame *et al.*，1997；郭志华等，2002；Dong *et al.*，2003；徐新良和曹明奎，2006）。基于森林资源清查数据的估算方法包括平均生物量法、生物量转换因子法和生物量换算因子连续函数法（张茂震等，2009）。其中平均生物量法需要对样地中的部分或全部树木进行采伐后测定，生物量转换因子法将转换因子取作常数只能粗略估算大尺度范围的森林生物量（汤萃文等，2010）。

根据现有数据，本研究采用方精云等（2002）提出的生物量换算因子连续函数法对 1994～2009 年每次调查数据进行生产力的估算，每相邻 2 次调查为 1 期数据（1994～1999 年为第 1 期，1999～2004 年为第 2 期，2004～2009 年为第 3 期），共 3 期，计算各期森林每年每公顷产生的生物量，作为生产力估测值；以复位样地的活立木蓄积为基础，计算各样地 2 次调查的单位面积蓄积之差（作为各期的单位面积蓄积增长量）；通过换算因子将蓄积量转换为生物量，以此作为生产力。

在已知森林蓄积的情况下根据公式（4-1）可估算森林生物量（Fang *et al.*，2001）。

$$B=\alpha V+\beta \tag{4-1}$$

式中，$B$ 为单位面积生物量（$t/hm^2$）；$V$ 为单位面积蓄积量（$m^3/hm^2$）；$\alpha$、$\beta$ 为参数，参数值见表 4-1（李海奎和雷渊才，2010）。

**表 4-1　杉木、马尾松和阔叶树种的生物量转换参数**

| 树种 | 杉木 | 马尾松 | 栎类 | 桦木 | 樟木/楠木 | 檫木 | 杨树 | 桉树 | 木麻黄 | 其他阔叶类 |
|---|---|---|---|---|---|---|---|---|---|---|
| 参数 1（$\alpha$） | 0.40 | 0.51 | 1.15 | 1.07 | 1.04 | 0.63 | 0.48 | 0.89 | 0.74 | 0.76 |
| 参数 2（$\beta$） | 22.54 | 1.05 | 8.55 | 10.24 | 8.06 | 91 | 30.6 | 4.55 | 3.24 | 8.31 |

这里，采用修正式（4-2）估算森林生产力（张茂震等，2009）：

$$\Delta B=\alpha[V_2+(V_c+V_d)(1+p)^{\Delta m}-V_1]/\Delta n \tag{4-2}$$

式中，$\alpha$ 为生物量转换参数 1；$V_1$ 为调查样地期初时单位面积蓄积量（$m^3/hm^2$）；$V_2$ 为调查样地期末时单位面积蓄积量（$m^3/hm^2$）；$\Delta n$ 为 2 次数据调查的间隔期（年）；$(V_c+V_d)(1+p)^{\Delta m}$ 为 $\Delta n$ 年内的未测生长量（按 $\Delta m$ 年计算）的单位面积消耗量，未测生长量指在间隔期内的损耗木（采伐木、枯立木、枯倒木）若继续生长可能产生的生物量；其中 $\Delta m$ 为采伐木和枯损木从被采伐或枯损到期末调查时所经历的时间（年），取 $\Delta m=\Delta n/2$；$V_c$、$V_d$ 分别为间隔期 $\Delta n$ 年内单位面积采伐和枯损蓄积量；$p$ 为年平均生长率。

对于杉木林样地和马尾松林样地，期初期末 2 次调查都为同一个树种的适用公式（4-2）。对于阔叶林样地生产力的计算，其期初期末 2 次调查所得的优势树种可能存在不同，生物量转换参数也不同。针对此情况对公式（4-2）进行了调整，得到公式：

$$\Delta B=[(\alpha_2 \cdot V_2+\beta_2)-(\alpha_1 \cdot V_1+\beta_1)+\alpha_2 \cdot (V_c+V_d)(1+p)^{\Delta m}]/\Delta n \tag{4-3}$$

式中，$\alpha_1$、$\alpha_2$ 分别为期初、期末调查样地优势树种的生物量转换参数 1；$\beta_1$、$\beta_2$ 分别为期初、期末调查样地优势树种的生物量转换参数 2；$V_1$ 为调查样地期初单位面积蓄积量（$m^3/hm^2$）；$V_2$ 为调查样地期末单位面积蓄积量（$m^3/hm^2$）；$\Delta n$ 为 2 次数据调查的间隔期（年）；$(V_c+V_d)(1+p)^{\Delta m}$ 为 $\Delta n$ 年内的未测生长量（按 $\Delta m$ 年计算）的单位面积消耗量；其中 $\Delta m$ 为采伐木和枯损木从被采伐或枯损到期末调查时所经历的时间（年），取 $\Delta m=\Delta n/2$；$V_c$、$V_d$ 分别为间隔期 $\Delta n$ 年内单位面积采伐和枯损蓄积量；$p$ 为年平均生长率。

### 4.3.3 地理空间梯度划分

#### 4.3.3.1 经度梯度划分

浙江省经度为 118.02°～123.16°E，包含了 2 条 6 度带中央经线（117°E 和 123°E），即 6 度带的第 20 号和第 21 号带。样地数据记录的国家统一坐标的横坐标为 20 609 000～21 415 000m，对应的经度为 118.12°～122.12°E。按经度将浙江省划分为 11 个半度带，依次标为Ⅰ～Ⅺ带。

#### 4.3.3.2 纬度梯度划分

浙江省纬度为 27.10°～31.18°N，杉木林复位样地数据记录的国家统一坐标的纵坐标为 3 036 000～3 436 000m，对应的纬度为 27.42°～31.03°N。按纬度将浙江省划分为 9 个半度带，依次标为Ⅰ～Ⅸ带。

#### 4.3.3.3 海拔梯度划分

根据海拔梯度划分，海拔小于 500m 的划为低海拔，500～1000m 的划为中海拔，≥1000m 的划为高海拔。结合研究区的实际情况，浙江省可划分为 5 个海拔梯度带，采用上限排外法，分别为 250m 以下、250～500m、500～750m、750～1000m 和 1000m 及以上，依次标为Ⅰ～Ⅴ梯度带。

### 4.3.4 生产力差异性统计分析

通过 SPSS20 对 3 个不同维度下不同梯度带上的森林生产力进行差异显著性分析。选择单因素方差分析下常用的最小显著差数法在 $P<0.05$ 显著性水平下进行多重比较分析，分析各维度下梯度带两两之间的差异性。

# 4.4　结果与分析

## 4.4.1　杉木林生产力地理分异特性

从杉木林生产力的最大值可以看出，第 1 期的明显高于第 2 期和第 3 期；在 3 期数据中，杉木林生产力的最小值都为零，从样木数据和前后期样地蓄积可知其原因为对样地内样木进行了皆伐，并且新生木未达到起测条件。1999～2009 年，浙江省杉木林生产力均值有所波动，第 1 期与第 2 期的均值之差明显高于第 2 期和第 3 期的，可见第 1 期生产力明显低于后两期（表 4-2）。

**表 4-2　1994～2009 年浙江省杉木林生产力总体特征**

| 时间 | 样地数/块 | 生产力/[t/(hm²·a)] | | | |
|---|---|---|---|---|---|
| | | 均值 | 最大值 | 最小值 | 标准差 |
| 第 1 期（1994～1999 年） | 255 | 1.43 | 11.37 | 0 | 1.43 |
| 第 2 期（1999～2004 年） | 238 | 2.11 | 8.88 | 0 | 1.50 |
| 第 3 期（2004～2009 年） | 310 | 1.86 | 6.25 | 0 | 1.27 |

### 4.4.1.1　杉木林生产力在经度梯度带上的分异特性

从图 4-1 看出，杉木林在浙江省的 118.0°～122.5°E 均有分布，以 122.5°E 为分界，可以明显看出，样地数量西面多东面少，且样地生产力的最大值位于西面。

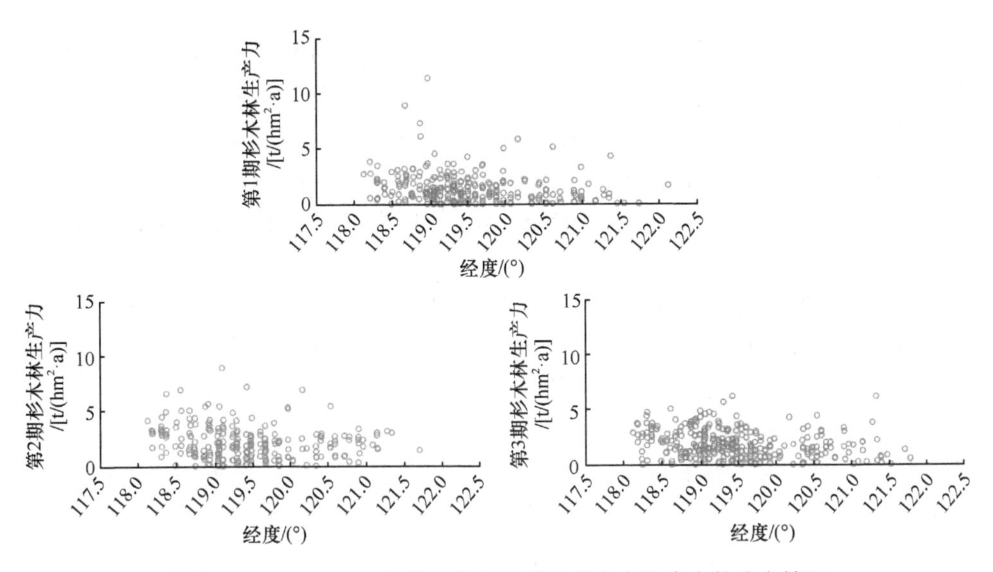


图 4-1　1994～2009 年浙江省杉木林生产力在经度上的分布情况

浙江省杉木林样地在经度带Ⅶ～Ⅸ带分布数量较少，Ⅹ～Ⅺ带没有分布，因此选取Ⅰ～Ⅵ带进行分析。

从对1994～2009年各梯度带杉木林生产力的分析（图4-2）可知，各梯度带上生产力存在波动，从第1期（1994～1999年）到第2期（1999～2004年），在各梯度带上浙江省杉木林生产力明显增大，平均增大49%；除第Ⅲ梯度带外，从第2期到第3期（2004～2009年）各梯度带上的浙江省杉木林生产力均有所下降，但不明显。

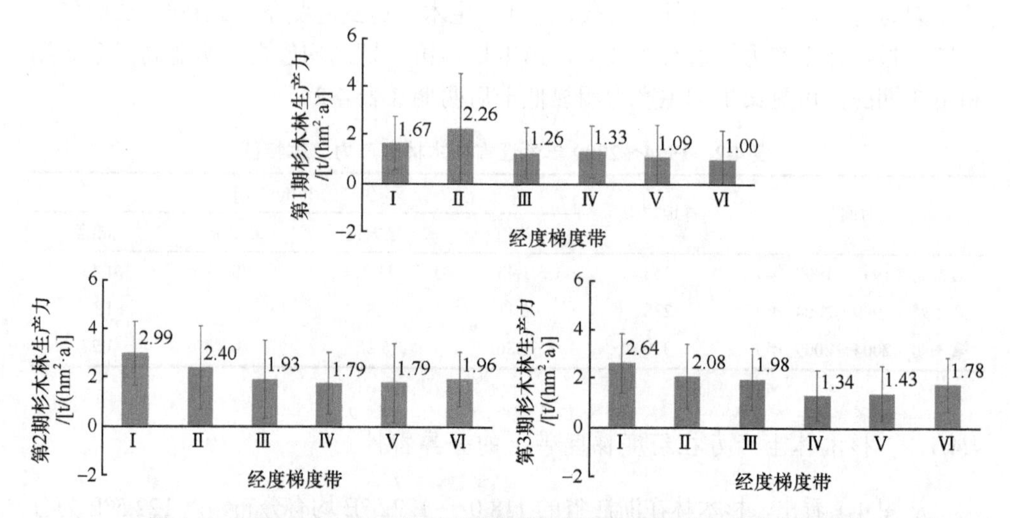


图4-2 1994～2009年在各经度梯度带上浙江省杉木林的生产力统计量

图中误差线表示标准差

具体来看，第1期浙江省杉木林生产力除第Ⅰ梯度带上生产力较第Ⅱ梯度带低外沿经度梯度方向总体呈下降趋势，第2期和第3期浙江省杉木林生产力以第Ⅳ梯度带为界，呈先下降后微上升趋势。从第Ⅰ至第Ⅳ梯度，第2期的生产力下降了1.20t/(hm$^2$·a)，第3期下降了1.30t/(hm$^2$·a)；从第Ⅳ至Ⅵ梯度带，第2期的生产力上升了0.17t/(hm$^2$·a)，第3期的生产力上升了0.44t/(hm$^2$·a)（图4-2）。

沿经度梯度方向，第Ⅱ梯度带上的第1期生产力与除第Ⅰ梯度带外的其他梯度带均存在显著差异；第Ⅰ梯度带上的第2期生产力与除第Ⅱ梯度带外的其他梯度带存在显著差异；第Ⅰ梯度带上的第3期生产力与其他梯度带存在显著差异。总体上，沿经度方向第Ⅰ、Ⅱ梯度带上的生产力明显高于其余梯度带上的生产力，且随着时间推移第Ⅰ梯度带上的生产力与其他梯度带的差异更加显著（表4-3～表4-5）。

**表 4-3　1994～1999 年浙江省杉木林的生产力在各经度梯度带间的差异性**

| 经度梯度带 | I | II | III | IV | V | VI |
|---|---|---|---|---|---|---|
| I | — | — | — | — | — | — |
| II | 0.113 | — | — | — | — | — |
| III | 0.246 | 0.000* | — | — | — | — |
| IV | 0.363 | 0.001* | 0.784 | — | — | — |
| V | 0.189 | 0.002* | 0.611 | 0.506 | — | — |
| VI | 0.115 | 0.000* | 0.415 | 0.337 | 0.838 | — |

*表示差异显著（$P<0.05$）

**表 4-4　1999～2004 年浙江省杉木林的生产力在各经度梯度带间的差异性**

| 经度梯度带 | I | II | III | IV | V | VI |
|---|---|---|---|---|---|---|
| I | — | — | — | — | — | — |
| II | 0.119 | — | — | — | — | — |
| III | 0.002* | 0.093 | — | — | — | — |
| IV | 0.002* | 0.057 | 0.612 | — | — | — |
| V | 0.010* | 0.143 | 0.721 | 0.985 | — | — |
| VI | 0.018* | 0.246 | 0.939 | 0.655 | 0.724 | — |

*表示差异显著（$P<0.05$）

**表 4-5　2004～2009 年浙江省杉木林的生产力在各经度梯度带间的差异性**

| 经度梯度带 | I | II | III | IV | V | VI |
|---|---|---|---|---|---|---|
| I | — | — | — | — | — | — |
| II | 0.037* | — | — | — | — | — |
| III | 0.010* | 0.604 | — | — | — | — |
| IV | 0.000* | 0.001* | 0.002* | — | — | — |
| V | 0.000* | 0.022* | 0.043* | 0.783 | — | — |
| VI | 0.009* | 0.288 | 0.459 | 0.139 | 0.308 | — |

*表示差异显著（$P<0.05$）

#### 4.4.1.2　杉木林生产力在纬度梯度带上的分异特性

从图 4-3 可以看出，浙江省杉木林分布在 27.5°～31.0°N，集中分布在 28°～29.5°N。生产力主要为 0～5t/(hm$^2$·a)。

浙江省杉木林样地在纬度带Ⅰ、Ⅷ和Ⅸ带分布较少，因此选取Ⅱ～Ⅶ带进行分析。

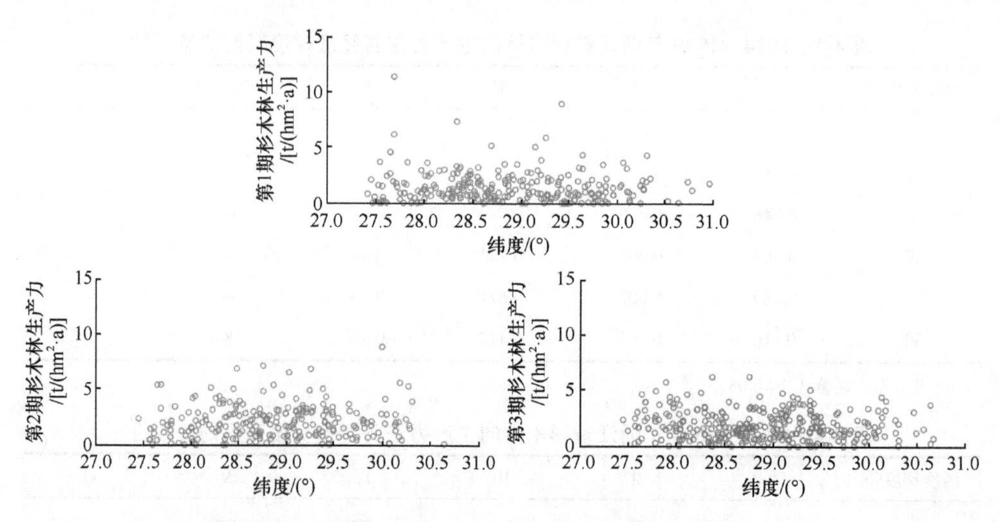


图 4-3 1994～2009 年浙江省杉木林生产力在纬度上的分布情况

从对 1994～2009 年各梯度带上杉木林生产力的分析可知（图 4-4），生产力均值存在波动，从第 1 期到第 2 期，浙江省杉木林生产力在第Ⅳ、Ⅵ、Ⅶ梯度带上略微上升，在第Ⅱ、Ⅲ、Ⅴ梯度带上有不同程度下降，在Ⅱ梯度带上下降明显，达到 47%。从第 2 期到第 3 期，浙江省杉木林生产力除第Ⅱ梯度带外在各梯度带上略微下降，在第Ⅱ梯度带上略上升。

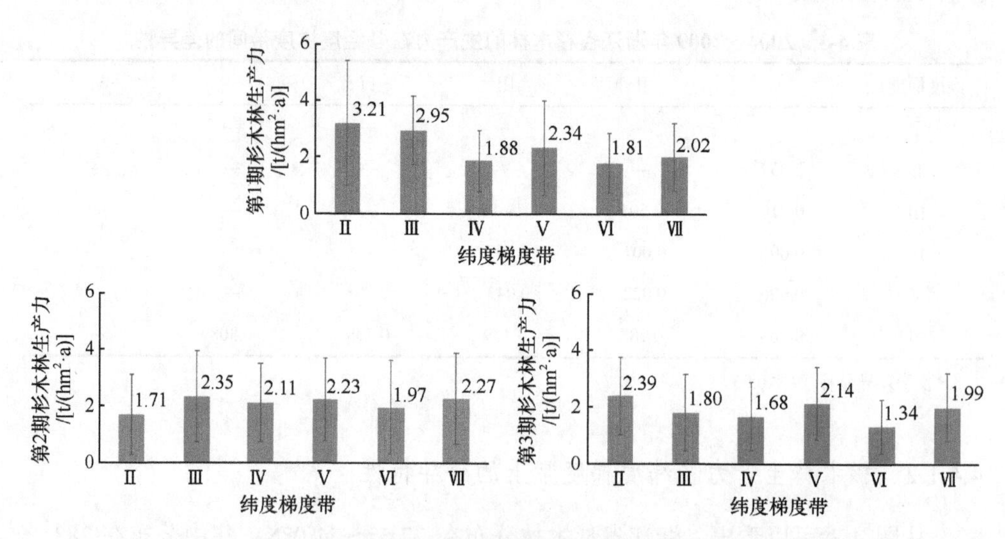


图 4-4 1994～2009 年在各纬度梯度带上浙江省杉木林的生产力统计量

图中误差线表示标准差

第 1 期和第 3 期浙江省杉木林生产力在纬度方向波动规律一致，在第Ⅳ和第Ⅵ梯度带出现谷值，在第Ⅴ梯度带出现峰值但最大值出现在第Ⅱ梯度带上（图 4-4）。

由图 4-4 可以看出，在不同梯度带上第 2 期杉木林生产力主要集中在 2.0t/($hm^2$·a)左右，除第Ⅱ梯度带上的生产力偏小外第 2 期杉木林生产力的波动规律与第 1 期和第 3 期基本一致，但波动不明显。仅第Ⅱ梯度带的生产力较小，所以在第Ⅲ梯度带上也出现了峰值。

沿纬度梯度方向，第 1 期和第 2 期生产力在各梯度带上均无显著差异；第Ⅱ梯度带上的第 3 期生产力与第Ⅲ、Ⅳ、Ⅵ梯度带存在显著差异，第Ⅵ梯度带上的生产力又与第Ⅴ梯度带存在显著差异，而第Ⅶ梯度带上的生产力与所有梯度带均无显著差异。总体上，沿纬度方向各梯度带上的生产力无显著差异，但沿纬度方向各梯度带上的生产力波动规律一致，且随着时间推移生产力有向着差异显著的梯度带分化的趋势（表 4-6～表 4-8）。

**表 4-6　1994～1999 年浙江省杉木林的生产力在各纬度梯度带间的差异性**

| 纬度梯度带 | Ⅱ | Ⅲ | Ⅳ | Ⅴ | Ⅵ | Ⅶ |
|---|---|---|---|---|---|---|
| Ⅱ | — | — | — | — | — | — |
| Ⅲ | 0.745 | — | — | — | — | — |
| Ⅳ | 0.592 | 0.345 | — | — | — | — |
| Ⅴ | 0.776 | 0.503 | 0.785 | — | — | — |
| Ⅵ | 0.174 | 0.070 | 0.360 | 0.240 | — | — |
| Ⅶ | 0.877 | 0.932 | 0.565 | 0.703 | 0.218 | — |

**表 4-7　1999～2004 年浙江省杉木林的生产力在各纬度梯度带间的差异性**

| 纬度梯度带 | Ⅱ | Ⅲ | Ⅳ | Ⅴ | Ⅵ | Ⅶ |
|---|---|---|---|---|---|---|
| Ⅱ | — | — | — | — | — | — |
| Ⅲ | 0.074 | — | — | — | — | — |
| Ⅳ | 0.147 | 0,663 | — | — | — | — |
| Ⅴ | 0.064 | 0.980 | 0.660 | — | — | — |
| Ⅵ | 0.502 | 0.306 | 0.501 | 0.294 | — | — |
| Ⅶ | 0.167 | 0.971 | 0.776 | 0.985 | 0.436 | — |

**表 4-8　2004～2009 年浙江省杉木林的生产力在各纬度梯度带间的差异性**

| 纬度梯度带 | Ⅱ | Ⅲ | Ⅳ | Ⅴ | Ⅵ | Ⅶ |
|---|---|---|---|---|---|---|
| Ⅱ | — | — | — | — | — | — |
| Ⅲ | 0.028* | — | — | — | — | — |
| Ⅳ | 0.008* | 0.641 | — | — | — | — |
| Ⅴ | 0.263 | 0.181 | 0.064 | — | — | — |
| Ⅵ | 0.001* | 0.091 | 0.190 | 0.004* | — | — |
| Ⅶ | 0.330 | 0.510 | 0.328 | 0.831 | 0.065 | — |

*表示差异显著（$P$<0.05）

#### 4.4.1.3 杉木林生产力在海拔梯度带上的分异特性

从图 4-5 可以看出，浙江省杉木林样地在海拔 0～1600m 均有分布，以 250～500m 最为集中。浙江省杉木林样地在海拔带Ⅰ～Ⅴ带皆有分布，因此选取Ⅰ～Ⅴ带进行分析。

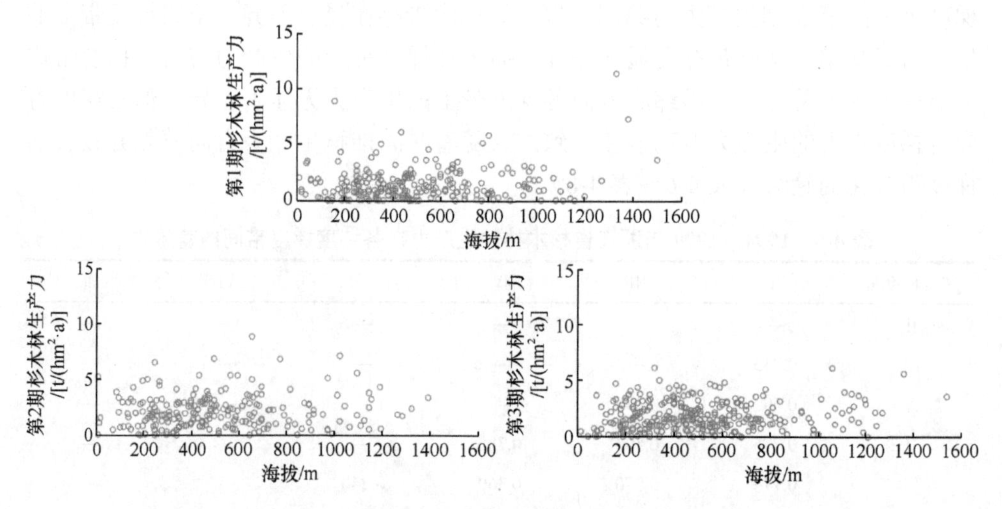


图 4-5 1994～2009 年浙江省杉木林生产力在海拔上的分布情况

由图 4-6 可知，从第 1 期到第 2 期，浙江省杉木林生产力在各梯度带上均有所上升，上升 17%～54%不等；从第 2 期到第 3 期，浙江省杉木林生产力除第Ⅴ

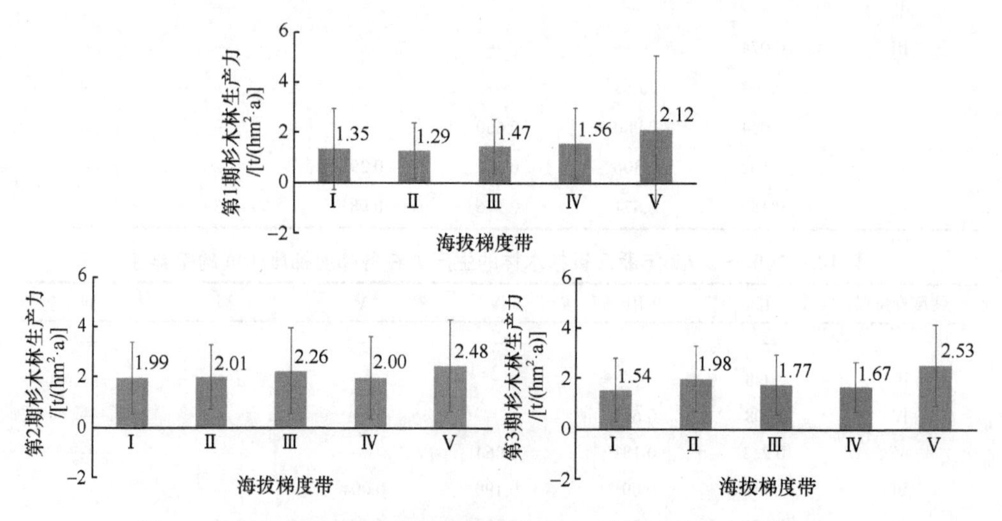


图 4-6 1994～2009 年在各海拔梯度带上浙江省杉木林的生产力统计量

图中误差线表示标准差

梯度带外，其他各梯度带上均下降。具体地说，第 1 期时随海拔由低到高，杉木林生产力基本呈上升趋势；在第Ⅰ～Ⅳ梯度带上第 2 期浙江省杉木林生产力在 $2.0t/(hm^2 \cdot a)$左右，只第Ⅴ梯度带上的值明显高于 $2.0t/(hm^2 \cdot a)$；第 3 期杉木林生产力在第Ⅰ～Ⅳ梯度带上的值小于 $2.0t/(hm^2 \cdot a)$，只第Ⅴ梯度带上的值明显高于 $2.0t/(hm^2 \cdot a)$。

沿海拔梯度方向，第Ⅴ梯度带上的第 1 期生产力仅与第Ⅱ梯度带上的生产力存在显著差异，其他梯度带间差异不显著；第 2 期生产力在各梯度带间均无显著差异；第Ⅴ梯度带上的第 3 期生产力与各梯度带（第Ⅱ梯度带除外）存在显著差异，第Ⅰ梯度带上的生产力与第Ⅱ梯度带也存在显著差异。总体上，沿海拔方向各梯度带间无显著差异，但随着时间推移第Ⅴ梯度带与其他梯度带间的差异逐渐显著，且第Ⅴ梯度带上的生产力高于其余梯度带（表 4-9～表 4-11）。

**表 4-9　1994～1999 年浙江省杉木林的生产力在各海拔梯度带间的差异性**

| 海拔梯度带 | Ⅰ | Ⅱ | Ⅲ | Ⅳ | Ⅴ |
|---|---|---|---|---|---|
| Ⅰ | — | — | — | — | — |
| Ⅱ | 0.824 | — | — | — | — |
| Ⅲ | 0.672 | 0.440 | — | — | — |
| Ⅳ | 0.524 | 0.338 | 0.781 | — | — |
| Ⅴ | 0.058 | 0.024* | 0.098 | 0.182 | — |

*表示差异显著（$P<0.05$）

**表 4-10　1999～2004 年浙江省杉木林的生产力在各海拔梯度带间的差异性**

| 海拔梯度带 | Ⅰ | Ⅱ | Ⅲ | Ⅳ | Ⅴ |
|---|---|---|---|---|---|
| Ⅰ | — | — | — | — | — |
| Ⅱ | 0.938 | — | — | — | — |
| Ⅲ | 0.372 | 0.321 | — | — | — |
| Ⅳ | 0.975 | 0.978 | 0.485 | — | — |
| Ⅴ | 0.234 | 0.212 | 0.572 | 0.302 | — |

**表 4-11　2004～2009 年浙江省杉木林的生产力在各海拔梯度带间的差异性**

| 海拔梯度带 | Ⅰ | Ⅱ | Ⅲ | Ⅳ | Ⅴ |
|---|---|---|---|---|---|
| Ⅰ | — | — | — | — | — |
| Ⅱ | 0.034* | — | — | — | — |
| Ⅲ | 0.288 | 0.231 | — | — | — |
| Ⅳ | 0.665 | 0.248 | 0.717 | — | — |
| Ⅴ | 0.001* | 0.053 | 0.009* | 0.015* | — |

*表示差异显著（$P<0.05$）

#### 4.4.1.4 杉木林生产力在浙江省的分布

综合 3 期杉木林生产力在浙江省的分布，杉木林在西北方和西南方的中高海拔上分布较多，且杉木林生产力高的地区也集中在这些区域。比较 3 期杉木林生产力分布图可以看出，第 1、3 期的杉木林生产力相较于第 2 期的杉木林生产力小（图中相应的代表杉木林生产力的点比第 2 期的更小，颜色更浅）（图 4-7）。

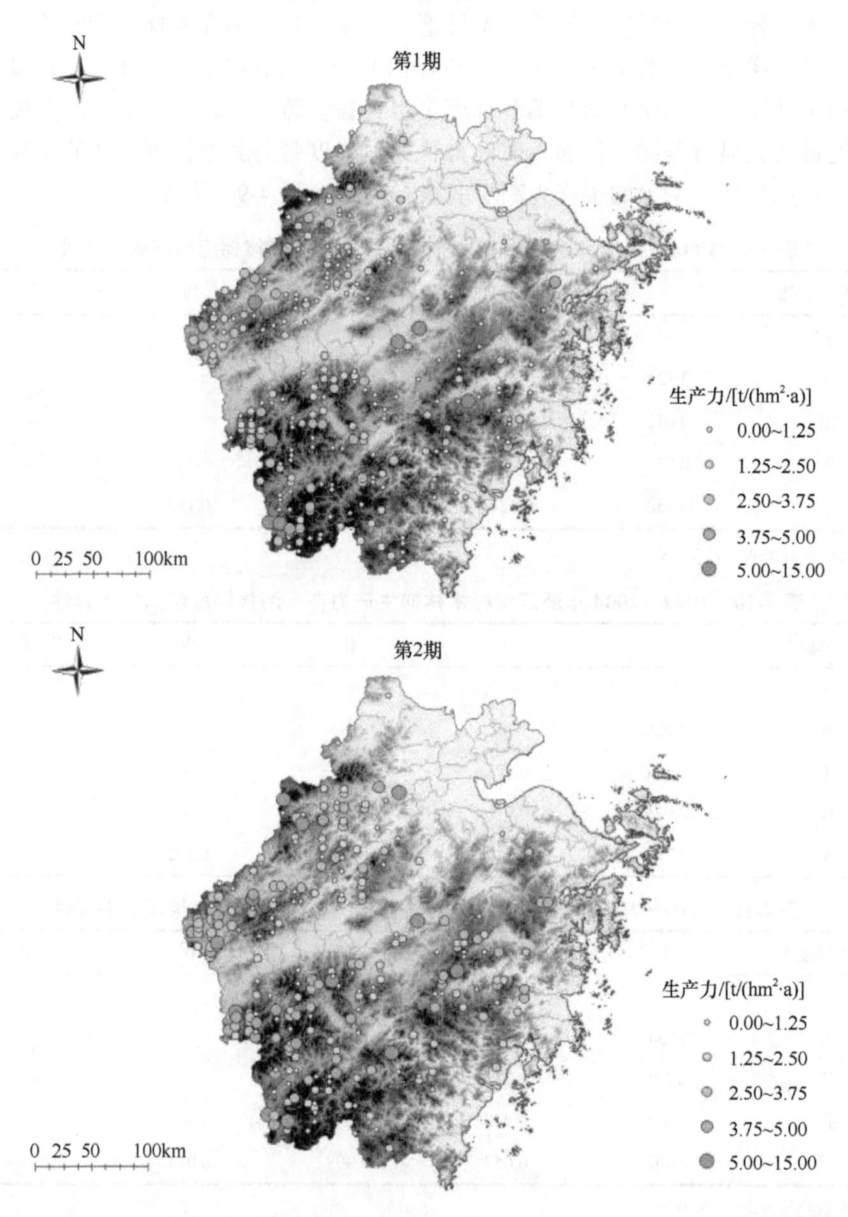

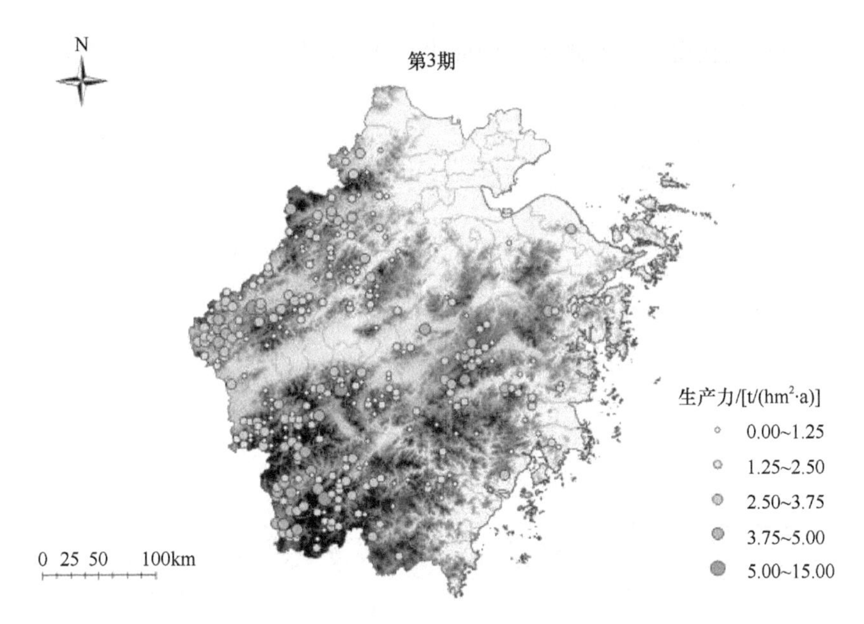


图 4-7　1994～2009 年浙江省杉木林生产力分布（彩图请扫封底二维码）
底图为浙江省面域和 DEM；点的位置表示样地位置；点的大小表示生产力的大小

### 4.4.2　马尾松林生产力地理分异特性

从马尾松林生产力的最大值可以看出，第 1 期的明显高于第 3 期和第 2 期，但内部离散程度也相对较大；另外，3 期数据中马尾松林生产力的最小值接近零，从样地数据可知这些样地的林种皆为一般用材林，起源为天然下种或植苗，从样木数据和期初期末样地蓄积对照看出样地内样木被采伐，并且新生木未达到起测条件。

1999～2009 年，浙江省马尾松林生产力均值有所波动，可见第 1 期与第 2 期的均值之差明显高于第 2 期和第 3 期的，第 1 期生产力明显高于后两期（表 4-12）。

**表 4-12　1994～2009 年浙江省马尾松林生产力总体特征**

| 时间 | 样地数/块 | 生产力/[t/(hm²·a)] | | | |
|---|---|---|---|---|---|
| | | 均值 | 最大值 | 最小值 | 标准差 |
| 第 1 期（1994～1999 年） | 373 | 2.09 | 9.94 | 0.01 | 2.09 |
| 第 2 期（1999～2004 年） | 283 | 1.54 | 6.96 | 0.01 | 1.17 |
| 第 3 期（2004～2009 年） | 321 | 1.65 | 6.27 | 0.03 | 1.10 |

#### 4.4.2.1　马尾松林生产力在经度梯度带上的分异特性

从图 4-8 可知，马尾松林在浙江省的 118.0°～122.5°E 均有分布，以 119.5°E

为分界，可以明显看出，样地数量西面少东面多，生产力主要在 0～5t/(hm²·a)。

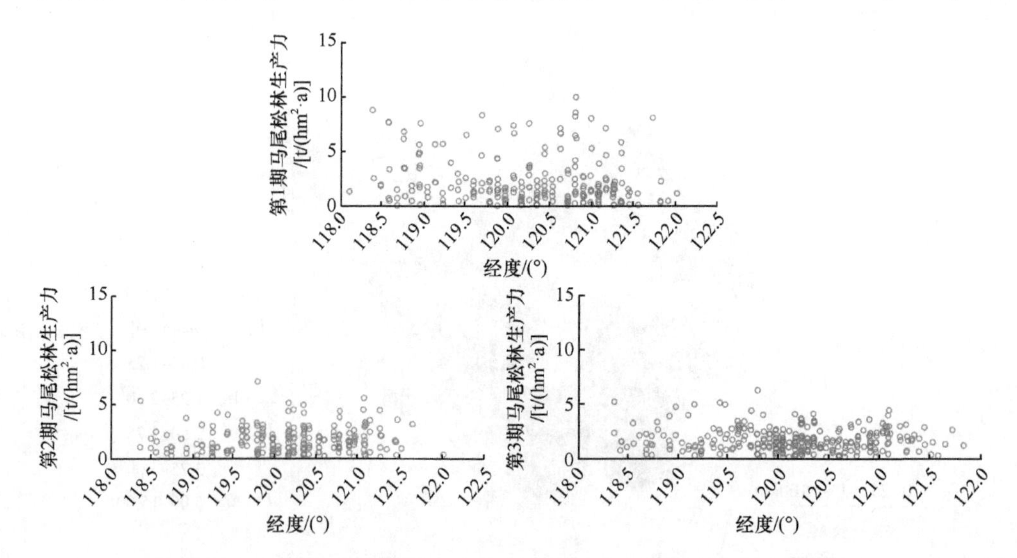


图 4-8 1994～2009 年浙江省马尾松林生产力在经度上的分布情况

马尾松林样地在Ⅰ、Ⅷ、Ⅸ带分布数量较少，Ⅹ～Ⅺ带没有分布，因此选取Ⅱ～Ⅶ带进行分析。

从对 1994～2009 年各梯度带马尾松林生产力的分析（图 4-9）可知，各梯度带上生产力存在波动，从第 1 期（1994～1999 年）到第 2 期（1999～2004 年），除第Ⅶ梯度带外，在各梯度带上浙江省马尾松林生产力明显降低，平均下降 32%,

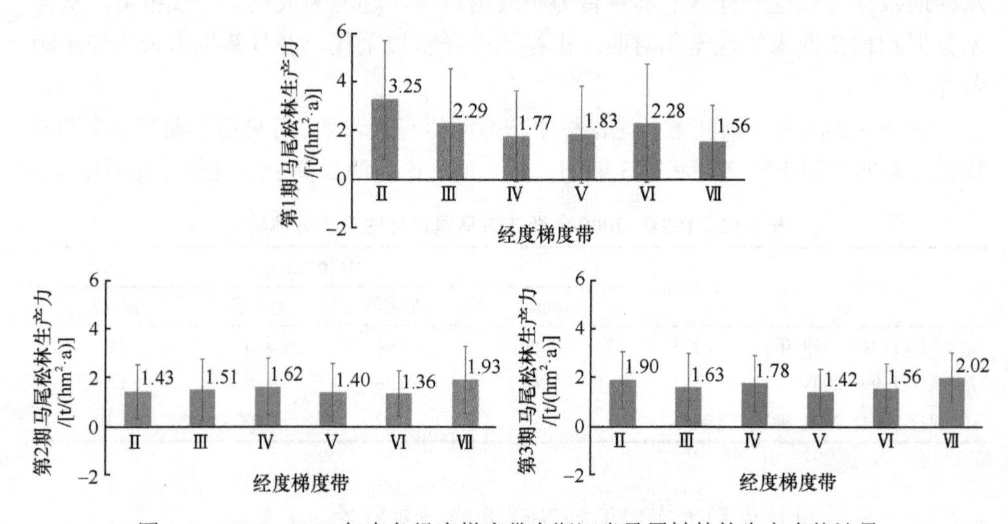


图 4-9 1994～2009 年在各经度梯度带上浙江省马尾松林的生产力统计量

图中误差线表示标准差

其中第Ⅱ梯度带下降最为明显，下降 56%；从第 2 期到第 3 期（2004～2009 年），各梯度带上的浙江省马尾松林生产力均有所上升但不明显，平均上升 12%；在第Ⅶ梯度带上，从第 1 期至第 3 期浙江省马尾松林生产力持续增长，共增长 $0.46t/(hm^2 \cdot a)$。

具体来看，第 1 期浙江省马尾松林生产力在第Ⅱ至第Ⅳ梯度带上呈下降趋势，又在第Ⅴ至第Ⅶ梯度中间出现一个峰值；第 2 和第 3 期浙江省马尾松林生产力在第Ⅱ至第Ⅵ梯度带上波动不明显，但在第Ⅳ梯度带上出现峰值，最大值出现在第Ⅶ梯度带上。从第Ⅱ至第Ⅳ梯度，第 1 期的生产力下降了 $1.48t/(hm^2 \cdot a)$；在第Ⅱ至第Ⅵ梯度带上，第 2 期和第 3 期的生产力波动范围分别为 $0.04 \sim 0.22t/(hm^2 \cdot a)$和 $0.14 \sim 0.36t/(hm^2 \cdot a)$（图 4-9）。

沿经度梯度方向，第Ⅱ梯度带上的第 1 期生产力与除第Ⅲ梯度带外的其他梯度带均存在显著差异；第Ⅶ梯度带上的第 2 期生产力与第Ⅴ、Ⅵ梯度带存在显著差异；第Ⅳ、Ⅶ梯度带上的第 3 期生产力与第Ⅴ梯度带存在显著差异，第Ⅶ梯度带上的第 3 期生产力又与第Ⅵ梯度带存在显著差异。总体可见，1994～1999 年沿经度方向第Ⅱ梯度带上的生产力明显高于其余梯度带，但随着时间推移第Ⅱ梯度带上的生产力与其他梯度带差异明显减小，1999～2009 年第Ⅱ梯度带上的生产力与第Ⅲ～Ⅶ梯度带差异均不显著（表 4-13～表 4-15）。

**表 4-13　1994～1999 年浙江省马尾松林的生产力在各经度梯度带间的差异性**

| 经度梯度带 | Ⅱ | Ⅲ | Ⅳ | Ⅴ | Ⅵ | Ⅶ |
| --- | --- | --- | --- | --- | --- | --- |
| Ⅱ | — | — | — | — | — | — |
| Ⅲ | 0.123 | — | — | — | — | — |
| Ⅳ | 0.002* | 0.171 | — | — | — | — |
| Ⅴ | 0.003* | 0.221 | 0.788 | — | — | — |
| Ⅵ | 0.041* | 0.779 | 0.169 | 0.227 | — | — |
| Ⅶ | 0.001* | 0.082 | 0.572 | 0.402 | 0.072 | — |

*表示差异显著（$P<0.05$）

**表 4-14　1999～2004 年浙江省马尾松林的生产力在各经度梯度带间的差异性**

| 经度梯度带 | Ⅱ | Ⅲ | Ⅳ | Ⅴ | Ⅵ | Ⅶ |
| --- | --- | --- | --- | --- | --- | --- |
| Ⅱ | — | — | — | — | — | — |
| Ⅲ | 0.822 | — | — | — | — | — |
| Ⅳ | 0.562 | 0.676 | — | — | — | — |
| Ⅴ | 1.000 | 0.743 | 0.347 | — | — | — |
| Ⅵ | 0.944 | 0.691 | 0.332 | 0.908 | — | — |
| Ⅶ | 0.164 | 0.160 | 0.242 | 0.039* | 0.042* | — |

*表示差异显著（$P<0.05$）

表 4-15 2004～2009 年浙江省马尾松林的生产力在各经度梯度带间的差异性

| 经度梯度带 | Ⅱ | Ⅲ | Ⅳ | Ⅴ | Ⅵ | Ⅶ |
|---|---|---|---|---|---|---|
| Ⅱ | — | — | — | — | — | — |
| Ⅲ | 0.371 | — | — | — | — | — |
| Ⅳ | 0.668 | 0.496 | — | — | — | — |
| Ⅴ | 0.087 | 0.415 | 0.049* | — | — | — |
| Ⅵ | 0.225 | 0.786 | 0.250 | 0.522 | — | — |
| Ⅶ | 0.698 | 0.139 | 0.298 | 0.008* | 0.050* | — |

*表示差异显著（$P<0.05$）

### 4.4.2.2 马尾松林生产力在纬度梯度带上的分异特性

从图 4-10 可以看出，浙江省马尾松林分布在 27.0°～31.0°N，以 28.5°～29.5°N 分布较为集中。

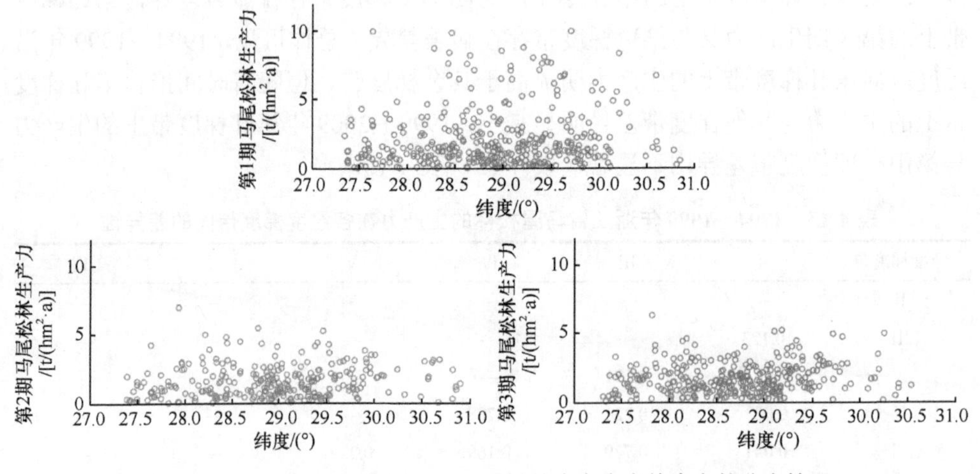


图 4-10 1994～2009 年浙江省马尾松林生产力在纬度上的分布情况

马尾松林样地在Ⅰ、Ⅷ、Ⅸ带分布数量较少，Ⅹ～Ⅺ带没有分布，因此选取Ⅱ～Ⅶ带进行分析。

从对 1994～2009 年各梯度带上马尾松林生产力的分析可知（图 4-11），生产力均值存在波动，从第 1 期到第 2 期，浙江省马尾松林生产力在各梯度带上略微下降，平均下降 27%；从第 2 期到第 3 期，浙江省马尾松林生产力除第Ⅳ梯度带外在各梯度带上都略微上升，平均增长 15%，在第Ⅳ梯度带上略下降。

第 1 期浙江省马尾松林生产力沿纬度梯度带Ⅱ～Ⅶ基本呈上升趋势；第 2 期和第 3 期浙江省马尾松林生产力在纬度梯度带上波动规律基本一致，在Ⅱ～Ⅴ梯度带上波动不明显，但均在第Ⅴ梯度带出现谷值，第Ⅵ、Ⅶ梯度带上的生产力相对较高（图 4-11）。

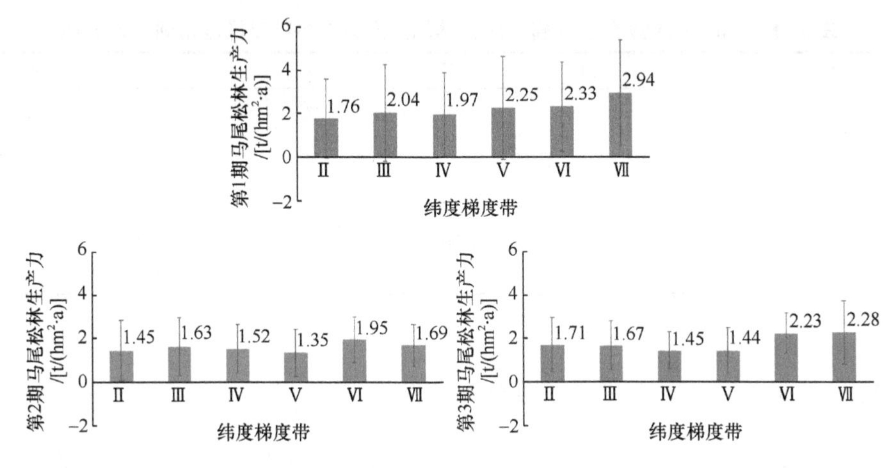


图 4-11　1994～2009 年在各纬度梯度带上浙江省马尾松林的生产力统计量

图中误差线表示标准差

沿纬度梯度方向，第 1 期浙江省马尾松林生产力在各梯度带上均无显著差异；第Ⅵ梯度带上的第 2 期生产力与第Ⅴ梯度带间存在显著差异，其他梯度带间差异不显著；第Ⅵ梯度带上的第 3 期生产力与除第Ⅶ梯度带外的其他梯度带的生产力均存在显著差异，第Ⅶ梯度带上的生产力又与第Ⅳ、Ⅴ梯度带的生产力存在显著差异，且其他梯度带间差异不显著。总体上，沿纬度方向各梯度带上的生产力在 1994～2004 年无显著差异，但随着时间推移，第Ⅵ、Ⅶ梯度带上的生产力与其他梯度带差异逐渐显著，且生产力值高于其他梯度带（表 4-16～表 4-18）。

**表 4-16　1994～1999 年浙江省马尾松林的生产力在各纬度梯度带间的差异性**

| 纬度梯度带 | Ⅱ | Ⅲ | Ⅳ | Ⅴ | Ⅵ | Ⅶ |
|---|---|---|---|---|---|---|
| Ⅱ | — | — | — | — | — | — |
| Ⅲ | 0.508 | — | — | — | — | — |
| Ⅳ | 0.594 | 0.838 | — | — | — | — |
| Ⅴ | 0.221 | 0.557 | 0.380 | — | — | — |
| Ⅵ | 0.177 | 0.452 | 0.299 | 0.833 | — | — |
| Ⅶ | 0.063 | 0.139 | 0.098 | 0.244 | 0.308 | — |

**表 4-17　1999～2004 年浙江省马尾松林的生产力在各纬度梯度带间的差异性**

| 纬度梯度带 | Ⅱ | Ⅲ | Ⅳ | Ⅴ | Ⅵ | Ⅶ |
|---|---|---|---|---|---|---|
| Ⅱ | — | — | — | — | — | — |
| Ⅲ | 0.491 | — | — | — | — | — |
| Ⅳ | 0.777 | 0.614 | — | — | — | — |
| Ⅴ | 0.678 | 0.203 | 0.391 | — | — | — |
| Ⅵ | 0.069 | 0.215 | 0.066 | 0.010* | — | — |
| Ⅶ | 0.576 | 0.887 | 0.673 | 0.400 | 0.552 | — |

*表示差异显著（$P<0.05$）

表 4-18　2004～2009 年浙江省马尾松林的生产力在各纬度梯度带间的差异性

| 纬度梯度带 | II | III | IV | V | VI | VII |
|---|---|---|---|---|---|---|
| II | — | — | — | — | — | — |
| III | 0.864 | — | — | — | — | — |
| IV | 0.238 | 0.238 | — | — | — | — |
| V | 0.210 | 0.203 | 0.965 | — | — | — |
| VI | 0.031* | 0.008* | 0.000* | 0.000* | — | — |
| VII | 0.109 | 0.070 | 0.013* | 0.011* | 0.882 | — |

*表示差异显著（$P$<0.05）

### 4.4.2.3　马尾松林生产力在海拔梯度带上的分异特性

从图 4-12 可以看出，第 1 期浙江省马尾松林样地在海拔 0～1400m 均有分布，到第 2 期和第 3 期时海拔 1000m 以上无马尾松林样地分布。样地分布以 0～500m 范围内居多，样地生产力集中在 0～5t/(hm$^2$·a)。

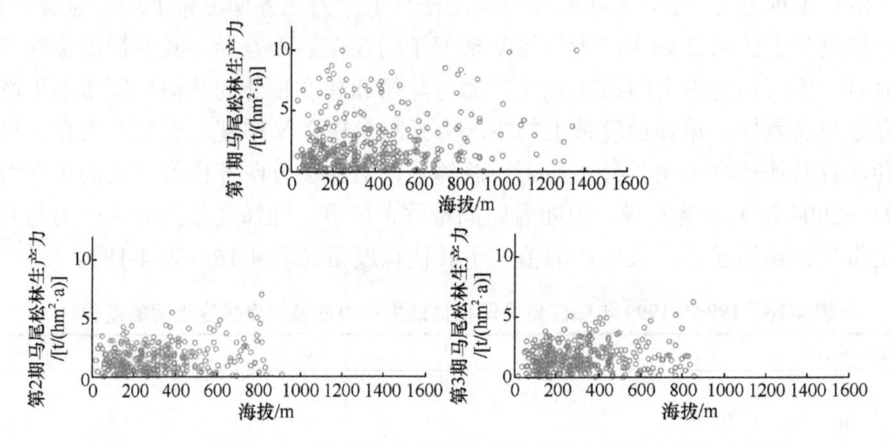


图 4-12　1994～2009 年浙江省马尾松林生产力在海拔上的分布情况

浙江省马尾松林样地第 1 期时在海拔梯度带 I～V 带皆有分布，因此选取 I～V 带进行分析。

由图 4-13 可知，从第 1 期到第 2 期，浙江省马尾松林生产力在各梯度带上均有所下降，平均下降 20%；从第 2 期到第 3 期，浙江省马尾松林生产力在第 I、II 梯度带上有所增长，平均增长 13%，在III、IV梯度带上有所下降，下降 13%。

具体地说，第 1 期时随海拔由低到高，马尾松林生产力总体呈上升趋势，略有波动；在第 I～IV梯度带上第 2 期浙江省马尾松林生产力随海拔升高而增大，与第 1 期相比，只第 V 梯度带上不再有马尾松林分布；第 3 期马尾松林生产力在第 I～IV梯度带上虽有所波动但总体仍呈上升趋势，与第 1 期第 I～IV梯度带的波动吻合，只在第III梯度带上有谷值（图 4-13）。

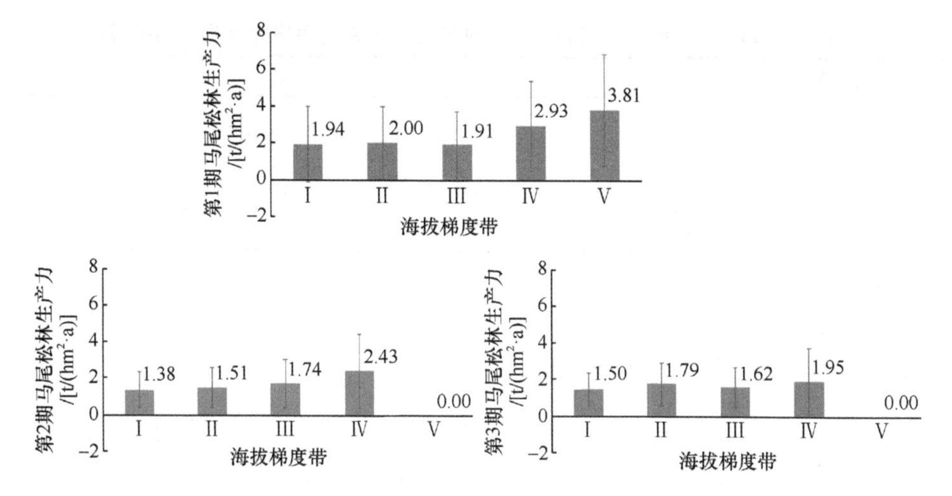


图 4-13　1994～2009 年在各海拔梯度带上浙江省马尾松林的生产力统计量

图中误差线表示标准差

沿海拔梯度方向，第Ⅳ、Ⅴ梯度带上的第 1 期浙江省马尾松林生产力分别与第Ⅰ、Ⅱ、Ⅲ梯度带的生产力差异显著，其他梯度带间差异不显著；第Ⅳ梯度带上的第 2 期浙江省马尾松林生产力与第Ⅰ、Ⅱ、Ⅲ梯度带的生产力差异显著，其他梯度带间差异不显著；第 3 期浙江省马尾松林生产力仅在第Ⅰ梯度带与第Ⅱ梯度带间存在显著差异，其他梯度带间差异不显著。总体上，沿海拔方向第Ⅳ、Ⅴ梯度带上的生产力明显高于其他梯度带上的生产力，但随着时间推移，第Ⅴ梯度带上不再有马尾松林分布，且各梯度带间差异逐渐减小（表 4-19～表 4-21）。

**表 4-19　1994～1999 年浙江省马尾松林的生产力在各海拔梯度带间的差异性**

| 海拔梯度带 | Ⅰ | Ⅱ | Ⅲ | Ⅳ | Ⅴ |
| --- | --- | --- | --- | --- | --- |
| Ⅰ | — | — | — | — | — |
| Ⅱ | 0.793 | — | — | — | — |
| Ⅲ | 0.918 | 0.761 | — | — | — |
| Ⅳ | 0.025* | 0.036* | 0.036* | — | — |
| Ⅴ | 0.002* | 0.003* | 0.003* | 0.211 | — |

*表示差异显著（$P<0.05$）

**表 4-20　1999～2004 年浙江省马尾松林的生产力在各海拔梯度带间的差异性**

| 海拔梯度带 | Ⅰ | Ⅱ | Ⅲ | Ⅳ |
| --- | --- | --- | --- | --- |
| Ⅰ | — | — | — | — |
| Ⅱ | 0.386 | — | — | — |
| Ⅲ | 0.097 | 0.297 | — | — |
| Ⅳ | 0.001* | 0.002* | 0.040* | — |

*表示差异显著（$P<0.05$）

表 4-21 2004～2009 年浙江省马尾松林的生产力在各海拔梯度带间的差异性

| 海拔梯度带 | I | II | III | IV |
| --- | --- | --- | --- | --- |
| I | — | — | — | — |
| II | 0.031* | — | — | — |
| III | 0.529 | 0.372 | — | — |
| IV | 0.132 | 0.599 | 0.316 | — |

*表示差异显著（$P<0.05$）

#### 4.4.2.4 马尾松林生产力在浙江省的分布

综合 3 期马尾松林生产力在浙江省的分布，马尾松林在浙江省的东面分布较多，从 3 期的马尾松林分布来看，南面的马尾松林逐渐减少。比较 3 期马尾松林生产力分布图可以看出，第 1 期的马尾松林生产力相较于第 2、3 期的马尾松林生产力大（图中相应的代表马尾松林生产力的点比第 2 期的更大，颜色更深），从第 1 期至第 2、3 期马尾松林生产力有明显的下降（图 4-14）。

### 4.4.3 阔叶林生产力地理分异特性

从阔叶林生产力的最大值可以看出，第 1 期明显低于第 2 期和第 3 期，但标准差也相对较小；从样地数量看，第 2 期的样地数据量明显少于第 1 期与第 2 期；另外，3 期数据中阔叶林生产力的最小值都接近零，根据样地数据和样木数据进行前后期样地蓄积对照看出样地内样木被采伐，并且新生木未达到起测条件。1999～2009 年，浙江省阔叶林生产力均值有所波动，第 1 期与第 2 期的均值之差[$1.63t/(hm^2·a)$]明显高于第 2 期和第 3 期之差[$0.15t/(hm^2·a)$]，可见第 1 期生产力明显低于后两期（表 4-22）。

#### 4.4.3.1 阔叶林生产力在经度梯度带上的分异特性

从图 4-15 可以看出，阔叶林在浙江省的 118.0°～122.5°E 均有分布，样地数量较少，以 120.5°E 为界，可以明显看出，生产力值相对较高的在西面。

阔叶林样地在经度带 I、Ⅷ、Ⅸ带分布数量较少，Ⅹ～Ⅺ带没有分布，因此选取 II～Ⅶ带进行分析。

从对 1994～2009 年各梯度带阔叶林生产力的分析（图 4-16）可知，各梯度带上生产力存在较多波动，从第 1 期到第 2 期，在各梯度带上浙江省阔叶林生产力明显增大，平均增长 70%；从第 2 期到第 3 期，第 II、Ⅵ、Ⅶ梯度带上的浙江省阔叶林生产力有所下降，平均下降 17%，其中第 II 梯度带下降 35%，第 III、Ⅳ、Ⅴ梯度带上的生产力有所上升，但上升不明显（平均上升 8%）。

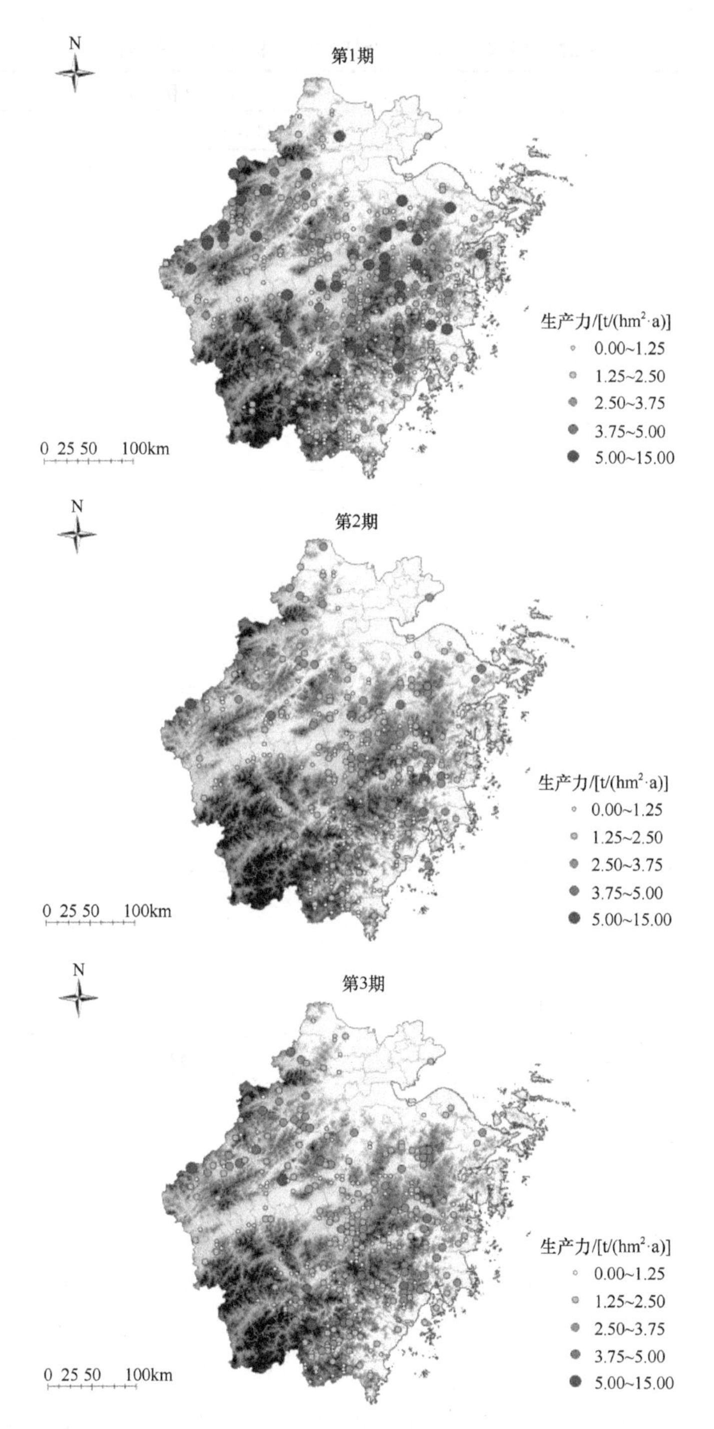

图 4-14　1994～2009 年浙江省马尾松林生产力分布（彩图请扫封底二维码）

底图为浙江省面域和 DEM；点的位置表示样地位置；点的大小表示生产力的大小

**表 4-22　1994～2009 年浙江省阔叶林生产力总体特征**

| 时间 | 样地数/块 | 生产力/[t/(hm²·a)] | | | |
|---|---|---|---|---|---|
| | | 均值 | 最大值 | 最小值 | 标准差 |
| 第 1 期（1994～1999 年） | 104 | 2.48 | 8.52 | 0.01 | 1.72 |
| 第 2 期（1999～2004 年） | 54 | 4.11 | 12.16 | 0.06 | 2.87 |
| 第 3 期（2004～2009 年） | 83 | 3.96 | 9.50 | 0.04 | 2.27 |

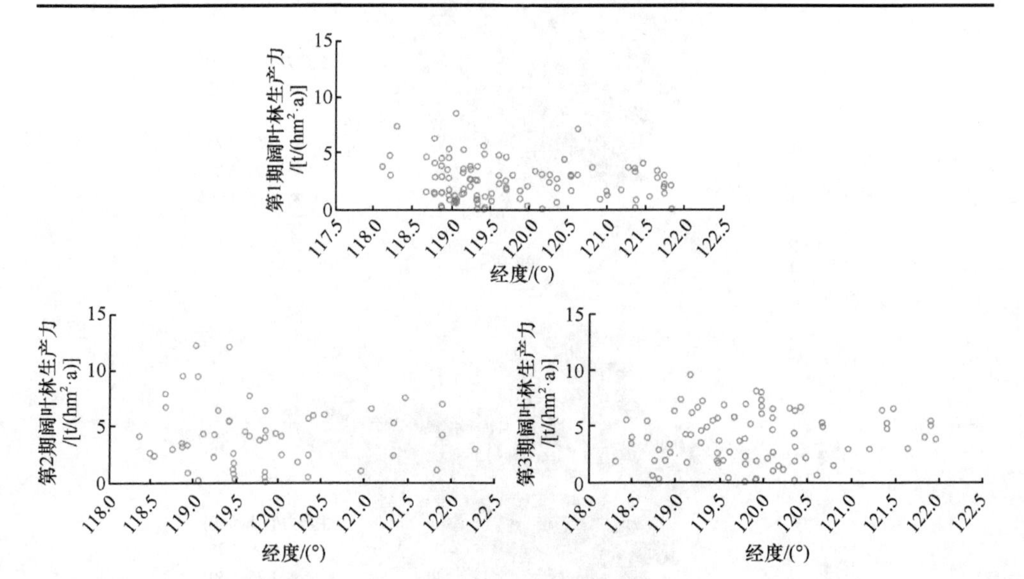


图 4-15　1994～2009 年浙江省阔叶林生产力在经度上的分布情况

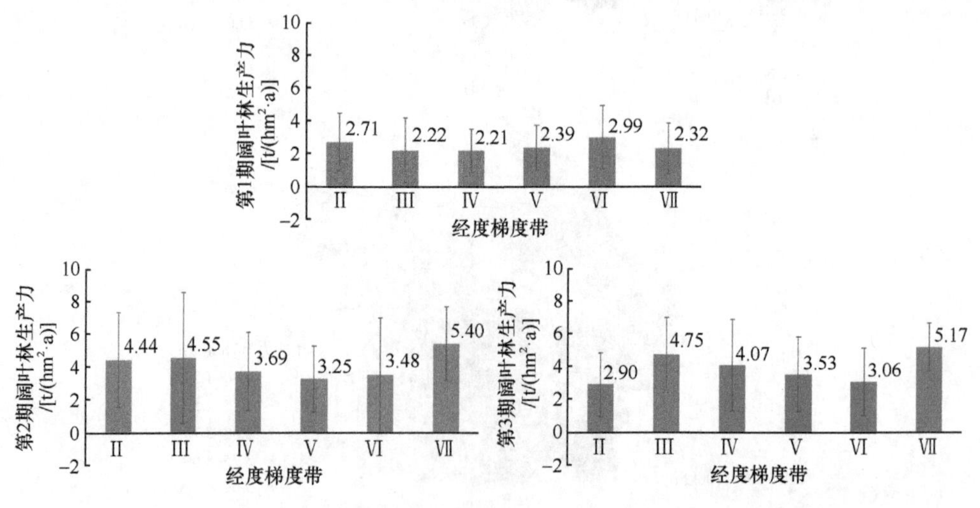


图 4-16　1994～2009 年在各经度梯度带上浙江省阔叶林的生产力统计量

图中误差线表示标准差

具体来看，第 1 期浙江省阔叶林生产力沿第Ⅱ～Ⅳ梯度带呈下降趋势，沿第Ⅳ～Ⅶ梯度带先升再降，峰值出现在第Ⅵ梯度带上；第 2 期和第 3 期浙江省阔叶林生产力在第Ⅲ～Ⅵ梯度带上基本呈下降趋势，到第Ⅶ梯度带则有明显的增长，呈先下降后微上升趋势，在第Ⅲ梯度带出现峰值，最大值出现在第Ⅶ梯度带。从第Ⅲ至第Ⅵ梯度带，第 2 期的生产力下降了 1.07t/(hm$^2$·a)，第 3 期下降了 1.69t/(hm$^2$·a)；第Ⅵ～Ⅶ梯度带，第 2 期的生产力上升了 1.92t/(hm$^2$·a)，第 3 期的生产力上升了 2.11t/(hm$^2$·a)（图 4-16）。

沿经度梯度方向，第 1、2、3 期浙江省阔叶林生产力在各梯度带间均不显著。总体上，沿经度方向各梯度带上的生产力无显著差异，但沿经度方向各梯度带上的生产力波动规律趋于一致（表 4-23～表 4-25）。

**表 4-23　1994～1999 年浙江省阔叶林的生产力在各经度梯度带间的差异性**

| 经度梯度带 | Ⅱ | Ⅲ | Ⅳ | Ⅴ | Ⅵ | Ⅶ |
|---|---|---|---|---|---|---|
| Ⅱ | — | — | — | — | — | — |
| Ⅲ | 0.322 | — | — | — | — | — |
| Ⅳ | 0.407 | 0.985 | — | — | — | — |
| Ⅴ | 0.643 | 0.800 | 0.811 | — | — | — |
| Ⅵ | 0.700 | 0.268 | 0.315 | 0.479 | — | — |
| Ⅶ | 0.588 | 0.889 | 0.890 | 0.933 | 0.442 | — |

**表 4-24　1999～2004 年浙江省阔叶林的生产力在各经度梯度带间的差异性**

| 经度梯度带 | Ⅱ | Ⅲ | Ⅳ | Ⅴ | Ⅵ | Ⅶ |
|---|---|---|---|---|---|---|
| Ⅱ | — | — | — | — | — | — |
| Ⅲ | 0.933 | — | — | — | — | — |
| Ⅳ | 0.590 | 0.485 | — | — | — | — |
| Ⅴ | 0.445 | 0.359 | 0.767 | — | — | — |
| Ⅵ | 0.692 | 0.647 | 0.93 | 0.924 | — | — |
| Ⅶ | 0.604 | 0.624 | 0.345 | 0.269 | 0.474 | — |

**表 4-25　2004～2009 年浙江省阔叶林的生产力在各经度梯度带间的差异性**

| 经度梯度带 | Ⅱ | Ⅲ | Ⅳ | Ⅴ | Ⅵ | Ⅶ |
|---|---|---|---|---|---|---|
| Ⅱ | — | — | — | — | — | — |
| Ⅲ | 0.052 | — | — | — | — | — |
| Ⅳ | 0.198 | 0.380 | — | — | — | — |
| Ⅴ | 0.508 | 0.141 | 0.488 | — | — | — |
| Ⅵ | 0.903 | 0.161 | 0.387 | 0.695 | — | — |
| Ⅶ | 0.081 | 0.720 | 0.347 | 0.175 | 0.158 | — |

#### 4.4.3.2 阔叶林生产力在纬度梯度带上的分异特性

从图 4-17 可以看出，阔叶林在浙江省的 27.5°～31.0°N 都有分布。浙江省阔叶林生产力主要在 0～10t/(hm²·a)。

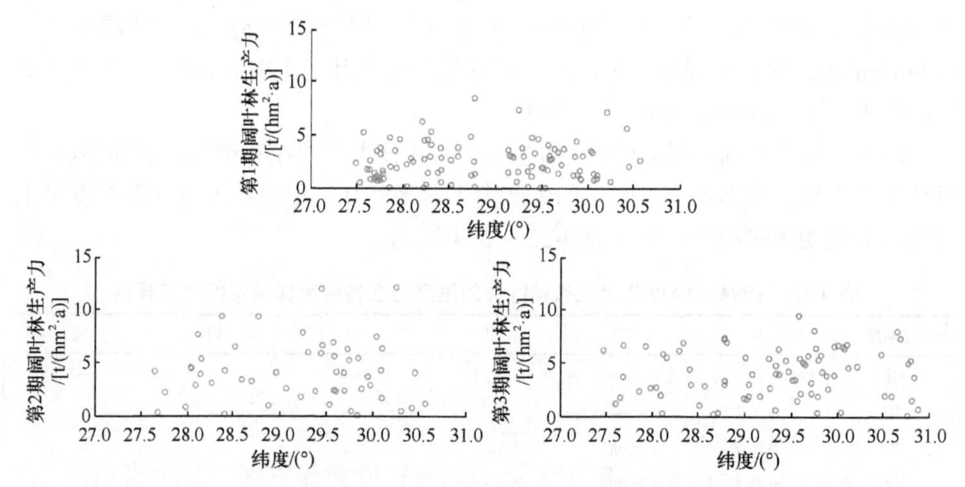


图 4-17　1994～2009 年浙江省阔叶林生产力在纬度梯度上的分布情况

阔叶林样地在纬度带Ⅰ、Ⅶ、Ⅷ、Ⅸ带分布数量较少，Ⅹ～Ⅺ带没有分布，因此选取Ⅱ～Ⅵ带进行分析。

从对 1994～2009 年各梯度带上阔叶林生产力的分析可知（图 4-18），生产力均值存在较大波动，从第 1 期到第 2 期，浙江省阔叶林生产力在除第Ⅱ梯度带外的其他各梯度带上均有所增长，平均增长 72%，在第Ⅱ梯度带上略下降，比上期

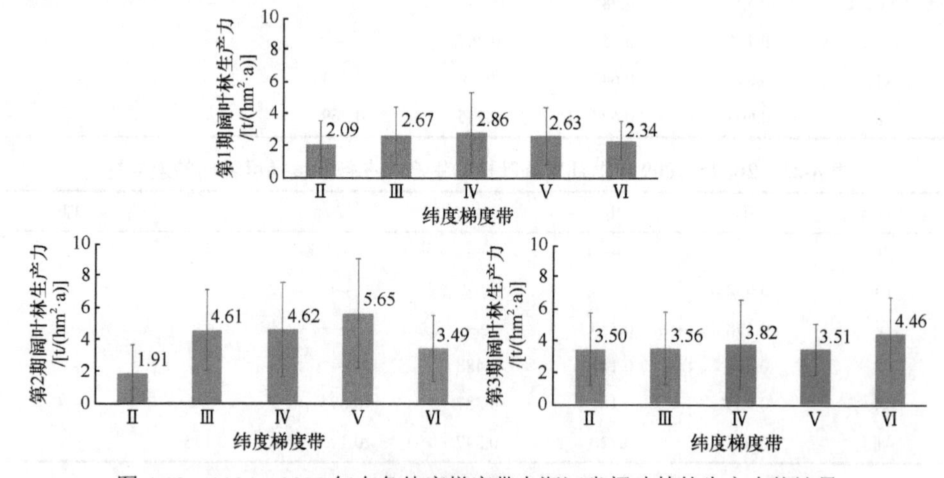


图 4-18　1994～2009 年在各纬度梯度带上浙江省阔叶林的生产力统计量

图中误差线表示标准差

减小 9%；从第 2 期到第 3 期，浙江省阔叶林生产力除第Ⅱ、Ⅵ梯度带继续增长外，其他各梯度带上略微下降，平均下降 20%，第Ⅱ、Ⅵ梯度带平均增长 56%。从第 1 期至第 3 期总体呈增长趋势，各梯度带平均增长 56%。

第 1 期和第 3 期浙江省阔叶林生产力在纬度方向波动规律相似，在第Ⅱ和Ⅴ梯度带间出现一个小峰值，峰值产生在第Ⅳ梯度带，但在第Ⅴ梯度带上有所不同，第 1 期阔叶林在第Ⅴ梯度带上生产力不高，最大值产生于第Ⅳ梯度带，第 3 期阔叶林生产力最大值则产生于第Ⅵ梯度带；第 2 期阔叶林生产力与第 1 期表现较为相似，主要表现为中层梯度带生产力较两端的梯度带的生产力高，只是峰值出现的位置不同，第 2 期的阔叶林生产力向高海拔方向偏移一个梯度带高度，出现在第Ⅴ梯度带上（图 4-18）。

沿纬度梯度方向，第 1、2、3 期浙江省阔叶林生产力在各梯度带间的差异均不显著。总体上，沿纬度方向各梯度带上的生产力无显著差异，但沿纬度方向各梯度带上的生产力波动规律趋于一致（表 4-26～表 4-28）。

**表 4-26　1994～1999 年浙江省阔叶林的生产力在各纬度梯度带间的差异性**

| 纬度梯度带 | Ⅱ | Ⅲ | Ⅳ | Ⅴ | Ⅵ |
|---|---|---|---|---|---|
| Ⅱ | — | — | — | — | — |
| Ⅲ | 0.285 | — | — | — | — |
| Ⅳ | 0.246 | 0.781 | — | — | — |
| Ⅴ | 0.313 | 0.953 | 0.744 | — | — |
| Ⅵ | 0.640 | 0.558 | 0.445 | 0.599 | — |

**表 4-27　1999～2004 年浙江省阔叶林的生产力在各纬度梯度带间的差异性**

| 纬度梯度带 | Ⅱ | Ⅲ | Ⅳ | Ⅴ | Ⅵ |
|---|---|---|---|---|---|
| Ⅱ | — | — | — | — | — |
| Ⅲ | 0.112 | — | — | — | — |
| Ⅳ | 0.143 | 0.991 | — | — | — |
| Ⅴ | 0.035 | 0.439 | 0.503 | — | — |
| Ⅵ | 0.322 | 0.33 | 0.404 | 0.083 | — |

**表 4-28　2004～2009 年浙江省阔叶林的生产力在各纬度梯度带间的差异性**

| 纬度梯度带 | Ⅱ | Ⅲ | Ⅳ | Ⅴ | Ⅵ |
|---|---|---|---|---|---|
| Ⅱ | — | — | — | — | — |
| Ⅲ | 0.96 | — | — | — | — |
| Ⅳ | 0.775 | 0.789 | — | — | — |
| Ⅴ | 0.994 | 0.959 | 0.736 | — | — |
| Ⅵ | 0.326 | 0.277 | 0.454 | 0.208 | — |

#### 4.4.3.3 阔叶林生产力在海拔梯度带上的分异特性

从图 4-19 可以看出，浙江省阔叶林样地在海拔 0～1600m 均有分布，样地生产力基本处于 0～10t/(hm²·a)。

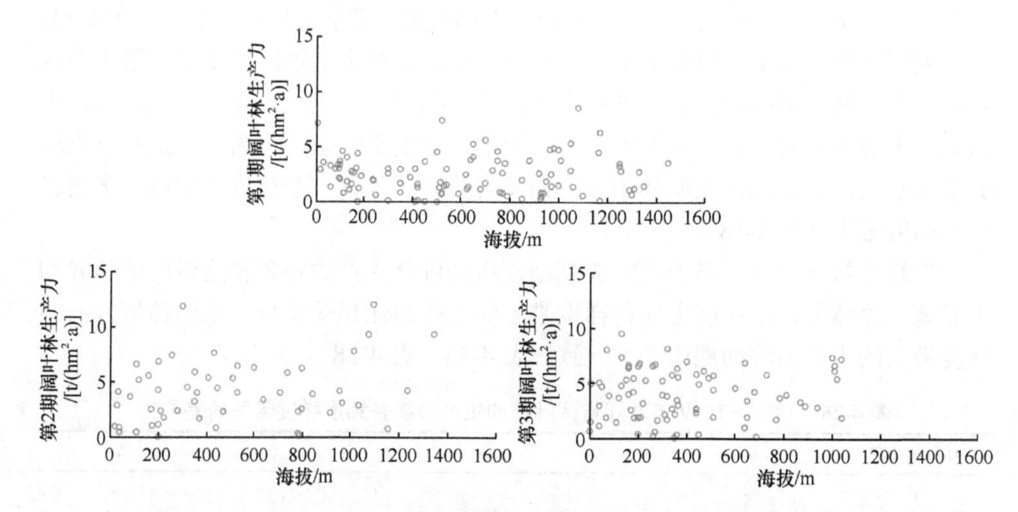


图 4-19 1994～2009 年浙江省阔叶林生产力在海拔梯度上的分布情况

浙江省阔叶林样地在海拔带Ⅰ～Ⅴ带皆有分布，因此选取Ⅰ～Ⅴ带进行分析。

由图 4-20 可知，从第 1 期到第 2 期，浙江省阔叶林生产力在各梯度带上均有所上升，其中第Ⅰ、Ⅳ梯度带上增长较少，分别为 4%和 28%；从第 2 期到第 3 期，浙江省阔叶林生产力在第Ⅰ、Ⅳ梯度带上仍保持增长，分别增长 46%和 9%，其他各梯度带上均下降，平均下降 22%。

具体地说，第 1 期阔叶林生产力在各梯度带上波动起伏较多，在第Ⅱ、Ⅳ梯度带上出现谷值；第 2 期浙江省阔叶林生产力在第Ⅰ～Ⅳ梯度带上有一个峰值，出现在第Ⅲ梯度带上，但最高值出现在第Ⅴ梯度带上；第 3 期阔叶林生产力在第Ⅰ～Ⅳ梯度带上呈下降趋势，但在第Ⅴ梯度带上出现最高值（图 4-20）。

沿海拔梯度方向，第Ⅱ梯度带上的第 1 期阔叶林生产力与第Ⅰ和第Ⅴ梯度带存在显著差异，其他梯度带间差异不显著；第Ⅴ梯度带上的第 2 期生产力分别与第Ⅱ、Ⅳ梯度带差异显著；第Ⅴ梯度带上的第 3 期生产力与第Ⅱ、Ⅳ梯度带存在显著差异。总体上，沿海拔方向各梯度带间差异不明显，第Ⅴ梯度带上的生产力与其他梯度带差异相对显著，生产力值相对高于其他梯度带（表 4-29～表 4-31）。

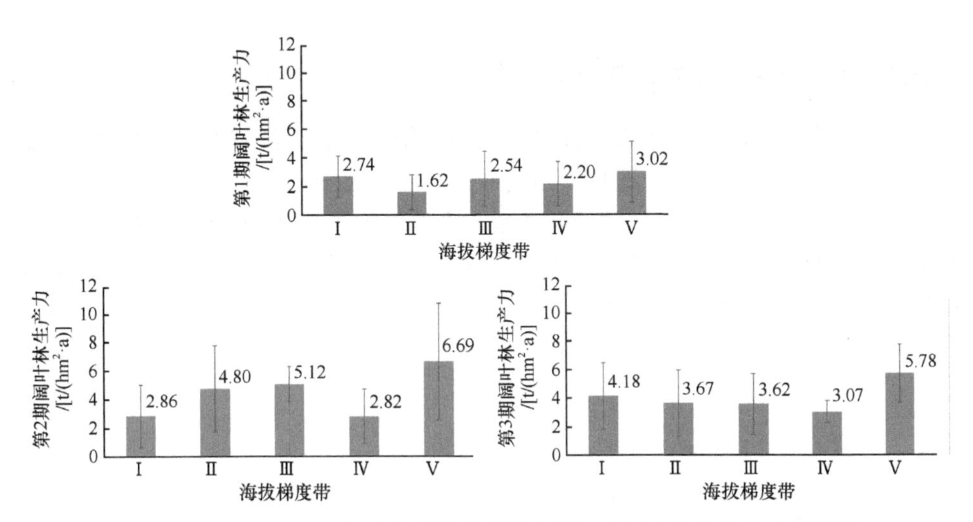


图 4-20 1994～2009 年在各海拔梯度带上浙江省阔叶林的生产力统计量

图中误差线表示标准差

**表 4-29 1994～1999 年浙江省阔叶林的生产力在各海拔梯度带间的差异性**

| 海拔梯度带 | I | II | III | IV | V |
|---|---|---|---|---|---|
| I | — | — | — | — | — |
| II | 0.038* | — | — | — | — |
| III | 0.691 | 0.102 | — | — | — |
| IV | 0.278 | 0.311 | 0.512 | — | — |
| V | 0.578 | 0.015* | 0.371 | 0.127 | — |

*表示差异显著（$P$<0.05）

**表 4-30 1999～2004 年浙江省阔叶林的生产力在各海拔梯度带间的差异性**

| 海拔梯度带 | I | II | III | IV | V |
|---|---|---|---|---|---|
| I | — | — | — | — | — |
| II | 0.046* | — | — | — | — |
| III | 0.057 | 0.795 | — | — | — |
| IV | 0.968 | 0.085 | 0.086 | — | — |
| V | 0.002* | 0.128 | 0.265 | 0.005* | — |

*表示差异显著（$P$<0.05）

**表 4-31 2004～2009 年浙江省阔叶林的生产力在各海拔梯度带间的差异性**

| 海拔梯度带 | I | II | III | IV | V |
|---|---|---|---|---|---|
| I | — | — | — | — | — |
| II | 0.38 | — | — | — | — |
| III | 0.477 | 0.949 | — | — | — |
| IV | 0.269 | 0.551 | 0.629 | — | — |
| V | 0.114 | 0.039* | 0.061 | 0.039* | — |

*表示差异显著（$P$<0.05）

#### 4.4.3.4 阔叶林生产力在浙江省的分布

综合 3 期阔叶林生产力在浙江省的分布，阔叶林在浙江省的分布有明显的迁移，从浙江省的西南向西北迁移，西北面的阔叶林逐渐增多。比较 3 期阔叶林生产力分布图可以看出，第 1 期的阔叶林生产力相较于第 2、3 期阔叶林生产力小（图中相应的代表阔叶林生产力的点比第 2 期的更小，颜色更浅），从第 1 期至第 2、3 期阔叶林生产力有明显的上升（图 4-21）。

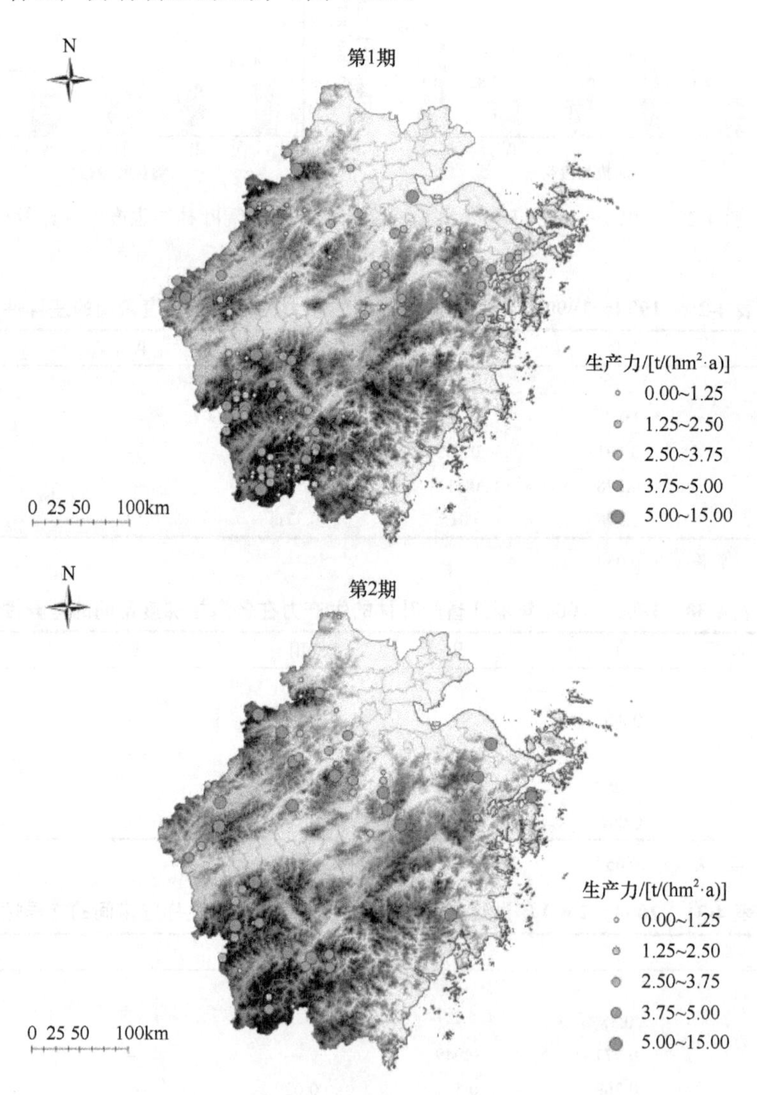

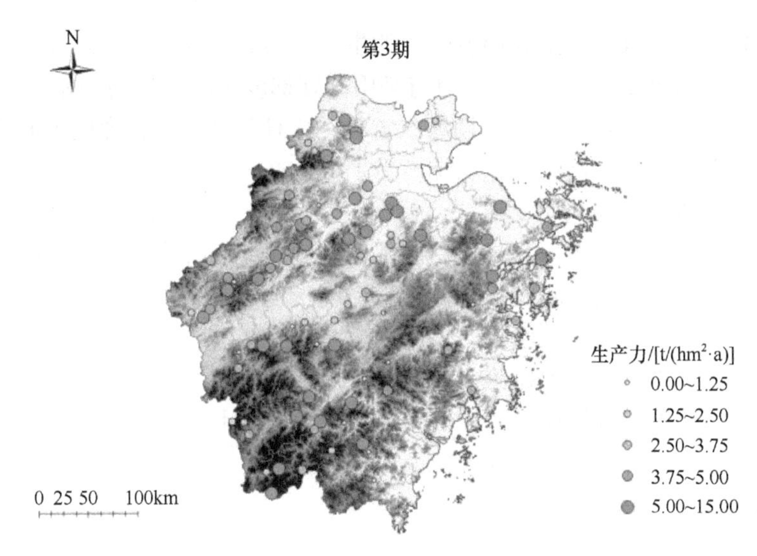


图 4-21　1994～2009 年浙江省阔叶林生产力分布（彩图请扫封底二维码）
底图为浙江省面域和 DEM；点的位置表示样地位置；点的大小表示生产力的大小

## 4.5　结论、讨论及建议

### 4.5.1　结论

根据 1994～2009 年浙江省森林资源连续清查数据，对杉木林、马尾松林和阔叶林样地生产力在研究区的地理分异特性进行研究，得出以下主要结论。

**1. 杉木林**

1）沿经度方向，第Ⅰ、Ⅱ梯度带上浙江省杉木林生产力明显高于其他梯度带，且随着时间推移第Ⅰ梯度带上的生产力与其他梯度带差异更为显著。

2）沿纬度方向，各梯度带上的浙江省杉木林生产力无显著差异，但沿纬度方向各梯度带上的生产力波动规律一致。

3）沿海拔方向，各梯度带上的浙江省杉木林生产力无显著差异，但随着时间推移，第Ⅴ梯度带与其他梯度带的差异逐渐显著，且第Ⅴ梯度带上的 3 期生产力皆高于其他梯度带。

浙江省杉木林生产力在经度方向上的分异明显，在纬度和海拔两个地理维度方向无明显分异现象，但杉木林生产力在纬度方向上具有波动规律，在海拔方向有分异趋势。

**2. 马尾松林**

1）沿经度方向，第Ⅱ梯度带上第 1 期浙江省马尾松林生产力明显高于其他梯度带，但随着时间推移，第Ⅱ梯度带上的生产力与其他梯度带的差异明显减小，第Ⅱ梯度带上的第 2、第 3 期生产力与第Ⅲ、Ⅶ梯度带的差异均不显著。

2）沿纬度方向，第 1 至第 3 期浙江省马尾松林生产力在各梯度带间均无显著差异，但随着时间推移，第Ⅵ、Ⅶ梯度带上的生产力与其他梯度带的差异逐渐显著，且生产力值高于其他梯度带。

3）沿海拔方向，第Ⅳ、Ⅴ梯度带上的浙江省马尾松林生产力明显高于其他梯度带上的生产力，但随着时间推移，第Ⅴ梯度带上不再有马尾松林分布，且第Ⅳ梯度带上的生产力与其他梯度带的差异逐渐减小。

浙江省马尾松林生产力在第 1 期时在经度和海拔两个地理维度上有明显分异现象，随着时间推移分异现象消失，在纬度地理维度上则相反，在第 1、第 2 期时无分异现象，在第 3 期时出现分异现象。

**3. 阔叶林**

1）沿经度方向，各梯度带上的浙江省阔叶林生产力在各梯度带间无显著差异，但沿经度方向各梯度带上的生产力波动规律趋于一致。

2）沿纬度方向，各梯度带上的浙江省阔叶林生产力无显著差异，但沿纬度方向各梯度带上的生产力波动规律趋于一致。

3）沿海拔方向，各梯度带上的浙江省阔叶林生产力在各梯度带间差异不明显，第Ⅴ梯度带上的生产力与其他梯度带的差异相对显著，生产力值相对高于其他梯度带。

浙江省阔叶林生产力在经度、纬度、海拔三个地理维度上均无明显分异，但在经度和纬度两个地理维度上具有波动规律，在海拔维度上有分异趋势。

### 4.5.2 讨论

所用数据为 1994～2009 年的浙江省一类调查数据，反映了该段时期浙江省主要森林类型生产力的地理分异特性。对于近期的情况，有待相关数据可以采用后再开展进一步的研究。

本研究采用换算因子连续函数法计算各样地的生产力。方精云等（2002）提出基于样地实测数据的森林生物量等于由森林清查数据推算的森林生物量，该方法对大尺度范围的估算比较精确，在理论上也可精确估算样地生产力。但样本量减少即估算面积减小将影响精确度，故对单个样地的生产力估算存在一定误差。

本研究采用的生产力计算方法中考虑到将未测生长量部分计入森林生产力（张茂震等，2009）。但将未测生长量计入生产力的前提是忽略损耗部分对环境的影响。未考虑到在损耗木生产力损失的情况下，损耗木将停止对土壤中养分的吸收，且有可能为活立木提供养分，也未考虑到损耗木数量的增加将影响郁闭度，继而影响活立木的生长量和生产力。在部分样木损耗、停止养分吸收的情况下，同一样地内的活立木是否会增加对土壤养分的吸收还有待研究。若增加，其增加的生产量是否能与损耗木在未损耗的情况下继续生长所得的生长量和生产力持平也还有待研究。

本研究主要针对森林生产力的总体现实情况，对不同的样地因林分年龄、立地条件、经营措施等因素所造成的差异不在本次研究之中，有待进一步研究。

研究结论中杉木林在纬度、海拔方向的分异情况在不同时间段的表现不同，可能原因为在不同时间段杉木林处于不同的生长时期或受人为经营等因素干扰并且这些干扰因素导致的杉木林生产力的差异性比受纬度、海拔梯度的影响更大。另外，经度主要决定海陆距离，三个森林类型对海陆距离的适应范围不同可能导致三个不同森林类型在经度梯度方向有不同的结果；纬度影响太阳辐射，三个森林类型在纬度梯度方向没有明显分异，可能原因为浙江省的纬度跨度不足以造成太阳辐射差异对三个森林类型的影响；海拔对温度、湿度的影响在其他条件的补充制约下不足以造成三个森林类型的地理分异。

针阔混交林的复杂结构使其具有更强的抗干扰能力，更有利于研究地理因素导致的森林生产力的分异特性，但因数据量不足还有待研究。

### 4.5.3　建议

综合分析 1994～2009 年浙江省 3 个主要森林类型的生产力分布，3 个森林类型在 3 个主要的丘陵地区分别占据着主导地位（图 4-22）。结合显著性分析结果，建议如下。

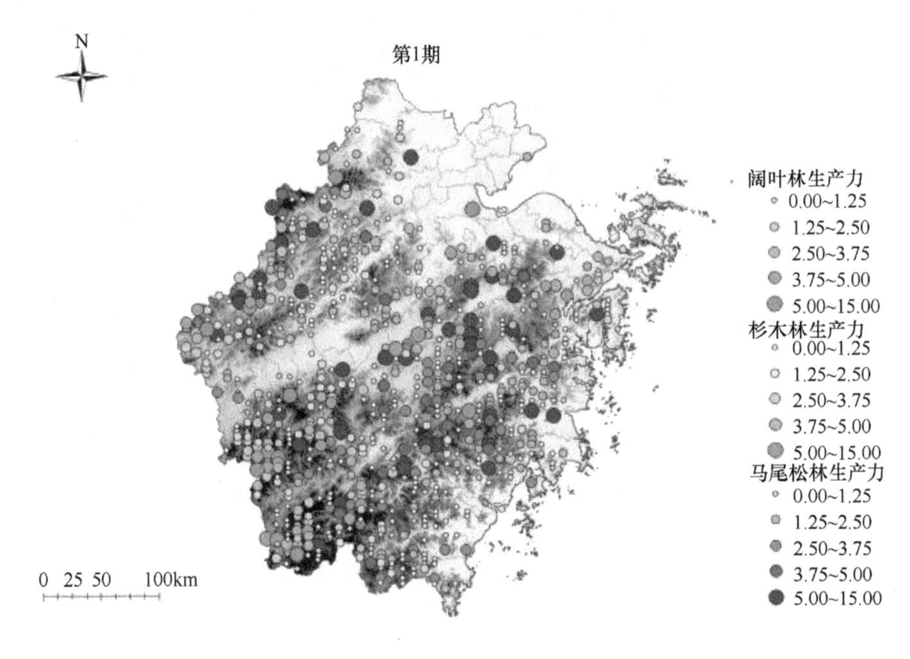

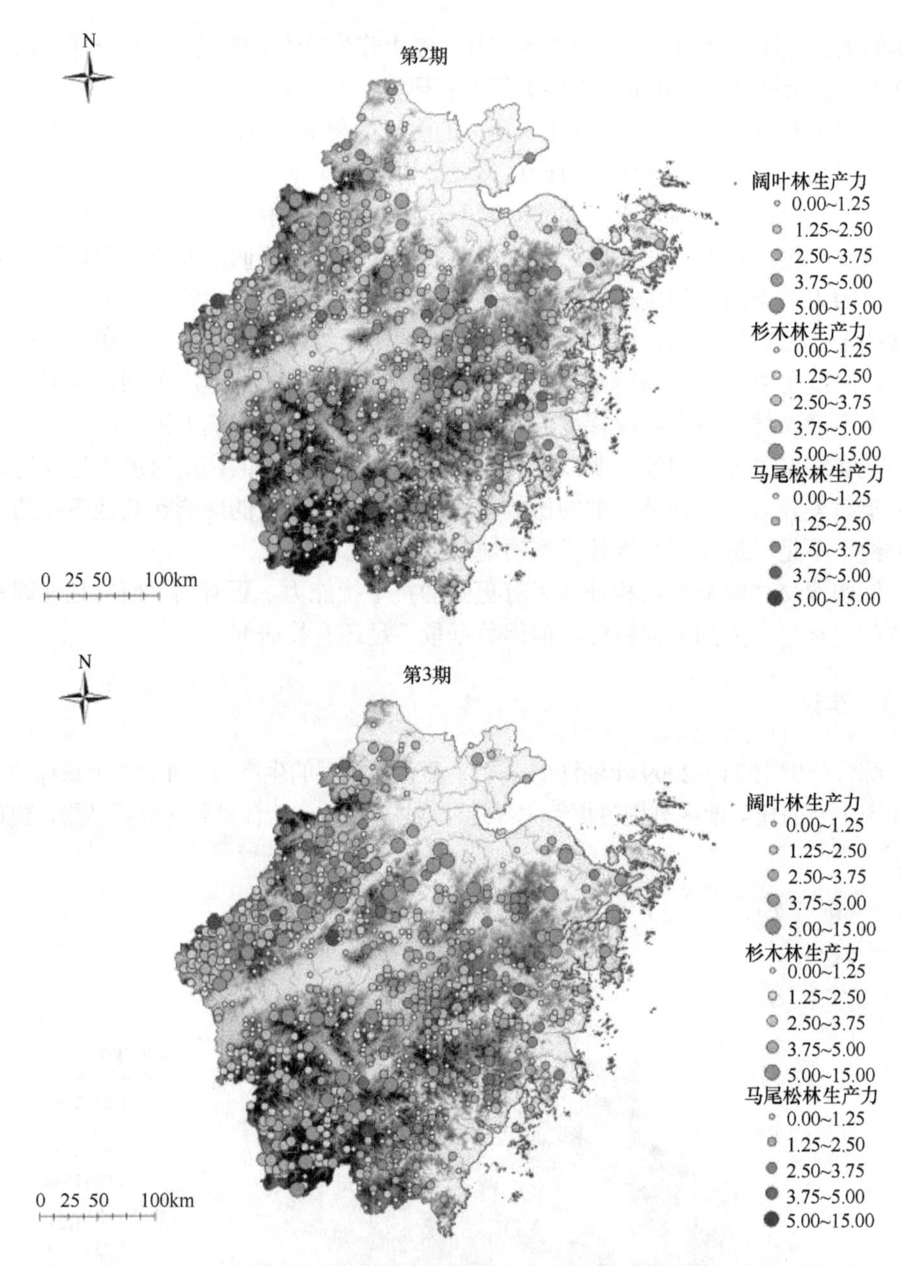


图 4-22 1994～2009 年浙江省主要森林类型生产力分布（彩图请扫封底二维码）

底图为浙江省面域和 DEM；点的位置表示样地位置；点的大小表示生产力的大小[$t/(hm^2 \cdot a)$]

1）浙江省生产力最高且差异比较明显的杉木林主要分布在浙江的西南部，应该以该区域作为杉木林经营发展的重点区域，通过提质来提升浙江省的杉木林生产力总体水平。

2）浙江省生产力较高的马尾松林主要分布在浙江的东部，应该以该区域作为马尾松林经营发展的重点区域，且马尾松林生产力较第 1 期时小，需要加强经营管理，通过提质来提升浙江省的马尾松林生产力总体水平。

3）浙江省生产力较高的阔叶林主要分布在浙江的西北部，应以该区域作为阔叶林经营发展的重点区域，通过提质来提升浙江省的阔叶林生产力总体水平。

# 第 5 章　浙江省森林立地分类系统

## 5.1 引　言

一些学者已开展了浙江省森林立地分类系统的相关研究。唐正良和陶吉兴（1991）采用定性描述的方法，以产区划分或树种情况和大、中地貌为依据划分立地类型区，以海拔和土壤类型为依据划分立地类型亚区，以局部地形为依据划分立地类型组，以土层厚度和腐殖质层厚度为依据划分立地类型，对浙江省杉木立地条件分类系统进行初步划分。根据浙江省沿海地区和内陆地区的自然环境特征及分异规律，陶吉兴和余国信（1994）、余国信和陶吉兴（1996）采用主导因子分类法分别对浙江省沿海立地区、内陆立地区立地分类进行研究。吴伟志等（2011）采用综合多因子途径、多级序的方法划分森林立地类型。以上研究均采用定性分析方法，选择影响林木生长的地形地貌、气候、土壤、植被等因子作为立地分类的主导因子。柴锡周等（1991）以地貌作为划分立地亚区的依据，对土壤因子和地学因子分级表示，然后用统计的方法进行分析，筛选出地貌、海拔、母岩、坡位和土层厚度 5 个主导因子，以主导因子作为立地类型分区、立地类型区、类型亚区、类型组和立地类型的划分依据，对天目山东部地区森林立地类型进行划分。唐思嘉（2017）利用二类调查和样地调查数据获取地学因子、土壤因子，将各立地因子分级赋值量化，采用主成分分析法确定主导因子并排序，以此为依据，建立浙江省毛竹林立地分类系统。这种立地因子分级的方法统一了定性因子与定量因子，但会损失原始数据的部分信息。季碧勇（2014）基于森林资源连续清查数据，采用定量分析和定性分析相结合的方法确定主导因子并进行浙江省森林立地分类。但是，其立地分类是直接以样地调查的立地因子为依据的，难免存在调查的偏差；同时，在森林资源连续清查数据中，坡向通常是用分级定性表达的，难以真实地反映其生态环境的差异性。而在森林立地因子研究中，坡向的分异性研究又是十分重要的。因此，建立科学的浙江省森林立地分类系统仍有待进一步研究。

## 5.2 研 究 内 容

利用 2009 年浙江省森林资源连续清查样地数据及同步获取的数字高程模型数据，选取地学因子、土壤因子和植被因子，采用定性的经验总结和定量的数学分析相结合的方法，构建浙江省森林立地分类系统，具体包括如下内容。

1）采用数量化理论Ⅲ，确定森林立地分类的主导因子。

2）根据立地分类原则、依据和方法，构建浙江省森林立地分类系统。

## 5.3 研 究 方 法

### 5.3.1 基础数据

森林资源数据来源于 2009 年浙江省完成的国家森林资源连续清查（National Forest Inventory，NFI）样地数据，见图 5-1。森林资源连续清查采用系统抽样的方法布设样地，样地间距为 4km×6km，面积为 0.08hm$^2$。经过对森林立地因子数据进行核查，剔除非林业用地、数据不完整样地等，研究选取实际有效样地 2758 块。样地调查数据主要包括样地的地理位置信息、林木的基本信息（树种、平均年龄、平均树高、郁闭度）、土壤地形信息（地貌、土壤类型、土层厚度、腐殖质层厚度、凋落物厚度）等。

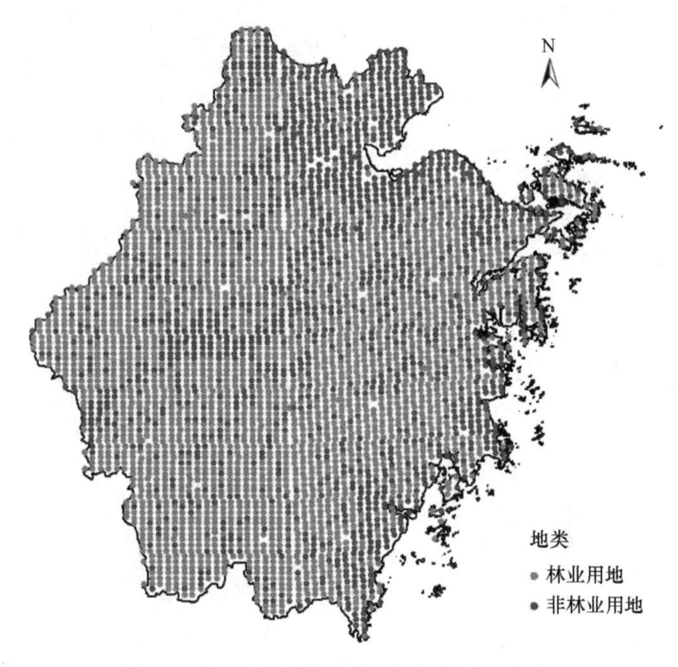


图 5-1　样地分布图（彩图请扫封底二维码）

数字高程模型（DEM）数据由地理空间数据云平台提供，空间分辨率为 30m，经过拼接、裁剪处理，用于提取各样地的地形因子（海拔、坡度、坡向和坡位）。样地边长是 28.28m，接近 30m。以样地中心点坐标为对应基准，用像元覆盖样地，样地点所在像元的地形参数可以表示样地的坡形参数。刘学军等（2004）对用 DEM

计算坡度坡向地形参数进而计算模型精度的研究表明，采用 DEM 可以获取地形参数的真值。

### 5.3.2 数据处理

#### 5.3.2.1 提取地形因子

在 ArcMap 中，利用浙江省 DEM 数据计算全省坡度、坡位和坡向，得到浙江省高程图、坡度图、坡向图和坡位分级图，见图 5-2。根据森林资源连续清查的样地位置数据提取各样地的海拔、坡度、坡向和坡位。其中，海拔、坡度、坡向和

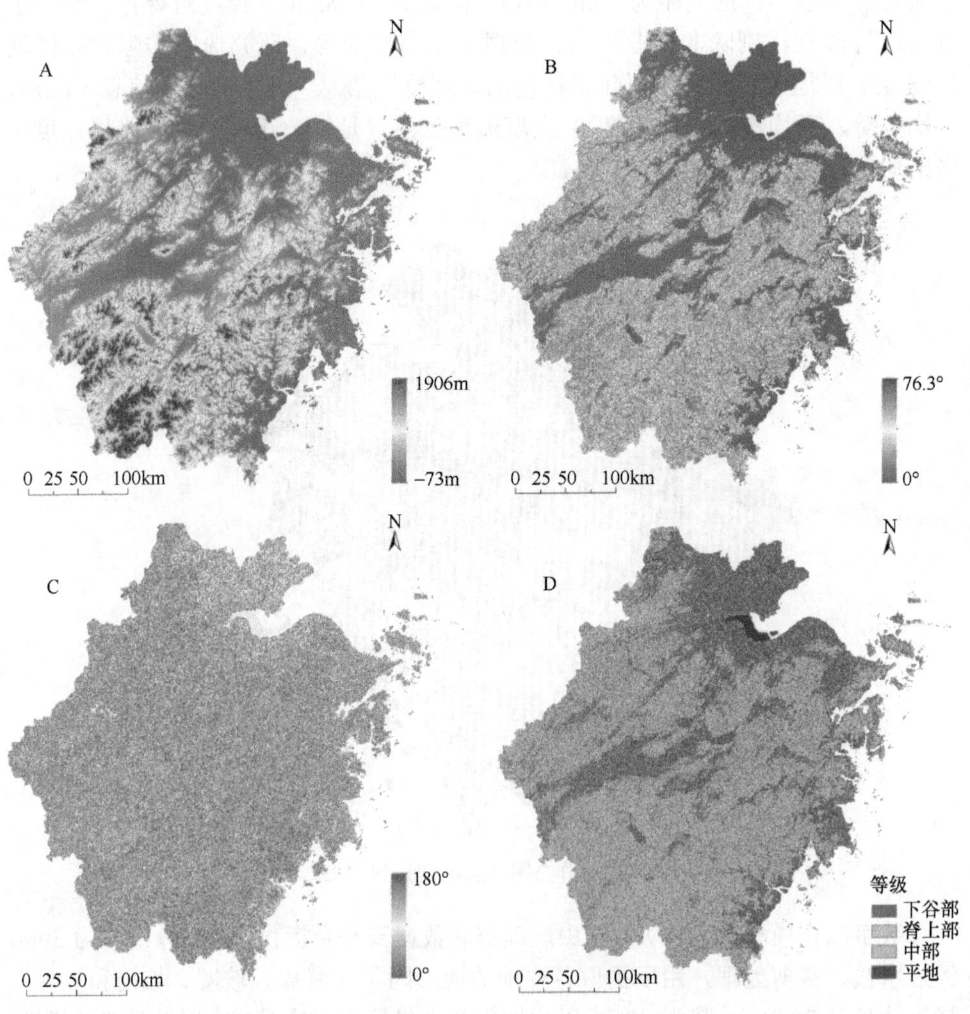


图 5-2 浙江省地形因子图（彩图请扫封底二维码）

A. 浙江省高程图；B. 浙江省坡度图；C. 浙江省坡向图；D. 浙江省坡位分级图

坡位可以根据 DEM 直接获取，通过坡向计算坡向角。下面介绍坡位和坡向角的计算方法。

（1）计算坡位

通过由 Jenness（2006）设计的 ArcGIS 扩展工具 Land Facet Corridor 计算坡位，该工具基于坡位指数（topographic position index，TPI）和每个像元的坡度值进行分析运算，其中 TPI 是指一个像元的高程值与其周围特定范围内像元平均高程值之间的差值，用来反映某一像元在整体景观中的位置。TPI 值越大，说明坡位越接近山脊；相反，则越接近山谷。当 TPI 值接近零时，需要通过坡度来区分中坡和平地，坡度大于 5°为中坡，坡度小于等于 5°则为平地。选择不同的尺度和邻域形状，坡位也不同（Guisan *et al.*，1999；Weiss，2001；Jenness，2006；Jeroen *et al.*，2013）。结合前人实验结果，针对 30m 空间分辨率的 DEM 数据采用半径为 10 个像元的圆形邻域计算较适宜（Weiss，2001；Jenness，2006），因此本研究采用这种处理方法对 DEM 数据进行计算，将浙江省划分为山谷、下部、中部、平地、上部和山脊 6 个坡位，再重分类成脊上部、中部、下谷部和平地 4 类。

（2）计算坡向角

经 ArcMap 计算得到的坡向由 0°～360°的正度数表示，以北为基准方向按顺时针进行测量，同时为输入栅格中的平坦（具有零坡度）像元分配–1 坡向。坡向主要反映光照对植物生长的影响。当坡向提取值从 0°向 180°增加时，植物所接收到的太阳辐射递增；当坡向提取值从 180°向 360°增加时，植物所接收到的太阳辐射递减；当森林立地为无坡向其坡向提取值为–1 时，植物所接收到的太阳辐射可以近似看作与坡向提取值为 90°时的值相同。因此，需要将提取的坡向值转换成坡向角，再进行定量分析。具体见公式（5-1）：

$$\alpha=\begin{cases}90, & \beta=-1;\\ \beta, & 0\leqslant\beta\leqslant 180;\\ 360-\beta, & 180<\beta\leqslant 360\end{cases} \tag{5-1}$$

式中，$\alpha$ 表示坡向角（°），$\alpha$ 的取值从 0°到 180°；$\beta$ 表示提取得到的坡向值（°），$\beta$ 的取值从 0°到 360°以及–1。

#### 5.3.2.2 空间插值

厚度是土壤的重要理化性质，能直接反映土壤的发育情况，与土壤养分、矿质元素等密切相关，对土壤营养状况的影响很大，并会影响林木的生长情况（张本家和高岚，1997；易湘生等，2015）。为满足实际应用和研究需求，常常采用空间插值（王绍强等，2001；易湘生等，2015）的方法获取土层厚度的空间分布。本研究采用反距离权重插值法进行土层厚度、腐殖质层厚度和凋落物厚度的空间插值。

反距离权重插值法是根据距离衰减规律，对样本点的空间距离进行加权，当权重等于 1 时，是线性距离衰减插值；当权重大于 1 时，是非线性距离衰减插值（刘劲松等，2009）。该方法适用于呈均匀分布且密集程度足以反映局部差异的样点数据集（汤国安和杨昕，2006；易湘生等，2015）。本研究在 ArcMap 软件中采用反距离权重法进行空间插值，为统一空间分辨率，设置输出像元大小为 30m，权重值取 2，其他设置默认，得到浙江省的土层厚度图、腐殖质层厚度图和凋落物厚度图（图 5-3）。

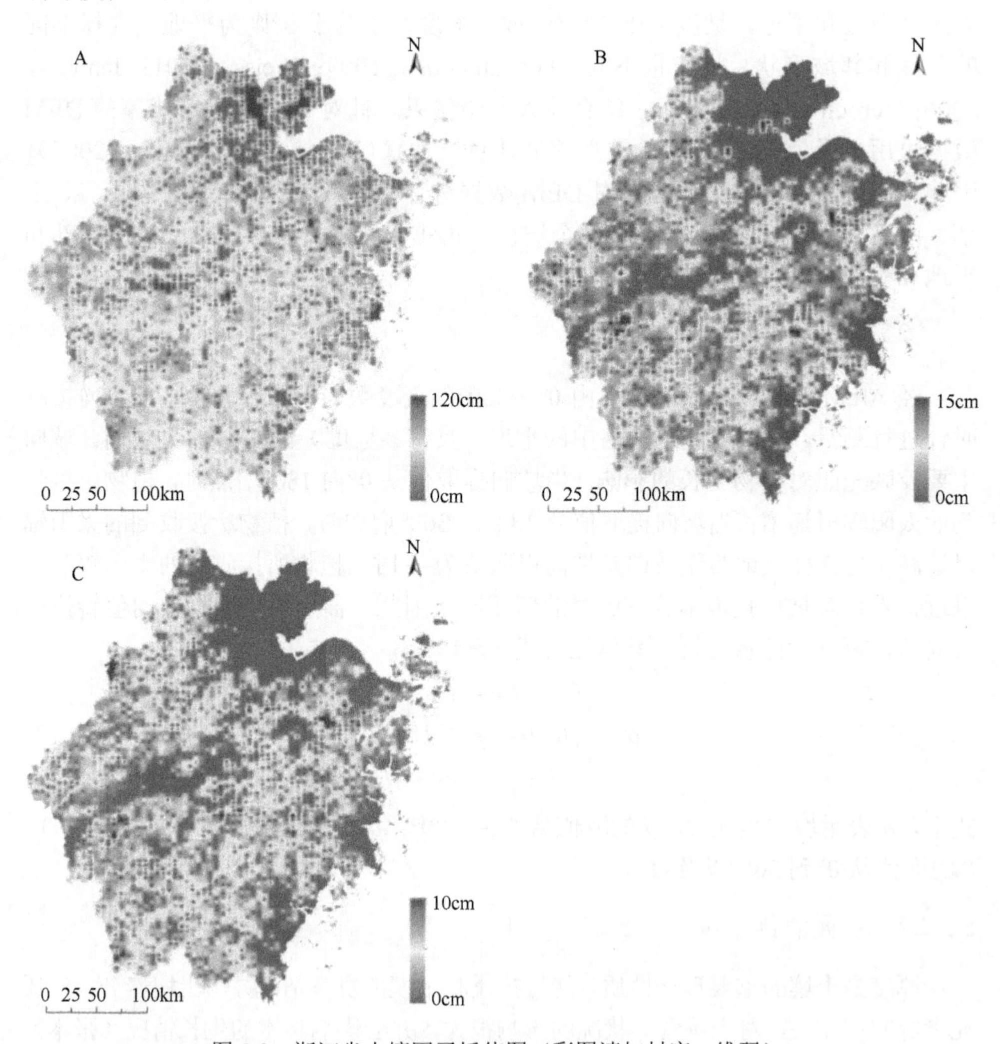


图 5-3　浙江省土壤因子插值图（彩图请扫封底二维码）

A. 浙江省土层厚度图；B. 浙江省腐殖质层厚度图；C. 浙江省凋落物厚度图

# 5.4　浙江省森林立地分类系统构建

## 5.4.1　立地分类原则

### 5.4.1.1　地域分异原则

立地类型是自然环境因子综合作用的结果，是地域差异的客观反映。在进行立地类型划分时，应以光、热、水、土壤和植被的地域分异为主要依据，充分考虑其水平地带性和垂直地带性的变化规律，反映其地域分异，从而达到真实反映立地的本质差别的效果（《中国森林立地分类》编写组，1989；张万儒，1997）。

### 5.4.1.2　多级序分区分类原则

森林立地分类系统采用区划单位和分类单位并存的原则，不同等级单元系统反映立地因子之间的相似性与差异性程度是相对的，分类的单元等级越低，差异程度越小。反之，分类的单元等级越高，差异程度也越大。因此，立地分类应以一定区域内的分异尺度为依据，遵循由大到小原则逐级进行划分，形成了分区多级序的分类单元系统，有利于逐级控制各级立地范围内生产力的差异程度（《中国森林立地分类》编写组，1989；骆期邦等，1989）。

### 5.4.1.3　有林地与无林地统一分类原则

立地是指森林或其他植被类型生存的空间及与之相关的自然环境因子的总和，立地的地形、土壤等自然环境因子在短期内是相对稳定的，所以立地类型也是相对稳定的。而有林地与无林地可以通过造林、采伐相互转换，这是一个变动很快的过程。因此，为了便于制定经营措施，科学指导生产，有林地与无林地的分类应统一在同一分类系统内，不能因林业生产经营阶段的变化和覆盖类型的改变而变动（《中国森林立地分类》编写组，1989；骆期邦等，1989；顾云春等，1993）。

### 5.4.1.4　综合多因子分析基础上的主导因子原则

进行立地分类时，必须综合考虑各项自然环境因子，反映各立地的固有性质和分异特征，但是综合特征很难确定立地类型的界线，需要通过分析它们之间的相互关系，找出一两个界定各级立地单位的主导因子，才能比较容易地将立地类型区分开。这些主导因子可能是直接因子，也可能是间接因子，或者是一些限制因子，它们可以直观、稳定地反映立地类型的主要特征。筛选的这些主导因子，必须要便于在生产应用中识别和掌握。

#### 5.4.1.5 定性与定量分析相结合原则

根据目前已有技术和条件，采用以定性判断为基础、以定量分析为主的定性与定量相结合的评价方法，筛选主导立地因子，建立森林立地分类系统，评价立地质量。

#### 5.4.1.6 科学性与实用性相结合原则

森林立地类型划分为林业建设提供基础，在森林经营过程中，合理进行造林规划设计，适地适树，抚育更新，合理采伐等，都必须建立在科学的分类基础上。因此，科学性就是合理、科学地选择立地类型划分的指标、方法及分类依据，建立科学的立地分类系统，立地类型划分结果能正确反映立地特征和本质差别，符合立地的实际情况。同时，立地分类还应兼具实用性，建立的立地分类系统要便于应用到林业生产活动等实践工作中（云南省林业厅和云南省林业调查规划院，1990）。

### 5.4.2 主导立地因子筛选

依据综合多因子分析基础上的主导因子分类原则，本研究分别对立地亚区海拔、地貌、坡度、坡位、坡向、土壤类型、土层厚度、腐殖质层厚度和凋落物厚度 9 个不同的立地因子进行分析，筛选出各立地亚区的主导立地因子并排序，依据各级分类单位划分依据，逐级划分立地类型。由于本研究立地因子既包括定性变量又包括定量变量，因此采用数量化理论Ⅲ（董文泉等，1979）确定主导立地因子。

数量化理论Ⅲ和主成分分析、因子分析等方法类似，不涉及基准变量，都是通过说明变量或分析样品中起支配作用的主要因子或成分，从而对样本或者变量进行分类（李慧霞，2016）。后两种方法中只可以包含定量的说明变量，而数量化理论Ⅲ中可以兼有定量和定性两类说明变量。

设有 $m$ 个定性说明变量和 $s$ 个定量说明变量，其中第 $j$ 个定性说明变量有 $r_j$ 个类目，则共有 $r=\sum_{j=1}^{m} r_j$ 个类目。设有 $n$ 个样本，原始数据组成了一个 $n\times(r+s)$ 阶的反应矩阵（$X$）：

$$X=\begin{bmatrix} \delta_1(1,1) & \cdots & \delta_1(1,r_1) & \cdots & \delta_1(m,1) & \cdots & \delta_1(m,r_m) & u_{11} & \cdots & u_{1s} \\ \delta_2(1,1) & \cdots & \delta_2(1,r_1) & \cdots & \delta_2(m,1) & \cdots & \delta_2(m,r_m) & u_{21} & \cdots & u_{2s} \\ \vdots & & \vdots & & \vdots & & \vdots & \vdots & & \vdots \\ \delta_n(1,1) & \cdots & \delta_n(1,r_1) & \cdots & \delta_n(m,1) & \cdots & \delta_n(m,r_m) & u_{n1} & \cdots & u_{ns} \end{bmatrix} \quad (5\text{-}2)$$

反应矩阵（$X$）的前 $r$ 列是每个样本在所有类目上的反应，有反应记 1，无反应记 0；后 $s$ 列中的每一列是一个定量说明变量在各样本中的取值。假定已将各定量变量进行标准化，其目的是消除量纲的影响，因此：

$$\sum_{i=1}^{n} u_{il} = 0,\ l = 1, 2, \cdots, s \tag{5-3}$$

$$\frac{1}{n}\sum_{i=1}^{n} u_{il}^2 = 1,\ l = 1, 2, \cdots, s \tag{5-4}$$

设变量得分以 $r+s$ 维向量的形式表示为：

$$b = \left(b_{11}, \cdots, b_{1r_1}, \cdots, b_{m1}, \cdots, b_{mr_m}, a_1, \cdots, a_s\right)^{\mathrm{T}} \tag{5-5}$$

式中，$b_{jk}$ 为第 $j$ 项目、第 $k$ 类目的得分（$j$=1, 2, …, $m$；$k$=1, 2, …, $r_j$）；$a_l$ 为第 $l$ 个定量变量的得分。

对于每个样本，在每个定性说明变量中仅在一个类目上有反应，因而反应总数是 $m$，再加 $s$ 个定量变量，得分的总数目为 $m+s$。因此，第 $i$ 个样本的平均得分（$y_i$）为：

$$y_i = \frac{1}{m+s}\left[\sum_{j=1}^{m}\sum_{k=1}^{r_j} b_{jk}\delta_i(j,k) + \sum_{l=1}^{s} a_l u_{il}\right] \tag{5-6}$$

式中，$y_i$ 为第 $i$ 个样本的平均得分（$i$=1, 2, …, $n$）；$m$ 为定性说明变量个数；$s$ 为定量说明变量个数；$r_j$ 为第 $j$ 个定性说明变量的类目个数；$b_{jk}$ 为第 $j$ 项目、第 $k$ 类目的得分（$j$=1, 2, …, $m$；$k$=1, 2, …, $r_j$）；$\delta_i(j,k)$为第 $i$ 样本在 $j$ 项目、第 $k$ 类目的反应；$a_l$ 为第 $l$ 个定量变量的得分；$u_{il}$ 为第 $i$ 个样本、第 $l$ 个定量说明变量的取值；$n$ 为样本数。

样本的平均得分（$y$）可记为：

$$y = \left(y_1, y_2, \cdots, y_n\right)^{\mathrm{T}} \tag{5-7}$$

式中，$y_i$ 为第 $i$ 个样本的平均得分；$n$ 为样本数。

由式（5-6）可知：

$$y = \frac{1}{m+s} Xb \tag{5-8}$$

$n$ 个样本得分总数是 $n(m+s)$，所以得分的总平均值（$\overline{y}$）是：

$$\begin{aligned}\overline{y} &= \frac{1}{n(m+s)}\sum_{i=1}^{n}\left[\sum_{j=1}^{m}\sum_{k=1}^{r_j} b_{jk}\delta_i(j,k) + \sum_{l=1}^{s} a_l u_{il}\right] \\ &= \frac{1}{n(m+s)}\left\{\sum_{j=1}^{m}\sum_{k=1}^{r_j} b_{jk}\left[\sum_{i=1}^{n}\delta_i(j,k)\right] + \sum_{l=1}^{s} a_l\left(\sum_{i=1}^{n} u_{il}\right)\right\}\end{aligned} \tag{5-9}$$

记：

$$g_{jk}=\sum_{i=1}^{n}\delta_i(j,k),\ j=1,2,\cdots,m,\ k=1,2,\cdots,r_j \tag{5-10}$$

式中，$g_{jk}$是各样本在第$j$定性变量的第$k$类目上的反应总和。

结合式（5-3）和式（5-10）可知：

$$g=\left(g_{11},\cdots,g_{1r_1},\cdots,g_{m1},\cdots,g_{mr_m},\overbrace{0,\cdots,0}^{s个}\right)^{\mathrm{T}} \tag{5-11}$$

式（5-9）可写为：

$$\overline{y}=\frac{1}{n(m+s)}g^{\mathrm{T}}b \tag{5-12}$$

进一步求得样本间的组间方差为：

$$\begin{aligned}\sigma_b^2&=\frac{1}{n}\sum_{i=1}^{n}\left(y_i-\overline{y}\right)^2=\frac{1}{n}\sum_{i=1}^{n}y_i^2-\overline{y}^2\\&=\frac{1}{n}y^{\mathrm{T}}y-\frac{1}{n^2(m+s)^2}b^{\mathrm{T}}gg^{\mathrm{T}}b\\&=\frac{1}{n(m+s)^2}\left(b^{\mathrm{T}}X^{\mathrm{T}}Xb-\frac{1}{n}b^{\mathrm{T}}gg^{\mathrm{T}}b\right)\\&=\frac{1}{n(m+s)^2}b^{\mathrm{T}}\left(X^{\mathrm{T}}X-\frac{1}{n}gg^{\mathrm{T}}\right)b\end{aligned} \tag{5-13}$$

如果记：

$$H=X^{\mathrm{T}}X-\frac{1}{n}gg^{\mathrm{T}} \tag{5-14}$$

则式（5-13）可写成：

$$\sigma_b^2=\frac{b^{\mathrm{T}}Hb}{n(m+s)^2} \tag{5-15}$$

样本总方差为：

$$\begin{aligned}\sigma^2&=\frac{1}{n(m+s)}\sum_{i=1}^{n}\left\{\sum_{j=1}^{m}\sum_{k=1}^{r_j}\left[b_{jk}\delta_i(j,k)-\overline{y}\right]^2\delta_i(j,k)+\sum_{l=1}^{s}\left(a_lu_{il}-\overline{y}\right)^2\right\}\\&=\frac{1}{n(m+s)}\sum_{i=1}^{n}\left[\sum_{j=1}^{m}\sum_{k=1}^{r_j}b_{jk}^2\delta_i(j,k)+\sum_{l=1}^{s}a_l^2{u_{il}}^2\right]-\overline{y}^2\\&=\frac{1}{n(m+s)}\left(\sum_{j=1}^{m}\sum_{k=1}^{r_j}b_{jk}^2g_{jk}+n\sum_{i=1}^{s}a_i^2\right)-\overline{y}^2\end{aligned} \tag{5-16}$$

如果 $r+s$ 阶对角矩阵用 $G$ 表示为：

$$G=\begin{bmatrix} g_{11} & & & & & & & & & \\ & \ddots & & & & & & & & \\ & & g_{1r_1} & & & & & & & \\ & & & \ddots & & & & & & \\ & & & & g_{m1} & & & & & \\ & & & & & \ddots & & & & \\ & & & & & & g_{mr_m} & & & \\ & & & & & & & n & & \\ & & & & & & & & \ddots & \\ & & & & & & & & & n \end{bmatrix}$$

则样本总方差[式（5-16）]可以表示为：

$$\sigma^2=\frac{1}{n(m+s)}\left(\sum_{j=1}^{m}\sum_{k=1}^{r_j}b_{jk}^2 g_{jk}+n\sum_{i=1}^{s}a_i^2\right)-\overline{y}^2=\frac{1}{n(m+s)}b^{\mathrm{T}}Lb \tag{5-17}$$

式中：

$$L=G-\frac{1}{n(m+s)}gg^{\mathrm{T}}$$

根据式（5-15）和式（5-17）可得到组间方差与总方差的相关比为：

$$\eta^2=\frac{\sigma_b^2}{\sigma^2}=\frac{b^{\mathrm{T}}Hb}{(m+s)b^{\mathrm{T}}Lb} \tag{5-18}$$

在（5-17）中，要求满足条件 $b^{\mathrm{T}}Lb=1$，$g^{\mathrm{T}}b=0$，且使 $\eta^2$ 达到最大的解 $b$ 向量满足：

$$Hb=\lambda(m+s)Lb \tag{5-19}$$

式中，$\lambda$ 是方程的特征根；$b$ 的解为最大特征根对应的特征向量，可以反映类目间的关系。式（5-19）为数量化理论III的数学模型。

本研究先分别构建各立地亚区定性变量和定量变量的反应矩阵，然后利用 ForStat2.2 软件，采用数量化理论III对各立地亚区的反应矩阵分别进行分析，得到特征根、特征向量等。再根据特征根计算各主成分的方差贡献率和累计贡献率，具体公式见式（5-20）、式（5-21），从而选取对立地分类有重要影响的主导因子。

$$p_i=\frac{\lambda_i}{\sum_{j=1}^{k}\lambda_j} \tag{5-20}$$

$$P_i = \sum_{j=1}^{i} p_j = \frac{\sum_{j=1}^{i} \lambda_j}{\sum_{j=1}^{k} \lambda_j} \tag{5-21}$$

式（5-20）、式（5-21）中，$p_i$为第 $i$ 个特征根的方差贡献率；$\lambda_i$为第 $i$ 个特征根；$P_i$为前 $i$ 个特征根的累计贡献率；$k$ 为特征根的个数。

### 5.4.3 立地分类系统构建

根据上述立地分类的原则和浙江省的实际情况，以《中国森林立地分类》为基础，采用 6 级划分方法建立浙江省森林立地分类系统，如下：

立地区域
　立地区
　　立地亚区
　　　立地类型小区
　　　　立地类型组
　　　　　立地类型

其中，立地区域、立地区、立地亚区是分区单位，分区单位在空间上必须是连续分布的，不可以重复出现；立地类型小区、立地类型组和立地类型是分类单位，它们可以在地域上重复出现，也可以不连续分布，立地类型是最基本的单元。

本研究建立的立地分类系统遵循从大到小逐级划分的原则，可以逐级控制立地条件的差异，分类单元等级越高，差异性越大。结合浙江省气象、地形地貌、土壤等地理分布特点，在中国森林立地分类系统基础上建立浙江省森林立地分类系统。

中国森林立地分类系统中前 3 级对浙江省的森林立地分类情况如下：

Ⅶ 南方亚热带立地区域
　Ⅶ33 长江中下游滨湖立地区
　　Ⅶ33A 长江下游滨湖立地亚区
　Ⅶ35 天目山山地立地区
　　Ⅶ35B 浙皖低山丘陵立地亚区
　　Ⅶ35C 浙皖赣中低山立地亚区
　　Ⅶ35D 浙东低山丘陵立地亚区
　Ⅶ39 湘赣浙丘陵立地区
　　Ⅶ39B 东部低丘岗地立地亚区

Ⅶ40 浙闽沿海低山丘陵立地区

Ⅶ40A 浙闽东南沿海丘陵立地亚区

Ⅶ40B 浙闽东南山地立地亚区

Ⅶ41 武夷山山地立地区

Ⅶ41A 武夷山北部山地立地亚区

中国森林立地分类系统中，名称与浙江省本地林业生产和森林资源经营管理的习惯用法不一致，为此需要进行具体有针对性的调整。将浙江省作为一个单独的立地区域，立地区划部分与浙江省林业区划相对应，其下划分为 5 个立地区、8 个立地亚区。因此，浙江省森林立地分类系统中立地区划的构成情况如下：

浙江省立地区域

1 浙北平原立地区

1A 浙北平原立地亚区

2 浙西山地立地区

2B 浙西北低山丘陵立地亚区

2C 浙西中低山立地亚区

2D 浙东低山丘陵立地亚区

3 浙中西低丘岗地立地区

3E 浙中西低丘岗地立地亚区

4 浙东沿海低山丘陵立地区

4F 浙东沿海丘陵立地亚区

4G 浙东南山地立地亚区

5 浙西南山地立地区

5H 浙西南山地立地亚区

本研究重点以 2009 年浙江省森林资源连续清查数据和浙江省 DEM 数据为基础，利用 GIS 技术方法，探讨浙江省森林立地类型小区、立地类型组和立地类型的划分问题。

以各立地亚区的主导因子作为森林立地分类的主要依据，根据主导因子的重要程度划分森林立地类型小区、立地类型组和立地类型。其中，各立地亚区均以第一个主导因子为依据划分森林立地类型小区，采用第一主导因子命名的方法；以第二主导因子为依据划分森林立地类型组，采用第二主导因子命名的方法；以其余主导因子为依据划分森林立地类型，采用主导因子复合命名法。根据《森林资源连续清查技术规程》（GB/T 38590—2020）中关于海拔、坡向、坡度、土层厚度、腐殖质层厚度、凋落物厚度的要求，同时结合研究区的实际情况，划分标准见表 5-1。

**表 5-1　立地因子划分标准**

| 因子 | | 等级名称 | 划分标准 |
| --- | --- | --- | --- |
| 定性因子 | 土壤类型 | 红壤 | NFI 样地数据调查因子 |
| | | 黄壤 | |
| | | 黄棕壤 | |
| | | 潮土 | |
| | | 水稻土 | |
| | | 石灰土 | |
| | | 紫色土 | |
| | 地貌 | 平原 | NFI 样地数据调查因子 |
| | | 丘陵 | |
| | | 低山 | |
| | | 中山 | |
| | 坡位 | 脊上部 | 坡位图提取值 |
| | | 中部 | |
| | | 下谷部 | |
| | | 平地 | |
| 定量因子 | 海拔/m | 低海拔 | <500 |
| | | 中海拔 | 500～1000 |
| | | 高海拔 | ≥1000 |
| | 坡向角/（°） | 阳坡 | 135～180 |
| | | 偏阳坡 | 90～135 |
| | | 偏阴坡 | 45～90 |
| | | 阴坡 | 0～45 |
| | 坡度/（°） | 平缓坡 | <15 |
| | | 斜陡坡 | 15～35 |
| | | 急险坡 | ≥35 |
| | 土层厚度/cm | 厚土 | ≥80 |
| | | 中土 | 40～79 |
| | | 薄土 | <40 |
| | 腐殖质层厚度/cm | 厚腐 | ≥20 |
| | | 中腐 | 10～20 |
| | | 薄腐 | <10 |
| | 凋落物厚度/cm | 厚枯 | ≥10 |
| | | 中枯 | 5～10 |
| | | 薄枯 | <5 |

### 5.4.4 立地分类结果

#### 5.4.4.1 浙北平原立地亚区

经统计，该亚区 NFI 样地数据在红壤、潮土、水稻土和石灰土 4 个土壤类型上有分布，在平原、丘陵和低山 3 个地貌类型上有分布，在平地、脊上部、中部和下谷部 4 个坡位上均有分布，同时，所有样地海拔均为低海拔，海拔分异不明显。因此，该亚区在进行数量化理论分析时项目数为 8，主要为土壤类型、地貌类型、坡位、坡向角、坡度、土层厚度、腐殖质层厚度和凋落物厚度，且其类目总数为 16 个。经计算所得前 3 个最大特征根（$\lambda_1$=0.130，$\lambda_2$=0.098，$\lambda_3$=0.018）对应的累计贡献率已达到 83.8%，能够代表该立地亚区的主要立地信息，基本可以反映立地质量的综合状况。因为特征向量和主成分分析中的载荷成比例关系，所以特征向量的数值大小可以反映其类目的重要程度（李慧霞，2016）。前 3 个特征根对应的特征向量见表 5-2。

表 5-2 浙北平原立地亚区特征向量表

| 项目 | 类目 | $F_1$（特征值 $\lambda_1$ 的贡献率为 44.3%） | $F_2$（特征值 $\lambda_2$ 的贡献率为 33.5%） | $F_3$（特征值 $\lambda_3$ 的贡献率为 6.0%） |
|---|---|---|---|---|
| 土壤类型 | 红壤 | 0.079 | 0.012 | 0.116 |
| | 潮土 | −0.017 | −0.061 | −0.096 |
| | 水稻土 | −0.039 | −0.099 | −0.069 |
| | 石灰土 | −0.014 | 0.038 | 0.097 |
| 地貌类型 | 平原 | −0.057 | −0.141 | −0.143 |
| | 丘陵 | 0.103 | 0.049 | 0.237 |
| | 低山 | 0.038 | 0.061 | −0.099 |
| 坡位 | 脊上部 | −0.006 | −0.032 | −0.027 |
| | 中部 | 0.022 | −0.025 | 0.067 |
| | 下谷部 | 0.043 | 0.008 | 0.017 |
| | 平地 | 0.027 | −0.066 | 0.010 |
| 坡向角 | | −0.428 | 0.494 | −0.069 |
| 坡度 | | 0.806 | 0.321 | −0.432 |
| 土层厚度 | | 0.162 | −0.760 | 0.002 |
| 腐殖质层厚度 | | 0.254 | 0.111 | 0.707 |
| 凋落物厚度 | | 0.223 | 0.125 | 0.424 |

由表 5-2 可知，$\lambda_1$ 的贡献率为 44.3%，其趋势变化可以看作同一项目中各类

目贡献大小的主要宏观反映。土壤类型的 4 个类目中红壤的特征向量值最大，说明红壤的贡献最大；地貌类型的 3 个类目中丘陵的特征向量值最大，说明丘陵的贡献最大；坡位的 4 个类目中下谷部的特征向量值最大，说明下谷部的贡献最大。总体来看，第 1 主成分（$F_1$）坡度的特征向量值最大，说明第 1 主成分中坡度具有明显的支配作用；第 2 主成分（$F_2$）中土层厚度的特征向量值最大，说明第 2 主成分主要反映了土层厚度信息；第 3 主成分（$F_3$）中腐殖质层厚度的特征向量值最大，说明腐殖质层厚度在第 3 主成分中具有明显的支配作用。通过上述分析可以得出，影响浙北平原立地亚区立地条件类型的主导因子重要性排序依次为：坡度＞土层厚度＞腐殖质层厚度。

根据上述结果，按照主导因子的重要程度划分森林立地类型，浙北平原立地亚区依据坡度划分立地类型小区，依据土层厚度划分立地类型组，依据腐殖质层厚度划分立地类型。结合各主导立地因子划分标准，共划分 2 个立地类型小区、6 个立地类型组、9 个立地类型，分类结果如下：

1A 浙北平原立地亚区
- （A）平缓坡立地类型小区
  - a 平缓坡薄土层立地类型组
    - （1）平缓坡薄土薄腐立地类型
  - b 平缓坡中土层立地类型组
    - （2）平缓坡中土薄腐立地类型
    - （3）平缓坡中土中腐立地类型
  - c 平缓坡厚土层立地类型组
    - （4）平缓坡厚土薄腐立地类型
    - （5）平缓坡厚土中腐立地类型
- （B）斜陡坡立地类型小区
  - d 斜陡坡薄土层立地类型组
    - （6）斜陡坡薄土薄腐立地类型
  - e 斜陡坡中土层立地类型组
    - （7）斜陡坡中土薄腐立地类型
    - （8）斜陡坡中土中腐立地类型
  - f 斜陡坡厚土层立地类型组
    - （9）斜陡坡厚土薄腐立地类型

#### 5.4.4.2 浙西北低山丘陵立地亚区

经统计，该亚区 NFI 样地数据在红壤、黄壤、黄棕壤、水稻土和石灰土 5 个土壤类型上有分布，在平原、丘陵和低山 3 个地貌类型上有分布，在平地、脊上部、中部和下谷部 4 个坡位上均有分布。因此，该亚区在进行数量化理论分析时项目数为 9，主要为土壤类型、地貌类型、坡位、海拔、坡向角、坡度、土层厚度、腐殖质层厚度和凋落物厚度，且其类目总数为 18 个。经计算所得前 3 个最大特征根（$\lambda_1$=0.195，$\lambda_2$=0.036，$\lambda_3$=0.010）对应的累计贡献率已达到 89.4%，能够代表该立地亚区的主要立地信息，基本可以反映立地质量的综合状况。前 3 个特征根对应的特征向量见表 5-3。

**表 5-3　浙西北低山丘陵立地亚区特征向量表**

| 项目 | 类目 | $F_1$（特征值 $\lambda_1$ 的贡献率为 72.5%） | $F_2$（特征值 $\lambda_2$ 的贡献率为 13.2%） | $F_3$（特征值 $\lambda_3$ 的贡献率为 3.7%） |
|---|---|---|---|---|
| 土壤类型 | 红壤 | –0.056 | –0.091 | 0.039 |
| | 黄壤 | 0.025 | 0.012 | –0.039 |
| | 黄棕壤 | 0.006 | –0.008 | –0.024 |
| | 水稻土 | –0.024 | –0.041 | –0.119 |
| | 石灰土 | –0.004 | 0.019 | 0.065 |
| 地貌类型 | 平原 | –0.026 | –0.046 | –0.157 |
| | 丘陵 | –0.078 | –0.107 | 0.021 |
| | 低山 | –0.001 | –0.017 | 0.057 |
| 坡位 | 脊上部 | –0.023 | –0.033 | 0.006 |
| | 中部 | –0.031 | –0.085 | 0.000 |
| | 下谷部 | –0.023 | –0.010 | –0.015 |
| | 平地 | –0.013 | –0.014 | 0.066 |
| 海拔 | | 0.028 | 0.020 | –0.061 |
| 坡向角 | | 0.540 | 0.093 | –0.138 |
| 坡度 | | –0.741 | 0.516 | –0.019 |
| 土层厚度 | | –0.002 | –0.129 | 0.939 |
| 腐殖质层厚度 | | –0.363 | –0.792 | –0.190 |
| 凋落物厚度 | | –0.098 | –0.179 | 0.024 |

由表 5-3 可知，$\lambda_1$ 的贡献率超过 70%，其趋势变化可以看作同一项目中各类目贡献大小的主要宏观反映。土壤类型的 5 个类目中红壤的特征向量值最大，说明红壤的贡献最大；地貌类型的 3 个类目中丘陵的特征向量值最大，说明丘陵的贡献最大；坡位的 4 个类目中，中部的特征向量值最大，说明中部位置的贡献最大。总体来看，第 1 主成分中坡度的特征向量值最大，其次是坡向角，说明第 1 主成分主要反映了坡度坡向和信息；第 2 主成分中腐殖质层厚度的特征向量值最大，其次是坡度，说明在第 2 主成分中腐殖质层厚度和坡度具有明显的支配作用；第 3 主成分中

土层厚度的特征向量值远大于其他因素，说明土层厚度在第 3 主成分中具有明显的支配作用。通过上述分析可以得出，影响浙西北低山丘陵立地亚区立地条件类型的主导因子的重要性排序依次为：坡度、坡向＞腐殖质层厚度＞土层厚度。

根据上述结果，按照主导因子的重要程度划分森林立地类型，浙西北低山丘陵立地亚区依据坡向和坡度划分立地类型小区，依据腐殖质层厚度划分立地类型组，依据土层厚度划分立地类型。结合各主导立地因子划分标准，共划分 12 个立地类型小区、17 个立地类型组、27 个立地类型，分类结果如下：

2B 浙西北低山丘陵立地亚区

（A）平缓阳坡立地类型小区

a 平缓阳坡薄腐立地类型组

（1）平缓阳坡薄土薄腐立地类型

（2）斜陡阳坡中土薄腐立地类型

b 平缓阳坡中腐立地类型组

（3）平缓阳坡中土中腐立地类型

（B）平缓偏阳坡立地类型小区

c 平缓偏阳坡薄腐立地类型组

（4）平缓偏阳坡薄土薄腐立地类型

（5）平缓偏阳坡中土薄腐立地类型

d 平缓偏阳坡中腐立地类型组

（6）平缓偏阳坡中土中腐立地类型

（C）平缓偏阴坡立地类型小区

e 平缓偏阴坡薄腐立地类型组

（7）平缓偏阴坡薄土薄腐立地类型

（8）平缓偏阴坡中土薄腐立地类型

f 平缓偏阴坡中腐立地类型组

（9）平缓偏阴坡中土中腐立地类型

（D）平缓阴坡立地类型小区

g 平缓阴坡薄腐立地类型组

（10）平缓阴坡薄土薄腐立地类型

（11）平缓阴坡中土薄腐立地类型

（E）斜陡阳坡立地类型小区

h 斜陡阳坡薄腐立地类型组

（12）斜陡阳坡薄土薄腐立地类型

（13）斜陡阳坡中土薄腐立地类型

i 斜陡阳坡中腐立地类型组

（14）斜陡阳坡中土中腐立地类型

（F）斜陡偏阳坡立地类型小区

j 斜陡偏阳坡薄腐立地类型组

（15）斜陡偏阳坡薄土薄腐立地类型

（16）斜陡偏阳坡中土薄腐立地类型

（G）斜陡偏阴坡立地类型小区

k 斜陡偏阴坡薄腐立地类型组

（17）斜陡偏阴坡薄土薄腐立地类型

（18）斜陡偏阴坡中土薄腐立地类型

（H）斜陡阴坡立地类型小区

l 斜陡阴坡薄腐立地类型组

（19）斜陡阴坡薄土薄腐立地类型

（20）斜陡阴坡中土薄腐立地类型

m 斜陡阴坡中腐立地类型组

（21）斜陡阴坡中土中腐立地类型

（I）急险阳坡立地类型小区

n 急险阳坡薄腐立地类型组

（22）急险阳坡中土薄腐立地类型

（J）急险偏阳坡立地类型小区

o 急险偏阳坡薄腐立地类型组

（23）急险偏阳坡中土薄腐立地类型

（K）急险偏阴坡立地类型小区

p 急险偏阴坡薄腐立地类型组

（24）急险偏阴坡薄土薄腐立地类型

（25）急险偏阴坡中土薄腐立地类型

（L）急险阴坡立地类型小区

q 急险阴坡薄腐立地类型组

（26）急险阴坡薄土薄腐立地类型

（27）急险阴坡中土薄腐立地类型

#### 5.4.4.3　浙西中低山立地亚区

经统计，该亚区森林资源连续清查样地数据在红壤、黄壤、水稻土和石灰土 4 个土壤类型上有分布，在平原、丘陵、低山、中山 4 个地貌类型上均有分布，在平地、脊上部、中部和下谷部 4 个坡位上也均有分布。因此，该亚区在进行数量化理论分析时项目数为 9，主要为土壤类型、地貌类型、坡位、海拔、坡向角、坡度、土层厚度、腐殖质层厚度和凋落物厚度，且其类目总数为 18 个。经计算所得前 3 个最大特征根（$\lambda_1$=0.120，$\lambda_2$=0.031，$\lambda_3$=0.011）对应的累计贡献率已达到 86.0%，能够代表该立地亚区的主要立地信息，基本可以反映立地质量的综合状况。前 3 个特征根对应的特征向量见表 5-4。

**表 5-4　浙西中低山立地亚区特征向量表**

| 项目 | 类目 | $F_1$（特征值 $\lambda_1$ 的贡献率为 63.9%） | $F_2$（特征值 $\lambda_2$ 的贡献率为 16.3%） | $F_3$（特征值 $\lambda_3$ 的贡献率为 5.8%） |
|---|---|---|---|---|
| 土壤类型 | 红壤 | 0.045 | 0.090 | –0.014 |
| | 黄壤 | –0.021 | –0.008 | 0.040 |
| | 水稻土 | 0.018 | 0.007 | –0.017 |
| | 石灰土 | 0.007 | –0.011 | 0.003 |
| 地貌类型 | 平原 | 0.019 | 0.032 | 0.049 |
| | 丘陵 | 0.079 | 0.072 | 0.088 |
| | 低山 | 0.012 | 0.061 | –0.060 |
| | 中山 | –0.023 | –0.008 | –0.005 |
| 坡位 | 脊上部 | 0.013 | 0.058 | –0.016 |
| | 中部 | 0.035 | 0.041 | 0.033 |
| | 下谷部 | 0.014 | 0.027 | –0.038 |
| | 平地 | 0.021 | 0.065 | –0.023 |
| 海拔 | | –0.524 | –0.149 | 0.144 |
| 坡向角 | | 0.794 | –0.430 | 0.023 |
| 坡度 | | –0.001 | 0.131 | –0.961 |
| 土层厚度 | | 0.270 | 0.834 | 0.186 |
| 腐殖质层厚度 | | 0.076 | 0.178 | 0.023 |
| 凋落物厚度 | | 0.065 | 0.141 | –0.017 |

由表 5-4 可知，$\lambda_1$ 的贡献率超过 60%，其趋势变化可以看作同一项目中各类目贡献大小的主要宏观反映。土壤类型的 4 个类目中红壤的特征向量值最大，说明红壤的贡献最大；地貌类型的 4 个类目中丘陵的特征向量值最大，说明丘陵的贡献最大；坡位的 4 个类目中，中部的特征向量值最大，说明中部位置的贡献最大。总体来看，第 1 主成分中坡向角的特征向量值最大，其次是海拔，说明第 1 主成分主要反映了坡向和海拔信息；第 2 主成分中土层厚度的特征向量值最大，说明在第 2 主成分中土层厚度具有明显的支配作用；第 3 主成分中坡度的特征向量值远大于其他因素，说明坡度在第 3 主成分中具有明显的支配作用。通过上述分析可以得出，影响浙西中低山立地亚区立地条件类型的主导因子的重要性排序依次为：坡向、海拔＞土层厚度＞坡度。

根据上述结果，按照主导因子的重要程度划分森林立地类型，浙西中低山立地亚区依据坡向和海拔划分立地类型小区，依据土层厚度划分立地类型组，依据坡度划分立地类型。结合各主导立地因子划分标准，共划分 8 个立地类型小区、16 个立地类型组、41 个立地类型，分类结果如下：

2C 浙西中低山立地亚区
（A）低海拔阳坡立地类型小区
a 低海拔阳坡薄土立地类型组
（1）低海拔平缓阳坡薄土立地类型
（2）低海拔斜陡阳坡薄土立地类型
（3）低海拔急险阳坡薄土立地类型
b 低海拔阳坡中土立地类型组
（4）低海拔平缓阳坡中土立地类型
（5）低海拔斜陡阳坡中土立地类型
（B）低海拔偏阳坡立地类型小区
c 低海拔偏阳坡薄土立地类型组
（6）低海拔平缓偏阳坡薄土立地类型
（7）低海拔斜陡偏阳坡薄土立地类型
（8）低海拔急险偏阳坡薄土立地类型
d 低海拔偏阳坡中土立地类型组
（9）低海拔平缓偏阳坡中土立地类型
（10）低海拔斜陡偏阳坡中土立地类型
（C）低海拔偏阴坡立地类型小区
e 低海拔偏阴坡薄土立地类型组
（11）低海拔平缓偏阴坡薄土立地类型
（12）低海拔斜陡偏阴坡薄土立地类型
（13）低海拔急险偏阴坡薄土立地类型
f 低海拔偏阴坡中土立地类型组
（14）低海拔平缓偏阴坡中土立地类型
（15）低海拔斜陡偏阴坡中土立地类型
（D）低海拔阴坡立地类型小区
g 低海拔阴坡薄土立地类型组
（16）低海拔平缓阴坡薄土立地类型
（17）低海拔斜陡阴坡薄土立地类型
（18）低海拔急险阴坡薄土立地类型
h 低海拔阴坡中土立地类型组

(19)低海拔平缓阴坡中土立地类型
(20)低海拔斜陡阴坡中土立地类型
(21)低海拔急险阴坡中土立地类型
(E)中高海拔阳坡立地类型小区
i 中高海拔阳坡薄土立地类型组
(22)中高海拔斜陡阳坡薄土立地类型
(23)中高海拔急险阳坡薄土立地类型
j 中高海拔阳坡中土立地类型组
(24)中高海拔平缓阳坡中土立地类型
(25)中高海拔斜陡阳坡中土立地类型
(26)中高海拔急险阳坡中土立地类型
(F)中高海拔偏阳坡立地类型小区
k 中高海拔偏阳坡薄土立地类型组
(27)中高海拔平缓偏阳坡薄土立地类型
(28)中高海拔斜陡偏阳坡薄土立地类型
(29)中高海拔急险偏阳坡薄土立地类型
l 中高海拔偏阳坡中土立地类型组
(30)中高海拔平缓偏阳坡中土立地类型
(31)中高海拔斜陡偏阳坡中土立地类型
(32)中高海拔急险偏阳坡中土立地类型
(G)中高海拔偏阴坡立地类型小区
m 中高海拔偏阴坡薄土立地类型组
(33)中高海拔斜陡偏阴坡薄土立地类型
n 中高海拔偏阴坡中土立地类型组
(34)中高海拔平缓偏阴坡中土立地类型
(35)中高海拔斜陡偏阴坡中土立地类型
(36)中高海拔急险偏阴坡中土立地类型
(H)中高海拔阴坡立地类型小区
o 中高海拔阴坡薄土立地类型组
(37)中高海拔斜陡阴坡薄土立地类型
(38)中高海拔急险阴坡薄土立地类型
p 中高海拔阴坡中土立地类型组
(39)中高海拔平缓阴坡中土立地类型
(40)中高海拔斜陡阴坡中土立地类型
(41)中高海拔急险阴坡中土立地类型

#### 5.4.4.4　浙东低山丘陵立地亚区

经统计，该亚区 NFI 样地数据在红壤、黄壤、水稻土、潮土和紫色土 5 个土壤类型上有分布，在平原、丘陵、低山、中山 4 个地貌类型上均有分布，在平地、脊上部、中部和下谷部 4 个坡位上也均有分布。因此，该亚区在进行数量化理论分析时项目数为 9，主要为土壤类型、地貌类型、坡位、海拔、坡向角、坡度、土层厚度、腐殖质层厚度和凋落物厚度，且其类目总数为 19 个。经计算所得前 3 个最大特征根（$\lambda_1$=0.170，$\lambda_2$=0.046，$\lambda_3$=0.014）对应的累计贡献率已达到 85.3%，能够代表该立地亚区的主要立地信息，基本可以反映立地质量的综合状况。前 3 个特征根对应的特征向量见表 5-5。

**表 5-5　浙东低山丘陵立地亚区特征向量表**

| 项目 | 类目 | $F_1$（特征值 $\lambda_1$ 的贡献率为 63.1%） | $F_2$（特征值 $\lambda_2$ 的贡献率为 17.0%） | $F_3$（特征值 $\lambda_3$ 的贡献率为 5.2%） |
|---|---|---|---|---|
| 土壤类型 | 红壤 | 0.054 | –0.084 | –0.063 |
| | 黄壤 | –0.011 | 0.011 | 0.041 |
| | 水稻土 | 0.040 | –0.010 | 0.238 |
| | 潮土 | 0.022 | 0.026 | 0.058 |
| | 紫色土 | –0.014 | –0.018 | 0.002 |
| 地貌类型 | 平原 | 0.037 | –0.010 | 0.268 |
| | 丘陵 | 0.093 | –0.105 | 0.001 |
| | 低山 | –0.015 | –0.010 | –0.058 |
| | 中山 | –0.010 | –0.002 | 0.001 |
| 坡位 | 脊上部 | 0.020 | –0.033 | –0.060 |
| | 中部 | 0.049 | –0.073 | –0.005 |
| | 下谷部 | 0.016 | –0.019 | –0.016 |
| | 平地 | 0.015 | –0.017 | 0.071 |
| 海拔 | | –0.586 | 0.040 | 0.135 |
| 坡向角 | | 0.650 | 0.609 | –0.013 |
| 坡度 | | 0.020 | –0.158 | –0.839 |
| 土层厚度 | | 0.445 | –0.722 | 0.264 |
| 腐殖质层厚度 | | 0.102 | –0.160 | –0.173 |
| 凋落物厚度 | | 0.076 | –0.171 | –0.168 |

由表 5-5 可知，$\lambda_1$ 的贡献率超过 60%，其趋势变化可以看作同一项目中各类目贡献大小的主要宏观反映。土壤类型的 5 个类目中红壤的特征向量值最大，说明红壤的贡献最大；地貌类型的 4 个类目中丘陵的特征向量值最大，说明丘陵的

贡献最大；坡位的 4 个类目中，中部的特征向量值最大，说明中部位置的贡献最大。总体来看，第 1 主成分中坡向角的特征向量值最大，其次是海拔，说明第 1 主成分主要反映了坡向和海拔综合信息；第 2 主成分中土层厚度的特征向量值最大，其次是坡向角，说明在第 2 主成分中土层厚度和坡向具有明显的支配作用；第 3 主成分中坡度的特征向量值远大于其他因素，说明坡度在第 3 主成分中具有明显的支配作用。通过上述分析可以得出，影响浙东低山丘陵立地亚区立地条件类型的主导因子的重要性排序依次为：坡向、海拔＞土层厚度＞坡度。

根据上述结果，按照主导因子的重要程度划分森林立地类型，浙东低山丘陵立地亚区依据坡向和海拔划分立地类型小区，依据土层厚度划分立地类型组，依据坡度划分立地类型。结合各主导立地因子划分标准，共划分 8 个立地类型小区、16 个立地类型组、34 个立地类型，分类结果如下：

2D 浙东低山丘陵立地亚区
（A）低海拔阳坡立地类型小区
a 低海拔阳坡薄土立地类型组
（1）低海拔平缓阳坡薄土立地类型
（2）低海拔斜陡阳坡薄土立地类型
b 低海拔阳坡中土立地类型组
（3）低海拔平缓阳坡中土立地类型
（4）低海拔斜陡阳坡中土立地类型
（5）低海拔急险阳坡中土立地类型
（B）低海拔偏阳坡立地类型小区
c 低海拔偏阳坡薄土立地类型组
（6）低海拔平缓偏阳坡薄土立地类型
（7）低海拔斜陡偏阳坡薄土立地类型
d 低海拔偏阳坡中土立地类型组
（8）低海拔平缓偏阳坡中土立地类型
（9）低海拔斜陡偏阳坡中土立地类型
（10）低海拔急险偏阳坡中土立地类型
（C）低海拔偏阴坡立地类型小区
e 低海拔偏阴坡薄土立地类型组
（11）低海拔平缓偏阴坡薄土立地类型
（12）低海拔斜陡偏阴坡薄土立地类型
f 低海拔偏阴坡中土立地类型组
（13）低海拔平缓偏阴坡中土立地类型
（14）低海拔斜陡偏阴坡中土立地类型

（D）低海拔阴坡立地类型小区

g 低海拔阴坡薄土立地类型组

（15）低海拔平缓阴坡薄土立地类型

（16）低海拔斜陡阴坡薄土立地类型

h 低海拔阴坡中土立地类型组

（17）低海拔平缓阴坡中土立地类型

（18）低海拔斜陡阴坡中土立地类型

（19）低海拔急险阴坡中土立地类型

（E）中高海拔阳坡立地类型小区

i 中高海拔阳坡薄土立地类型组

（20）中高海拔平缓阳坡薄土立地类型

（21）中高海拔斜陡阳坡薄土立地类型

j 中高海拔阳坡中土立地类型组

（22）中高海拔平缓阳坡中土立地类型

（23）中高海拔斜陡阳坡中土立地类型

（F）中高海拔偏阳坡立地类型小区

k 中高海拔偏阳坡薄土立地类型组

（24）中高海拔平缓偏阳坡薄土立地类型

（25）中高海拔斜陡偏阳坡薄土立地类型

l 中高海拔偏阳坡中土立地类型组

（26）中高海拔平缓偏阳坡中土立地类型

（27）中高海拔斜陡偏阳坡中土立地类型

（G）中高海拔偏阴坡立地类型小区

m 中高海拔偏阴坡薄土立地类型组

（28）中高海拔斜陡偏阴坡薄土立地类型

n 中高海拔偏阴坡中土立地类型组

（29）中高海拔平缓偏阴坡中土立地类型

（30）中高海拔斜陡偏阴坡中土立地类型

（H）中高海拔阴坡立地类型小区

o 中高海拔阴坡薄土立地类型组

（31）中高海拔斜陡阴坡薄土立地类型

p 中高海拔阴坡中土立地类型组

（32）中高海拔平缓阴坡中土立地类型

（33）中高海拔斜陡阴坡中土立地类型

（34）中高海拔急险阴坡中土立地类型

#### 5.4.4.5 浙中西低丘岗地立地亚区

经统计，该亚区森林资源连续清查样地数据在红壤、黄壤和水稻土 3 个土壤类型上有分布，在平原、丘陵、低山、中山 4 个地貌类型上均有分布，在平地、脊上部、中部和下谷部 4 个坡位上也均有分布。因此，该亚区在进行数量化理论分析时项目数为 9，主要为土壤类型、地貌类型、坡位、海拔、坡向角、坡度、土层厚度、腐殖质层厚度和凋落物厚度，且其类目总数为 17 个。经计算所得前 3 个最大特征根（$\lambda_1$=0.150，$\lambda_2$=0.032，$\lambda_3$=0.009）对应的累计贡献率已达到 88.7%，能够代表该立地亚区的主要立地信息，基本可以反映立地质量的综合状况。前 3 个特征根对应的特征向量见表 5-6。

**表 5-6 浙中西低丘岗地立地亚区特征向量表**

| 项目 | 类目 | $F_1$（特征值 $\lambda_1$ 的贡献率为 69.6%） | $F_2$（特征值 $\lambda_2$ 的贡献率为 14.9%） | $F_3$（特征值 $\lambda_3$ 的贡献率为 4.2%） |
|---|---|---|---|---|
| 土壤类型 | 红壤 | 0.055 | 0.095 | 0.029 |
| | 黄壤 | –0.028 | –0.022 | –0.081 |
| | 水稻土 | 0.025 | 0.035 | –0.024 |
| 地貌类型 | 平原 | 0.024 | 0.043 | –0.128 |
| | 丘陵 | 0.092 | 0.101 | –0.072 |
| | 低山 | –0.009 | 0.033 | 0.116 |
| | 中山 | –0.029 | –0.015 | –0.056 |
| 坡位 | 脊上部 | 0.019 | 0.030 | –0.008 |
| | 中部 | 0.045 | 0.089 | –0.029 |
| | 下谷部 | 0.011 | 0.017 | 0.056 |
| | 平地 | 0.000 | 0.008 | –0.006 |
| 海拔 | | –0.529 | –0.087 | –0.173 |
| 坡向角 | | 0.742 | –0.515 | 0.015 |
| 坡度 | | –0.055 | 0.099 | 0.947 |
| 土层厚度 | | 0.381 | 0.813 | –0.130 |
| 腐殖质层厚度 | | 0.053 | 0.122 | 0.041 |
| 凋落物厚度 | | 0.043 | 0.088 | 0.064 |

由表 5-6 可知，$\lambda_1$ 的贡献率接近 70%，其趋势变化可以看作同一项目中各类目贡献大小的主要宏观反映。土壤类型的 3 个类目中红壤的特征向量值最大，说明红壤较黄壤和水稻土的贡献大；地貌类型的 4 个类目中丘陵的特征向量值最大，说明丘陵的贡献最大；坡位的 4 个类目中，中部的特征向量值最大，说明中

部位置的贡献最大。总体来看，第 1 主成分中坡向角的特征向量值最大，其次是海拔，说明第 1 主成分主要反映了坡向和海拔的综合信息；第 2 主成分中土层厚度的特征向量值最大，其次是坡向角，说明在第 2 主成分中土层厚度和坡向具有明显的支配作用；第 3 主成分中坡度的特征向量值远大于其他因素，说明坡度在第 3 主成分中具有明显的支配作用。通过上述分析可以得出，影响浙中西低丘岗地立地亚区立地条件类型的主导因子的重要性排序依次为：坡向、海拔＞土层厚度＞坡度。

根据上述结果，按照主导因子的重要程度划分森林立地类型，浙中西低丘岗地立地亚区依据坡向和海拔划分立地类型小区，依据土层厚度划分立地类型组，依据坡度划分立地类型。结合各主导立地因子划分标准，共划分 8 个立地类型小区、16 个立地类型组、36 个立地类型，分类结果如下：

3E 浙中西低丘岗地立地亚区
（A）低海拔阳坡立地类型小区
a 低海拔阳坡薄土立地类型组
（1）低海拔平缓阳坡薄土立地类型
（2）低海拔斜陡阳坡薄土立地类型
b 低海拔阳坡中土立地类型组
（3）低海拔平缓阳坡中土立地类型
（4）低海拔斜陡阳坡中土立地类型
（5）低海拔急险阳坡中土立地类型
（B）低海拔偏阳坡立地类型小区
c 低海拔偏阳坡薄土立地类型组
（6）低海拔平缓偏阳坡薄土立地类型
（7）低海拔斜陡偏阳坡薄土立地类型
d 低海拔偏阳坡中土立地类型组
（8）低海拔平缓偏阳坡中土立地类型
（9）低海拔斜陡偏阳坡中土立地类型
（C）低海拔偏阴坡立地类型小区
e 低海拔偏阴坡薄土立地类型组
（10）低海拔平缓偏阴坡薄土立地类型
（11）低海拔斜陡偏阴坡薄土立地类型
f 低海拔偏阴坡中土立地类型组
（12）低海拔平缓偏阴坡中土立地类型
（13）低海拔斜陡偏阴坡中土立地类型
（D）低海拔阴坡立地类型小区

g 低海拔阴坡薄土立地类型组
（14）低海拔平缓阴坡薄土立地类型
（15）低海拔斜陡阴坡薄土立地类型
h 低海拔阴坡中土立地类型组
（16）低海拔平缓阴坡中土立地类型
（17）低海拔斜陡阴坡中土立地类型
（18）低海拔急险阴坡中土立地类型
（E）中高海拔阳坡立地类型小区
i 中高海拔阳坡薄土立地类型组
（19）中高海拔斜陡阳坡薄土立地类型
（20）中高海拔急险阳坡薄土立地类型
j 中高海拔阳坡中土立地类型组
（21）中高海拔平缓阳坡中土立地类型
（22）中高海拔斜陡阳坡中土立地类型
（23）中高海拔急险阳坡中土立地类型
（F）中高海拔偏阳坡立地类型小区
k 中高海拔偏阳坡薄土立地类型组
（24）中高海拔平缓偏阳坡薄土立地类型
（25）中高海拔斜陡偏阳坡薄土立地类型
l 中高海拔偏阳坡中土立地类型组
（26）中高海拔平缓偏阳坡中土立地类型
（27）中高海拔斜陡偏阳坡中土立地类型
（G）中高海拔偏阴坡立地类型小区
m 中高海拔偏阴坡薄土立地类型组
（28）中高海拔平缓偏阴坡薄土立地类型
（29）中高海拔斜陡偏阴坡薄土立地类型
（30）中高海拔急险偏阴坡薄土立地类型
n 中高海拔偏阴坡中土立地类型组
（31）中高海拔平缓偏阴坡中土立地类型
（32）中高海拔斜陡偏阴坡中土立地类型
（H）中高海拔阴坡立地类型小区
o 中高海拔阴坡薄土立地类型组
（33）中高海拔斜陡阴坡薄土立地类型
p 中高海拔阴坡中土立地类型组
（34）中高海拔平缓阴坡中土立地类型

（35）中高海拔斜陡阴坡中土立地类型

（36）中高海拔急险阴坡中土立地类型

#### 5.4.4.6　浙东沿海丘陵立地亚区

经统计，该亚区 NFI 样地数据在红壤、黄壤、水稻土、潮土、石灰土和紫色土 6 个土壤类型上有分布，在平原、丘陵、低山、中山 4 个地貌类型上均有分布，在平地、脊上部、中部和下谷部 4 个坡位上也均有分布。因此，该亚区在进行数量化理论分析时项目数为 9，主要为土壤类型、地貌类型、坡位、海拔、坡向角、坡度、土层厚度、腐殖质层厚度和凋落物厚度，且其类目总数为 20 个。经计算所得前 3 个最大特征根（$\lambda_1$=0.246，$\lambda_2$=0.053，$\lambda_3$=0.018）对应的累计贡献率已达到 88.2%，能够代表该立地亚区的主要立地信息，基本可以反映立地质量的综合状况。前 3 个特征根对应的特征向量见表 5-7。

**表 5-7　浙东沿海丘陵立地亚区特征向量表**

| 项目 | 类目 | $F_1$（特征值 $\lambda_1$ 的贡献率为 68.4%） | $F_2$（特征值 $\lambda_2$ 的贡献率为 14.7%） | $F_3$（特征值 $\lambda_3$ 的贡献率为 5.1%） |
|---|---|---|---|---|
| 土壤类型 | 红壤 | 0.051 | −0.078 | 0.065 |
| | 黄壤 | −0.016 | 0.003 | −0.026 |
| | 潮土 | 0.011 | −0.008 | −0.058 |
| | 水稻土 | 0.043 | −0.048 | −0.188 |
| | 石灰土 | −0.006 | −0.004 | 0.000 |
| | 紫色土 | −0.001 | 0.005 | −0.022 |
| 地貌类型 | 平原 | 0.048 | −0.061 | −0.213 |
| | 丘陵 | 0.073 | −0.086 | 0.078 |
| | 低山 | −0.023 | −0.005 | −0.001 |
| | 中山 | −0.011 | −0.001 | −0.019 |
| 坡位 | 脊上部 | 0.029 | −0.029 | 0.022 |
| | 中部 | 0.038 | −0.073 | 0.009 |
| | 下谷部 | 0.019 | −0.028 | 0.009 |
| | 平地 | 0.021 | −0.023 | −0.019 |
| 海拔 | | −0.619 | 0.048 | −0.146 |
| 坡向角 | | 0.643 | 0.592 | 0.013 |
| 坡度 | | 0.003 | −0.191 | 0.886 |
| 土层厚度 | | 0.418 | −0.734 | −0.264 |
| 腐殖质层厚度 | | 0.090 | −0.162 | 0.123 |
| 凋落物厚度 | | 0.068 | −0.138 | 0.107 |

由表 5-7 可知，$\lambda_1$ 的贡献率接近 70%，其趋势变化可以看作同一项目中各类目贡献大小的主要宏观反映。土壤类型的 6 个类目中红壤的特征向量值最大，说明红壤的贡献最大；地貌类型的 4 个类目中丘陵的特征向量值最大，说明丘陵的贡献最大；坡位的 4 个类目中，中部的特征向量值最大，说明中部位置的贡献最大。总体来看，第 1 主成分中坡向角和海拔的特征向量值较大，说明第 1 主成分主要反映了坡向和海拔的综合信息；第 2 主成分中土层厚度的特征向量值最大，其次是坡向角，说明在第 2 主成分中土层厚度具有明显的支配作用；第 3 主成分中坡度的特征向量值远大于其他因素，说明坡度在第 3 主成分中具有明显的支配作用。通过上述分析可以得出，影响浙东沿海丘陵立地亚区立地条件类型的主导因子的重要性排序依次为：坡向、海拔＞土层厚度＞坡度。

根据上述结果，按照主导因子的重要程度划分森林立地类型，浙东沿海丘陵立地亚区依据坡向和海拔划分立地类型小区，依据土层厚度划分立地类型组，依据坡度划分立地类型。结合各主导立地因子划分标准，共划分 8 个立地类型小区、19 个立地类型组、47 个立地类型，分类结果如下：

4F 浙东沿海丘陵立地亚区

（A）低海拔阳坡立地类型小区

a 低海拔阳坡薄土立地类型组

（1）低海拔平缓阳坡薄土立地类型

（2）低海拔斜陡阳坡薄土立地类型

（3）低海拔急险阳坡薄土立地类型

b 低海拔阳坡中土立地类型组

（4）低海拔平缓阳坡中土立地类型

（5）低海拔斜陡阳坡中土立地类型

（6）低海拔急险阳坡中土立地类型

c 低海拔阳坡厚土立地类型组

（7）低海拔平缓阳坡厚土立地类型

（8）低海拔斜陡阳坡厚土立地类型

（B）低海拔偏阳坡立地类型小区

d 低海拔偏阳坡薄土立地类型组

（9）低海拔平缓偏阳坡薄土立地类型

（10）低海拔斜陡偏阳坡薄土立地类型

e 低海拔偏阳坡中土立地类型组

（11）低海拔平缓偏阳坡中土立地类型

（12）低海拔斜陡偏阳坡中土立地类型

（13）低海拔急险偏阳坡中土立地类型

f 低海拔偏阳坡厚土立地类型组

（14）低海拔平缓偏阳坡厚土立地类型

（15）低海拔斜陡偏阳坡厚土立地类型

（C）低海拔偏阴坡立地类型小区

g 低海拔偏阴坡薄土立地类型组

（16）低海拔平缓偏阴坡薄土立地类型

（17）低海拔斜陡偏阴坡薄土立地类型

（18）低海拔急险偏阴坡薄土立地类型

h 低海拔偏阴坡中土立地类型组

（19）低海拔平缓偏阴坡中土立地类型

（20）低海拔斜陡偏阴坡中土立地类型

i 低海拔偏阴坡厚土立地类型组

（21）低海拔平缓偏阴坡厚土立地类型

（22）低海拔斜陡偏阴坡厚土立地类型

（D）低海拔阴坡立地类型小区

j 低海拔阴坡薄土立地类型组

（23）低海拔平缓阴坡薄土立地类型

（24）低海拔斜陡阴坡薄土立地类型

（25）低海拔急险阴坡薄土立地类型

k 低海拔阴坡中土立地类型组

（26）低海拔平缓阴坡中土立地类型

（27）低海拔斜陡阴坡中土立地类型

（28）低海拔急险阴坡中土立地类型

l 低海拔阴坡厚土立地类型组

（29）低海拔平缓阴坡厚土立地类型

（30）低海拔斜陡阴坡厚土立地类型

（E）中海拔阳坡立地类型小区

m 中海拔阳坡薄土立地类型组

（31）中海拔平缓阳坡薄土立地类型

（32）中海拔斜陡阳坡薄土立地类型

n 中海拔阳坡中土立地类型组

（33）中海拔平缓阳坡中土立地类型

（34）中海拔斜陡阳坡中土立地类型

（35）中海拔急险阳坡中土立地类型

（F）中海拔偏阳坡立地类型小区

o 中海拔偏阳坡中土立地类型组
(36)中海拔平缓偏阳坡中土立地类型
(37)中海拔斜陡偏阳坡中土立地类型
(38)中海拔急险偏阳坡中土立地类型
(G)中海拔偏阴坡立地类型小区
p 中海拔偏阴坡薄土立地类型组
(39)中海拔斜陡偏阴坡薄土立地类型
q 中海拔偏阴坡中土立地类型组
(40)中海拔平缓偏阴坡中土立地类型
(41)中海拔斜陡偏阴坡中土立地类型
(42)中海拔急险偏阴坡中土立地类型
(H)中海拔阴坡立地类型小区
r 中海拔阴坡薄土立地类型组
(43)中海拔平缓阴坡薄土立地类型
(44)中海拔斜陡阴坡薄土立地类型
s 中海拔阴坡中土立地类型组
(45)中海拔平缓阴坡中土立地类型
(46)中海拔斜陡阴坡中土立地类型
(47)中海拔急险阴坡中土立地类型

#### 5.4.4.7 浙东南山地立地亚区

经统计，该亚区NFI样地数据在红壤、黄壤和水稻土3个土壤类型上有分布，在丘陵、低山和中山3个地貌类型上有分布，在平地、脊上部、中部和下谷部4个坡位上均有分布。因此，该亚区在进行数量化理论分析时项目数为9，主要为土壤类型、地貌类型、坡位、海拔、坡向角、坡度、土层厚度、腐殖质层厚度和凋落物厚度，且其类目总数为16个。经计算所得前3个最大特征根（$\lambda_1$=0.090，$\lambda_2$=0.022，$\lambda_3$=0.009）对应的累计贡献率已达到88.1%，能够代表该立地亚区的主要立地信息，基本可以反映立地质量的综合状况。前3个特征根对应的特征向量见表5-8。

**表5-8　浙东南山地立地亚区特征向量**

| 项目 | 类目 | $F_1$（特征值$\lambda_1$的贡献率为65.6%） | $F_2$（特征值$\lambda_2$的贡献率为16.1%） | $F_3$（特征值$\lambda_3$的贡献率为6.4%） |
|---|---|---|---|---|
| 土壤类型 | 红壤 | −0.067 | −0.114 | 0.024 |
| | 黄壤 | 0.034 | 0.024 | 0.010 |
| | 水稻土 | −0.008 | −0.038 | 0.021 |

续表

| 项目 | 类目 | $F_1$（特征值 $\lambda_1$ 的贡献率为 65.6%） | $F_2$（特征值 $\lambda_2$ 的贡献率为 16.1%） | $F_3$（特征值 $\lambda_3$ 的贡献率为 6.4%） |
|---|---|---|---|---|
| 地貌类型 | 丘陵 | −0.071 | −0.116 | 0.158 |
| | 低山 | −0.030 | −0.048 | −0.037 |
| | 中山 | 0.009 | −0.023 | −0.004 |
| 坡位 | 脊上部 | −0.015 | −0.043 | 0.030 |
| | 中部 | −0.029 | −0.062 | 0.008 |
| | 下谷部 | −0.023 | −0.053 | 0.030 |
| | 平地 | −0.018 | −0.009 | −0.022 |
| 海拔 | | 0.460 | 0.134 | 0.071 |
| 坡向角 | | −0.812 | 0.447 | −0.071 |
| 坡度 | | −0.070 | −0.409 | −0.883 |
| 土层厚度 | | −0.322 | −0.726 | 0.422 |
| 腐殖质层厚度 | | −0.055 | −0.162 | 0.024 |
| 凋落物厚度 | | −0.056 | −0.147 | 0.040 |

由表 5-8 可知，$\lambda_1$ 的贡献率超过 65%，其趋势变化可以看作同一项目中各类目贡献大小的主要宏观反映。土壤类型的 3 个类目中红壤的特征向量值最大，说明红壤较黄壤和水稻土的贡献大；地貌类型的 3 个类目中丘陵的特征向量值最大，说明丘陵的贡献最大；坡位的 4 个类目中，中部和下谷部的特征向量值接近，说明中部和下谷部位置的贡献较大。总体来看，第 1 主成分中坡向角的特征向量值最大，说明第 1 主成分主要反映了坡向信息；第 2 主成分中土层厚度的特征向量值最大，说明在第 2 主成分中土层厚度具有明显的支配作用；第 3 主成分中坡度的特征向量值远大于其他因素，说明坡度在第 3 主成分中具有明显的支配作用。通过上述分析可以得出，影响浙东南山地立地亚区立地条件类型的主导因子的重要性排序依次为：坡向＞土层厚度＞坡度。

根据上述结果，按照主导因子的重要程度划分森林立地类型，浙东南山地立地亚区依据坡向划分立地类型小区，依据土层厚度划分立地类型组，依据坡度划分立地类型。结合各主导立地因子划分标准，共划分 4 个立地类型小区、8 个立地类型组、24 个立地类型，分类结果如下：

4G 浙东南山地立地亚区

（A）阳坡立地类型小区

a 阳坡薄土立地类型组

（1）平缓阳坡薄土立地类型

（2）斜陡阳坡薄土立地类型

（3）急险阳坡薄土立地类型

b 阳坡中土立地类型组

（4）平缓阳坡中土立地类型

（5）斜陡阳坡中土立地类型

（6）急险阳坡中土立地类型

（B）偏阳坡立地类型小区

c 偏阳坡薄土立地类型组

（7）平缓偏阳坡薄土立地类型

（8）斜陡偏阳坡薄土立地类型

（9）急险偏阳坡薄土立地类型

d 偏阳坡中土立地类型组

（10）平缓偏阳坡中土立地类型

（11）斜陡偏阳坡中土立地类型

（12）急险偏阳坡中土立地类型

（C）偏阴坡立地类型小区

e 偏阴坡薄土立地类型组

（13）平缓偏阴坡薄土立地类型

（14）斜陡偏阴坡薄土立地类型

（15）急险偏阴坡薄土立地类型

f 偏阴坡中土立地类型组

（16）平缓偏阴坡中土立地类型

（17）斜陡偏阴坡中土立地类型

（18）急险偏阴坡中土立地类型

（D）阴坡立地类型小区

g 阴坡薄土立地类型组

（19）平缓阴坡薄土立地类型

（20）斜陡阴坡薄土立地类型

（21）急险阴坡薄土立地类型

h 阴坡中土立地类型组

（22）平缓阴坡中土立地类型

（23）斜陡阴坡中土立地类型

（24）急险阴坡中土立地类型

#### 5.4.4.8　浙西南山地立地亚区

经统计，该亚区 NFI 样地数据在红壤、黄壤和水稻土 3 个土壤类型上有分布，在丘陵、低山、中山 3 个地貌类型上有分布，在平地、脊上部、中部和下谷部 4 个坡位上均有分布。因此，该亚区在进行数量化理论分析时项目数为 9，主要为土壤类型、地貌类型、坡位、海拔、坡向角、坡度、土层厚度、腐殖质层厚度和凋落物厚度，且其类目总数为 16 个。经计算所得前 3 个最大特征根（$\lambda_1$=0.057，$\lambda_2$=0.014，$\lambda_3$=0.006）对应的累计贡献率已达到 87.7%，能够代表该立地亚区的主要立地信息，基本可以反映立地质量的综合状况。前 3 个特征根对应的特征向量见表 5-9。

**表 5-9　浙西南山地立地亚区特征向量表**

| 项目 | 类目 | $F_1$（特征值 $\lambda_1$ 的贡献率为 64.7%） | $F_2$（特征值 $\lambda_2$ 的贡献率为 16.2%） | $F_3$（特征值 $\lambda_3$ 的贡献率为 6.8%） |
|---|---|---|---|---|
| 土壤类型 | 红壤 | 0.085 | –0.113 | 0.014 |
| | 黄壤 | –0.044 | 0.002 | 0.001 |
| | 水稻土 | 0.034 | –0.028 | –0.108 |
| 地貌类型 | 丘陵 | 0.071 | –0.039 | –0.119 |
| | 低山 | 0.071 | –0.130 | –0.009 |
| | 中山 | –0.025 | 0.002 | 0.030 |
| 坡位 | 脊上部 | 0.006 | –0.025 | –0.030 |
| | 中部 | 0.032 | –0.069 | –0.012 |
| | 下谷部 | 0.024 | –0.021 | 0.015 |
| | 平地 | –0.009 | –0.055 | 0.058 |
| 海拔 | | –0.399 | 0.122 | –0.082 |
| 坡向角 | | 0.844 | 0.423 | –0.034 |
| 坡度 | | 0.100 | –0.224 | 0.940 |
| 土层厚度 | | 0.304 | –0.823 | –0.278 |
| 腐殖质层厚度 | | 0.040 | –0.143 | –0.013 |
| 凋落物厚度 | | 0.035 | –0.134 | 0.009 |

由表 5-9 可知，$\lambda_1$ 的贡献率超过 60%，其趋势变化可以看作同一项目中各类目贡献大小的主要宏观反映。土壤类型的 3 个类目中红壤的特征向量值最大，说明红壤较黄壤和水稻土的贡献大；地貌类型的 3 个类目中丘陵和低山的特征向量值相同，说明丘陵和低山的贡献最大；坡位的 4 个类目中，中部的特征向量值最大，说明中部位置的贡献最大。总体来看，第 1 主成分中坡向角的特征向量值最

大，说明第 1 主成分主要反映了坡向对森林立地分类的影响；第 2 主成分中土层厚度的特征向量值最大，说明在第 2 主成分中土层厚度具有明显的支配作用；第 3 主成分中坡度的特征向量值远大于其他因素，说明坡度在第 3 主成分中具有明显的支配作用。通过上述分析可以得出，影响浙西南山地立地亚区立地条件类型的主导因子的重要性排序依次为：坡向＞土层厚度＞坡度。

根据上述结果，按照主导因子的重要程度划分森林立地类型，浙西南山地立地亚区依据坡向划分立地类型小区，依据土层厚度划分立地类型组，依据坡度划分立地类型。结合各主导立地因子划分标准，共划分 4 个立地类型小区、8 个立地类型组、24 个立地类型，分类结果如下：

5H 浙西南山地立地亚区

（A）阳坡立地类型小区

a 阳坡薄土立地类型组

（1）平缓阳坡薄土立地类型

（2）斜陡阳坡薄土立地类型

（3）急险阳坡薄土立地类型

b 阳坡中土立地类型组

（4）平缓阳坡中土立地类型

（5）斜陡阳坡中土立地类型

（6）急险阳坡中土立地类型

（B）偏阳坡立地类型小区

c 偏阳坡薄土立地类型组

（7）平缓偏阳坡薄土立地类型

（8）斜陡偏阳坡薄土立地类型

（9）急险偏阳坡薄土立地类型

d 偏阳坡中土立地类型组

（10）平缓偏阳坡中土立地类型

（11）斜陡偏阳坡中土立地类型

（12）急险偏阳坡中土立地类型

（C）偏阴坡立地类型小区

e 偏阴坡薄土立地类型组

（13）平缓偏阴坡薄土立地类型

（14）斜陡偏阴坡薄土立地类型

（15）急险偏阴坡薄土立地类型

f 偏阴坡中土立地类型组

（16）平缓偏阴坡中土立地类型

（17）斜陡偏阴坡中土立地类型
（18）急险偏阴坡中土立地类型
（D）阴坡立地类型小区
g 阴坡薄土立地类型组
（19）平缓阴坡薄土立地类型
（20）斜陡阴坡薄土立地类型
（21）急险阴坡薄土立地类型
h 阴坡中土立地类型组
（22）平缓阴坡中土立地类型
（23）斜陡阴坡中土立地类型
（24）急险阴坡中土立地类型

## 5.5　结论与讨论

### 5.5.1　结论

本研究以 2009 年浙江省森林资源连续清查数据及 DEM 数据为基础，结合《中国森林立地分类》区划结果，利用综合多因子和主导因子结合方法、数量化理论及生态位模型，对浙江省立地主导因子筛选、森林立地分类系统构建进行研究，主要研究结论如下。

1）采用数量化理论Ⅲ，分别对立地亚区各立地因子进行分析，筛选各立地亚区的主导因子，得出浙北平原立地亚区的主要立地因子重要性排序依次为：坡度＞土层厚度＞腐殖质层厚度；浙西北低山丘陵立地亚区的主要立地因子重要性排序依次为：坡向、坡度＞腐殖质层厚度＞土层厚度；浙东沿海丘陵立地亚区、浙西中低山立地亚区、浙东低山丘陵立地亚区和浙中西低丘岗地立地亚区的主要立地因子重要性排序依次为：坡向、海拔＞土层厚度＞坡度；浙东南山地立地亚区、浙西南山地立地亚区的主要立地因子重要性排序依次为：坡向＞土层厚度＞坡度。

2）根据立地分类的原则和依据，建立浙江省森林立地分类系统，将浙江省划分为 5 个立地区、8 个立地亚区、54 个立地类型小区、118 个立地类型组、242 个立地类型。

### 5.5.2　讨论

本研究筛选得到的主导立地因子中，各立地亚区的主导因子稍有区别，这主要受到各立地亚区的地貌特点及林地分布位置的影响。结合实际情况可以发现，浙北平原立地亚区以平原为主，同时平原林地分布不多，而其他亚区以山地丘陵为主。

陶吉兴和余国信（1994）、余国信和陶吉兴（1996）将浙江省划分为 2 个立地区、11 个立地类型区、21 个立地类型组、53 个立地类型，季碧勇（2014）研究中将全省划分为 2 个立地区、9 个立地类型区、20 个立地类型组、52 个立地类型，与这两种系统相比较，本研究所构建的浙江省森林立地分类系统将全省划分为 5 个立地区、8 个立地亚区、54 个立地小区、118 个立地类型组、242 个立地类型，更加细致、具体。

与现有的基于森林资源连续清查数据直接以样地调查因子为依据的立地分类方法（季碧勇，2014）相比，本研究根据 DEM 提取立地因子，尤其是坡向和坡位，数据更精准，结果具有更高的可信度。建立的浙江省森林立地分类系统对适地适树造林设计、营林规划及林业生态文明建设具有重要的参考价值。

本研究还存在一定的局限性。在建立浙江省森林立地分类系统时，没有考虑母岩或者土壤质地对林木生长的影响，因为本研究缺乏母岩或土壤质地的相关调查数据。因此，在筛选立地主导因子时仍不够完善。今后可以增加土壤质地等立地因子的调查，定量分析其对立地类型划分的重要性。

关于建模样本数量及分布问题，本研究以森林资源连续清查数据为基础，平原林地样本量不多，今后可以适当增设平原林地样地和其他地区的杉木林样地，进行补充调查，丰富数据源，有助于更好地筛选主导因子。

# 第 6 章　浙江省杉木树种适宜性分析

## 6.1　引　　言

森林立地是林木生长的基础，研究森林立地以提高森林质量，还需要进行树种适宜性分析、评价，使造林树种的特性（主要是指生态学特性）和造林地的立地条件相适应，以充分发挥其生产潜力，达到该立地在当前技术经济条件下可能达到的高产水平（黄云鹏，2002；高若楠等，2017）。因此，正确分析和评价树种适宜性，为科学地规划设计造林地、选择最有生产力的造林树种提供重要依据，为预估未来森林生产力及出材量、估计森林经营的各种投资及木材生产成本和营林投资提供支撑（温阳等，2008；杨小兰等，2013），同时也是适地适树、科学营林、育林、造林的重要保证，对推动生态文明建设具有重要的实践意义。

目前，树种适宜性分析主要包括因子选择、评价指标选择和分析方法选择等方面。因子选择大多数采用专家经验法，主要考虑气候、地形和土壤因子。对于树种适宜性分析的评价指标选择，一般采用林木生长量、蓄积量、立地指数。对于树种适宜性分析的方法选择，有定性的经验总结法和数学模型法。随着计算机技术和 3S 技术的成熟与普及，机器学习、数据挖掘和 3S 技术也逐步应用到树种适宜性分析研究中。

国外学者对树种适宜性进行了大量研究。Höck 等（1993）在 GIS 技术的支持下，采用地统计学方法建立凯英厄罗阿（Kaingaroa）森林中辐射松的立地指数模型，并对其进行预测和空间制图。Murgante 和 Casas（2004）选取 10℃以上积温、降水量、坡度、无霜期和有机质等因子，评价红枫的适宜性。Aertsen 等（2010）分别利用多元线性回归（multiple linear regression，MLR）、分类和回归树（classification and regression tree，CART）、增强回归树（boosted regression tree，BRT）、广义相加模型（generalized additive model，GAM）和人工神经网络（artificial neural network，ANN）5 种方法对土耳其卡拉里亚松（*Pinus brutia*）、欧洲黑松（*Pinus nigra*）及黎巴嫩雪松（*Cedrus libani*）的立地指数建模，结果表明 GAM 的建模精度高于其他方法。Kimsey 等（2011）利用地理加权回归方法，建立美国北部爱达荷州冷杉的立地指数模型，分析其适宜性。Elaalem（2013）基于样地调查数据，选取气候、水土流失状况、坡度和土壤因子，结合 GIS 技术与模糊多准则算法，将利比亚杰法拉（Jeffara）平原的橄榄区划分成高度适宜、中度适宜、勉强适宜和目前不适宜 4 个区域。Koo 等（2014）利用群落分布和时间仿真模型并结合 GIS，对美国阿巴拉契亚（Appalachian）山脉分布的红皮云杉（*Picea koraiensis*）进行生境适宜性分区。Kattar 等（2017）选取影响黎巴嫩石松（*Diaphasiastrum veitchii*）生长和结果的地形、土壤及气候因子，通过经验分析和数学计算，得到各因子的权重，然后利用 GIS 的叠加分析功能，生成最适合石松人工林地区的专题图。Teka 和 Welday（2017）根据埃塞俄比亚北部高原选定的相思树（*Faidherbia albida*）、赤桉（*Eucalyptus camaldulensis*）和 *Balanitus aegiptica* 3 个树种对不同土壤属性的潜力进行分析，确定这些树种的适宜种植区和不适宜种植区。

国内关于树种适宜性的研究也取得了丰富的成果。沈国舫和邢北任（1980）利用林木上层高生长与立地条件的关系，对北京西山地区的主要树种进行适宜性分析、评价。汪炳根和卢立华（1987）在广西大青山试验基地森林立地评价与适地适树研究中，以研究区地貌、土层厚度和林木生长状况为依据划分立地类型，将调查的土壤养分、水分分级并结合马尾松、杉木相应地位指数的平均值作为评价立地类型质量的指标，根据树种的生物学特性和立地质量的优劣来确定基地范围内的造林树种。李细牛和何少春（1999）依据生态因子综合作用律和最小因子作用律，用偏好值和偏好权重表示树种对立地因子项目及其级别的偏好程度，综合评定立地类型对于造林类型的适宜程度。陶吉兴（2003）根据不同尺度的立地差异性和不同树种的立地适应性，编制出浙江省海岛不同立地条件适生树种表。朱德兰等（2003）通过对榆林风沙区立地条件、乔灌木造林密度及树木生长情况的调查分析，采用灰度关联分析方法对该地区乔木和灌木适宜性进行评价。胡建忠等（2004）运用层次分析法和模糊最优局势决策法确定了黄土高原重点水土流失区 7 个主要类型的适生乔木树种 46 种，运用“生物生态类比法”确定了 7 个类型区的建议乔木树种 47 种。马俊等（2008）、韦新良（2009）对适地适树各项指标进行数量化，分别采用层次分析法、生态适宜性指数方法选择适地树种。韦红和邢世和（2009）利用隶属度函数、加权指数和法和 GIS 技术对福建省主要桉树树种土地适宜性、质量进行评价。曾春阳等（2010）利用 GIS 技术，通过地统计学方法拟合杉木人工林的立地指数，并对其进行估测和空间分析，得到精度较高的杉木适宜性评价结果。王小明等（2010）利用 GIS 技术和逻辑斯谛（Logistic）模型，结合数字高程模型数据、高分辨率遥感影像及土壤、气象和实地调查等资料对会稽山香榧的生态适宜性进行精确评价。黄俊臻等（2010）运用生态位计测法从树种的生物学特性和生态学特性角度定量分析树种适宜性。巩垠熙等（2013）基于样地调查数据和遥感影像数据，建立遥感因子结合立地因子与地位指数的改进 BP 人工神经网络模型，进行立地质量评价研究，得到了良好的评价结果。胡秀等（2015）结合降水、温度、海拔和檀香野生及栽培的地理分布数据，采用 MaxEnt 模型建模，较准确地评价檀香在中国范围的适宜性，并对檀香在中国的潜在种植区进行预测。赵琳等（2016）利用辽宁省“一类清查”数据和“二类调查”数据，采用灰色关联度法对辽西北半干旱地区的 8 种典型树种组进行评价，并得到相关结果。王璐等（2016）选取 5 个宏观立地因子和 9 个微观立地因子，采用熵值赋权法、主成分分析法和聚类分析法，对吉林省汪清林业局天然林云冷杉针阔混交林样地进行立地质量分类及评价。张宗艺（2016）根据 BP 人工神经网络算法和 C5.0 决策树算法对辽东山区红松树种适宜性进行定量和定性评价，得到了准确率较高的树种适宜性分布图。崔之益等（2017）通过在不同立地条件下引种 10 个桉树无性系，根据成活率、树高、胸径、发病率、风害率及材积等评价各树种的适宜性。蒋育昊（2017）和高若楠等（2017）运用随机森林模型，分别建立杉木和红松的适生性预测模型，对不同立地条件下的造林地杉木和红松的适生性进行预测。

由此可见，树种适宜性分析的评价因子更加多元化，评价模型技术手段也更加丰富，从有林地的适宜性评价转向有林地和无林地统一分析的适宜性评价。

## 6.2 研 究 内 容

在第 5 章建立的浙江省森林立地分类系统基础上，以浙江省杉木为研究对象，筛选优势树种为杉木的样地数据，基于杉木的平均树高和平均年龄，计算地位级指数，根据评价标准筛选出比较适宜杉木生长的样地。结合样地位置信息和相关环境因子，利用 MaxEnt 模型，得出浙江省杉木适宜性评价结果，为指导浙江省森林质量精准提升提供参考。

## 6.3 研 究 方 法

### 6.3.1 树种选择

杉木（*Cunninghamia lanceolata*）是我国南方的重要速生商品材树种，生长快，产量高，易繁殖，材质优良，在我国林业生产经营中占有重要地位，是南方主要的更新造林树种（佟金权，2008；曾春阳等，2010）。因此，本研究以杉木为例，采用最大熵模型，进行树种适宜性研究，实现了有林地和无林地相统一。

### 6.3.2 MaxEnt 模型

Jaynes（1957）基于香农（Shannon）的信息熵概念第一次系统地提出了最大熵原理。该原理是概率模型学习的一个准则，它的基本思想是：在学习概率模型时，在所有可能的概率分布中，熵最大的模型即最好的模型。最大熵模型就是将最大熵原理应用到分类问题中，可以理解为：在满足已知约束的条件集合中选择熵最大的模型。Phillips 等（2006）基于最大熵原理用计算机 JAVA 语言编写了 MaxEnt（maximum entropy）生态位模型软件，用于预测物种的潜在适宜分布区。

假设有随机变量$(X,Y)$，随机变量$(X,Y)$的取值为$(x,y)$。$f(x,y)$是描述 $x$ 与 $y$ 之间某一关系的二值特征函数，当 $x$ 与 $y$ 有某一关系时 $f(x,y)=1$，否则 $f(x,y)=0$。再假设随机变量$(X,Y)$的联合分布、边缘分布分别为 $P(X,Y)$、$P(X)$。根据样本数据确定联合分布的经验分布为 $\tilde{P}(X,Y)$，边缘分布的经验分布为 $\tilde{P}(X)$。$E_P(f)$ 表示特征函数 $f(x,y)$关于联合分布 $P(X,Y)$的期望，$E_P(f)=\sum\limits_{x,y}P(x,y)f(x,y)$。$E_{\tilde{P}}(f)$ 表示特征函数 $f(x,y)$关于联合分布的经验分布 $\tilde{P}(X,Y)$ 的期望，$E_{\tilde{P}}(f)=\sum\limits_{x,y}\tilde{P}(x,y)f(x,y)$。

假定抽样取 $n$ 个样本数据$(x_i,y_i)$，相应特征函数为 $f_i$，$i=1,2,\cdots,n$。满足所有约束条件的模型（$P$）的集合（$C$）为

$$C=\left\{P \mid E_P(f_i)=E_{\tilde{P}}(f_i)\right\},\ i=1,2,\cdots,n \tag{6-1}$$

式中，$C$ 为模型集合；$P$ 为满足约束条件的模型；$E_P(f_i)$ 为模型 $P$ 关于特征函数 $f_i$ 的期望；$E_{\tilde{P}}(f_i)$ 为经验分布关于特征函数 $f_i$ 的期望；$n$ 为特征函数个数即约束条件个数。

定义在条件概率 $P(y\mid x)$ 分布上的条件熵为

$$H(P)=-\sum_{x,y}\tilde{P}(x)P(y\mid x)\ln P(y\mid x) \tag{6-2}$$

式中，$H(P)$为条件熵；$\tilde{P}(x)$ 为边缘分布概率；$P(y\mid x)$ 为条件概率；$\sum\limits_{x,y}$ 为求和符号；ln 为取自然对数。

在模型集合（$C$）中，称条件熵 $H(P)$最大的模型为最大熵模型。

（1）模型检验方法

本研究模型精度检验采用受试者操作特征（receiver operating characteristic，ROC）曲线分析法（Phillips *et al.*，2006）。ROC 曲线分析法最早应用于雷达信号分析（冯益明和刘洪霞，2010），后来广泛应用到医学（魏玮等，1994；罗丽娅等，2018）、自然灾害预测（张璐等，2010）、物种分布（Phillips *et al.*，2004）和机器学习（邹洪森等，2009）等领域。

在二类别分类问题中，正例用 $P$ 表示，负例用 $N$ 表示，则实际的类标签集合为 $\{P,N\}$。测试集合中每个实例 $i$ 的类别都是该集合中的一个元素；用 $\{F,T\}$ 表示分类器预测的类标签集合，每个实例 $i$ 将被分类器预测为 $\{F,T\}$ 中的一个类别。

那么，给定一个分类器和实例，将会出现 4 种结果：①TP（true positive）代表真正类，即实际类别和预测类别均为正例；②FP（false positive）代表假正类，即实际类别为正例，预测类别为负例；③TN（true negative）代表真负类，即实际类别和预测类别均为负例；④FN（false negative）代表假负类，即实际类别为负例，预测类别为正例。这 4 种结果通常用混淆矩阵表示，发生这些结果的概率见表 6-1。

**表 6-1　二类别概率矩阵**

| | *P* | *N* |
|---|---|---|
| *T* | TPR | TNR |
| *F* | FPR | FNR |

注：TPR（true positive rate）代表灵敏度，即正确识别正例的数量占正例总量的比例；FPR（false positive rate）代表 1–灵敏度，即未正确识别正例的数量占正例总量的比例；TNR（true negative rate）代表特异度，即正确识别负例的数量占负例总量的比例；FNR（false negative rate）代表 1–特异度，即未正确识别负例的数量占负例总量的比例

概率分类器对每一个实例均产生一个概率值，通过设置不同阈值，对实例进行判断。ROC 曲线分析法的基本思想是通过改变阈值，得到分类算法的不同灵敏度和特异度的点，以灵敏度为纵坐标，以（1–特异度）为横坐标，横纵坐标长度均为单位 1，将各个(FPR, TPR)点标出，连接各点即可得到 ROC 曲线（邹洪森等，2009；韦修喜和周永权，2010）。

ROC 分析的主要优势在于 ROC 曲线下面积值（area under the curve，AUC）提供了模型性能的单一度量，与任何特定的阈值选择无关，评价更客观。AUC 反映了分类算法正确区分正例和负例的能力大小（Hanley and McNeil，1982；韦修喜和周永权，2010），所以常常用它来衡量模型预测的准确程度（冯益明和刘洪霞，2010）。AUC 的取值范围为[0.5, 1]，其值越大表示与随机分布相距越远，环境变量与预测模型之间的相关性也越大，即模型预测效果越好（Phillips *et al.*，2006；王运生等，2007；冯益明和刘洪霞，2010；邓飞等，2014）。一般认为，AUC 在 0.5～0.6 时，模型预测效果较差；在 0.6～0.7 时，模型预测效果一般；在 0.7～0.8 时，模型预测效果较准确；在 0.8～0.9 时，模型预测效果很准确；在 0.9～1.0 时，模型预测效果极准确（邓飞等，2014）。完全随机预测的概率对应 0.5，绝对完美预测的概率对应 1，通常情况下，概率值只会接近 1。

（2）环境因子重要性评估方法

MaxEnt 模型软件用刀切法（Jackknife）分析环境变量对预测结果的影响程度，其基本思想是：环境变量被轮流逐一剔除，然后用剩余变量参与模型运算（陈华豪，1984；李青等，1993；陈孝源，1996；刘灿然等，1997），同时还会生成单独用每一个变量建立的模型和一个所有变量都参与运行的模型，通过对比单个变量

和所有变量建立的模型间或者剩余变量和所有变量建立的模型间的差异，来确定各变量对预测模型的贡献值，从而对各环境因子的重要性进行评估（何淑婷等，2014）。该方法可以避免各因子之间的相关性影响，能够较真实地反映各环境变量的重要性（褚建民等，2017）。当单个变量和所有变量建立的模型之间差异越小时，说明此变量越重要；当剩余变量和所有变量建立的模型之间的差异越大时，说明此变量越重要。此外，MaxEnt 模型软件还可根据各环境因子对模型的响应曲线分析各环境因子的适宜区间值。

### 6.3.3 杉木适宜性评价标准

根据已有研究，树种适宜性的评价标准主要有林分蓄积量或者收获量、材积生长量、立地期望值、立地指数（site index，SI）（姚山，2008；高若楠等，2017）、地位级指数（site class index，SCI）（江传阳，2014；华伟平等，2015）等。林分蓄积量或者收获量和材积生长量是用材林经营中最关心的指标之一，能较好地直观反映一个树种在某立地上生长的好坏，但是受立地条件、林分密度、林木竞争及经营方式等的综合影响，用于衡量树种的适宜性程度比较困难。立地期望值用于评价立地经济效益，但是受时间和市场的影响，较难估测。立地指数和地位级指数分别是指某一立地上特定基准年龄时林分优势木的平均高和林分平均高（孟宪宇，2006），二者均能较好地反映林木生长与立地条件之间的关系。在森林资源连续清查数据中，样地调查一般并不记录林分优势木高或者树高，而是按规定记录林分的平均高。相关研究表明林分优势木高和平均高之间存在良好的线性关系（王璞等，2013；Lou *et al.*，2016）。因此，本研究选用地位级指数作为评价杉木适宜性的评价指标。

基于 2009 年浙江省森林资源清查数据，筛选出优势树种为杉木的样地数据，共收集了 348 块样地，年龄范围 4～39 年。建立林分平均高的生长模型以作为地位级指数的导向曲线，通过林分平均年龄的变化反映林分平均高的变化（江传阳，2014）。根据前人研究，本研究选取逻辑性强、适用性大的导向曲线作为备选模型，包括：理查兹（Richards）模型、冈珀茨（Gompertz）模型、Logistic 模型和舒马切尔（Schumacher）模型，具体公式如下。

$$H = m\left(1 - \mathrm{e}^{-rA}\right)^{c} \qquad (6\text{-}3)$$

$$H = m\mathrm{e}^{-c\mathrm{e}^{-rA}} \qquad (6\text{-}4)$$

$$H = \frac{m}{1 + c\mathrm{e}^{-rA}} \qquad (6\text{-}5)$$

$$H = m\mathrm{e}^{-\frac{r}{A}} \qquad (6\text{-}6)$$

式中，$H$ 为林分平均高；$A$ 为林分平均年龄；$m$、$r$、$c$ 为方程参数。

在 SPSS 软件中求解方程参数，得到各模型的拟合情况，结果见表 6-2。

**表 6-2　模型参数及评价指标**

| 模型 | $m$ | $r$ | $c$ | $R^2$ | 残差平方和 |
|---|---|---|---|---|---|
| Richards 模型 | 9.222 | 0.112 | 1.621 | 0.949 | 57.594 |
| Gompertz 模型 | 8.972 | 0.145 | 2.742 | 0.949 | 58.307 |
| Logistic 模型 | 8.741 | 0.2 | 6.743 | 0.945 | 62.903 |
| Schumacher 模型 | 11.497 | 8.211 | | 0.946 | 61.475 |

根据多个模型对杉木林分平均高导向曲线的拟合结果，以相关系数最高、残差平方和最小为最优模型原则，Richards 模型拟合效果最好。最后选定导向曲线的数学模型为

$$H = 9.222\left(1-\mathrm{e}^{-0.112A}\right)^{1.621} \tag{6-7}$$

根据已有研究，确定标准年龄为 20 年，导出杉木的地位级指数模型公式

$$\mathrm{SCI} = H\left(\frac{1-\mathrm{e}^{-20\times 0.112}}{1-\mathrm{e}^{-0.112A}}\right)^{1.621} = \frac{0.8332H}{\left(1-\mathrm{e}^{-0.112A}\right)^{1.621}} \tag{6-8}$$

根据地位级指数模型公式，计算各样地的地位级指数。参考高若楠等（2017）对杉木生长适宜性的划分依据，将地位级指数大于或者等于平均地位级指数的样地判定为比较适宜杉木生长的样地；将地位级指数小于平均地位级指数的样地判定为比较不适宜杉木生长的样地。因此，得到比较适宜杉木生长的样地共 151 块。

### 6.3.4　模型实现

在 http://www.cs.princeton.edu/～schapire/maxent/网站上注册后可以免费下载 MaxEnt 软件。MaxEnt 模型运行需要两部分数据：一是所研究物种的地理分布数据，本研究即指杉木的地理分布数据；二是研究区的环境因子变量，本研究即指浙江省的海拔、坡度、坡位、坡向、土层厚度、腐殖质层厚度和凋落物厚度 7 个环境因子。

基于上述比较适宜杉木生长的 151 块样地数据，记录各样地点的坐标位置信息，共得到 151 组数据。将 151 个杉木分布点数据转换为 CSV 格式，作为模型运行的样本数据。环境因子共 7 层：海拔、坡度、坡位、坡向、土层厚度、腐殖质层厚度和凋落物厚度，它们具有相同的行列数、空间分辨率和坐标系统，在 ArcMap 软件中将各环境因子图层统一转换成 ASCII 格式，作为模型的输入数据。将以上两类数据导入 MaxEnt 模型中，设置最大迭代次数为 500 次，收敛阈值为 $10^{-5}$，

其余参数设置为默认值，输出类型为逻辑斯谛（Logistic）值，表示分布概率 0～1，概率值越大表示适宜程度越高。通过模型运算，得到杉木在浙江省分布概率的 ASCII 文件，将该 ASCII 文件输入 ArcMap 软件中转换成 Raster 格式，从而得到浙江省杉木分布概率图，并进行后续分析。

为验证 MaxEnt 模型对杉木适宜性预测研究的适用性，采用自助采样（bootstrap）方法，随机抽选 25%的分布数据作为测试数据集，进行运算。

## 6.4 杉木适宜性结果分析

### 6.4.1 模型验证

经 MaxEnt 软件计算，得到 ROC 曲线图，见图 6-1，结果显示，基于 MaxEnt 模型和环境因子构建的杉木适宜性预测模型的训练数据集 AUC 值为 0.851，大于 0.8，准确性达到“很准确”的水平；检验数据集 AUC 值为 0.832，大于 0.8，准确性也达到“很准确”的水平。综合两个数据集的模型准确性，说明建立的杉木适宜性预测模型有效性较高，可以用于预测杉木适宜性分布研究。

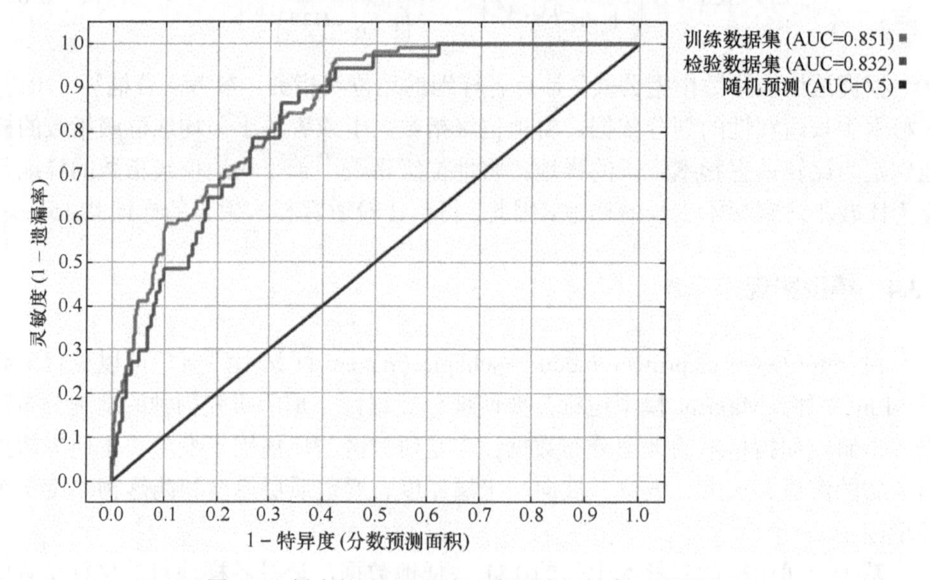


图 6-1 杉木的 ROC 曲线（彩图请扫封底二维码）

### 6.4.2 适宜性预测分析

经 MaxEnt 软件计算得到杉木适宜性分布概率的 ASCII 文件，将该文件在 ArcMap 中转换成栅格数据，像元值代表概率值，概率值越大，说明杉木适宜性的分布概率越大。参考麻亚鸿（2013）、邓飞等（2014）对适宜性分级的研究，确定概率值在 0～0.05 的区域为不适宜区，概率值在 0.05～0.30 的区域为低适宜区，概率值在 0.30～0.50 的区域为中适宜区，概率值在 0.50～1 的区域为高适宜区。

依据上述分级依据，在 ArcGIS 中对杉木适宜性分布数据进行重分类，得到杉木适宜性等级分布图，见图 6-2。从图 6-2 可以看出，概率值在 0～0.05 的不适宜区的总面积有 2.05 万 $km^2$，占浙江省面积的 19.9%，主要分布在浙江省东北部，东部沿海地区和浙中地区也有分布。主要分布从北往南依次是长兴县南部和东部；桐乡市北部；湖州市、嘉善县、平湖市、海盐县、海宁市、嘉兴市、德清县、余杭区、杭州市、萧山区、慈溪市大部分地区；绍兴市北部；余姚市北部；上虞区北部；鄞州区中部；镇海区；诸暨市北部；兰溪市中部；黄岩区、温岭市、乐清市、温州市、瑞安市、平阳县、苍南县东部。

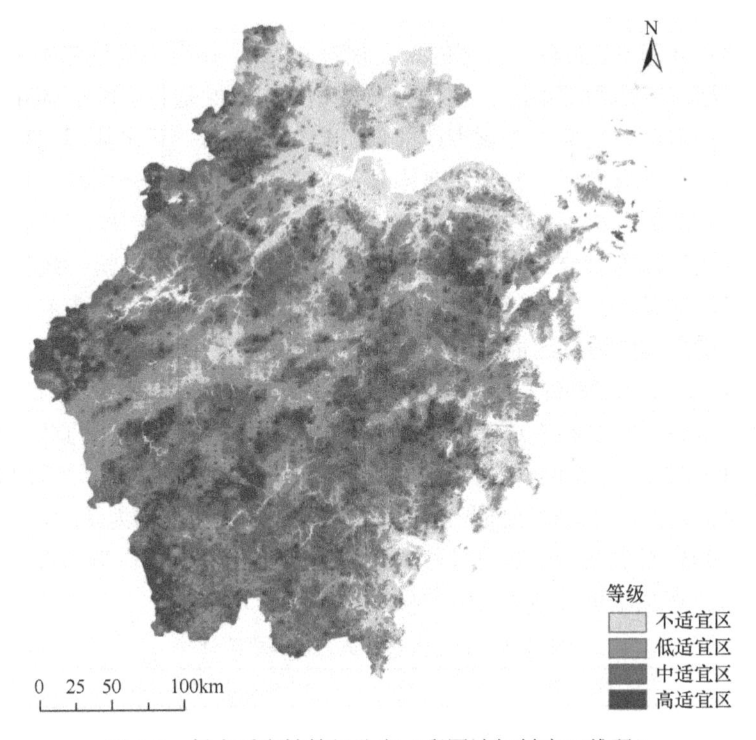


图 6-2　杉木适宜性等级分布（彩图请扫封底二维码）

概率值在 0.05～0.30 的低适宜区的总面积有 3.97 万 $km^2$，占浙江省面积的 38.6%，主要分布在浙江省中、西部地区。主要分布从北往南依次是长兴县西北部；安吉县中西部；桐乡市南部；临安区中部；富阳区西北部；诸暨市西部和东部；嵊州市南部；新昌县西部和西北部；宁海县南部；象山县、三门县大部分地区；临海市北部和东部；天台县东南部和西北部；东阳市西部和南部；义乌市大部分地区；浦江县南部；兰溪市东北部；建德市南部；淳安县中部；常山县南部；江山市西北部；衢州市中部；龙游县北部；金华市北部和东部；武义县北部；永康市中部；丽水市中部；瑞安市西部，平阳县西北部；苍南县南部。

概率值在 0.30～0.50 的中适宜区的总面积有 3.35 万 km$^2$，占浙江省面积的32.5%，主要分布在浙江省南部和东南部地区。主要分布从北往南依次是长兴县北部；安吉县南部；德清县西部；临安区西部和北部；富阳区东部；桐庐县南部；余姚市南部；嵊州市西部；新昌县东部；宁海县西部；天台县北部和南部；磐安县大部分地区；东阳市东部；浦江县西北部；建德市北部和东北部；淳安县南部和北部；开化县西北部；常山县北部；嵊州市北部和南部；金华市南部；武义县南部；缙云县东部；仙居县南部和西北部；永嘉县北部；江山市东南部；衢州市南部；青田县、景宁畲族自治县、云和县、龙泉市、庆元县、泰顺县、遂昌县大部分地区。

概率值在 0.50～1 的高适宜区的总面积有 0.91 万 km$^2$，占浙江省面积的 8.9%，主要分布在浙江省西南部地区。主要分布从北往南依次是临安区西部和东北部；余姚市南部；奉化区西部；嵊州市西北部；建德市北部；开化县西北部和东南部大部分区域；衢州市南部；武义县东南部；缙云县西北部部分地区；仙居县东南部；遂昌县东南部；松阳县东部大部分地区；龙泉市西南部；庆元县西部。

将杉木适宜性等级分布图和浙江省市界图进行空间叠置分析，统计各市杉木适宜性情况，见表 6-3。由表 6-3 可知，在杭州市、衢州市、绍兴市和台州市，低适宜区面积最大，中适宜区面积次之，低、中适宜区面积占比和分别为 78.54%、76.61%、74.51%、76.28%；在宁波市，低适宜区面积最大，占宁波市林业用地面积的 40.12%，中适宜区和不适宜区次之；在温州市和丽水市，中适宜区面积最大，低适宜区面积次之，二者面积占比和分别为 81.75%、83.11%；在湖州市和嘉兴市，不适宜区面积最大，低适宜区面积次之，二者面积占比和分别为 75.41%、98.87%；在舟山市，低适宜区面积最大，不适宜区次之，二者面积之和占舟山市林业用地面积的 88.00%；在金华市，高适宜区面积最大，占 43.00%。

**表 6-3　浙江省各市适宜性等级统计**

| 市 | 适宜性等级 | 面积/km$^2$ | 占全市林业用地面积比例/% | 占各等级面积比例/% |
| --- | --- | --- | --- | --- |
| 杭州市 | 不适宜 | 1863.71 | 12.63 | 14.49 |
| | 低适宜 | 5992.77 | 40.61 | 19.48 |
| | 中适宜 | 5597.17 | 37.93 | 19.31 |
| | 高适宜 | 1302.99 | 8.83 | 15.55 |
| 湖州市 | 不适宜 | 2019.58 | 39.49 | 15.70 |
| | 低适宜 | 1837.11 | 35.92 | 5.97 |
| | 中适宜 | 944.88 | 18.48 | 3.26 |
| | 高适宜 | 312.69 | 6.11 | 3.73 |

续表

| 市 | 适宜性等级 | 面积/km$^2$ | 占全市林业用地面积比例/% | 占各等级面积比例/% |
|---|---|---|---|---|
| 嘉兴市 | 不适宜 | 2349.21 | 76.24 | 18.26 |
| | 低适宜 | 697.42 | 22.63 | 2.27 |
| | 中适宜 | 24.99 | 0.81 | 0.09 |
| | 高适宜 | 9.89 | 0.32 | 0.12 |
| 金华市 | 不适宜 | 97.14 | 14.29 | 0.76 |
| | 低适宜 | 178.71 | 26.29 | 0.58 |
| | 中适宜 | 111.61 | 16.42 | 0.39 |
| | 高适宜 | 292.34 | 43.00 | 3.49 |
| 丽水市 | 不适宜 | 120.19 | 0.72 | 0.93 |
| | 低适宜 | 4797.02 | 28.60 | 15.60 |
| | 中适宜 | 9144.10 | 54.51 | 31.55 |
| | 高适宜 | 2713.22 | 16.17 | 32.39 |
| 宁波市 | 不适宜 | 1815.05 | 27.63 | 14.11 |
| | 低适宜 | 2635.88 | 40.12 | 8.57 |
| | 中适宜 | 1497.35 | 22.79 | 5.17 |
| | 高适宜 | 621.18 | 9.46 | 7.42 |
| 衢州市 | 不适宜 | 380.01 | 4.48 | 2.95 |
| | 低适宜 | 3653.83 | 43.10 | 11.88 |
| | 中适宜 | 2840.92 | 33.51 | 9.80 |
| | 高适宜 | 1603.60 | 18.91 | 19.14 |
| 绍兴市 | 不适宜 | 1353.60 | 19.38 | 10.52 |
| | 低适宜 | 3222.37 | 46.13 | 10.48 |
| | 中适宜 | 1982.50 | 28.38 | 6.84 |
| | 高适宜 | 426.84 | 6.11 | 5.10 |
| 台州市 | 不适宜 | 1267.63 | 16.10 | 9.86 |
| | 低适宜 | 3440.43 | 43.70 | 11.19 |
| | 中适宜 | 2564.91 | 32.58 | 8.85 |
| | 高适宜 | 599.52 | 7.62 | 7.16 |
| 温州市 | 不适宜 | 1358.72 | 13.61 | 10.56 |
| | 低适宜 | 3943.70 | 39.49 | 12.82 |
| | 中适宜 | 4220.18 | 42.26 | 14.56 |
| | 高适宜 | 463.23 | 4.64 | 5.53 |
| 舟山市 | 不适宜 | 237.79 | 35.05 | 1.85 |
| | 低适宜 | 359.26 | 52.95 | 1.17 |
| | 中适宜 | 50.04 | 7.37 | 0.17 |
| | 高适宜 | 31.41 | 4.63 | 0.38 |

从适宜性等级角度分析，浙江省杉木生长不适宜区主要分布在嘉兴市、湖州市、杭州市、宁波市、温州市、绍兴市和台州市，分别占该级别总面积的18.26%、15.70%、14.49%、14.11%、10.56%、10.52%、9.86%；浙江省杉木生长低适宜区主要分布在杭州市、丽水市、温州市、衢州市、台州市和绍兴市，分别占该级别总面积的 19.48%、15.60%、12.82%、11.88%、11.19%、10.48%；浙江省杉木生长中适宜区主要分布在丽水市、杭州市、温州市和衢州市，分别占该级别总面积的31.55%、19.31%、14.56%、9.80%；浙江省杉木生长高适宜区主要分布在丽水市、衢州市和杭州市，分别占该级别总面积的32.39%、19.14%、15.55%。

将杉木适宜性等级分布和浙江省森林立地亚区分布进行空间叠置分析，统计各立地亚区的杉木适宜性情况，见表6-4。由表6-4可知，在浙东低山丘陵立地亚区、浙西北低山丘陵立地亚区和浙西中低山立地亚区，低适宜区面积最大，中适宜区面积次之，其中浙西中低山立地亚区不适宜区面积占比明显小于其他两个立地亚区；在浙西南山地立地亚区和浙东南山地立地亚区，中适宜区面积最大，面积占比均超过50%，低适宜区面积次之，不适宜区面积占比很小；浙东沿海丘陵立地亚区低适宜区面积最大，中适宜区面积次之；浙北平原立地亚区不适宜区面积最大，占该立地亚区总面积的70.81%。因此，从立地亚区角度看，浙北平原立地亚区大部分区域不适宜杉木生长或勉强适宜杉木生长，其他立地亚区大部分区域比较适宜杉木生长。

**表6-4　各立地亚区适宜性等级统计**

| 立地亚区 | 适宜性等级 | 面积/km$^2$ | 占各立地亚区林业用地面积比例/% | 占各等级面积比例/% |
|---|---|---|---|---|
| 浙西南山地立地亚区 | 不适宜 | 0.77 | 0.01 | 0.01 |
| | 低适宜 | 2148.55 | 24.45 | 6.08 |
| | 中适宜 | 4796.59 | 54.58 | 14.68 |
| | 高适宜 | 1842.76 | 20.97 | 20.61 |
| 浙中西低丘岗地立地亚区 | 不适宜 | 1038.42 | 8.68 | 7.71 |
| | 低适宜 | 6528.58 | 54.55 | 18.47 |
| | 中适宜 | 3582.97 | 29.94 | 10.96 |
| | 高适宜 | 817.42 | 6.83 | 9.14 |
| 浙西中低山立地亚区 | 不适宜 | 264.48 | 2.45 | 1.96 |
| | 低适宜 | 4524.92 | 41.91 | 12.80 |
| | 中适宜 | 4447.80 | 41.19 | 13.61 |
| | 高适宜 | 1560.38 | 14.45 | 17.45 |
| 浙西北低山丘陵立地亚区 | 不适宜 | 929.96 | 10.75 | 6.90 |
| | 低适宜 | 3553.39 | 41.07 | 10.05 |
| | 中适宜 | 3168.68 | 36.63 | 9.70 |
| | 高适宜 | 998.97 | 11.55 | 11.17 |

续表

| 立地亚区 | 适宜性等级 | 面积/km$^2$ | 占各立地亚区林业用地面积比例/% | 占各等级面积比例/% |
|---|---|---|---|---|
| 浙东低山丘陵立地亚区 | 不适宜 | 1062.12 | 14.65 | 7.88 |
| | 低适宜 | 3101.09 | 42.79 | 8.77 |
| | 中适宜 | 2393.93 | 33.03 | 7.33 |
| | 高适宜 | 690.69 | 9.53 | 7.72 |
| 浙东南山地立地亚区 | 不适宜 | 312.66 | 1.73 | 2.32 |
| | 低适宜 | 5793.39 | 32.14 | 16.39 |
| | 中适宜 | 9794.41 | 54.34 | 29.97 |
| | 高适宜 | 2123.52 | 11.78 | 23.74 |
| 浙东沿海丘陵立地亚区 | 不适宜 | 3979.58 | 23.89 | 29.54 |
| | 低适宜 | 7579.90 | 45.50 | 21.44 |
| | 中适宜 | 4264.30 | 25.60 | 13.05 |
| | 高适宜 | 836.66 | 5.02 | 9.36 |
| 浙北平原立地亚区 | 不适宜 | 5885.91 | 70.81 | 43.68 |
| | 低适宜 | 2122.38 | 25.53 | 6.00 |
| | 中适宜 | 231.61 | 2.79 | 0.71 |
| | 高适宜 | 72.79 | 0.88 | 0.81 |

从适宜性等级角度分析，浙江省杉木生长不适宜区主要分布在浙北平原立地亚区和浙东沿海丘陵立地亚区，分别占该级别总面积的 43.68%、29.54%；浙江省杉木生长低适宜区主要分布在浙东沿海丘陵立地亚区和浙中西低丘岗地立地亚区，分别占该级别总面积的 21.44%、18.47%；浙江省杉木生长中适宜区主要分布在浙东南山地立地亚区，占该级别总面积的 29.97%；浙江省杉木生长高适宜区主要分布在浙东南山地立地亚区、浙西南山地立地亚区和浙西中低山立地亚区，分别占该级别总面积的 23.74%、20.61%、17.45%。

### 6.4.3　变量重要性评估

根据 MaxEnt 模型的 Jackknife 模块检验得出的各环境变量对杉木适宜性预测影响的平均得分情况，确定各个环境变量的重要程度，从而筛选主导环境因子。Jackknife 检验结果见图 6-3，图中横坐标代表环境因子的得分值，纵坐标代表各环境变量，深蓝色矩形块表示仅有该环境变量时的得分值，浅蓝色矩形块表示除该环境变量外其他环境变量的得分之和，红色矩形块表示所有环境变量的得分之和。可以看出，选取的 7 个环境变量中，腐殖质层厚度、海拔、凋落物厚度和坡度依次是对杉木适宜性预测贡献率最高的前 4 个潜在环境变量，为杉木适宜性预测提供了较丰富的信息；其中，海拔的贡献最大，其反映的重要信息是其他环境变量所不能代替的。腐殖质层厚度和凋落物厚度的变化，主要影响土壤中的矿质元素、营养物质等的含量，所以腐殖质层厚度和凋落物厚度会对杉木生长有较大影响。海拔的改变，明显影响温度、空气湿度、太阳辐射、土壤理化性质等。因此，综合考虑各环境变量的 Jackknife 得分值，确定海拔、腐殖质层厚度、凋落物厚度和坡度是影响杉木适宜性预测的主导因子，其中海拔是最关键因子。

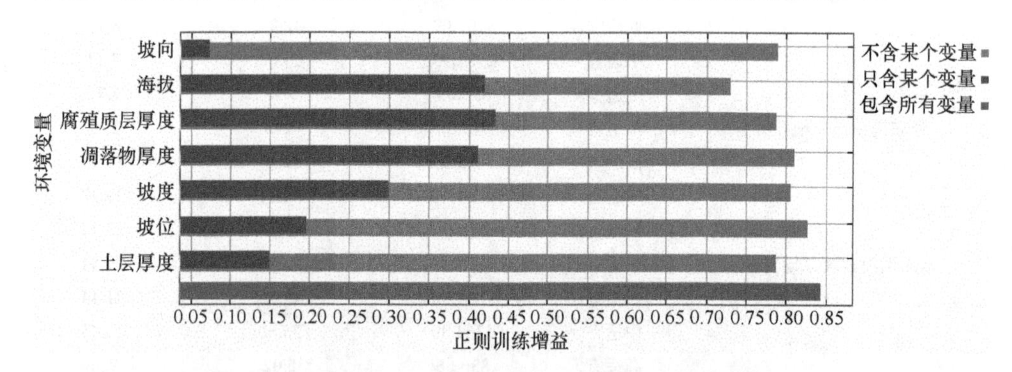


图 6-3　环境变量的 Jackknife 得分（彩图请扫封底二维码）

MaxEnt 模型也可以给出各环境变量与发生概率之间的反馈曲线，该曲线反映了环境变量值与发生概率之间的响应关系（王茹琳等，2017；付小勇等，2015）。主导因子的反馈曲线见图 6-4。从图 6-4A 可以看出，随着海拔的升高，逻辑斯谛

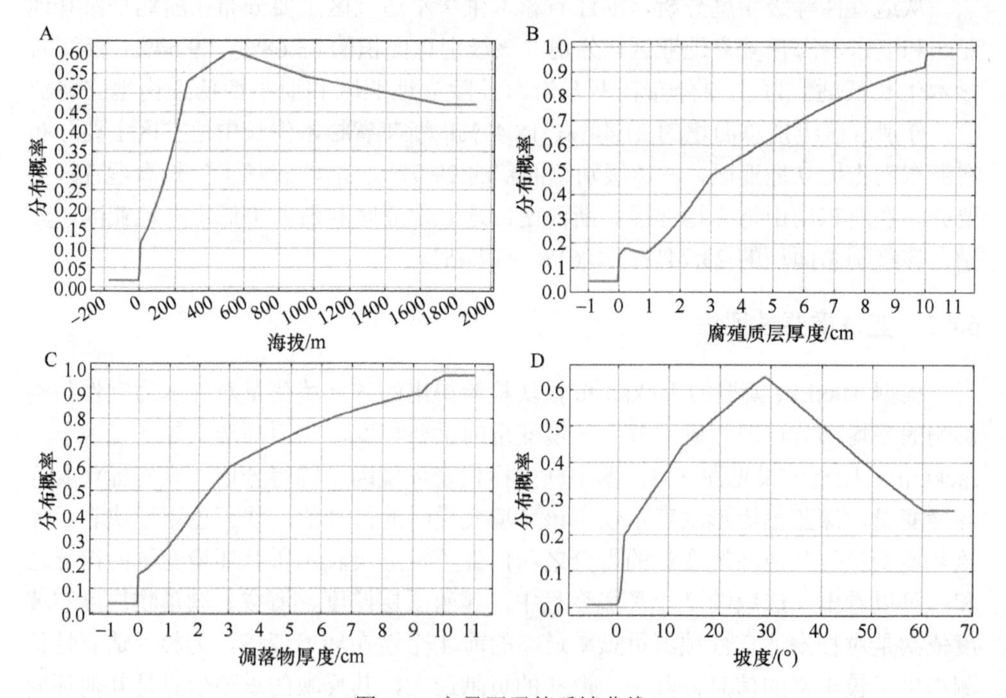


图 6-4　主导因子的反馈曲线

A. 杉木对海拔的反馈曲线；B. 杉木对腐殖质层厚度的反馈曲线；C. 杉木对凋落物厚度的反馈曲线；D. 杉木对坡度的反馈曲线

输出值（分布概率）先增大后减小，以分布概率 0.5 为界，得到海拔的显著响应区间为 250～1400m。从图 6-4B 可以看出，腐殖质层厚度增加，分布概率不断增大，当腐殖质层厚度大于 3.3cm 时，杉木的适宜性分布概率大于 0.5。从图 6-4C 可以看出，随着凋落物厚度不断增加，分布概率逐步增大，当凋落物厚度大于 2.4cm 时，杉木的适宜性分布概率大于 0.5。从图 6-4D 可以看出，随着坡度增大，分布概率先增大后减小，以分布概率 0.5 为界，得到坡度的显著响应区间为 17°～40°。综上可以看出，在浙江省，杉木在海拔 250～1400m、腐殖质层厚度大于 3.3cm、凋落物厚度大于 2.4cm、坡度 17°～40°的地区比较适宜生长。

## 6.5　杉木立地适宜性分析

用各森林立地类型的代表样地提取其杉木适宜性等级，得到杉木立地适宜性预测图，见图 6-5。统计杉木生长适宜性各等级分布区与浙江省森林立地类型的对应关系见附录 4，依据附录可以得出以下内容。

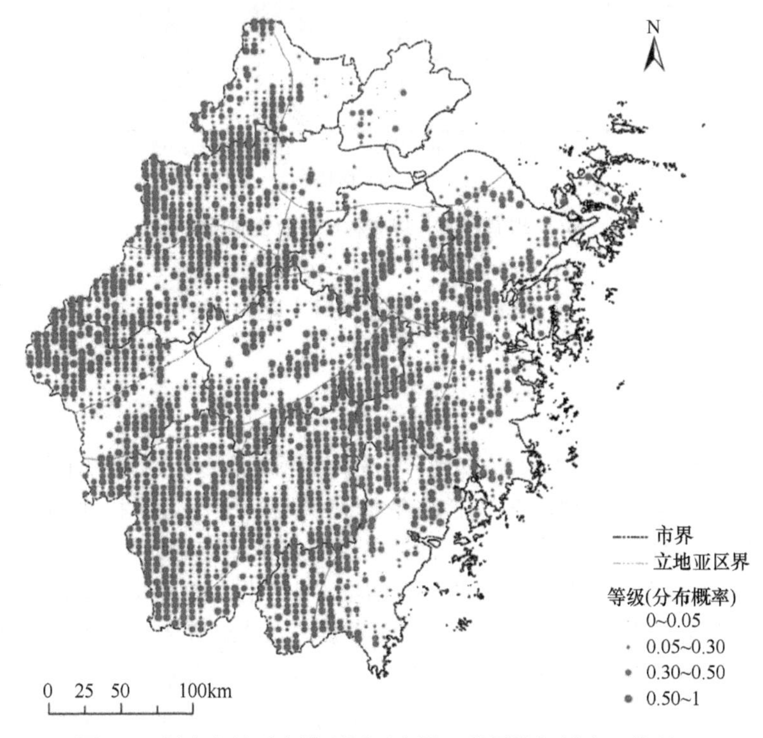


图 6-5　杉木立地适宜性预测示意图（彩图请扫封底二维码）

杉木生长不适宜区主要分布在浙北平原立地亚区的平缓坡厚土薄腐立地类型、浙东沿海丘陵立地亚区的低海拔平缓阴坡薄土立地类型；杉木生长高适宜区主要分布在浙东南山地立地亚区的斜陡半阴坡中土立地类型、斜陡阳坡中土立地类型。

进一步统计现有杉木适宜性分布和现有林地预测适宜性分布的样地数比例，见图 6-6。由图 6-6 可以得到，超过 80%的杉木样地处在中适宜区和高适宜区，说明研究区杉木分布较为合理；从现有林地预测情况来看，高适宜区和中适宜区仍存有增长空间，同时，不适宜区和低适宜区比例增加。结合杉木适宜性等级分布，选择合适的立地条件，进行杉木种植；对不适宜区和低适宜区，不可以盲目种植；对于中适宜区，可以通过疏松土壤、增肥保水等方式改善立地条件，从而提高杉木的生产潜力。

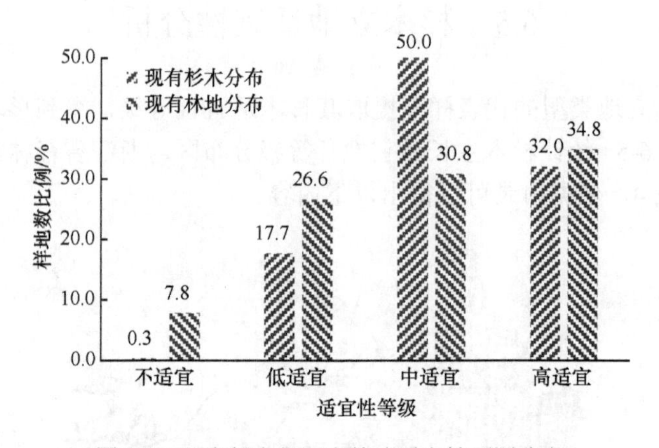


图 6-6　现有杉木与现有林地适宜性预测分布

## 6.6　结论与讨论

### 6.6.1　结论

在第 5 章建立的浙江省森林立地分类系统基础上，以浙江省杉木为研究对象，基于地位级指数，获取比较适宜杉木生长的样地，结合土壤和地形数据，建立 MaxEnt 模型，得出浙江省杉木适宜性评价结果，主要结论如下。

1）杉木高适宜区主要分布在浙江省西南部中山区，杉木中适宜区主要分布在浙江省南部和东南部山区，杉木低适宜区主要分布在浙江省中、西部丘陵、低山区，杉木不适宜区主要分布在浙江省东北部平原区、东部沿海地区和浙中盆地。经过 ROC 曲线分析法检验，模型精度较高，可以用于杉木适宜性评价研究。经过 Jackknife 检验，得出海拔、腐殖质层厚度、凋落物厚度和坡度对杉木生长适宜性影响较大，其中海拔是影响杉木适宜性评价的最关键因子。

2）统计杉木生长适宜性各等级分布区与浙江省森林立地类型的对应关系，可以得出，杉木生长不适宜区主要分布在浙北平原立地亚区的平缓坡厚土薄腐立地类型、浙东沿海丘陵立地亚区的低海拔平缓阴坡薄土立地类型；杉木生长高适宜区主要分布在浙东南山地立地亚区的斜陡半阴坡中土立地类型、斜陡阳坡中土立地类型。选择合适的立地条件，进行杉木种植，不可以盲目种植。

### 6.6.2　讨论

本研究筛选得到的主导立地因子中，各立地亚区的主导因子稍有区别，这主要受各立地亚区的地貌特点及林地分布位置的影响。结合实际情况可以发现，浙北平原立地亚区以平原为主，同时平原林地分布不多，而其他亚区以山地丘陵为主。

陶吉兴和余国信（1994）、余国信和陶吉兴（1996）将浙江省划分为 2 个立地区、11 个立地类型区、21 个立地类型组、53 个立地类型，季碧勇（2014）研究中将全省划分为 2 个立地区、9 个立地类型区、20 个立地类型组、52 个立地类型，与这两种系统相比较，本研究所构建的浙江省森林立地分类将全省划分为 5 个立地区、8 个立地亚区、54 个立地小区、118 个立地类型组、242 个立地类型，更加细致、具体。同时，本研究得出了具体立地类型的杉木生长适宜性等级，实践应用的指导性更强。

与现有的基于森林资源连续清查数据直接以样地调查因子为依据的立地分类方法（季碧勇，2014）相比，本研究根据 DEM 提取立地因子，尤其是坡向和坡位，数据更精准，结果具有更高的可信度。建立的浙江省森林立地分类系统对适地适树造林设计、营林规划及林业生态文明建设具有重要的参考价值。

评价杉木适宜性时，经过分析得到影响杉木适宜性的主要环境因子是海拔、腐殖质层厚度、凋落物厚度和坡度，这与高若楠等（2017）和柴锡周等（1991）的研究结果类似。

本研究利用 MaxEnt 模型评价树种适宜性，实现了有林地和无林地关于杉木适宜性评价的有机统一。近年来最大熵模型在研究物种的分布方面已经得到较为成功的应用，对檀香（胡秀等，2015）、建兰（梁春等，2017）等珍稀物种在中国的潜在适生区进行预测，而用该方法对用材林适宜性评价的研究报道不多；同时，它还具有模拟精度高、运行时间短、运行结果稳定、不必事先设定参数和所需样本量小等特点。本研究探索性地将该方法用于浙江省杉木的适宜性分布预测研究，获得了较为满意的结果，对于杉木在浙江省范围内的生产管理与造林经营有一定的指导意义，为森林质量精准提升提供科学依据。

同时，本研究还存在一定的局限性。在建立浙江省森林立地分类系统时，通常要考虑母岩或者土壤质地对林木生长的影响，而本研究缺乏母岩或土壤质地的相关调查数据，因此，在筛选立地主导因子时仍不够完善。今后可以增加土壤质地等立地因子的调查，定量分析其对立地类型划分和杉木适宜性评价的重要程度。

关于建模样本数量及分布问题，本研究以森林资源连续清查数据为基础，平原林地样本量不多，同时用于杉木适宜性建模的样地也主要分布在浙江省西部和西南部地区，可以适当增设平原林地样地和其他地区的杉木样地，进行补充调查，丰富数据源，有助于更好地筛选主导因子和模拟杉木的适宜性分布。

关于建模环境因子选取的问题，对于杉木适宜性评价目前还没有形成统一的标准，本研究根据前人已有研究成果及研究现状，主要考虑了应用较多的部分土壤因子和地学因子对杉木的适宜性影响，未涉及气候因子等。在以后的研究中，可以完善环境变量的选取，综合气候因子、地学因子、土壤因子 3 个方面评价树种适宜性。

本研究在评价树种适宜性时，只考虑了杉木一种浙江省的典型树种，以后可以考虑更多树种，建立其最大熵模型，评价适宜性，为实现适地适树地提高森林质量提供参考。

本研究在选择杉木适宜性评价指标时，只考虑了地位级指数，以后可以进行多种评价指标的比较分析，确定最优的评价指标。

# 第 7 章　基于优势木最大胸径生长率的杉木人工林立地质量评价

## 7.1　引　　言

传统的森林立地质量评价采用地位指数或地位级作为重要指标，即根据林分优势木的平均高和林分平均高进行立地质量的直接评价（Dhôte and Hervé，2000；Phillips *et al.*，2002；Pretzsch，2009）。虽然这两种方法在同龄林的质量评价中精度较高，但需要进行大量的实地调查、采伐并制作解析木，存在经济和生态成本较高以及适用性局限等问题，限制了大量永久性样地和代表性试验样地的设置。因而传统森林立地质量评价由于缺乏大尺度数据降低了其实用性（Vanclay *et al.*，1995）。随着遥感技术越来越多地应用于立地质量的评价研究（Damman，1979；Tesch，1980；Barnes *et al.*，1982；Fang *et al.*，2001），诸多学者逐渐克服了大尺度森林立地质量评价中生境制图耗时、耗力的缺点。此外，统计学方法如聚类分析、多元回归分析、数量化理论（浦瑞良等，1994；Schmidt and Carmean，2001）应用于森林立地质量评价和分类，促进了立地分类和立地质量评价的定量研究。然而，这些方法基本上沿用传统的评价指标，在成本与效益之间没有明显改善，难以适应大范围森林立地质量评价。

国家森林资源连续清查数据是覆盖范围广、精度可靠的数据。但是，在较大范围的森林立地评价中却很少应用。因此，研究以 NFI 数据为基础，进行大尺度森林立地质量评价的方法具有低成本和应用前景广阔的优势。

我国的 NFI 体系是以省（自治区、直辖市）为单位，采用系统抽样，利用固定样地进行定期复查的方法（简称一类调查），目的是掌握全国和各省（自治区、直辖市）的森林资源现状与动态。20 世纪 70 年代末，我国开始建立 NFI 体系，通过每 5 年复查一次固定的样地和样木，监测全国和各省（自治区、直辖市）的森林资源动态变化与生态状况，为制定林业方针、政策、规划和计划提供依据。

杉木（*Cunninghamia lanceolata*）是我国长江流域、秦岭以南地区栽培最广、生长快、经济价值高的用材树种。对杉木人工林进行立地质量评价，可为杉木人工林的合理经营提供依据。

本研究利用浙江省 4 期 NFI 样地数据，提取样地优势木的最大胸径生长率，以此作为立地质量评价指标，结合 DEM 数据、土壤数据和数量化理论 I 方法，进行浙江省杉木人工林立地质量评价研究，并将建立的模型应用于临安区杉木人工林立地质量评价。

## 7.2 研究内容

本研究提出一个新的立地质量评价指标——最大胸径生长率（$R$）。以最大胸径生长率为立地评价指标，以浙江省1994～2009年NFI数据为基础，从NFI复位样木时间序列数据中提取529个杉木人工林样地优势木最大胸径生长率；结合易于获取的纬度、海拔、坡位、坡向、坡度、土壤类型等立地因子，基于数量化理论Ⅰ方法，建立以最大胸径生长率为因变量的杉木人工林立地质量评价模型。研究内容主要包括三个方面。

（1）基于NFI的立地质量评价指标的确立

森林立地生产力可观测指标主要有特定年龄的树高、胸径和蓄积量，或者其生长量，应用最多的是特定年龄的优势木树高。然而，优势木树高和年龄的准确测量不仅成本很高，而且难度特大。现有的NFI数据虽然信息量丰富，且数据可靠性好，但其中不包含年龄或龄组信息。为了充分利用NFI数据开展森林立地质量评价，本研究提出一个新的立地质量评价指标——最大胸径生长率。以$R$为立地评价指标，与地形地貌、环境、土壤等易获取因子建立模型，可以用于估计包含无林地在内的所有林地的潜在生产力。

（2）基于数量化理论Ⅰ的立地质量评价模型的建立

基于浙江省NFI数据，以杉木立木为研究对象，建立合适的方法将评价指标与易获取的立地质量相关数据建立联系，得到反映其关系的数学模型，实现立地质量评价与生产力预估。根据样地立地因子数据，对定性立地因子进行类目划分，利用示性函数（0, 1）数量化理论，对定性因子进行定量化处理。同时根据对杉木胸径生长的影响因素的分析，筛选出坡位（上坡、中坡、下坡、山谷、山脊）、土壤（红壤、黄壤、水稻土、紫色土、其他）、坡向（东、南、西、北、东北、东南、西南、西北、无坡向）为定性变量，并依次进行编号赋值。根据对杉木胸径生长的影响因素的分析，考虑立地质量评价模型的推广性，选取纬度、海拔、坡度等定量变量和坡位、土壤类型、坡向等定性变量，对这些定性因子利用示性函数（0, 1）数量化理论定量化处理后，以$R$为立地评价指标，运用数量化理论Ⅰ方法建立杉木立地质量评价模型。结合模型评价，分析影响杉木立地质量的因素。

（3）基于数量化理论Ⅰ的立地质量评价模型的评价与检验

对基于浙江省森林资源样地清查数据建立的模型进行检验，通过相关分析和数量化理论 I 模型计算，得出不同立地因子的贡献率，以及基于 NFI 的人工林立地质量模型，并利用复相关和偏相关系数的 $t$ 检验，同时运用临安区的调查数据进行均方根误差（RMSE）实地检验，评价模型的预测精度，对临安区的森林立地质量分级分类。

# 7.3 研究方法

## 7.3.1 研究数据

### 7.3.1.1 森林资源样地清查数据

浙江省于 1979 年开始建立森林资源连续清查体系，自初次设立省级固定样地以来，已于 1986 年、1989 年、1994 年、1999 年、2004 年、2009 年、2014 年、2018 年完成 8 次连清复查。根据浙江省地貌特点和森林分布特点，在全省范围内，按南北 4km、东西 6km 间距，采用系统抽样方法，机械布设固定样地 4252 个，样地为正方形，边长为 28.28m×28.28m，面积 0.08hm$^2$。为保证样地全部固定，在样地西南角埋水泥标桩作为样地固定标志，为监测树木生长和消耗情况，每棵样木均挂铝牌并固定编号。

森林资源清查数据具有分布范围广、几乎包含所有的森林类型、测量的因子容易获得、时间连续性强等优点（曾伟生等，2018）。2009 年，浙江省开展了森林资源连续清查第六次复查，共调查样地 4252 个，所有调查样地均为 2004 年布设的复位样地。样木调查采用每木（竹）检尺方法，实测样地内所有样木（竹）的胸径因子，建立 2004～2009 年隔期固定样地和固定样木变化数据库。根据实测的样木平均胸径，利用平均木调查法，实测 3～5 株平均标准木的树高、冠幅、冠长等林分结构因子的数量特征。

为反映样地所处的立地环境状况，还实测了调查样地的地形地貌因子（地貌、海拔、坡向、坡位、坡度）、土壤因子（土壤类型、土层厚度、腐殖质层厚度等）、林下植被因子（植被类型、灌木覆盖度、灌木高度、草本覆盖度、草本高度、植被总覆盖度）等环境特征，这为本次立地质量评价提供了翔实可靠的基础数据。为使基础数据更加准确可靠，样地的土壤调查数据采用第二次土壤普查数据进行了比对修正；同时结合样地坐标，样地调查因子利用林地“一张图”数据进行了叠加分析。

本次研究数据来自浙江省 1994 年、1999 年、2004 年、2009 年开展的森林资源连续清查 4 期固定样地，实际调查的样地数分别是 4222 个、4249 个、4253 个、4252 个，主要包含样地属性数据（地类、林种、起源、权属等）、样木属性数据（立木类型、检尺类型、胸径等）。浙江省 1994～2009 年森林资源清查样地类型及样地数量如表 7-1 所示。

**表 7-1 浙江省 1994～2009 年森林资源清查样地类型及样地数量表**

| 地类 | 样地数量 | | | |
|---|---|---|---|---|
| | 1994 年 | 1999 年 | 2004 年 | 2009 年 |
| 有林地 | 2145 | 2312 | 2442 | 2512 |
| 疏林地 | 70 | 39 | 16 | 15 |
| 灌木林地 | 162 | 213 | 131 | 64 |
| 未成林地 | 53 | 15 | 68 | 43 |
| 无立木林地 | 223 | 154 | 134 | 126 |
| 非林地 | 1569 | 1516 | 1462 | 1492 |

本研究所用样木数据为森林资源连续清查复位样木数据，其调查因子包括立木类型、树种和胸径等信息。复位样木共有 3399 棵，其中杉木 1604 棵。浙江省国家森林资源连续清查基本信息如表 7-2 所示。

**表 7-2 浙江省国家森林资源连续清查基本信息**

| 调查年度 | 杉木林样地数/个 | 平均样木株数/株 | 平均胸径/cm | 最大胸径/cm | 最小胸径/cm |
|---|---|---|---|---|---|
| 1994 年 | 1373 | 31 | 8.89 | 55.2 | 5.0 |
| 1999 年 | 1529 | 39 | 9.03 | 56.7 | 5.0 |
| 2004 年 | 1696 | 42 | 9.57 | 56.9 | 5.0 |
| 2009 年 | 1733 | 44 | 10.04 | 54.3 | 5.0 |

#### 7.3.1.2 立地因子数据

林地的主要立地因子一般包括地形、土壤、水文、太阳辐射等环境因素，其中地形包含了坡度、坡向、海拔、坡位等小地形因子，土壤因子包含了土壤类型、土层厚度、腐殖质层厚度等，水文条件则包含地下水状态、积水情况、土壤含水比率等，这些立地因子影响杉木的生长，不同的立地因子对不同指标生长量的影响阶段、程度有所不同。地形对林木的生长环境起着再分配作用，如坡向影响水分的分布，海拔则导致温度的不同，坡位对土壤的影响较大。

对于地形立地因子数据的处理主要从空间地理数据云网站获取数字高程图数据 SRTM3，并将森林资源清查体系中的样木数据与其进行匹配，提取相应的地形信息，包括纬度、海拔、坡位、坡向、坡度等。提取过程中分 20 度带和 21 度带 2 片区域进行配准定位提取。

（1）坡度数据

坡度表示局部地表坡面的倾斜程度，其大小直接影响着地表物质流动与能量转换的规模及强度，是制约林地生产力空间布局的重要因子。

总的来说，坡度对林木生长的影响主要表现在两方面。一方面，坡度的大小通过影响土壤水分入渗和贮存来制约土壤的含水量。水分对植物生长的作用是不言而喻的。一般来说，坡度大的地区，植被覆盖度较小，植物生长情况不佳。另一方面，坡度大小影响坡面侵蚀程度，影响土壤养分的流动、分配和土壤肥力大小，自然成为制约植物生长的主要因素之一。

坡度数值的提取是基于样地点在 DEM 微分单元的法矢量 $n$ 与 $Z$ 轴的夹角，具体计算公式为

$$坡度（Slope）= \arctan\sqrt{f_x^2 + f_y^2} \cdot \frac{180}{\pi} \tag{7-1}$$

式中，$y$ 是经度；$x$ 是纬度；$f_x$、$f_y$ 分别是 $x$、$y$ 方向的坡度。

（2）坡向数据

坡向是决定地表面局部地面接收阳光和重新分配太阳辐射量的重要地形因子之一，直接造成局部地区气候特征的差异，同时也直接影响诸如土壤水分、地面无霜期以及作物生长适宜性程度等多项重要的农业生产指标。不同坡向的坡面接收阳光的多少和风力作用下坡面接收的雨量和受雨滴打击的强弱不同。一般而言，阳坡（东南坡）由于接收较多的阳光照射，土壤水分蒸发较快，早期土壤水分低下，不利于植物生长。因此，不论在黄土高原，还是在南方地区，阴坡植被多比阳坡好。尤其是对于位于丘陵低山地区的杉木林，阴坡的生长情况比阳坡更好，这与阴坡光照较弱、湿度较大、土壤条件较好有关。这个一般规律也说明了坡向在很大程度上影响着杉木的生长。本研究区所处地的最高海拔不超过 800m，属于低山、丘陵、平原地区，故杉木在阴坡比在阳坡长势更良好的情况表现得更为突出。

坡向的计算采用数学上地表上任一点 $Z$ 在已知切面的法矢量 $n$ 在水平面的投影与过该点的正北方向的夹角，其数学表达式为

$$坡向（Aspect）= \arctan\frac{f_y}{f_x} \tag{7-2}$$

由 ArcMap 软件直接求坡向，并规定正北方向为 0°，按顺时针方向计值，东为 90°，南为 180°，西为 270°。

结合国家森林资源调查技术规定，林业立地类型中坡向划分为东、东南、东北、西、西南、西北、南、北坡和无坡向 9 种，并按照上式计算值就近取值。

（3）海拔数据

海拔对杉木林生长的影响规律随海拔范围而发生变化，杉木林区的垂直分布较广，不同产区海拔差异悬殊。在某些产区，海拔与杉木的生长密切相关，

甚至起关键性作用，而在另外一些产区，却出现海拔与生长关系不甚明显的情况，反而常常因为各产区所处地带山体所处的纬度、气候带、坡向、坡位、坡形、太阳辐射量等要素的不同，而影响光照、湿度、水分、土壤养分的差异，从而导致杉木林生长的不同。本研究中的海拔数据直接由 DEM 数据匹配样地位置得到。

（4）坡位数据

坡位是介于单一地形因子和复合地形属性之间的过渡地形因子，目前大多数基于定性的坡位信息进行相关分析。按样地所处坡面位置可以将坡位划分为山脊、上坡、中坡、下坡、山谷和平地 6 种类型。本次研究的坡位采用由 Weiss（2001）提出的坡位指数（topographic position index，TPI）进行定量描述。TPI 为确定研究目标点与其周围地形的位置关系的一个地形参数，即用该点高程与其周围一定范围内平均高程的差，结合其坡度来确定在坡面上所处部位，其数学表达公式为

$$\mathrm{TPI} = f\left(z_i - \overline{z}, \theta\right) \tag{7-3}$$

式中，$z_i$ 为地表某点 $i$ 的高程；$\overline{z}$ 为该点周围一定范围内的平均高程；$\theta$ 为该点的坡度。

用这种方法先计算处理像元和邻域内像元平均值的差，正值表示处理像元高于周围地形，负值则表示低于周围地形。这个差值加上像元的坡度可以将像元划分为不同的坡位：如果它显著高于周围邻域，那么它很有可能在山顶附近或山脊，显著低于邻域则说明这个像元在山谷底部，TPI 值在 0 附近则说明可能在平地或中坡的位置，用坡度可区分这两种情况，较小的坡度可能是平地，而较大的坡度则为中坡位。

其他立地因子如土壤类型直接由森林资源连续清查数据获得，而湿度及太阳辐射由于数据较难获取，考虑其与所在地区的纬度关系较大，因此本研究选择纬度因子进行分析。纬度数据的提取直接从 DEM 数据 SRTM3 数据中读取。

#### 7.3.1.3 临安区杉木林样地数据

为了检验以森林资源连续清查数据和最大胸径生长率作为立地质量评价指标建立的评价模型的精度，进而对模型的扩展应用进行评价，本次研究采用 2013 年临安区二类调查杉木林样地数据进行模型模拟精度分析。临安区的样地数据来源也是基于上述立地因子获取的方法，在临安区范围内，选择相应匹配的样地号和坐标，并提取相应的坡度、坡向、海拔、坡位、土壤类型、纬度等立地因子，共复位 51 个样地进行预测的吻合程度检验。

## 7.3.2　分析方法

### 7.3.2.1　基于数量化理论 I 的立地质量评价模型

合理的森林立地质量评价指标选定以后，必须有合适的方法将评价指标与易获取的立地质量相关数据建立联系，得到反映其关系的数学模型，实现立地质量评价与生产力预估。

数量化理论 I 主要是预测、发现事物间的关系式。在数量化理论中，一般把定性变量称为项目，把定性变量下根据不同的研究内容划分的若干等级称为类目。例如，项目林种，对应的类目为：防护林、特征用途林、用材林、经济林、薪炭林。各个项目的类目个数可以相等，也可以不等。

数量化理论 I 是一种类似多元回归的分析方法（黄永平和田小海，2000；于丽等，2009），适用于自变量部分或者全部为定性变量，而基准变量是定量变量的因素分析与预测问题，采用说明性多变量模拟线性表示式中基准变量的定量变化。假定有如下的线性模型：

$$y_i = \sum_{u=1}^{h} b_u x_i(u) + \sum_{j=1}^{m}\sum_{k=1}^{r_j} \delta_i(j,k)\cdot b_{jk} + \varepsilon_i \tag{7-4}$$

式中，$h$ 是定量自变量个数；$x_i(u)$是第 $i$ 个样本、第 $u$ 个定量变量的数据（$u=1, 2, \cdots, h$）；$m$ 是定性自变量个数即项目个数；$r_j$ 是第 $j$ 项目的类目个数；$\delta_i(j, k)$是第 $i$ 个样本在第 $j$ 项目、第 $k$ 类目的反应（$j=1, 2, \cdots, m$；$k=1, 2, \cdots, r_j$）；$y_i$ 是因变量的数据；$\varepsilon_i$ 是随机误差，$i=1, 2, \cdots, n$，$n$ 是样本数；$b_u$、$b_{jk}$ 是未知系数。

利用最小二乘法求解 $b_u$ 和 $b_{jk}$ 的估计 $\hat{b}_u$（$u=1, 2, \cdots, h$）和 $\hat{b}_{jk}$（$j=1, 2, \cdots, m$；$k=1, 2, \cdots, r_j$）应满足正规方程：

$$X'X\hat{b} = X'y \tag{7-5}$$

式中：

$$X = \begin{bmatrix} x_1(1) & \cdots & x_1(h) & \delta_1(1,1) & \cdots & \delta_1(1,r_1) & \delta_1(2,1) & \cdots & \delta_1(m,r_m) \\ x_2(1) & \cdots & x_2(h) & \delta_2(1,1) & \cdots & \delta_2(1,r_1) & \delta_2(2,1) & \cdots & \delta_2(m,r_m) \\ \vdots & & \vdots & \vdots & & \vdots & \vdots & & \vdots \\ x_n(1) & \cdots & x_n(h) & \delta_n(1,1) & \cdots & \delta_n(1,r_1) & \delta_n(2,1) & \cdots & \delta_n(m,r_m) \end{bmatrix}$$

$$\hat{b}' = \left(\hat{b}_1', \ \cdots, \ \hat{b}_h', \ \hat{b}_{11}', \ \cdots, \ \hat{b}_{1r_1}', \ \hat{b}_{21}', \ \cdots, \ \hat{b}_{mr_m}'\right)$$

$$y' = \left(y_1, \ y_2, \ \cdots, \ y_n\right)$$

求解正规方程组（7-5），得预测方程为：

$$\hat{y}=\sum_{u=1}^{h}\hat{b}_u x(u)+\sum_{j=1}^{m}\sum_{k=1}^{r_j}\delta(j,k)\cdot\hat{b}_{jk} \tag{7-6}$$

式中，$h$ 是定量自变量个数；$x(u)$ 是第 $u$ 个定量变量的数据（$u$ =1, 2, …, $h$）；$m$ 是定性自变量个数即项目个数；$r_j$ 是第 $j$ 项目的类目个数；$\delta(j, k)$是第 $j$ 项目、第 $k$ 类目的反应（$j$=1, 2, …, $m$；$k$=1, 2, …, $r_j$）；$\hat{y}$ 是因变量的估计值；$\hat{b}_u$、$\hat{b}_{jk}$ 分别是参数 $b_u$（$u$=1, 2, …, $h$）、$b_{jk}$（$j$=1, 2, …, $m$；$k$=1, 2, …, $r_j$）的最小二乘法估计。

进而对方程精度进行检验，同时通过偏相关系数、方差比和范围评价每个立地因子对因变量作用的大小。

数量化理论 I 相对于一般回归分析，其不同之处在于可把定性变量与定量变量同时纳入回归模型。在数量化理论模型中，因变量和自变量被分别称为基准变量和说明变量，说明变量中定性变量称为项目，每个定性变量的划分称为类目，定性变量的类目类似于定量变量的取值区间。

#### 7.3.2.2 立地因子的量化

根据数据易采集、便于立地质量评价模型推广的原则，立地因子的选择参考前人研究成果，本研究选取了影响杉木生长的地形因子与土壤类型作为立地因子，地形因子包括地貌、纬度、海拔、坡度、坡向、坡位等，其中纬度、海拔、坡度是定量变量，地貌、坡向、坡位与土壤类型是定性变量。根据数量化理论 I 对变量的约定，结合样地立地因子数据，对定性立地因子进行类目划分（表 7-3），并对项目（因子）的类目利用示性函数（0, 1）数量化理论对定性因子进行定量化处理，即

$$\delta_i\left(j,k\right)=\begin{cases}1 & \text{当}i\text{样本第}j\text{项目取第}k\text{类目时}\\0 & \text{当}i\text{样本第}j\text{项目不取第}k\text{类目时}\end{cases} \tag{7-7}$$

**表 7-3 定性立地因子类目划分与量化编号**

| 立地因子 | 类目 | 划分标准 | 编号 |
|---|---|---|---|
| 地貌 | 中山 | 海拔 1000m 以上的山地 | 1 |
| | 低山 | 海拔 500～999m 的山地 | 2 |
| | 丘陵 | 海拔＜500m，相对高差 100m 以下，没有明显的脉络 | 3 |
| 坡位 | 山脊 | 山脉的分水线及其两侧各下降垂直高度 15m 的范围 | 1 |
| | 上坡 | 从脊部以下至山谷范围内的山坡三等分后的最上等分部位 | 2 |
| | 中坡 | 从脊部以下至山谷范围内的山坡三等分后的中坡位 | 3 |
| | 下坡 | 从脊部以下至山谷范围内的山坡三等分后的最下等分部位 | 4 |
| | 山谷 | 汇水线两侧的谷地 | 5 |
| | 平地 | 平台或台地的地段 | 6 |

续表

| 立地因子 | 类目 | 划分标准 | 编号 |
| --- | --- | --- | --- |
| 坡向 | 东 | 方位角 68°～112° | 1 |
| | 南 | 方位角 158°～202° | 2 |
| | 西 | 方位角 248°～292° | 3 |
| | 北 | 方位角 338°～23° | 4 |
| | 东北 | 方位角 23°～67° | 5 |
| | 东南 | 方位角 113°～157° | 6 |
| | 西南 | 方位角 203°～247° | 7 |
| | 西北 | 方位角 293°～337° | 8 |
| | 无坡向 | 坡度小于 5° | 9 |
| 土壤类型 | 红壤 | 按实际土壤类型划分（数据来源为浙江省土壤类型调查数据） | 1 |
| | 黄壤 | | 2 |
| | 水稻土 | | 3 |
| | 紫色土 | | 4 |
| | 其他 | | 5 |

将每个样地的定性因子代入式（7-7）中，与定量因子一起编制立地因子数量化反应表（表 7-4），用于立地质量模型建立与评价。

**表 7-4　立地因子数量化反应表**

| 样地号 | 坡位（$X_1$） | | | | | | … | 土壤类型（$X_3$） | | | | | 纬度 | 海拔 | 坡度 |
| --- | --- | --- | --- | --- | --- | --- | --- | --- | --- | --- | --- | --- | --- | --- | --- |
| | 山脊 | 上坡 | 中坡 | 下坡 | 山谷 | 平地 | | 红壤 | 黄壤 | 水稻土 | 紫色土 | 其他 | | | |
| 22570 | 0 | 0 | 1 | 0 | 0 | 0 | … | 1 | 0 | 0 | 0 | 0 | 31 | 500 | 40 |
| 22599 | 0 | 0 | 0 | 1 | 0 | 0 | … | 0 | 0 | 1 | 0 | 0 | 31 | 540 | 30 |
| 22602 | 0 | 0 | 1 | 0 | 0 | 0 | … | 1 | 0 | 0 | 0 | 0 | 31 | 480 | 35 |
| 22549 | 0 | 0 | 1 | 0 | 0 | 0 | … | 0 | 0 | 1 | 0 | 0 | 31 | 850 | 30 |

注：纬度用公里网（百公里）表示

#### 7.3.2.3　立地质量评价指标的确立

对一个地区立地质量进行评价，立地质量评价指标的确定是关键。对于有林地来说，反映森林立地质量最主要和最直接的指标是森林蓄积量和生物量，与森林蓄积量和生物量密切相关且可观测指标主要有林分特定年龄的优势木高和胸径。

本研究结合目前研究中的立地质量评价指标，试图克服优势木树高和年龄的准确测量不仅成本很高而且难度特大的劣势，而采用限制条件相对少的立地质量评价指标，并充分利用我国森林资源连续清查的数据进行评价模型的建立和应用。因此本研究选择了测量成本低而且容易获取的胸径测度数据，配合数量化立地质量模型可以做到全覆盖的林地质量评价。

依据胸径生长规律，本研究将胸径生长模型中的最大胸径生长率作为立地质量评价指标，在建模时，利用某一调查间隔期内样地单木的胸径和间隔期内胸径增长率，并比较确立样地内优势林木胸径和间隔期内胸径的增长量进行生长率建模，从而获取其最大胸径生长率，如此便获取了幼龄林优势木的平均胸径生长率。这种模型不需要考虑样木年龄，而且根据杉木林生长规律，在计算立地指标时也无需要求林木的同龄性。

在提取最大胸径生长率方面严格参照浙江省森林资源连续清查各期调查技术规程，分析其调查方法、调查因子、记录方式、因子代码等数据并将其统一化整理，把符合本次建模的数据按树种和地类等条件筛选出来，作为本次建模的原始数据。对于异常数据处理，其目的是剔除一些异常数据，以便求得准确的生长率，但需遵循随机误差不能更改这一原则。所谓异常数据是指超出正常范围的“离群”数据，分为两种类型：一是调查记载错误；二是因某些因素引起的客观存在的真实值。其值虽然异常，但它在事实上反映了问题的本来面貌。第一种属“伪劣数据”，必须予以改正或者删除，否则会导致模型产生偏差：第二类异常数据，要将其作为一个重要信息进行分析利用。可联合使用经验判断法、绘图分析法和数理统计方法（利用剩余标准差来剔除异常数据），慎重地剔除异常数据。

#### 7.3.2.4 最大胸径生长率

现有的 NFI 数据信息量丰富，且数据可靠性好。胸径是 NFI 调查中最为重要的测树因子，但在 NFI 中不调查单株样木的年龄，从 NFI 中提取的胸径生长率只能代表在某一清查期内某棵树胸径的年均生长率，并不能直接反映所在地段的立地质量好坏。为了充分利用 NFI 数据进行森林立地质量评价，本研究提出一个新的立地质量评价指标——最大胸径生长率（$R$）。以最大胸径生长率（$R$）为立地评价指标，与地形地貌、环境、土壤等易获取因子建立模型，可以用于估计包含无林地在内的所有林地的潜在生产力。

一般来说，林木的生长规律是从幼龄林到成熟林、过熟林，胸径和树高的生长速度呈逐渐降低的趋势，即在树木的生长过程中生长率会出现一个高峰。因此，在 NFI 清查次数足够多的情况下，每个样地复位样木的生长率都会在某一时期出现最高值，即最大胸径生长率，它代表了该地块的最大生产潜力。若以 $R$ 表示最大胸径生长率，则

$$R = \max\{r_k, k = 1, 2, \cdots, n\} \tag{7-8}$$

式中，$k$ 为清查期；$r_k$ 为第 $k$ 期的胸径生长率；$n$ 为森林资源清查总期数。

NFI 清查间隔期为 5 年，杉木的龄级期也是 5 年，5 期 NFI 清查数据即可覆盖 5 个龄级期的生长率。假定杉木轮伐期为 25 年，近熟林进入成熟林时全部采伐，则 5 次清查能包含全部最大胸径生长率。用最大胸径生长率作为立地质量评价指标，实际上相当于用幼龄林的胸径生长率来评价立地质量。如果成熟林采伐不及时，样地复位样木的龄级可能后延，但对杉木人工林而言，一般不会达到过熟林。根据 2004 年浙江省森林资源连续清查结果，杉木近熟林及其以下龄组面积占杉木林总面积的 91%。因此，NFI 与龄级之间的关系可归纳为以下几种情形。

第一种情形是样地中样木的龄组在Ⅰ～Ⅴ，成熟林全部采伐，所有样地（情形 A、B、C、D、E）在 5 次清查中包含全部龄级（图 7-1）。

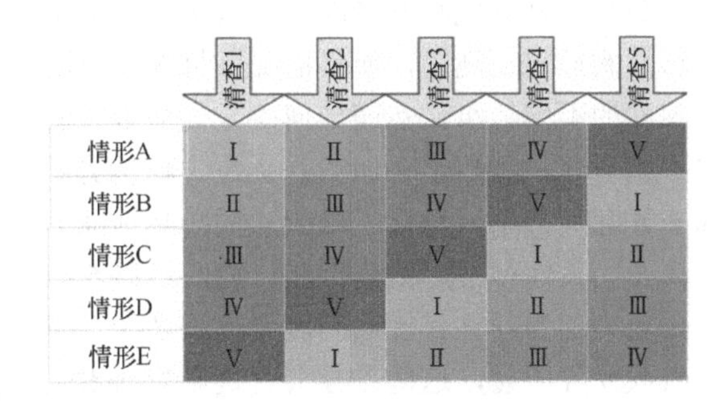

| | 清查1 | 清查2 | 清查3 | 清查4 | 清查5 |
|---|---|---|---|---|---|
| 情形A | Ⅰ | Ⅱ | Ⅲ | Ⅳ | Ⅴ |
| 情形B | Ⅱ | Ⅲ | Ⅳ | Ⅴ | Ⅰ |
| 情形C | Ⅲ | Ⅳ | Ⅴ | Ⅰ | Ⅱ |
| 情形D | Ⅳ | Ⅴ | Ⅰ | Ⅱ | Ⅲ |
| 情形E | Ⅴ | Ⅰ | Ⅱ | Ⅲ | Ⅳ |

图 7-1　共 5 次清查期与样地龄级分布

另外，较少发生的情形，是 5 次清查期最后一个龄级没采伐完，那么成熟林可以延迟一个龄级采伐完（图 7-2 左）。样地中样木的龄级包含Ⅰ、Ⅱ、Ⅲ、Ⅳ、Ⅴ、Ⅵ、Ⅶ，所有样地在 7 次清查中包含全部龄级即 A、B、C、D、E、F、G 7 种情形（图 7-2 右）。对于浙江省而言，根据以往 NFI 资料分析，5 期清查数据基本能够覆盖 91%以上的情形。

| | 清查1 | 清查2 | 清查3 | 清查4 | 清查5 | 清查6 |
|---|---|---|---|---|---|---|
| 情形A | Ⅰ | Ⅱ | Ⅲ | Ⅳ | Ⅴ | Ⅵ |
| 情形B | Ⅱ | Ⅲ | Ⅳ | Ⅴ | Ⅵ | Ⅰ |
| 情形C | Ⅲ | Ⅳ | Ⅴ | Ⅵ | Ⅰ | Ⅱ |
| 情形D | Ⅳ | Ⅴ | Ⅵ | Ⅰ | Ⅱ | Ⅲ |
| 情形E | Ⅴ | Ⅵ | Ⅰ | Ⅱ | Ⅲ | Ⅳ |
| 情形F | Ⅵ | Ⅰ | Ⅱ | Ⅲ | Ⅳ | Ⅴ |

| | 清查1 | 清查2 | 清查3 | 清查4 | 清查5 | 清查6 | 清查7 |
|---|---|---|---|---|---|---|---|
| 情形A | Ⅰ | Ⅱ | Ⅲ | Ⅳ | Ⅴ | Ⅵ | Ⅶ |
| 情形B | Ⅱ | Ⅲ | Ⅳ | Ⅴ | Ⅵ | Ⅶ | Ⅰ |
| 情形C | Ⅲ | Ⅳ | Ⅴ | Ⅵ | Ⅶ | Ⅰ | Ⅱ |
| 情形D | Ⅳ | Ⅴ | Ⅵ | Ⅶ | Ⅰ | Ⅱ | Ⅲ |
| 情形E | Ⅴ | Ⅵ | Ⅶ | Ⅰ | Ⅱ | Ⅲ | Ⅳ |
| 情形F | Ⅵ | Ⅶ | Ⅰ | Ⅱ | Ⅲ | Ⅳ | Ⅴ |
| 情形G | Ⅶ | Ⅰ | Ⅱ | Ⅲ | Ⅳ | Ⅴ | Ⅵ |

图 7-2　共 6 次（左）和 7 次（右）清查期与样地龄级分布

样木胸径生长率的计算方法如下：

$$r_{ijk} = \frac{D_{ij(k+1)} - D_{ijk}}{5D_{ijk}} \tag{7-9}$$

式中，$r_{ijk}$ 为第 $i$ 个样地、第 $j$ 棵复位样木第 $k$ 期清查的胸径生长率；$D_{ijk}$、$D_{ij(k+1)}$ 分别表示第 $i$ 个样地、第 $j$ 棵复位样木第 $k$ 期和第 $k$+1 期清查的胸径。

样地胸径生长率计算是以样木生长率为基础的。设第 $i$ 个样地第 $k$ 期清查的胸径生长率为 $r_{ik}$，则：

$$r_{ik} = \frac{1}{n}\sum_{j=1}^{n} r_{ijk} \tag{7-10}$$

在利用优势木进行生长曲线的拟合从而进行立地质量评价方面前人做过较多的研究，其中林分优势高和林分优势胸径应用得较多，而且两者存在最稳定和最密切的关系。根据杉木胸径生长规律，通常情况下每 5 年一次共 5 次调查便能覆盖其从幼龄林到成熟林的不同龄级。然而如何确定优势木并进行量化而避免偶发性误差，前人做过不少研究。詹昭宁（1982）认为 3 株优势木法是一种多快好省的方法。赵美丽和王才旺（1994）对樟子松天然同龄林标准地测树资料进行最高木及最粗木排序计算及相关性和稳定性分析后认为，最粗 6 株木法，可满足稳定性与简易性原则，是较为理想的林分优势高测定方法之一。但是，由于山地林分地形变化复杂，小气候差异明显，这些差异会直接影响树木生长。传统的优势高选择方法是否能准确反映山地林分的立地质量问题在国内外尚无研究。根据第九次全国森林资源清查结果，我国人工林面积已达 8003.1 万 $hm^2$，占林地面积的 36.38%，并且绝大部分分布在山区。因此，对我国人工林中优势木的选择方法的研究具有十分重要的理论和实践意义。而杉木是我国南方主要的造林树种，在我国森林资源中占有重要的地位，杉木人工林的发展具有重要的战略意义。本研究对杉木人工林的森林资源连续清查数据进行分析，认为采用 3 株优势木法并取最大胸径生长率均值可反映样地的立地质量。

样地优势木胸径生长率比样地胸径生长率更能代表样地所在位置的立地生产潜力，样地优势木胸径生长率计算公式如下：

$$r_{ikD} = \frac{1}{3}\sum_{j=1}^{3} r_{ijk} \tag{7-11}$$

式中，$r_{ikD}$ 是第 $i$ 样地第 $k$ 期 3 株优势木胸径生长率的均值。

根据样地的胸径生长率，从每个样地多期调查数据所生成的胸径生长率时间系列中选取最大者：

$$r_{iD} = \max\{r_{ikD}, k = 1, 2, \cdots, p\} \tag{7-12}$$

式中，$r_{iD}$ 相当于样地 $i$ 位于幼龄林优势木的平均胸径生长率。

#### 7.3.2.5　最大胸径生长率的计算结果

根据式（7-9）～式（7-12）计算最大胸径生长率（$R$），计算过程由 SQL 软件编程实现，程序实现完整代码见附录 5。

（1）1994～2009 年的杉木综合生长率计算

以其中 2004～2009 年胸径生长率计算代码为示例：

```
select a.样地号 pno, a.纵坐标 y, a.横坐标 x, a.平均年龄 avg_A1, a.龄组 ageP1,
a.平均胸径 avg_D1, a.平均树高 avg_H1, b.平均年龄 avg_A2, b.龄组 ageP2,
b.平均胸径 avg_D2, b.平均树高 avg_H2, c.样木号 tree_no, c.树种代码 species1,
d.树种代码 species2, c.立木类型 type1, d.立木类型 type2, c.检尺类型 tally1,
d.检尺类型 tally2, c.胸径 dbh1, d.胸径 dbh2, c.单株材积 vol1, d.单株材积 vol2,
(d.胸径–c.胸径)/5.00 DGrow_year, (d.胸径–c.胸径)/c.胸径/5.00*100 dRate
into rTrees0409
from plot2004_330 a, plot2009_330 b, tree2004_330 c, tree2009_330 d
   where a.纵坐标 = b.纵坐标 and a.横坐标 = b.横坐标
   and a.样地号 = c.样地号
   and a.样地号 = d.样地号  and c.样木号 = d.样木号
   and c.树种代码 = d.树种代码 and d.检尺类型 not in (13,14)
```

（2）异常数据剔除

删除生长异常样木数据，剔除大于 3 倍标准差的数据，具体处理方法：对于胸径生长率，计算平均值和标准差，把大于平均值+3 倍标准差和小于 0 的数据剔除。

```
select (avg(drate) + 3*STDEV(drate)) as rate1 into aa from rTree9499fir
Delete from rTree9499Fir where drate ＞ (select rate1 from aa) or  drate<= 0
select (avg(drate) + 3*STDEV(drate)) as rate1 into aa from rTree9904fir
Delete from rTree9904Fir where drate ＞ (select rate1 from aa) or  drate<= 0
select (avg(drate) + 3*STDEV(drate)) as rate1 into aa from rTree0409fir
Delete from rTree0409Fir where drate ＞ (select rate1 from aa) or  drate<= 0
```

（3）杉木 4 期最大胸径生长率提取

仅前后两期样木为同一株，计算 3 个独立的胸径生长率：1994～1999 年、1999～2004 年、2004～2009 年。分别查询 1994～2009 年杉木四期数据的最大胸径生长率，样地中生长率最大的 3 株胸径生长率取平均值，分别计算 1994～1999 年、1999～2004 年、2004～2009 年各样地最大胸径生长率。

1）以其中 1994～1999 年每个样地 3 株最大胸径生长率计算代码为示例：

```
Select t.* Into rTree9499Fir_3DomTrees
From(select *,RANK()OVER(PARTITION BY PNO ORDER BY dRate DESC)
as rnk
From rTree9499Fir)   t   Where t.rnk  <=3 and tally2 not in (13,14)
And (species1 = 180 or species2 = 180) and dbh2  >  dbh1
Order by pno,X,Y
```

2）提取每个样地平均胸径生长率：

```
Select pno,X,Y,AVG(dGrow_year) dGrowRt,avg(dRate) rate
into rPlot9499Fir_dRate from rTree9499Fir_3DomTrees
group by pno,X,Y
order by pno,X,Y
```

3）连接 1（1994～1999 年）、2（1999～2004 年）、3（2004～2009 年）结果表，得到各样地最大胸径生长率：

```
select a.pno,a.x,a.y,a.rate rate1,b.rate rate2,c.rate rate3,a.rate maxrate into drate1
from rPlot9499Fir_dRate a,rPlot9904Fir_dRate b,rPlot0409Fir_dRate c
where a.pno=b.pno and a.pno = c.pno
update drate1 set maxrate = rate1 where rate1  >= rate2 and rate1  >= rate3
update drate1 set maxrate = rate2 where rate2  >= rate1 and rate2  >= rate3
update drate1 set maxrate = rate3 where rate3  >= rate2 and rate3  >= rate1
select '4 期数据最大胸径生长率'select * from drate1
```

7.3.2.6 模型评价与检验指标

回归方程的统计指标很多，但模型的评价具体要采用哪些基本的指标目前尚未达成共识，因而各文献中采用的评价指标有所不同。对于线性和非线性回归模型，可以采用均方差（MSE）、决定系数（$R^2$）等拟合统计量作为比较和评价模型的标准。

决定系数（$R^2$）是最佳模型的重要评价指标之一。但在自由度不调整的情况下，决定系数会随着模型中自变量个数和样本个数的增加而减少。因此，在用该指标进行模型评价时，必须保持在同样的样本数下进行比较。在进行模型评价时，其依据是：①变量越少越好；②$R^2$ 值实质上不小于 $R^2_{max}$（$R^2$ 的最大值）。如果最佳模型中所含的变量也存在于其他模型之中，通常可以用 $R^2$ 值对应于 $p$ 值作图。这种典型图反映了在 $p$ 值大的情况下 $R^2$ 值随着 $p$ 值的减小而接近于 $R^2_{max}$ 的上渐近线。然而，有一个点，它是 $R^2$ 值急剧下降的起点，这个点对应 $p$ 值相应的模型常被定为最佳模型。

均方差（MSE）统计量被广泛地用作选定模型的标准。一般以 MSE 最小的标准来选择模型为最优。但如果为了选择一个用于提供可靠估计值的模型，MSE 统计量需按以下方法使用：当 $p$ 值很大时，绘 MSE 对应于 $p$ 个变量的关系图，MSE 值通常围绕着一条水平线上下波动。由备选模型中选择最佳模型，应具备以下两点最优配合的原则，即若模型最小，即自变量最少；具有合理的最为近于 $\delta^2$ 值的 MSE 值。

均方根误差是观测值与真值偏差的平方与观测次数（$n$）比值的平方根，在实际测量中，观测次数（$n$）总是有限的，真值只能用最可信赖（最佳）值来代替。标准差对一组测量中的特大或特小误差非常敏感。所以，标准差能够很好地反映测量的精密度。这正是标准差在工程测量中被广泛采用的原因。因此，标准差是用来衡量一组数自身的离散程度，而均方根误差是用来衡量观测值同真值之间的偏差，它们的研究对象和研究目的不同，但是计算过程类似。相对均方根误差通过相对均值的离散程度来反映模型的模拟精度。

利用 SPSS19.0 统计分析软件，根据各树种样本中样木和样地相应因子的数据，经过计算机运算，对各候选模型进行参数估计，并求出各方程的拟合统计量。再以决定系数（$R^2$）、均方差（MSE）、均方根误差（RMSE）为评价指标，对胸径、树高、材积生长率模型进行综合评定，选出三个较优生长率模型。由于决定系数（$R^2$）、均方差（MSE）、均方根误差（RMSE）是反映回归方程拟合效果的统计指标，因此，在选择生长率模型时，应尽量挑选出决定系数（$R^2$）最大、均方差（MSE）及均方根误差（RMSE）最小的回归方程。

此外，由于偏差均值存在负值，故取其绝对值计算相对排序值；绝对偏差和均方根误差越小，则模型拟合度越好；$R^2$ 则是值越大拟合效果越好，为了保证判断标准一致，取值 $1-R^2$ 使之统一到值越小模型拟合效果越好。最后计算各指标的平均相对排序值，通过其大小比较即可判断模型拟合的优劣。在模型的检验中，通常还会应用配对 $t$ 检验考察模型的有效性。若预估值和实测值之间存在显著差异（即 $P<0.05$），说明此模型拟合效果不佳。对预估值和实测值差异不显著（即 $P\geqslant0.05$）的模型进一步进行共线性和异方差性诊断。应用条件指数评价共线性大小，条件指数是模型自变量相关矩阵最大特征根和最小特征根的比值。如果条件指数大于 10 000.5，被认为具有共线性，通过图形检验、怀特检验等方法检验模型中是否存在异方差。若模型中存在异方差，通过变量变换予以修正（何晓群，

2015）。模型的自相关性检验可以采用 Durbin-Watson 检验。Durbin-Watson 检验值接近零表明存在正自相关，接近 4 表明存在负自相关，接近 2 时认为自相关不明显（Durbin and Watson，1951）。

总之，完成建模后，为验证其使用价值，必须先进行模型的适用性检验。一般要求拥有建模和检验数据两套样本，首先利用建模样本进行建模，再用未参与建模的检验样本对所建模型进行适用性检验。

（1）模型显著性检验

复相关系数是估计回归精度的重要指标之一，复相关系数越大，则估测相关越密切，说明模型对优势木最大胸径生长率均值的估计效果越好，所得的数量化得分表就越可靠（郭明玲和赵克昌，2004）。根据复相关系数检验线性关系是否显著，并进行 $F$ 检验，确定坡位、坡向、土壤类型、纬度、海拔、坡度等变量的线性关系是否显著（张康健等，1988；李正茂等，2010）。

复相关系数（$R$）：

$$R=\sqrt{\frac{\sum_{i=1}^{n}\left(\hat{y}_i-\bar{y}\right)^2}{\sum_{i=1}^{n}\left(y_i-\bar{y}\right)^2}} \tag{7-13}$$

式中，$y_i$ 为模型因变量观测值；$\hat{y}_i$ 为估计值；$\bar{y}$ 为模型因变量均值；$n$ 为样本数。

$F$ 检验：

$$F=\frac{R^2/m}{\left(1-R^2\right)/\left(n-m-1\right)} \sim F\ (f_1=m,\ f_2=n-m-1) \tag{7-14}$$

式中，$R$ 为模型复相关系数；$m$ 为项目数；$n$ 为建模样本数；“～”表示服从分布。

（2）模型预测精度检验

模型预测精度检验采用均方根误差（RMSE）作为模型的评价指标。均方根误差是用来衡量实际测量值同模型预测值之间的偏差，它可作为衡量预测精度的一种数值指标（贾俊平，2010）。世界上多数国家的物理实验和正式的科学实验报告都是用均方根误差评价数据的。本研究在模型建立后，为对模型拟合性能进行检验，运用浙江省临安区的实际测量值代入模型计算最大胸径生长率进行实地检验，采用平均绝对误差、RMSE 值进行评估，反映模型估测的精度。

均方根误差（RMSE）：

$$\mathrm{RMSE}=\sqrt{\frac{1}{n}\sum_{i=1}^{n}\left[z\left(x_i\right)-\hat{z}\left(x_i\right)\right]^2} \tag{7-15}$$

式中，$z\left(x_i\right)$为样地真实值；$\hat{z}\left(x_i\right)$为样地预测值；$n$ 为样地个数。

（3）方差比检验

采用方差比检验法进行模型检验，该检验方法具有精确的样本分布，而不依赖于大样本渐近极限分布。在通常的时间序列数据呈非正态分布的情况下，这种非参数方差比检验具有较高的功效。方差比检验对于一段时间内某一时间间隔的方差比例效果较好。方差比检验要计算各因子（项目）方差占模型方差的百分比，它表示立地因子（坡位、坡向、土壤类型、纬度、海拔、坡度）对因变量（最大胸径生长率）的作用是否显著。方差比$\left(\dfrac{\sigma_j^2}{\sigma_y^2}\right)$计算公式：

$$\frac{\sigma_j^2}{\sigma_y^2}=\frac{\sum_{i=1}^{n}\left(y_i^{(j)}-\overline{y}^{(j)}\right)}{\sum_{i=1}^{n}\left(y_i-\overline{y}\right)^2}\qquad j=1,2,\cdots,m \tag{7-16}$$

式中，$y_i$ 为模型因变量；$\overline{y}$ 为模型因变量均值；$m$ 为项目数；$n$ 为样本数。

## 7.4　结果与分析

### 7.4.1　单株胸径生长率与胸径的关系

根据 1994～2009 年 4 次 NFI 数据分析，将三株优势木的胸径和生长率进行投图，可以明显看出杉木生长率从幼龄林到成熟林呈下降趋势，具体如图 7-3 所示，清楚地显示了 1994～1999 年（图 7-3a）和 2004～2009 年（图 7-3b）两个调查间隔期内杉木单株生长率按直径分布的变化。首先，胸径生长率随胸径增大而降低，两个时期趋势相同。其次，其趋势为单调下降。再次，曲线在纵轴上分布较宽，特别是当胸径为 20～30cm，生长率出现一个较大的变化范围，2004～2009 年最为明显。它们代表了多条单调下降的曲线，其本质是不同立地质量的生长率差异。图 7-3b 这一特点较图 7-3a 突出，原因是 2004 年有部分位置移动后的新样地加入。两图同时显示，随着胸径增大，其生长率分化明显，而在较小胸径阶段生长率随胸径增大而较快下降，且在纵轴上分布区间较窄。单株胸径生长率连续变化趋势与年龄有关。在无年龄的情况下，这种变化在连续多期之间呈单调曲线形式上升或下降。

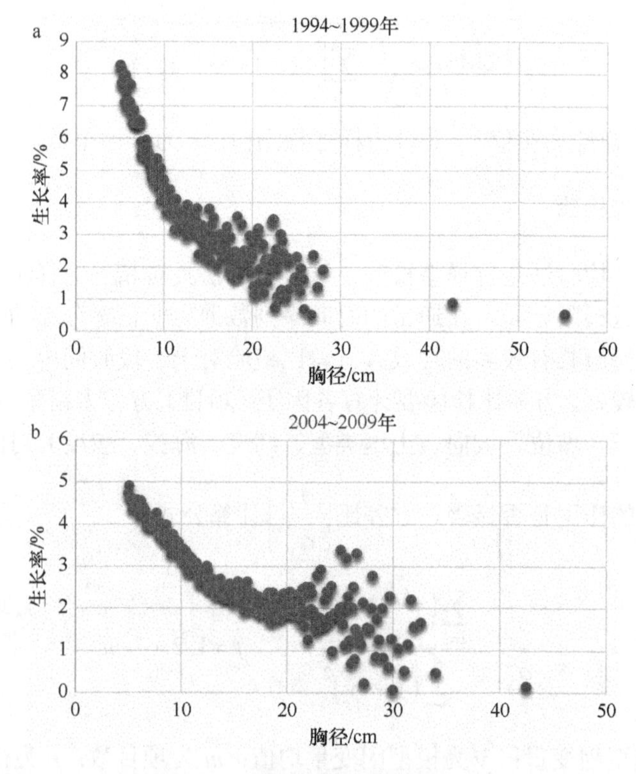


图 7-3　杉木单株生长率比较

## 7.4.2　单株胸径生长率随时间变化趋势

单株胸径生长率连续变化趋势与年龄有关。在无年龄的情况下，这种变化在连续多期之间呈单调曲线形式上升或下降。图 7-4 为单株杉木胸径生长率随胸径增

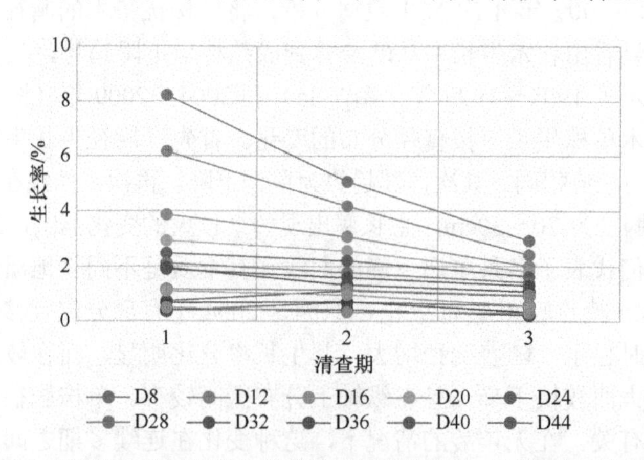


图 7-4　杉木不同胸径径级平均生长率随时间变化趋势（彩图请扫封底二维码）

长而变化的情况。为了图示清晰，将每个胸径值所对应的多株样木胸径生长率取均值，每条曲线代表一个胸径级。图例中 D8 代表第一次清查时胸径为 8cm，D12 代表第一次清查时胸径为 12cm……余类推。从图中可以发现，小径级样木胸径生长率大，大径级样木胸径生长率小，这一规律以后一直保持。对于同一棵样木来说，清查次数增加就是年龄的增加，随着年龄的增长，样木胸径生长率下降，最后趋于平缓。

以上结果表明，在杉木生长过程中，单株胸径生长率存在最大值，这个最大值代表所在地段的森林立地生产力。因此，最大胸径生长率可以被用作森林立地质量评价的直接指标。

2004 年浙江省森林资源连续清查报告显示，杉木近熟林及其以下龄组面积占杉木林总面积的 91%。而且按优势树种统计，其从幼龄林到成熟、过熟林，胸径生长率逐渐降低，呈单调下降趋势（图 7-5），如此即可通过 1989～2004 年的 5 次 NFI 数据计算样地杉木的最大胸径生长率，该生长率实际与该样地幼龄林优势木的平均胸径生长率相当，可作为有效评价立地质量的指标。

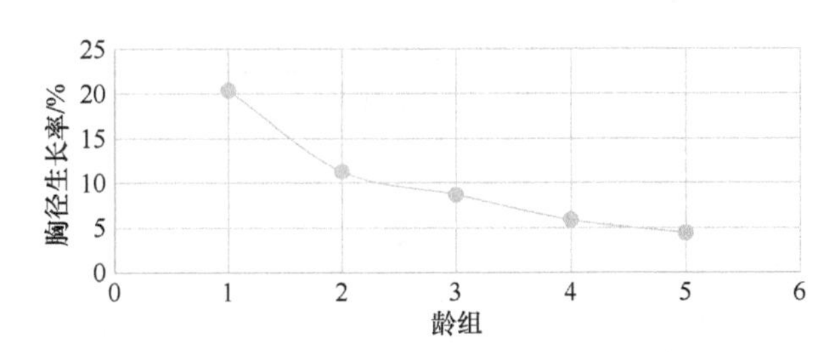


图 7-5　浙江省杉木各龄组生长率变化

浙江省森林资源连续清查第五次复查成果（2004 年），按优势树种统计

### 7.4.3　样地最大胸径生长率

通过多期复位样木分析，提取每个样地的最大胸径生长率。提取生长率所采用的数据必须剔除检尺类型为采伐木和枯倒木的复位样木。表 7-5 显示，用 3 株优势木最大胸径生长率取平均，与样地的立地因子有更好的相关性。因此，为了避免偶然因素的干扰，每个样地的最大胸径生长率取 3 株优势木胸径生长率的均值。共提取 529 个样地的最大胸径生长率。

表 7-5　最大胸径生长率与立地因子之间的皮尔逊相关系数

| | 纬度 | 海拔 | 地貌 | 坡向 | 坡位 | 坡度 | 土壤类型 |
|---|---|---|---|---|---|---|---|
| 最大胸径生长率（3 株） | −0.4204 | 0.5583 | −0.4478 | −0.2163 | −0.1144 | 0.0686 | 0.1452 |
| 最大胸径生长率（全部） | −0.0615 | −0.0596 | 0.0257 | −0.0196 | −0.0182 | 0.0717 | −0.0092 |

### 7.4.4 杉木林立地质量评价模型

以优势木最大胸径生长率均值作为因变量，坡位、坡向、土壤类型、纬度、海拔、坡度作为自变量，采用数量化理论Ⅰ建立杉木林立地质量评价模型。4 期 529 个 NFI 样地数据参与数量化拟合，运用软件 SPSS19.0 完成线性回归分析模型建立与评价，具体结果见表 7-6。

**表 7-6 杉木林立地因子数量化理论Ⅰ得分及 *t* 检验表**

| 项目 | 类目 | 得分值 | 偏相关系数 | *t* 检验 |
|---|---|---|---|---|
| 截距 | | 30.971 | | 6.118 |
| 坡位 | 山脊 | 0.035 | 0.229 | 5.185 |
| | 上坡 | –0.186 | | |
| | 中坡 | 0.000 | | |
| | 下坡 | 0.076 | | |
| | 山谷 | 2.737 | | |
| | 平地 | –2.064 | | |
| 坡向 | 东 | –0.241 | 0.437 | 7.887 |
| | 南 | 0.000 | | |
| | 西 | –0.908 | | |
| | 北 | –0.289 | | |
| | 东北 | –0.232 | | |
| | 东南 | –0.749 | | |
| | 西南 | 0.171 | | |
| | 西北 | 0.120 | | |
| | 无坡向 | 1.781 | | |
| 土壤 | 红壤 | 0.000 | 0.147 | 3.388 |
| | 黄壤 | 0.076 | | |
| | 水稻土 | –0.597 | | |
| | 紫色土 | –0.461 | | |
| | 其他 | –1.391 | | |
| 纬度 | | –0.797 | 0.137 | 3.155 |
| 海拔 | | 0.006 | –0.038 | –0.801 |
| 坡度 | | –0.011 | 0.080 | 1.835 |
| 复相关系数 $R$=0.606 | | | $F$=14.723 | |

根据表 7-6 中的数据，本研究最终建立浙江省杉木林立地质量评价预测模型，公式为

$$
\begin{aligned}
Y = 30.971 &- 0.797\delta(1) + 0.006\delta(2) - 0.011\delta(3) + 0.035\delta(4,1) \\
&- 0.186\delta(4,2) + 0.076\delta(4,4) + 2.737\delta(4,5) - 2.064\delta(4,6) \\
&- 0.241\delta(5,1) - 0.908\delta(5,3) - 0.289\delta(5,4) - 0.232\delta(5,5) \\
&- 0.749\delta(5,6) + 0.171\delta(5,7) + 0.120\delta(5,8) + 1.781\delta(5,9) \\
&+ 0.076\delta(6,2) - 0.597\delta(6,3) - 0.461\delta(6,4) - 1.391\delta(6,5)
\end{aligned} \tag{7-17}
$$

式中，$\delta(1)$ 为样地纬度；$\delta(2)$ 为样地海拔；$\delta(3)$ 为样地坡度；$\delta(4,i)$ 为样地坡位第 $i$ 个项目；$\delta(5,i)$ 为样地坡向第 $i$ 个项目；$\delta(6,i)$ 为样地土壤类型第 $i$ 个项目。

表 7-6 显示，模型统计检验 $F$ 值为 14.723，达到极显著水平，模型复相关系数 $R$ 为 0.606。方差分析（表 7-7）表明，各项目对模型的贡献均达到显著水平。上述模型共采用了 529 个 NFI 样地数据。

**表 7-7　各类立地因子影响因素方差比**

| 第 $j$ 类因素 | 1（坡位） | 2（坡向） | 3（土壤类型） | 4（纬度） | 5（海拔） | 6（坡度） | $n\sigma_y^2$ |
|---|---|---|---|---|---|---|---|
| 方差（$n\sigma_y^2$） | 265.4983 | 341.5053 | 152.3501 | 64.8410 | 20.6122 | 84.1617 | 928.9687 |
| 方差比 $\left(\frac{\sigma_j^2}{\sigma_y^2}\right)$ | 0.2858 | 0.3676 | 0.1640 | 0.0698 | 0.0222 | 0.0906 | |

### 7.4.5　模型检验与分析评价

为了解该预测方程对浙江省杉木人工林立地质量评价的可靠性，对复相关系数进行 $F$ 检验，复相关系数的 $F$ 检验结果 $F$=14.723（Sig.=0.000），说明最大胸径生长率与各立地因子总体上相关极为紧密，回归效果很好，用该回归方程评价浙江省杉木人工林立地质量是准确可靠的。

本研究在上述检验的基础上，利用模型拟合后对观测值和预测值进行回归模型的残差分析，具体结果如图 7-6、图 7-7 所示。从图中可以看出，本研究复位的样本数据的回归残差基本符合正态分布，而从标准化的 P-P 图可以发现，图中观测数据的累积概率分布趋势与预测数据（期望）的累积概率基本一致。上述特征表明本研究的数据及其模型拟合数据能通过数据统计分析上的正态检验。

在模型建立后，为对模型拟合性能进行检验，分析模型评估的精度，本研究采用抽样统计方法，对全省杉木人工林地的立地质量现状进行评价，以森林资源连续清查体系为依托，采用系统随机抽样方法获取各样地的最大胸径生长率等，基于20%的检验样本和全部训练样本数据，采用平均误差、RMSE 值进行评估，对观测值和预测值之间的误差进行评价，反映模型估测的精度，结果如表 7-8 所示。

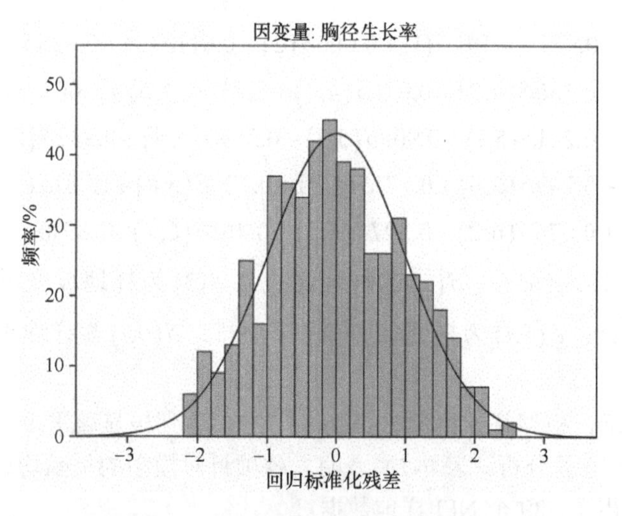


图 7-6　回归标准化残差频率直方图

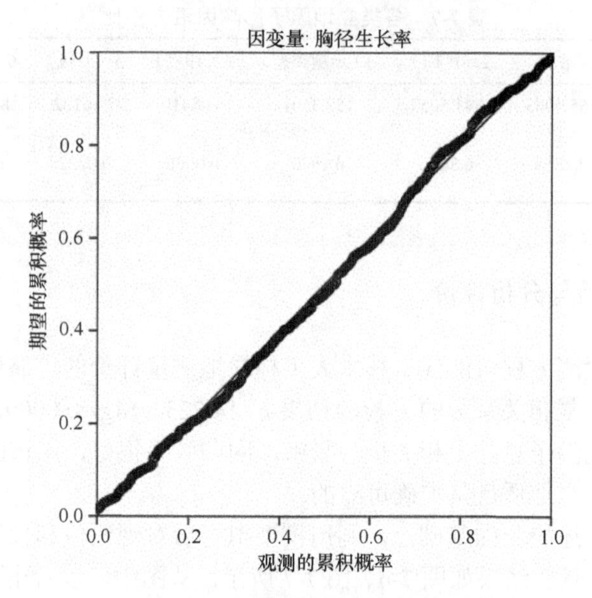


图 7-7　回归标准化残差标准化 P-P 图

**表 7-8　模型拟合误差分析表**

| 拟合统计量 | 平均误差 | 平均绝对误差 | 均方根误差（RMSE） | 相对均方根误差（rRMSE） |
|---|---|---|---|---|
| 20%样本 | –0.157 | 2.243 | 1.921 | 0.157 |
| 全部样本 | 0.061 | 2.125 | 1.421 | 0.062 |

从表 7-7 可以看出，20%抽样样本和全部样本作为模型估计结果检验的平均绝对误差分别为 2.243 和 2.125，随着样本的增加，模型的拟合精度提高，表明利用最

大胸径生长率进行数量化理论拟合是精度相对较高的方法。均方根误差能够反映预测值和测量值之间的偏差程度，数据显示 20%抽样检验及全部样本检验的均方根误差分别为 1.921 和 1.421，说明随着样本增加，误差减小，模型的模拟精度提高。

人工林对于微气候反应极为敏感，在地形复杂的山地林分中，样地内不同部位的地形差异导致诸如腐殖质层厚度、土层厚度、水分条件、光照等立地条件的差异，从而在不同的部位形成了差异显著的微气候。尤其是低山林地，一个样地可能同时在山顶、山坡和坡底同时有分布。样地上层光照会好一些，而水分条件会相对差一些；样地下层土层厚度和养分会好一些，而光照条件可能差一些。但是这样的微气候同样会影响林分优势木的生长，好的立地条件下优势木生长快且达到速生期早。因此利用最大胸径生长率指标进行评价的精度也需要进一步分析。

本研究在上述基本检验的基础上，采用方差比方法进行模型检验。方差比是各因子（项目）方差占模型方差的百分比，表示因子对因变量（最大胸径生长率）的作用是否显著。该检验方法更具有精确的样本分布，而不依赖于大样本渐近极限分布；在通常的时间序列数据非正态分布的情况下，这种非参数方差比检验具有较高的检验功效。方差比检验对于一段时间内某一时间间隔的方差比例检验效果较好。

按式（7-16）计算各影响因素的方差，结果见表 7-7。

结果表明，对胸径生长率的贡献程度从大到小依次是坡向、坡位、土壤类型、坡度、纬度、海拔。其中坡向对杉木林胸径生长率的贡献率最大，坡向会影响太阳光照量和太阳辐射强度，造成不同坡向的日照强度和热量不同，从而对杉木林的生长产生较大影响。坡位对杉木林胸径生长率的贡献率较大，不同坡位具有相应的小气候环境，影响着湿度、水分和温度等条件。土壤类型对胸径生长率的贡献同样较大的原因是土壤类型不同，杉木生长的土壤营养环境不同，从而对杉木林的生长产生一定影响。从表 7-6、表 7-8 可以看出纬度和海拔的影响较小，主要是因为本研究所选择的研究区为浙江省，纬度变化范围较小；同时浙江省内山地平均海拔一般在 200～1000m，而本研究杉木人工林样地分布在海拔 400～800m 较窄的范围内，两者的差距对于杉木人工林来说不能形成较大区分度，因此纬度和海拔对胸径生长率的贡献率较小。

### 7.4.6　模型验证与评价

#### 7.4.6.1　模型验证

本研究采用杉木人工林的最大胸径生长率作为立地质量评价指标。根据最大胸径生长率规律，其潜在生长量与立地质量密切相关。利用 4 期浙江省森林资源清查数据中的林木胸径数据构建优势木最大胸径生长率模型。与传统立地指数指标相比，该立地质量评价指标不需要测定林木的年龄，而且根据生长规律不要求同龄。利用数量化理论Ⅰ建立以最大胸径生长率为指标的立地质量模型可以做到全覆盖的林地质量评价，更好地为林业生产服务。

为了对模型的评价效果进行分析，本研究基于临安区的实际调查数据进行了模型的预测效果验证。根据 2017 年临安区的森林资源规划设计调查（简称二类调查）数据，林地面积 3 998 938 亩（1 亩≈666.7m$^2$），活立木蓄积 13 719 101m$^3$，森林覆盖率 81.93%。与 2004 年全面调查数相比，林地面积净增 83 236 亩，活立木蓄积净增 5 419 000m$^3$，森林覆盖率增长 3.33 个百分点，实现了林地面积、活立木蓄积、森林覆盖率“三增长”。林地生产力逐步增强，林分结构逐步趋向合理。基于临安区 2017 年的森林资源二类调查结果，本研究在模型建立的基础上，为对模型拟合性能进行检验，运用浙江省临安区森林资源清查数据作为抽样样本代入模型计算最大胸径生长率并进行实地检验，采用平均绝对误差、RMSE 值进行评估，对全部样本和临安区样本的观测值和预测值之间的误差进行评价，反映模型估测的精度，结果如表 7-9 所示。

**表 7-9　模型拟合误差分析表**

| 拟合统计量 | 平均误差 | 平均绝对误差 | 均方根误差（RMSE） | 相对均方根误差（rRMSE） |
|---|---|---|---|---|
| 临安区样本 | –0.073 | 3.407 | 0.518 | 0.073 |
| 全部样本 | 0.061 | 2.125 | 1.421 | 0.062 |

从表 7-9 可以看出，临安区样本和全部样本作为模型估计结果检验的平均绝对误差分别为 3.407 和 2.125，整体平均绝对误差相对较小，而且随着样本的增加，模型的拟合精度提高，表明利用最大胸径生长率进行数量化理论拟合是精度相对较高的方法。均方根误差能够反映预测值和测量值之间的偏差程度，数据显示临安区样本和全部样本检验的均方根误差分别为 0.518 和 1.421，而计算两者的相对均方根误差的值分别为 0.073 和 0.062，相对均方根误差越小，相对均值的离散程度越小，模型的精度也就越高。

在上述检验的基础上，本研究将模拟得出的生长率作为立地质量指标，对临安区的森林立地质量进行分级评价。根据模型预测，临安区杉木人工林最大胸径生长率的最小值为 4.51，最大值为 10.44，因此将杉木人工林立地质量评分划分为 4 个等级，即 0～3、3～6、6～9、9～12，并以此划分 4 个适宜性等级（表 7-10）。根据等级划分，其中立地质量等级为Ⅰ、Ⅱ级的立地可以直接开展杉木人工林的种植或者经营，Ⅲ级立地需根据当地的生产实际情况，采取相应的措施，保障杉木人工林的可持续种植和经营，而对于Ⅳ级的立地需因地制宜地进行改种其他适合该立地条件的植被。

表 7-10　杉木人工林立地质量等级

| 杉木人工林优势木最大胸径生长率（MR） | 立地质量等级 | 适宜性 |
|---|---|---|
| 0≤MR<3 | Ⅳ | 不适宜 |
| 3≤MR<6 | Ⅲ | 较适宜 |
| 6≤MR<9 | Ⅱ | 适宜 |
| 9≤MR<12 | Ⅰ | 最适宜 |

此外，本研究还根据模型预测值所在的地理位置做出临安区杉木林立地质量评分点状图（图 7-8）。可以看出，临安区的地形分布特征为地势自西北向东南倾斜，市境北、西、南三面环山，形成一个东南向的马蹄形屏障。从杉木林的立地质量评分上看，高等级地区分布较为分散，主要分布在山谷、平地及无坡向的地区，表明与其所处的坡位和坡向关系较为明显。

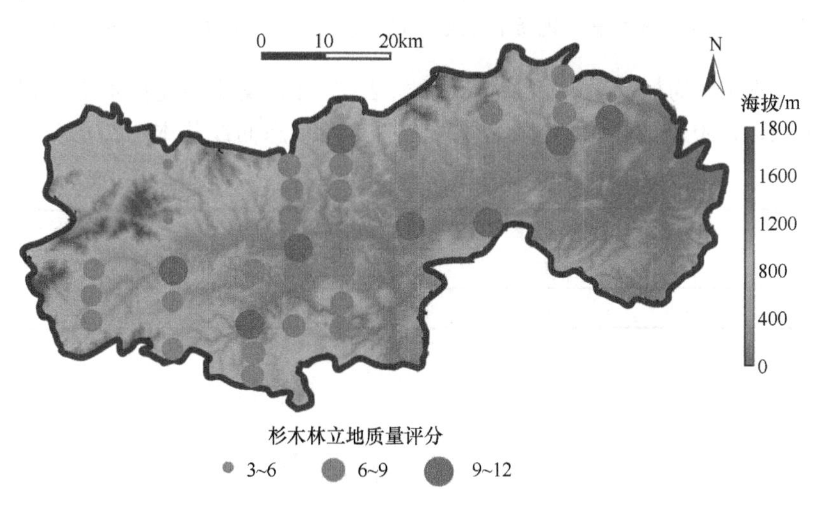


图 7-8　临安区杉木林立地质量评分点状图（彩图请扫封底二维码）

#### 7.4.6.2　直接评价

为了比较不同方法的评价效果，本研究还利用直接评价法对临安区的杉木林立地质量进行评价，从而与利用数量化理论获得的评价结果进行对比，便于本研究方法的推广应用。

本研究的直接评价法是利用清查数据中的平均树高进行等级划分，利用临安区 51 个杉木样地优势木的平均树高数据，分析其变化特征，确定其立地质量等级。统计分析表明，优势木的平均树高为 6.68m，最大值为 13.7m，最小值为 0.08m，标准差为 3.22m，具体等级见图 7-9。

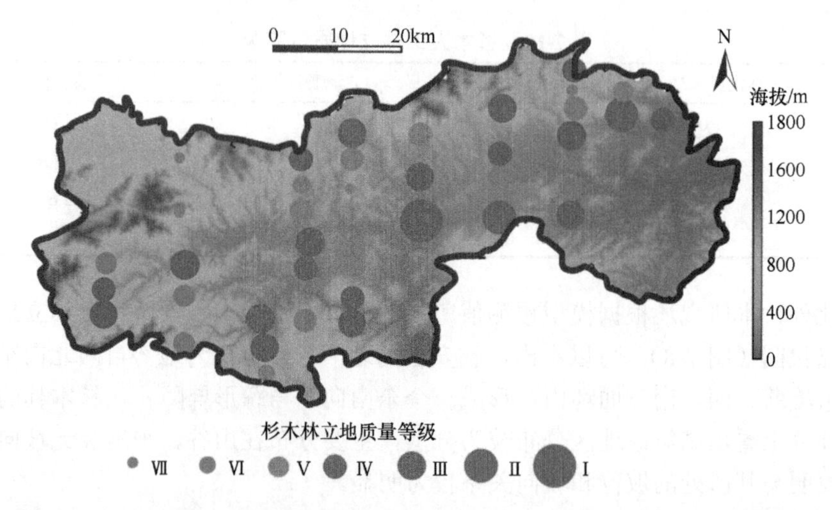


图 7-9 临安区杉木林立地质量等级图（直接评价法）（彩图请扫封底二维码）

通过进行平均树高分布正态性检验（表 7-11）及绘制优势木平均树高频率直方图（图 7-10），可以看出杉木林平均树高和正态曲线基本呈钟形分布，表明

**表 7-11 临安区优势木平均树高分布正态性检验**

| | K-S 检验[a] | | | 夏皮罗-威尔克检验 | | |
|---|---|---|---|---|---|---|
| | 统计量 | df | Sig. | 统计量 | df | Sig. |
| 平均树高 | 0.090 | 51 | 0.200* | 0.961 | 51 | 0.097 |

a. 里利氏（Lilliefors）显著水平修正。* 真实显著水平下限

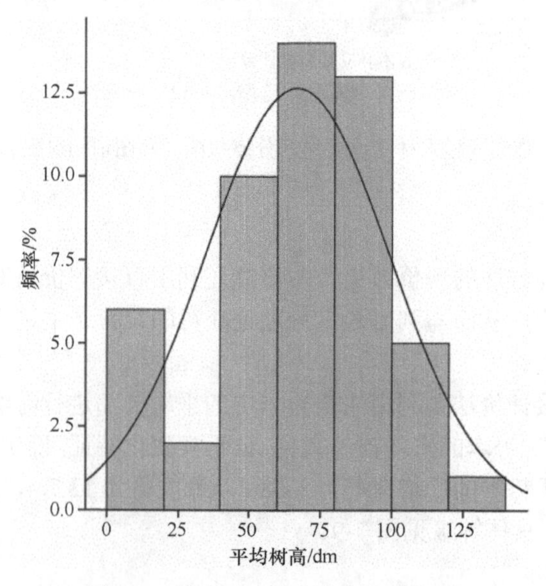


图 7-10 优势木平均树高频率直方图

临安区样地平均树高的频率分布基本呈正态。考虑到样本数量较小，因此以 K-S 检验结果为准，可知其 Sig.为 0.200，大于 0.05，服从正态分布。进一步查看平均树高的标准 Q-Q 图（图 7-11），可见其基本分布于直线附近，可以认为其服从正态分布。

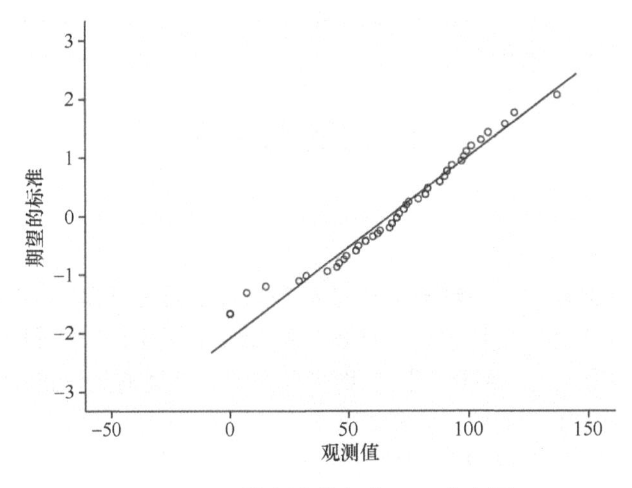


图 7-11　平均树高的标准 Q-Q 分布图

为便于林地质量等级划分评价，取其平均值 6.7m 为立地质量等级的中间级，等级间距为 2m，划分 7 个立地质量等级范围，见表 7-12。

**表 7-12　杉木人工林立地质量等级**

| 杉木人工林优势木平均树高（AH）/m | 立地质量等级 | 适宜性 |
| --- | --- | --- |
| 0≤AH<2 | Ⅶ | 最不适宜 |
| 2≤AH<4 | Ⅵ | 不适宜 |
| 4≤AH<6 | Ⅴ | 较不适宜 |
| 6≤AH<8 | Ⅳ | 一般 |
| 8≤AH<10 | Ⅲ | 较适宜 |
| 10≤AH<12 | Ⅱ | 适宜 |
| 12≤AH<14 | Ⅰ | 最适宜 |

### 7.4.6.3　两者比较

对图 7-8 和图 7-9 进行比较，可看出两者立地质量高等级分布趋势一致、空间一致。在对临安区用直接评价法进行立地质量评价时，样本个数会较明显地影响评价的等级划分和结果，由于其林木蓄积测量值中样本值的分布不服从正态分布规律，因此换成优势木平均树高进行评价，然而受到无林地的影响，其样本的分布在 0 值附近有异常峰值，影响了整体评价结果。从两者的空间分布结果图上看，直接评价法由于受到无林地的影响，导致Ⅶ等级（最不适宜）的立地等级较多，此外数值范围较大，区分比较细，会导致使用直接评价法的质量等级数较多，造成过度区分差异较小的林地质量，从而影响后续的经营策略和林地生产经营。本研究的方法还可以通过立地因子的模型进行无林地的立地质量评价，相比直接评价法，其推广应用价值更高。

## 7.5 结论与讨论

### 7.5.1 结论

本研究以全国森林资源清查数据及数字高程信息为基础，对浙江省 1994～2009 年的杉木人工林立地质量进行评价，采用综合多因子与主导因子并结合数量化理论评价模型方法等，对研究区立地主导因子、立地质量评价指标、立地分类与立地质量评价进行了研究，结果如下。

1）基于 NFI 调查数据和林木生长规律，在 NFI 清查次数足够多的情况下，每个样地复位样木的生长率会在某一时期出现最高值，即最大胸径生长率，它代表了该地块的最大生产潜力。此次研究中发现三株优势木在一定范围内适宜均一的立地质量评价，但由于人工林一般分布在山地，立地质量变化起伏大，即使在一个小范围的样地中，土壤肥力也常不均一。因此，常用传统优势木法存在许多不准确性。本研究针对浙江省山地较多的特点，开展立地质量评价方法研究，重点研究优势木在样地中分布的动态变化，找出了适用于多山地的人工林立地质量评价指标——最大胸径生长率，同时利用 DEM 数据中的地形地貌和土壤调查数据作为立地因子建立模型，实现了较高精度的预测。

2）地形、土壤、水文、太阳辐射等环境因素互相影响，共同成为立地因子组成，本研究中地形因子（包括纬度、海拔、坡位、坡向、坡度等）的提取采用了数字高程 DEM 数据 SRTM3，SRTM3 是干涉雷达进行测绘，可以穿越某些植被覆盖较低区域到达地面，其空间分辨率为 90m。土壤因子是从森林资源清查数据中直接获取的，而湿度及太阳辐射数据较难获取，考虑其与地区所在的纬度关系较大，因此本研究选择纬度因子进行分析。而立地质量评价指标则采用最大胸径生长率方法进行，提取的 3 株优势木的最大胸径生长率均值可以代表样地的立地条件，根据杉木人工林的生长规律，该方法无需测定年龄且能避开经济性差且影响因素较多的树高和材积等指标的测量。

3）应用数量化理论模型Ⅰ建立杉木人工林立地质量评价模型，通过复相关系数和 $t$ 检验，结果表明，不同立地因子与立地质量的回归关系显著，且各因子对回归模型的贡献较大。

4）利用平均误差和均方根误差对杉木人工林立地质量评价模型的拟合精度进行检验，表明模型拟合度较好。模型不仅对现今杉木人工林生产力进行评价，也可以根据 NFI 历史资料对无林地的生产潜力进行预测。

5）利用本研究所建立的模型，将临安区立地因子数据代入模型进行预测，评价其森林立地质量，将预测结果与实测数据比较，对模型预测结果进行验证。结果表明实际验证结果与预测结果基本相符。根据预测结果，利用最大胸径生长率进行立地质量等级评分，可以将临安区的杉木林立地质量划分为 4 个等级，高等级地区分布较为分散，主要分布在山谷、平地及无坡向地区，表明与其所处的坡位和坡向等立地因子相关关系明显。通过与利用直接法进行评价的方法对比，本研究方法对无林地生产潜力的预测同样具有应用前景，在有限复位样木的前提下具有一定的可推广性。

树高、胸径是林学研究中最重要的两大因子。优势木高与立地质量评价中计算立地指数密切相关。胸径相对于树高来说，容易获取且测量时精度高。因此，森林监测及立地生产力估算时常用胸径来估算树高。本研究所建立的立地质量评价系统符合研究区内杉木人工林生长立地条件情况，在相似环境区域对杉木人工林的经营管理具有一定的推广意义。

### 7.5.2　讨论

已有相关学者对森林立地质量评价进行了研究，目前研究的主要内容是寻求更有效的森林立地质量评价指标，并且使评价模型更具有适用性。例如，季碧勇等（2012）利用连续清查固定样地生物量作为立地质量评价指标，结果表明以坡位、海拔、土层厚度、腐殖质层厚度、坡向为因变量建立的数量化模型具有较好的相关性；模型中海拔贡献率高，影响程度大，与本研究的结果存在差异。有研究表明我国森林生物量随着海拔升高呈现逐渐降低的趋势，海拔与森林生物量呈现显著的线性负相关（杨远盛等，2015），海拔是影响森林生物量的重要环境因子之一（沈泽昊等，2007；Cimalová and Lososová，2009）。因此，海拔和森林生物量之间偏相关系数的 $t$ 检验达到极显著水平。本研究中杉木人工林样地分布在海拔 400～800m 较窄的范围内，这有可能是造成海拔对模型贡献率不高的主要原因。坡位和坡向之所以成为影响杉木人工林胸径和生物量较重要的地形因子，主要原因应该是在苗木、营林措施、经纬度等条件非常接近的情况下，坡位较大程度地影响着与林木生长密切相关的林地的土壤肥力和含水量的分布；而坡向直接影响林地的光照，从而影响林木的光合作用，进而影响杉木人工林的胸径和生物量（陆继策等，2006）。土壤类型、土层厚度、腐殖质层厚度可以为林木的生长提供生活基质，直接影响着林木的生长，因此土壤在模型中的贡献率比较高。吴雨峰（2015）以松类、杉类和阔叶类两次固定样地数据的平均胸径（*D*）和定期胸径生长量（采用一个间隔期即 5 年的数据）为基础，用 Richards 差分模型和 Schumacher 差分模型进行拟合，最后将模型转化为以胸径理论生长极限值作为立地质量评价指标，在使用模型时利用胸径的定期生长量和总生长量来评价立地质量；研究结果表明以胸径理论生长极限值作为指标构建的立地质量评价模型是有意义的，和传统的立地指数指标相比，这种模型和评价指标不需要年龄，不要求同龄，但渐近线参数作为立地质量指标存在一定的主观性进而影响立地评价的客观性。本研究通过多期 NFI 数据的复位样木，提取各样地的样木最大胸径生长率作为评价指标，指标选取具有客观性。但本研究还存在以下两方面不足。

复位样木数量不足。国家森林资源连续清查为了优化森林资源连续清查体系，防止系统抽样周期性变动和人为特殊对待等问题对清查成果质量的影响，在浙江省开展试点工作，1994 年、1999 年、2004 年这 3 次调查中，采用固定样地加部分替换样地的抽样设计方案进行防偏技术试验，每次调查移动了三分之一样地，所以在这 3 次调查中，样地格局会有变化（刘安兴，2005；傅宾领等，2007）。因此，在本研究中这种特殊情况减少了复位样木的数量。浙江省 1994 年 4222 个样地中，能够 4 期复位的样木较少，但随着样地固定和调查期数增加，复位样木数量随之增加，建模精度会大幅度提高，评价结果将更加科学。

对森林立地质量造成影响的立地因子众多，比较常见的立地因子有土层厚度、坡向、坡位、坡度、海拔、凋落物厚度、自然含水率、土壤密度、土壤 pH、土壤有机质、全氮、全磷等。本研究仅选取了通过 DEM 数据和全国土壤类型数据易提取的坡向、坡位、坡度、海拔、土壤类型，并结合浙江省杉木人工林南部生长情况优于北部的情况，将纬度因素作为立地质量评价的一个因子，目的是建立以样地最大胸径生长率为评价指标的简便且广泛适用的森林立地质量评价模型。

# 第 8 章　基于立地蓄积指数的立地质量评价

利用浙江省的森林资源连续清查（一类调查）数据和杭州市的一类调查加密样地数据，进行乔木林立地质量评价指标的研究。选择的评价依据是每公顷蓄积量，具体指标是潜在的每公顷蓄积量，也即蓄积生长模型的渐近线参数，但也可以是给定的基准年的最大密度蓄积量即立地蓄积指数。按松、杉、阔叶类三个树种组建立了蓄积生长模型，以及以环境因子作为自变量的立地质量多元线性回归模型。无年龄情况下的样木复测数据建模方法得到了改进，指数的应用如间接评价等有待深入研究。

## 8.1　研究思路

### 8.1.1　原则

遵循原则：①基于已有一类调查数据中的复测数据建模；②评价指标的区分性强，能区分不同的立地质量；③使用方便，特别是便于大范围的应用。我国具有大量的一类调查数据，且分布广泛、均匀，用这样的数据建模，可以避免重新收集数据，节省时间、人力和财力，模型的代表性也较好。基于这样的数据建立的模型也更具有生产应用的方便性。评价指标具有较强的区分立地质量优劣的性能是立地质量评价指标必须具有的。使用方便则是评价方法和评价指标推广应用的前提条件，要求模型输入的因子容易获取，或者大部分数据相关部门已经具有，具体操作不复杂。使用方便不是指建模过程简单，建模过程可以复杂，只是最后使用时应尽量简单方便。

### 8.1.2　评价依据

采用单位面积蓄积量，将现实林分蓄积量换算到最大密度的每公顷蓄积量。

### 8.1.3　评价指标

蓄积生长模型中的渐近线参数，也即蓄积生长的极限值，这样的指标更具有“潜在生产力”的意义。但也可以根据同样的模型，选定一个基准年龄，以这个基准年龄的最大密度蓄积量作为评价指标。这个指标暂称为“立地蓄积指数”，以区别于其他已有的立地质量平均指标。

### 8.1.4 树种分组

对浙江省的乔木林，按优势树种分为松、杉、阔叶类三个树种组。软阔类本来应该单独建模，由于样木数据过少，实际林分也少，因此本研究没有单独建模。

### 8.1.5 建模数据

一类调查复查的样木数据，以及所在样地的环境因子。

## 8.2 最大密度曲线构造

因为需要最大密度的单位面积蓄积量，所以需要构建单位面积株数与平均胸径的最大密度曲线。根据前人的研究，在最大密度曲线上，种群的个体平均重（$w$）和单位面积个体数（$N$）存在关系

$$w \propto N^{-3/2} \tag{8-1}$$

可以假定，在林分中，固定树种（组）林木的平均重（$w$）与材积（$v$）成比例，即

$$w \propto v$$

而一般可以假定材积（$v$）与胸径（$D$）之间存在关系

$$v=\alpha D^{\beta} \propto D^{\beta} \tag{8-2}$$

式中，$\alpha$、$\beta$ 为参数。

所以

$$w \propto v \propto D^{\beta} \propto N^{-3/2}$$

即

$$\begin{aligned} &D^{\beta} \propto N^{-3/2} \\ &N^{3/2} \propto D^{-\beta} \\ &N \propto D^{-2\beta/3} \end{aligned} \tag{8-3}$$

把式（8-3）写成

$$N=aD^{-b} \tag{8-4}$$

式中，$a$、$b$ 为参数。而$b=2\beta/3$。所以只要有了一元材积模型式（8-2），就有了最大密度模型式（8-4）中参数 $b$ 的估计值。

具体做法：按松、杉、阔叶林中优势树种分组。建立单株材积（$v$）与胸径（$D$）之间的模型

$$v = \alpha D^{\beta} \tag{8-5}$$

建模结果见表 8-1。

表 8-1　一元材积模型式（8-2）建模结果

| 指标 | 松类 | 杉类 | 阔叶类 |
|---|---|---|---|
| $\alpha$ | 0.000 062 155 8 | 0.000 042 961 0 | 0.000 127 377 |
| $\beta$ | 2.643 51 | 2.761 633 | 2.388 135 |
| $b = 2\beta/3$ | 1.762 34 | 1.841 09 | 1.592 09 |

将式（8-4）改写为

$$a = ND^{b} \tag{8-6}$$

式（8-4）或式（8-5）中的 $D$ 本来是应该能代表林分平均水平的平均胸径。假定林分中林木间的胸径大小一样，则

$$a = ND^{b} = \sum_{i=1}^{n} D_i^{b} \tag{8-7}$$

式中，$D_i$ 为样地中第 $i$ 株树木的胸径；$n$ 为样地活立木株数；$b$ 为参数。

所以一般来说，式（8-4）或式（8-5）更适用于同龄林。本研究为方便应用，没有区分同龄林和异龄林。所以本研究采用更具一般性的式（8-7）来估计参数 $a$。

理论上讲，估计参数 $a$ 需要有不同平均胸径的最大密度林分。但最大密度林分在现实中并不容易找。本次参数 $a$ 的估计方法如下。

根据样地的后期活立木计算：

$$a' = \sum_{i=1}^{n} D_i^{b} \tag{8-8}$$

式中，$a'$ 为根据样地活立木胸径对参数 $a$ 的估计；$n$ 为样地活立木株数。

在混交林中，针对不同的树种组采用对应的参数 $b$，对于样地则根据各树种组对于 $a'$ 的贡献大小确定样地的树种组。然后取

$$a = \max(a'_1, a'_2, \cdots, a'_m) \tag{8-9}$$

式中，$m$ 为样地数。最后确定的参数见表 8-2。

表 8-2　最大密度模型式（8-4）中参数 $a$ 的估计结果

| 指标 | 松类 | 杉类 | 阔叶类 |
|---|---|---|---|
| $a$ | 22 142 | 37 600 | 13 778 |

表 8-2 中的参数是对应样地 $800\text{m}^2$ 面积的，要换算成公顷，只要用面积比例扩大即可。

利用式（8-8）、样地活立木数据计算的$a'$代表了样地的实际密度状态。所以本研究将其定义为密度指数，用 DI 表示，即

$$\mathrm{DI}=\sum_{i=1}^{n} D_i^b \tag{8-10}$$

而参数$a$称为最大密度，用 MDI 表示。

根据上面估计得到的模型式（8-4）计算理论最大密度株数（$N$），以及样地实际林木株数的分布，见图 8-1～图 8-3。

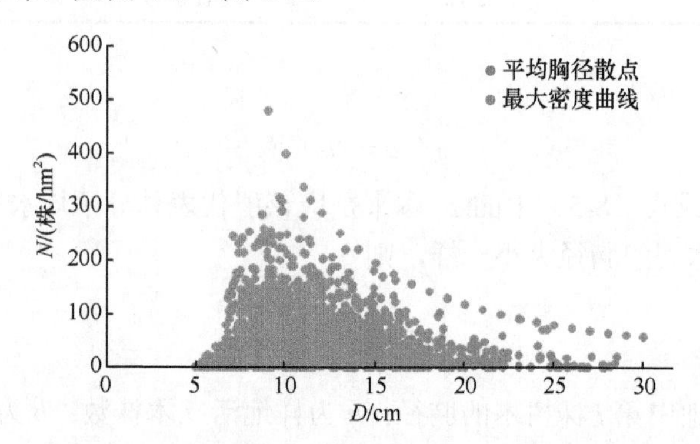


图 8-1　松类的样地林木株数与平均胸径散点图及最大密度曲线（彩图请扫封底二维码）

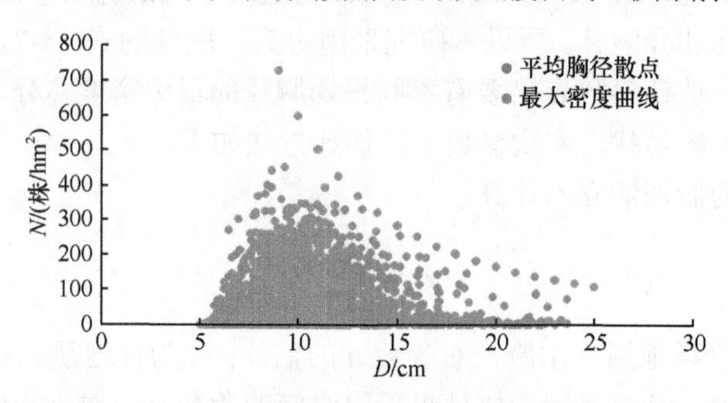


图 8-2　杉类的样地林木株数与平均胸径散点图及最大密度曲线（彩图请扫封底二维码）

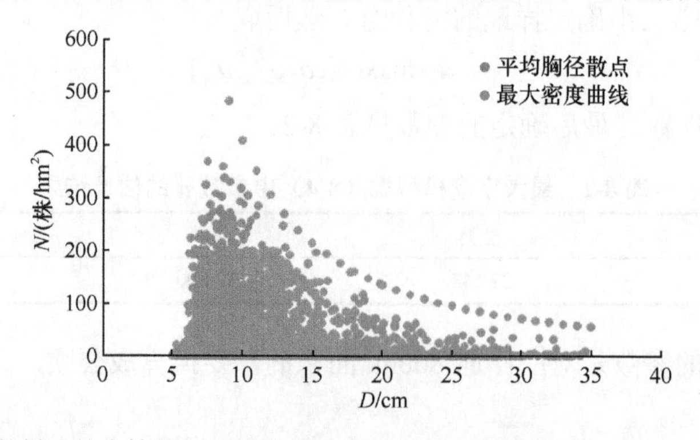


图 8-3　阔叶类的样地林木株数与平均胸径散点图及最大密度曲线（彩图请扫封底二维码）

三个树种组的最大密度胸径-株数曲线见图 8-4，从图中可以看出，在相同胸径条件下，单位面积上杉类的株数总是最多的。松类和阔叶类的株数比较接近，胸径较小时松类的株数较多，胸径较大时阔叶类的株数较多。从曲线形状看，最大密度曲线是合理的。

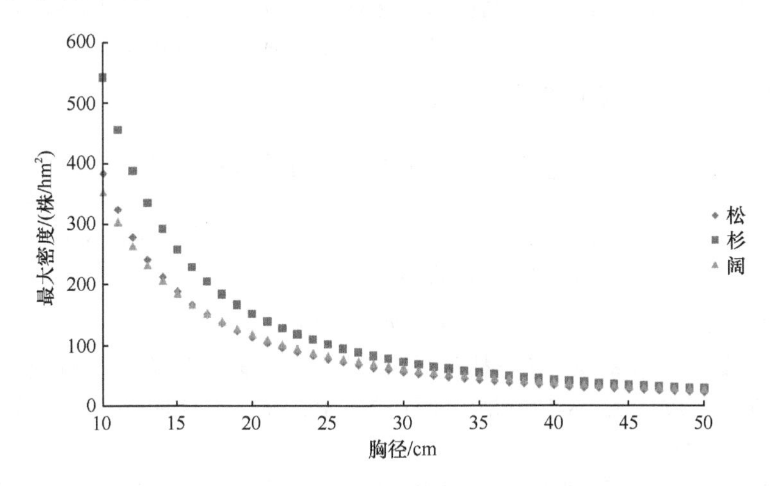


图 8-4　三个树种组的最大密度胸径-株数曲线（彩图请扫封底二维码）

## 8.3　最大密度蓄积量

### 8.3.1　指数样木的选择

在传统的用于同龄纯林立地质量评价的以林分优势高作为立地质量评价指标的体系中，选择一定面积内的优势木作为指数样木，测定其树高和年龄用于计算地位指数。本研究采用的是根据一元材积模型公式计算的材积，实际采用的测量因子是胸径。胸径容易受密度的影响。为了减少密度的影响，本研究采用样地中最大的几棵林木。具体几棵为佳尚需进一步研究，目前用于建模的是 5 棵，而作为指数分析的是 1 棵。

### 8.3.2　最大密度蓄积量计算

胸径为 $D$ 的林木所具有的密度指数（DI）为

$$\mathrm{DI} = D^b \tag{8-11}$$

假定林分内胸径相同，则林地上蓄积量与密度成比例（也就是与株数成比例）。对于实际的异龄林，我们可以假定它不是异龄林，而是由胸径与当前样木胸径一样大的林木构成，则这个样地的理论最大密度蓄积量（$y$）为

$$y = v\frac{\mathrm{MDI}}{\mathrm{DI}} = v\frac{\mathrm{MDI}}{D^b} = \mathrm{MDI}\frac{v}{D^b}$$
$$\frac{\mathrm{MDI}}{\mathrm{DI}} = \frac{a}{D^b} = N \tag{8-12}$$

这样，根据 5 棵样木的前后期胸径和单株材积，可以计算出 5 对前后期样地最大密度蓄积 $y_1$ 和 $y_2$，它们可以作为建模的基础数据或计算指数的基础数据。根据需要，可以将样地最大蓄积换算到每公顷蓄积。

## 8.4 能否用样地记载的年龄建模？

计算最大密度蓄积后，能否利用样地记载的平均年龄建立最大蓄积-年龄的生长模型呢？设最大密度蓄积与年龄的关系为

$$y = m\mathrm{e}^{-b/A} + \varepsilon \tag{8-13}$$

式中，$y$ 是最大密度蓄积；$A$ 是林分平均年龄；$\varepsilon$ 是随机误差；e 是自然对数的底数；$m$、$b$ 是参数。式（8-13）是一个比较常用、简单且具有渐近线、拐点等主要特征的生长模型。

图 8-5～图 8-7 分别为松、杉、阔叶类样地最大公顷蓄积与年龄的关系图。其中已经删除了部分严重异常的数据。

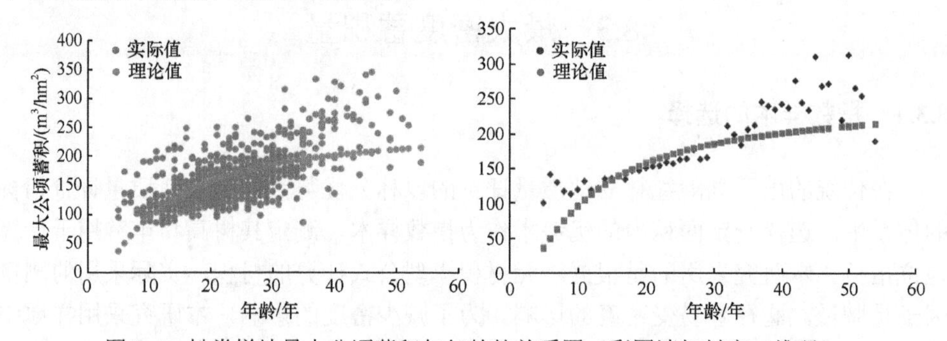


图 8-5　松类样地最大公顷蓄积与年龄的关系图（彩图请扫封底二维码）

3 个图中左侧的散点为实际的样地最大公顷蓄积与样地年龄数据，右侧的散点为按年龄平均后的数据。图 8-6、图 8-7 同

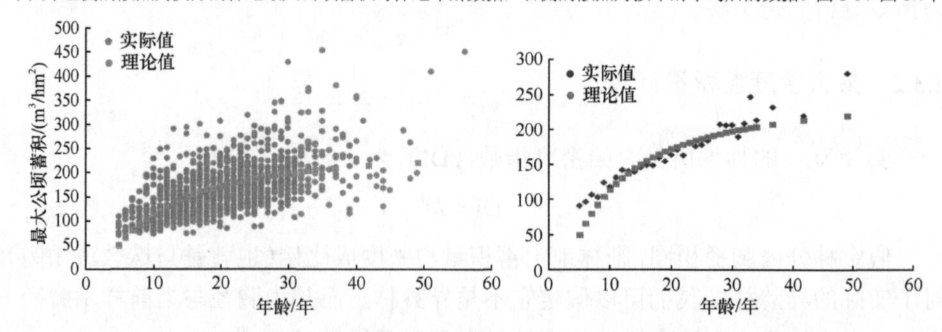


图 8-6　杉类样地最大公顷蓄积与年龄的关系图（彩图请扫封底二维码）

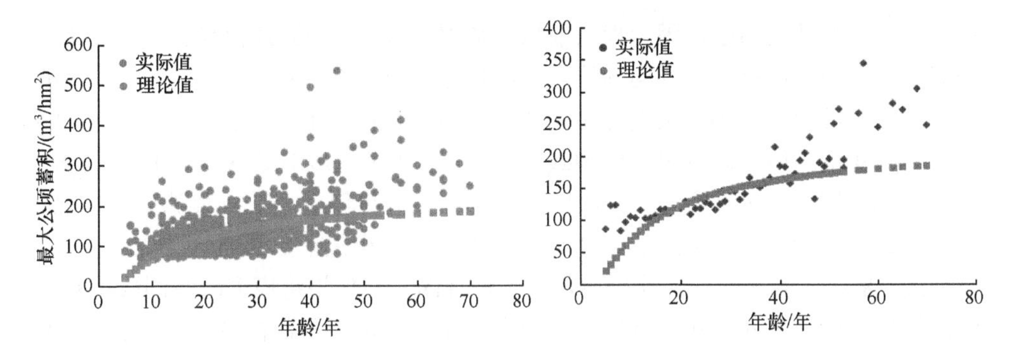


图 8-7　阔叶类样地最大公顷蓄积与年龄的关系图（彩图请扫封底二维码）

图 8-5～图 8-7 中的平滑曲线是根据平均后的数据拟合的生长模型的理论曲线，可以看出，即使在数据取平均后，分布的形状也与生长过程应该具有的 S 形曲线的常识严重不符。三个树种组有一个共同的问题，就是早期和后期理论值偏低，中期偏高。这个问题不是模型选择的问题，任何具有生长模型特性的模型基本上都不可能解决这个问题。

存在这个问题的根本原因是数据中的样地平均年龄有问题。众所周知，样地树木年龄是最难测定的因子，除非有档案记载的人工林。要得到准确的年龄数据是非常困难的。

所以初步结论是，利用样地中的平均年龄来建模不是一个最好的选择。

## 8.5　最大密度蓄积量年龄隐含模型建立

既然年龄这个数据不太好用，就想办法避开年龄这个问题。

设前期蓄积为 $y_1$，后期蓄积为 $y_2$，$A$ 是前期的年龄，$\varepsilon_1$、$\varepsilon_2$ 分别是前、后期蓄积的随机误差，调查间隔期为 $\Delta A$，则根据式（8-13）有

$$\begin{cases} y_1 + \varepsilon_1 = m\mathrm{e}^{-b/A} \\ y_2 + \varepsilon_2 = m\mathrm{e}^{-b/(A+\Delta A)} \end{cases} \tag{8-14}$$

式中，$m$、$b$ 为参数；e 为自然对数的底数。

消去年龄 $A$，有

$$y_2 + \varepsilon_2 = m\mathrm{e}^{\frac{-b}{\Delta A + b/\ln(m/(y_1+\varepsilon_1))}} \tag{8-15}$$

这样从形式上消除了年龄这个因子，根据式（8-15）有可能在没有年龄数据但有复测林木胸径数据的情况下估计模型参数 $m$、$b$。

模型式（8-15）中，$y_1$、$y_2$ 均含有随机误差项，这与一般的模型不一样。另外

还存在一个严重的问题，因为根据前后期数据用式（8-15）建模只有一个 $m$ 值，类似于常用的地位指数的导向曲线，这时模型只有一个渐近线参数，对于以年龄为自变量的模型来说不会出现什么问题，因为那种情况下不会要求渐近线参数大于所有因变量。但可以看出，模型式（8-15）要求渐近线参数 $m$ 大于所有的 $y_1$、$y_2$。这就必然导致 $m$ 值偏向大的数据，使得 $m$ 值明显偏大。在 $m$ 值偏大的情况下自然导致 $b$ 值也偏大。模型式（8-15）建模结果的相关指数很高，这说明直接用模型式（8-15）前期数据估计后期数据是可行的，但如果将模型改写回式（8-13）即以年龄为自变量的形式，就出现问题了，如图 8-8 所示，模型前期生长非常缓慢，严重偏离实际。这样建立的模型的参数失去了生物学意义，对于我们研制立地质量评价模型显然是不适合的。

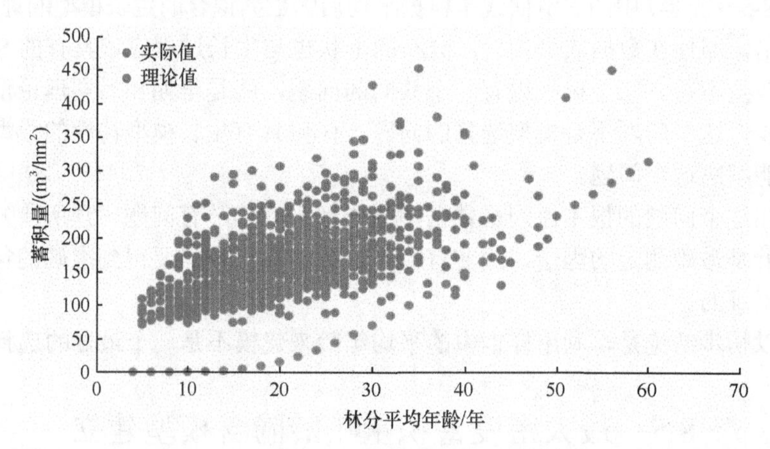


图 8-8　按式（8-15）直接拟合模型的理论值与杉类实际值散点图（彩图请扫封底二维码）

为了解决这个问题，本研究提出了新的参数估计方法。前面效果不好的原因在于模型只有一个渐近线参数，而本研究又将渐近线参数设为立地质量评价指标，这样实际上只有一个立地质量数据，而这个数据自然照顾到最好的立地质量。实际上每个样地都有自己的立地质量数据，但如果每个样地都赋予一个立地质量指数，即每个样地都有一个渐近线参数，显然又是行不通的，因为这样参数太多，无法求解。可行的办法是将立地质量指数即本研究的立地蓄积指数事先设定为 $p$ 个级，本研究统一设为 20 级，假设同一个级的样地具有相同的立地蓄积指数。根据一般的生物学性质，立地质量好的，生长快，拐点到达早，反之则晚，所以假定基础模型为

$$y = m\mathrm{e}^{-(b+cm)/A} + \varepsilon \tag{8-16}$$

式中，$y$ 为蓄积；$A$ 为林分平均年龄；$\varepsilon$ 为随机误差；e 为自然对数的底数；$m$、$b$、$c$ 为参数。

原来的参数 $b$ 是与立地质量无关的，现在将这个参数 $b$ 写成与立地质量有关的线性关系形式 $b+cm$。通常称具有相同拐点的立地指数是单形指数，具有不同拐点的称为多形指数。式（8-16）是多形的，因为它具有与指数相关的不同拐点，拐点年龄（$A^*$）为

$$A^* = (b + cm)/2 \tag{8-17}$$

将式（8-16）写成式（8-15）的形式，并将其中的 $m$ 改为 $S$，表示立地蓄积指数：

$$y_2 + \varepsilon_2 = S\mathrm{e}^{\frac{-(b+cS)}{\Delta A + b/\ln(S/(y_1+\varepsilon_1))}} \tag{8-18}$$

进一步改为

$$\begin{aligned} y_2 + \varepsilon_2 &= S_1\mathrm{e}^{\frac{-(b+cS_1)}{\Delta A + (b+cS_1)/\ln(S_1/(y_1+\varepsilon_1))}} \\ y_2 + \varepsilon_2 &= S_2\mathrm{e}^{\frac{-(b+cS_2)}{\Delta A + (b+cS_2)/\ln(S_2/(y_1+\varepsilon_1))}} \\ &\vdots \\ y_2 + \varepsilon_2 &= S_p\mathrm{e}^{\frac{-(b+cS_p)}{\Delta A + (b+cS_p)/\ln(S_p/(y_1+\varepsilon_1))}} \end{aligned} \tag{8-19}$$

这是一个曲线簇模型，并且自变量也含有误差。为简单起见，本研究忽略了自变量的误差，将其改写为

$$\begin{aligned} y_2 + \varepsilon_2 &= S_1\mathrm{e}^{\frac{-(b+cS_1)}{\Delta A + (b+cS_1)/\ln(S_1/y_1)}} \\ y_2 + \varepsilon_2 &= S_2\mathrm{e}^{\frac{-(b+cS_2)}{\Delta A + (b+cS_2)/\ln(S_2/y_1)}} \\ &\vdots \\ y_2 + \varepsilon_2 &= S_p\mathrm{e}^{\frac{-(b+cS_p)}{\Delta A + (b+cS_p)/\ln(S_p/y_1)}} \end{aligned} \tag{8-20}$$

设定目标函数（$Q$）为

$$\min Q = \sum \varepsilon_2^2 = f(b, c, S_1, S_2, \cdots, S_p) \tag{8-21}$$

实际有 $p+2$ 个参数要估计。指数级距的大小、各样地指数级的归属，都在计算过程中动态调整。整个计算是个迭代的过程，说明如下。

1）根据式（8-18）估计 $S$ 和 $b$、$c$。

2）将 $b$、$c$ 这两个参数以及各个样地的前后期最大密度蓄积 $y_1$、$y_2$ 代入

$$y_2 = S\mathrm{e}^{\frac{-(b+cS)}{\Delta A + b/\ln(S/y_1)}} \tag{8-22}$$

计算各个样地自己的 $S$。

3）统计所有 $S$ 中的最小值 $S_{\min}$ 和最大值 $S_{\max}$，然后确定级距，级距= $(S_{\max}-S_{\min})/p$。

4）将各个样地的 $S$ 归属到相应的级，计算各个级的平均 $S$，作为 $S_1,S_2,\cdots,S_p$ 的初值。

5）将这些初值（共 22 个，包括 $b$、$c$）代入式（8-20），重新估计所有参数。

6）如果所有样地的指数级不再改变，以及所有 22 个参数已经收敛，则转步骤 7），否则转步骤 2）。

7）计算结束。

模型建立后，已知 $y_1$、$y_2$、$S$ 中的任何 2 个可以用式（8-22）计算剩下的另一个。已知 $y_1$、$y_2$ 求 $S$ 时需用迭代算法。

参数估计结果见表 8-3。表中的数据是以公顷为单位的。

**表 8-3　用本研究提出的方法估计的立地质量模型参数及指数分级情况**

| 指数级号 | 松 | | 杉 | | 阔 | |
|---|---|---|---|---|---|---|
| | 级指数均值 | 样木数 | 级指数均值 | 样木数 | 级指数均值 | 样木数 |
| 1 | 141.7 | 4 | 158.2 | 8 | 138.8 | 6 |
| 2 | 181.9 | 10 | 208.9 | 19 | 173.0 | 19 |
| 3 | 226.3 | 29 | 260.0 | 40 | 210.0 | 41 |
| 4 | 269.6 | 60 | 306.6 | 64 | 250.2 | 82 |
| 5 | 309.5 | 114 | 355.4 | 94 | 283.1 | 151 |
| 6 | 352.7 | 210 | 405.1 | 151 | 321.7 | 241 |
| 7 | 394.9 | 344 | 456.2 | 221 | 358.8 | 307 |
| 8 | 436.9 | 450 | 503.9 | 291 | 398.4 | 412 |
| 9 | 480.8 | 549 | 553.2 | 345 | 435.3 | 529 |
| 10 | 524.1 | 628 | 602.2 | 419 | 473.6 | 489 |
| 11 | 565.5 | 660 | 651.1 | 485 | 510.8 | 450 |
| 12 | 609.1 | 585 | 699.9 | 462 | 549.2 | 371 |
| 13 | 651.4 | 456 | 748.1 | 405 | 586.7 | 307 |
| 14 | 694.0 | 281 | 798.1 | 313 | 624.3 | 218 |
| 15 | 735.5 | 148 | 845.8 | 217 | 661.5 | 136 |
| 16 | 777.7 | 59 | 895.9 | 114 | 699.1 | 91 |
| 17 | 823.5 | 23 | 945.9 | 68 | 741.5 | 55 |
| 18 | 874.9 | 7 | 996.4 | 47 | 777.6 | 35 |
| 19 | 913.3 | 7 | 1 044.3 | 20 | 811.1 | 18 |
| 20 | 956.9 | 4 | 1 093.4 | 11 | 857.5 | 10 |
| 指数间距 | 43.1 | | 49.4 | | 38.1 | |
| 样木合计 | | 4 628 | | 3 794 | | 3 968 |
| 指数加权均值 | 534.07 | | 643.69 | | 474.87 | 534.07 |
| $b$ | −40.048 76 | | −32.542 754 | | −28.662 627 | |
| $c$ | 0.029 643 | | 0.016 011 | | 0.022 141 | |

续表

| 指数级号 | 松 | | 杉 | | 阔 | |
|---|---|---|---|---|---|---|
| | 级指数均值 | 样木数 | 级指数均值 | 样木数 | 级指数均值 | 样木数 |
| 30 年指数均值/hm$^2$ | 238.24 | | 306.74 | | 259.32 | |
| 30 年指数均值/亩 | 15.88 | | 20.45 | | 17.29 | |
| 剩余方差和（$Q$） | 23 095.7 | | 25 328.2 | | 22 924.6 | |
| 剩余标准差（$S$） | 2.239 26 | | 2.591 29 | | 2.410 31 | |
| 相关指数（$R$） | 0.999 572 | | 0.999 454 | | 0.999 587 | |

# 8.6 结 果 分 析

## 8.6.1 两种参数估计方法的结果比较

两种参数估计方法即基于年龄法（简称年龄法）[根据式（8-13）]、曲线簇年龄隐含模型法（简称年龄隐含法）[根据式（8-20）]。图 8-9～图 8-11 为松、杉、

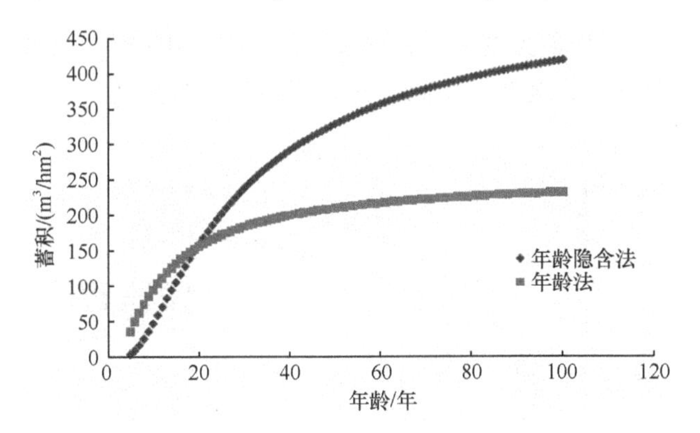


图 8-9　松类的年龄法和年龄隐含法结果比较

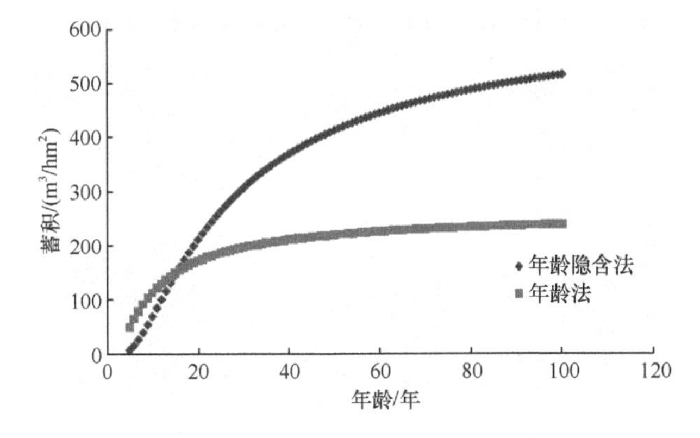


图 8-10　杉类的年龄法和年龄隐含法结果比较

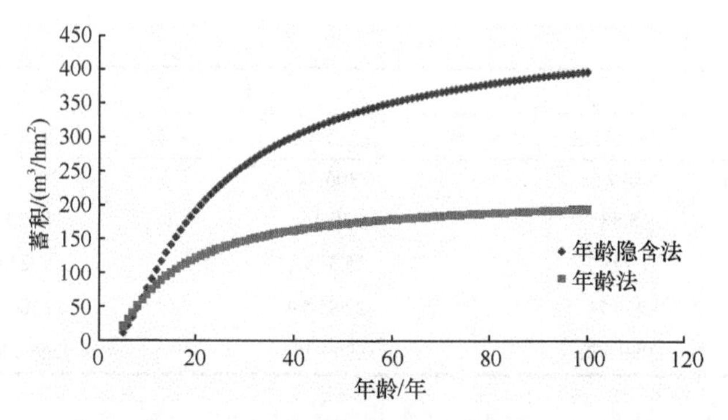


图 8-11　阔叶类的年龄法和年龄隐含法结果比较

阔叶类的比较情况，均以年龄为自变量。其中曲线簇年龄隐含模型法的曲线是平均立地蓄积指数曲线，类似于导向曲线。基于年龄法的结果在后期下降显得快了一点。相比较而言，曲线簇年龄隐含模型法的结果最为合理。

### 8.6.2　三个树种组的平均曲线比较

三个树种组的平均最大密度蓄积曲线见图 8-12 和图 8-13，分别为画到 100 年和 40 年的理论曲线。杉类曲线最高，松类和阔叶类有交叉。

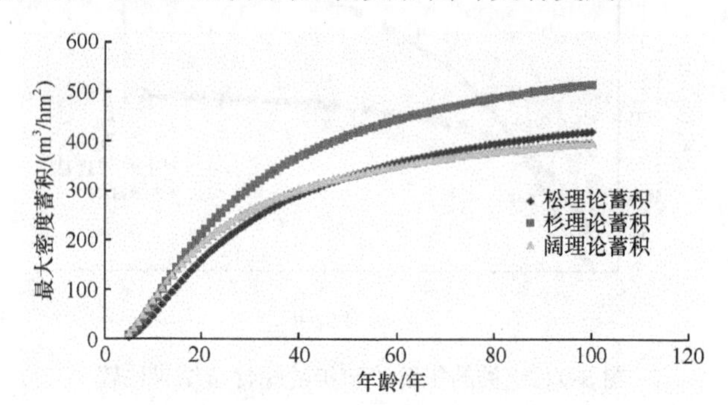


图 8-12　三个树种组的平均最大密度蓄积曲线（至 100 年）

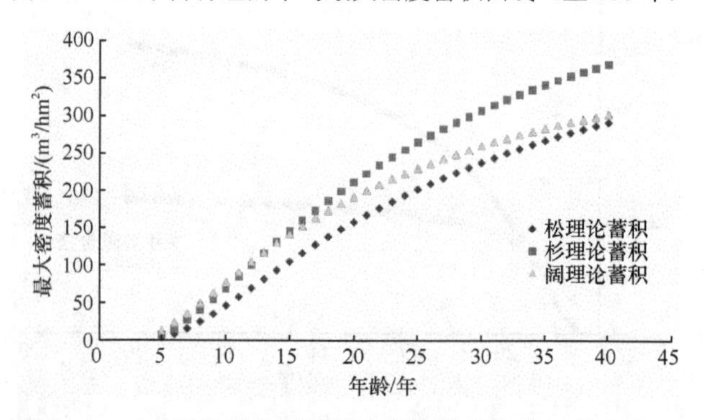


图 8-13　三个树种组的平均最大密度蓄积曲线（至 40 年）

### 8.6.3　最大密度蓄积曲线簇

3 个树种大类的最大密度蓄积曲线簇见图 8-14～图 8-16。

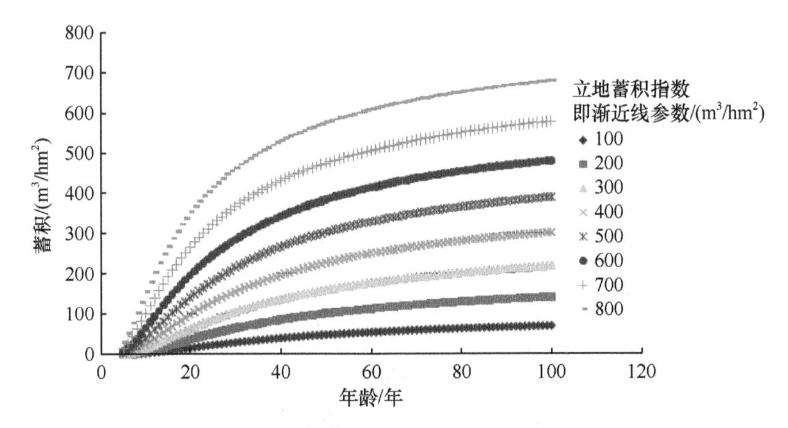


图 8-14　松类的最大密度蓄积曲线簇（彩图请扫封底二维码）

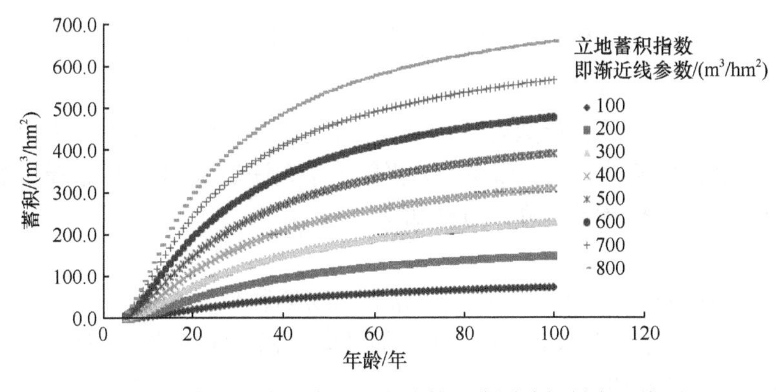


图 8-15　杉类的最大密度蓄积曲线簇（彩图请扫封底二维码）

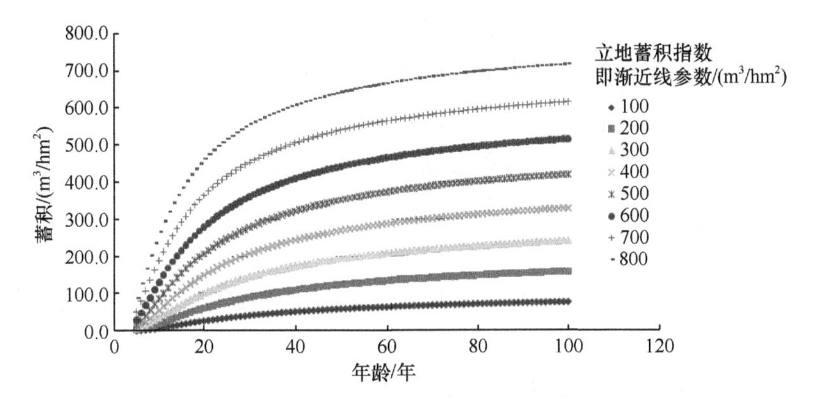


图 8-16　阔叶类的最大密度蓄积曲线簇（彩图请扫封底二维码）

从图 8-14～图 8-16 可以看出，3 个曲线簇的曲线具有明显不同的拐点。图 8-17 为拐点年龄随着蓄积指数上升变化的情况，指数越高（立地质量越好）拐点年龄越小，这与一般的生物学常识相符。

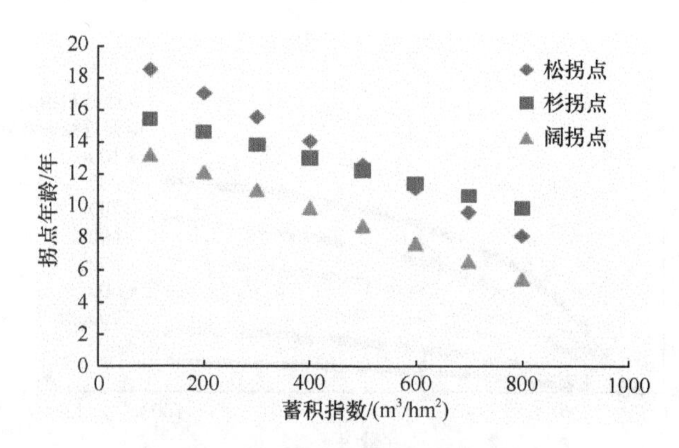


图 8-17　拐点年龄与蓄积指数的关系

## 8.7　用基准年龄定义指数

前面定义的立地蓄积指数是理论极限生长量，也就是蓄积生长模型的渐近线参数，具有潜在生长的含义。如果认为极限值“太遥远”，也可以选择一个适当的“基准年龄”，和地位指数一样，方法如下。

1）确定基准年龄 $A_0$。

2）用样地前后期最大密度蓄积计算渐近线参数 $S$。

3）用下式计算基于基准年龄（$A_0$）的最大蓄积，即指数，可称为“基准年立地蓄积指数”（图 8-18）：

$$S_{A_0} = S\mathrm{e}^{-(b+cS)/A_0} \tag{8-23}$$

式中，$S_{A_0}$ 为基准年立地蓄积指数（$\mathrm{m^3/hm^2}$）；$S$ 为立地蓄积指数即渐近线参数（$\mathrm{m^3/hm^2}$）；$A_0$ 为基准年龄（年）；$b$、$c$ 为参数。

如果没有样地前后期最大蓄积数据，只有一期最大蓄积数据，但有对应的年龄数据，这时可用下式先计算出 $S$

$$y = S\mathrm{e}^{-(b+cS)/A} \tag{8-24}$$

式中，$y$ 为蓄积（$\mathrm{m^3/hm^2}$）；$S$ 为立地蓄积指数即渐近线参数（$\mathrm{m^3/hm^2}$）；$A$ 为林分年龄（年）；e 为自然对数的底数；$b$、$c$ 为参数。

再将基准年龄代入上式即可求得基准年立地蓄积指数。

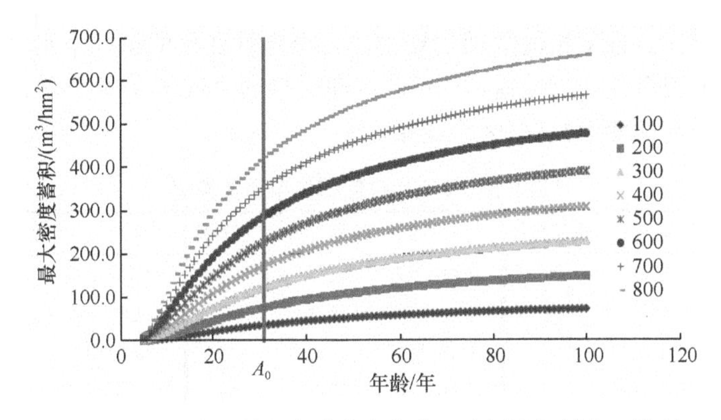


图 8-18　基于基准年龄的立地蓄积指数（彩图请扫封底二维码）

## 8.8　5 株最大胸径的蓄积指数方差分析

本研究每个样地有 5 株最大样木，可以算出 5 个蓄积指数。我们希望同一样地内的 5 个蓄积指数尽量接近，而不同立地质量样地间的平均蓄积指数有较大差异，为此进行了差异显著性检验，结果如表 8-4 所示，可见差异是显著的。

**表 8-4　蓄积指数方差分析表**

| 树种 | 样地数 | 样地间离差平方和 | 样地间自由度 | 样地内离差平方和 | 样地内自由度 | $F$ | Sig. |
|---|---|---|---|---|---|---|---|
| 松类 | 563 | 27 783 089 | 562 | 117 952 68 | 2 252 | 9.44 | 0 |
| 杉类 | 417 | 37 496 272 | 416 | 160 001 39 | 1 668 | 9.40 | 0 |
| 阔叶类 | 493 | 30 592 409 | 492 | 125 621 96 | 1 972 | 9.76 | 0 |

## 8.9　多元线性回归蓄积指数模型

在推广应用蓄积指数时，基于环境因子来估计蓄积指数是一个最基本的方法，特别是无林地，因此建立蓄积指数与环境因子之间的回归模型是十分重要的。多元线性回归蓄积指数模型定义为

$$S = b_0 + b_1x_1 + b_2x_2 + \cdots + b_px_p + \varepsilon \tag{8-25}$$

式中，$S$ 为蓄积指数；$x_i$ 为第 $i$ 个自变量（$i$=1, 2, ⋯, $p$），$p$ 为自变量个数；$\varepsilon$ 为随机误差。

在式（8-25）中，因变量 $S$ 为蓄积指数，自变量包括定量变量和定性变量，见表 8-5。定量变量有 9 个，包括纵坐标、横坐标、纵横坐标相乘（纵横相乘）、海拔、海拔平方、坡度、土层厚度、腐殖质层厚度、枯枝落叶厚度等。定性变量有 4 个，分别是地貌、坡向、坡位和土壤，每个定性变量又分为若干个水平，用

于数量化。根据定性变量的数理化理论，一个定性变量的第一个水平从变量集合中删去，如地貌变量的“地貌-中山”、坡向变量的“坡向-东北”等。定量变量加上数量化后的定性变量共有 28 个变量。

表 8-5　多元线性回归模型自变量表

| 变量名 | 变量性质 | 变量符号 | 变量名 | 变量性质 | 变量符号 | 变量名 | 变量性质 | 变量符号 |
|---|---|---|---|---|---|---|---|---|
| 纵坐标 | 定量 | $x_1$ | 地貌-丘陵 | 定性 | $x_{11}$ | （坡位-脊） | 定性 | |
| 横坐标 | 定量 | $x_2$ | 地貌-平原 | 定性 | $x_{12}$ | 坡位-上 | 定性 | $x_{21}$ |
| 纵横相乘 | 定量 | $x_3$ | （坡向-北） | 定性 | | 坡位-中 | 定性 | $x_{22}$ |
| 海拔 | 定量 | $x_4$ | 坡向-东北 | 定性 | $x_{13}$ | 坡位-下 | 定性 | $x_{23}$ |
| 海拔平方 | 定量 | $x_5$ | 坡向-东 | 定性 | $x_{14}$ | 坡位-谷 | 定性 | $x_{24}$ |
| 坡度 | 定量 | $x_6$ | 坡向-东南 | 定性 | $x_{15}$ | 坡位-平地 | 定性 | $x_{25}$ |
| 土层厚度 | 定量 | $x_7$ | 坡向-南 | 定性 | $x_{16}$ | （土壤名称 1） | 定性 | |
| 腐殖质层厚度 | 定量 | $x_8$ | 坡向-西南 | 定性 | $x_{17}$ | 土壤名称 2 | 定性 | $x_{26}$ |
| 枯枝落叶厚度 | 定量 | $x_9$ | 坡向-西 | 定性 | $x_{18}$ | 土壤名称 3 | 定性 | $x_{27}$ |
| （地貌-中山） | 定性 | | 坡向-西北 | 定性 | $x_{19}$ | 土壤名称 4 | 定性 | $x_{28}$ |
| 地貌-低山 | 定性 | $x_{10}$ | 坡向-无坡向 | 定性 | $x_{20}$ | | | |

将每个样地胸径最大的一株挑出来，将其蓄积指数作为因变量与环境因子建立回归模型，分别包括全部自变量建模和逐步回归建模，同时因变量又分渐近线蓄积指数和 30 年时的蓄积指数建模，这样每个树种都建了 4 个模型。建模结果的一些统计指标见表 8-6，从表中可以看出，阔叶类的效果比较好，杉类的效果较差。逐步回归模型的自变量在 4～6 个，比起全部 28 个变量来说减少了很多，但模型指标并没有下降很多，逐步回归的效果还是可以的。从 $F$ 检验的结果来看，所有模型都是显著的，都可应用。

表 8-6　多元线性回归模型建模结果

| 回归方法 | 指标 | 松渐近线蓄积指数 | 杉渐近线蓄积指数 | 阔叶类渐近线蓄积指数 | 松 30 年蓄积指数 | 杉 30 年蓄积指数 | 阔叶类 30 年蓄积指数 |
|---|---|---|---|---|---|---|---|
| 入选全部自变量 | 相关系数 | 0.372 | 0.382 | 0.472 | 0.370 | 0.387 | 0.472 |
| | 决定系数 | 0.138 | 0.146 | 0.222 | 0.137 | 0.150 | 0.223 |
| | $F$ 值 | 5.91 | 3.89 | 7.62 | 5.85 | 3.86 | 7.65 |
| | Sig. | 0.000 | 0.000 | 0.000 | 0.000 | 0.000 | 0.000 |
| 逐步回归 | 入选自变量数 | 5 | 4 | 5 | 5 | 4 | 6 |
| | 相关系数 | 0.329 | 0.346 | 0.432 | 0.330 | 0.352 | 0.443 |
| | 决定系数 | 0.108 | 0.120 | 0.187 | 0.109 | 0.124 | 0.197 |
| | $F$ 值 | 25.56 | 21.67 | 35.32 | 25.71 | 22.54 | 26.82 |
| | Sig. | 0.000 | 0.000 | 0.000 | 0.000 | 0.000 | 0.000 |

表 8-7 为蓄积渐近线模型结果，从 Sig.看，纵坐标、横坐标、纵横坐标相乘对阔叶类敏感，对松类不敏感，对杉类则只有纵横坐标相乘敏感。海拔和海拔平方对松类敏感，对杉类不敏感，海拔对阔叶类不敏感。坡度只对阔叶类敏感。土层厚度对松类和杉类较敏感。腐殖质层厚度对三个树种组均不敏感。枯枝落叶厚度对阔叶类较敏感。地貌中的平原对松类有加分，对阔叶类有减分，较敏感。坡向只有西坡对阔叶类有一定影响。坡位对杉类较敏感。土壤类型均不敏感。表 8-8 为 30 年蓄积指数模型，各变量的表现与蓄积渐近线模型的情况类似。

**表 8-7　包含全部自变量的多元线性回归模型系数——渐近线蓄积指数**

| 变量符号 | 变量名 | 松类 | | 杉类 | | 阔叶类 | |
|---|---|---|---|---|---|---|---|
| | | 系数 | Sig. | 系数 | Sig. | 系数 | Sig. |
| | 常数项 | 548.0883 | 0.000 | 779.3072 | 0.000 | 962.6895 | 0.000 |
| $x_1$ | 纵坐标 | 0.2219 | 0.213 | | | –0.9335 | 0.000 |
| $x_2$ | 横坐标 | –0.0709 | 0.124 | 0.0168 | 0.615 | –0.2298 | 0.001 |
| $x_3$ | 纵横相乘 | –0.0001 | 0.445 | –0.0005 | 0.000 | 0.0008 | 0.001 |
| $x_4$ | 海拔 | 0.2235 | 0.000 | –0.0582 | 0.523 | –0.2453 | 0.001 |
| $x_5$ | 海拔平方 | –0.0002 | 0.000 | 0.0000 | 0.999 | 0.0001 | 0.068 |
| $x_6$ | 坡度 | –0.3090 | 0.460 | –0.4495 | 0.562 | –2.3382 | 0.000 |
| $x_7$ | 土层厚度 | 0.7649 | 0.002 | 1.4981 | 0.001 | 0.3894 | 0.123 |
| $x_8$ | 腐殖质层厚度 | 1.2649 | 0.596 | –2.3753 | 0.502 | 0.1146 | 0.964 |
| $x_9$ | 枯枝落叶厚度 | –2.7783 | 0.268 | 3.0028 | 0.520 | 7.9411 | 0.017 |
| $x_{10}$ | 地貌-低山 | –0.4635 | 0.979 | –36.4375 | 0.124 | –34.6053 | 0.143 |
| $x_{11}$ | 地貌-丘陵 | –11.7642 | 0.556 | –29.6099 | 0.356 | –47.8578 | 0.088 |
| $x_{12}$ | 地貌-平原 | 268.4573 | 0.006 | 11.3954 | 0.870 | –96.9051 | 0.017 |
| $x_{13}$ | 坡向-东北 | 3.0416 | 0.827 | 0.7665 | 0.973 | 20.4686 | 0.225 |
| $x_{14}$ | 坡向-东 | 4.7221 | 0.733 | –11.1859 | 0.616 | 0.7551 | 0.964 |
| $x_{15}$ | 坡向-东南 | –8.6831 | 0.537 | 7.1232 | 0.770 | 22.8804 | 0.189 |
| $x_{16}$ | 坡向-南 | –1.7735 | 0.892 | 25.3369 | 0.277 | 7.5155 | 0.670 |
| $x_{17}$ | 坡向-西南 | 15.2414 | 0.268 | –8.3018 | 0.733 | –4.3811 | 0.826 |
| $x_{18}$ | 坡向-西 | 4.5822 | 0.728 | 10.7948 | 0.654 | 34.2459 | 0.045 |
| $x_{19}$ | 坡向-西北 | 5.8114 | 0.703 | –0.2485 | 0.992 | –3.4117 | 0.863 |
| $x_{20}$ | 坡向-无坡向 | 25.6925 | 0.784 | –82.6309 | 0.267 | 3.7883 | 0.928 |
| $x_{21}$ | 坡位-上 | –2.9128 | 0.845 | 57.8200 | 0.104 | –15.6917 | 0.514 |
| $x_{22}$ | 坡位-中 | 8.8378 | 0.551 | 63.4068 | 0.069 | 2.2170 | 0.926 |
| $x_{23}$ | 坡位-下 | 29.3922 | 0.062 | 57.6662 | 0.112 | 3.9823 | 0.875 |
| $x_{24}$ | 坡位-谷 | 27.6007 | 0.616 | 168.9314 | 0.030 | –1.8555 | 0.975 |
| $x_{25}$ | 坡位-平地 | 48.2631 | 0.666 | 311.5013 | 0.001 | 20.8327 | 0.651 |
| $x_{26}$ | 土壤名称 2 | 6.5347 | 0.781 | –50.9650 | 0.159 | –37.9571 | 0.082 |
| $x_{27}$ | 土壤名称 3 | 11.7269 | 0.684 | –15.9982 | 0.718 | –61.5075 | 0.089 |
| $x_{28}$ | 土壤名称 4 | 45.8757 | 0.218 | –14.4707 | 0.754 | –28.6044 | 0.398 |

表 8-8 包含全部自变量的多元线性回归模型系数——30 年蓄积指数

| 变量符号 | 变量名 | 松类 | | 杉类 | | 阔叶类 | |
|---|---|---|---|---|---|---|---|
| | | 系数 | Sig. | 系数 | Sig. | 系数 | Sig. |
| | 常数项 | 253.8904 | 0.000 | 449.5476 | 0.000 | 654.6136 | 0.000 |
| $x_1$ | 纵坐标 | 0.1533 | 0.255 | –0.1827 | 0.400 | –0.7723 | 0.000 |
| $x_2$ | 横坐标 | –0.0529 | 0.128 | –0.0319 | 0.579 | –0.1895 | 0.001 |
| $x_3$ | 纵横相乘 | –0.0001 | 0.485 | –0.0001 | 0.602 | 0.0006 | 0.001 |
| $x_4$ | 海拔 | 0.1621 | 0.000 | –0.0307 | 0.625 | –0.1915 | 0.001 |
| $x_5$ | 海拔平方 | –0.0001 | 0.000 | –0.0000 | 0.863 | 0.0001 | 0.078 |
| $x_6$ | 坡度 | –0.1683 | 0.594 | –0.3496 | 0.512 | –1.8151 | 0.000 |
| $x_7$ | 土层厚度 | 0.5668 | 0.002 | 0.9626 | 0.001 | 0.3555 | 0.087 |
| $x_8$ | 腐殖质层厚度 | 0.6364 | 0.724 | –1.6599 | 0.497 | –0.1971 | 0.925 |
| $x_9$ | 枯枝落叶厚度 | –2.0303 | 0.284 | 2.2302 | 0.491 | 6.6578 | 0.015 |
| $x_{10}$ | 地貌-低山 | –0.6655 | 0.959 | –24.8013 | 0.128 | –22.4620 | 0.248 |
| $x_{11}$ | 地貌-丘陵 | –8.2252 | 0.585 | –19.8324 | 0.369 | –31.8124 | 0.167 |
| $x_{12}$ | 地貌-平原 | 247.5987 | 0.001 | –7.4508 | 0.879 | –72.4824 | 0.030 |
| $x_{13}$ | 坡向-东北 | 0.9165 | 0.931 | –0.2215 | 0.989 | 15.6791 | 0.259 |
| $x_{14}$ | 坡向-东 | 2.6594 | 0.799 | –10.8372 | 0.480 | –1.0195 | 0.941 |
| $x_{15}$ | 坡向-东南 | –6.2215 | 0.558 | 5.4057 | 0.747 | 14.1983 | 0.321 |
| $x_{16}$ | 坡向-南 | –1.6742 | 0.865 | 18.1233 | 0.258 | 5.1926 | 0.720 |
| $x_{17}$ | 坡向-西南 | 9.9667 | 0.338 | –5.4325 | 0.745 | –3.7211 | 0.820 |
| $x_{18}$ | 坡向-西 | 1.5609 | 0.875 | 5.1230 | 0.757 | 28.8650 | 0.040 |
| $x_{19}$ | 坡向-西北 | 4.1546 | 0.718 | –1.1320 | 0.944 | –6.1509 | 0.704 |
| $x_{20}$ | 坡向-无坡向 | 22.8620 | 0.747 | –56.5860 | 0.270 | 9.2266 | 0.788 |
| $x_{21}$ | 坡位-上 | –0.1594 | 0.989 | 34.9841 | 0.152 | –10.6130 | 0.592 |
| $x_{22}$ | 坡位-中 | 9.1079 | 0.415 | 36.5014 | 0.127 | 4.7908 | 0.807 |
| $x_{23}$ | 坡位-下 | 24.1793 | 0.042 | 34.9692 | 0.161 | 5.5143 | 0.791 |
| $x_{24}$ | 坡位-谷 | 17.7169 | 0.670 | 109.8933 | 0.041 | 2.3137 | 0.962 |
| $x_{25}$ | 坡位-平地 | 32.9037 | 0.697 | 218.4436 | 0.000 | 21.5198 | 0.571 |
| $x_{26}$ | 土壤名称 2 | 5.8673 | 0.740 | –32.6749 | 0.190 | –33.3621 | 0.063 |
| $x_{27}$ | 土壤名称 3 | 4.6286 | 0.832 | –8.8935 | 0.770 | –50.8845 | 0.087 |
| $x_{28}$ | 土壤名称 4 | 35.5798 | 0.206 | –7.4976 | 0.814 | –23.4480 | 0.400 |

在这两个线性模型中，每个定性变量的不同水平中最多只能有一个为 1，其他均为零，如果是中山、北坡、山脊、土壤名称 1，则相应变量的所有水平均为零。

表 8-9 为渐近线蓄积指数模型的逐步回归结果。经逐步回归选中的变量与包含全部自变量的模型的系数的敏感性基本一致，但也有明显的不同。三个树种组选中的变量几乎全不相同。表 8-10 为 30 年蓄积指数模型的逐步回归结果。松类

和杉类选择的变量与渐近线蓄积指数模型的完全相同，阔叶类的除包含渐近线蓄积指数模型的全部变量之外增加了两个。

**表 8-9　逐步回归模型系数——渐近线蓄积指数**

| 松类 | | | | 杉类 | | | | 阔叶类 | | | |
|---|---|---|---|---|---|---|---|---|---|---|---|
| 符号 | 变量名 | 系数 | Sig. | 符号 | 变量名 | 系数 | Sig. | 符号 | 变量名 | 系数 | Sig. |
| | 常数项 | 628.9807 | 0.000 | | 常数项 | 750.1731 | 0.000 | | 常数项 | 705.0693 | 0.000 |
| $x_2$ | 横坐标 | –0.1075 | 0.000 | $x_{25}$ | 平地 | 232.8319 | 0.000 | $x_6$ | 坡度 | –2.4185 | 0.000 |
| $x_{12}$ | 平原 | 320.4776 | 0.000 | $x_3$ | 纵横相乘 | –0.0004 | 0.000 | $x_4$ | 海拔 | –0.2517 | 0.000 |
| $x_7$ | 土层厚度 | 0.7802 | 0.000 | $x_7$ | 土层厚度 | 1.5706 | 0.000 | $x_1$ | 纵坐标 | –0.2338 | 0.000 |
| $x_{10}$ | 低山 | 25.5116 | 0.000 | $x_{26}$ | 土壤名称 | –37.7846 | 0.012 | $x_5$ | 海拔平方 | 0.0001 | 0.001 |
| $x_{23}$ | 下坡 | 21.2584 | 0.011 | | | | | $x_9$ | 枯枝落叶厚度 | 7.3427 | 0.007 |

**表 8-10　逐步回归模型系数——30 年蓄积指数**

| 松类 | | | | 杉类 | | | | 阔叶类 | | | |
|---|---|---|---|---|---|---|---|---|---|---|---|
| 符号 | 变量名 | 系数 | Sig. | 符号 | 变量名 | 系数 | Sig. | 符号 | 变量名 | 系数 | Sig. |
| | 常数项 | 313.8745 | 0.000 | | 常数项 | 385.7748 | 0.000 | | 常数项 | 447.8085 | 0.000 |
| $x_2$ | 横坐标 | –0.0777 | 0.000 | $x_{25}$ | 平地 | 167.6946 | 0.000 | $x_6$ | 坡度 | –2.0619 | 0.000 |
| $x_{12}$ | 平原 | 282.8814 | 0.000 | $x_3$ | 纵横相乘 | –0.0003 | 0.000 | $x_4$ | 海拔 | –0.1833 | 0.000 |
| $x_7$ | 土层厚度 | 0.5713 | 0.001 | $x_7$ | 土层厚度 | 1.0566 | 0.000 | $x_1$ | 纵坐标 | –0.1785 | 0.000 |
| $x_{10}$ | 低山 | 18.6231 | 0.000 | $x_{26}$ | 土壤名称 | –25.6712 | 0.013 | $x_5$ | 海拔平方 | 0.0001 | 0.004 |
| $x_{23}$ | 下坡 | 16.0499 | 0.011 | | | | | $x_9$ | 枯枝落叶厚度 | 5.7358 | 0.011 |
| | | | | | | | | $x_{18}$ | 西坡 | 23.3626 | 0.032 |
| | | | | | | | | $x_{21}$ | 上坡 | –17.8719 | 0.043 |

# 8.10　模型的应用

## 8.10.1　计算前后期最大密度公顷蓄积量

找出当前林分中最大的一株林木，设其前后期最大胸径分别是 $D_1$ 和 $D_2$，用下列公式计算前后期最大密度公顷蓄积量：

$$y = v\frac{\text{MDI}}{\text{DI}} = v\frac{a}{D^b} \quad \text{（已知材积）} \tag{8-26}$$

或

$$y = v\frac{\text{MDI}}{\text{DI}} = \alpha D^{\beta}\frac{a}{D^b} = a\alpha D^{\beta-b} \quad \text{（直接用胸径计算）} \tag{8-27}$$

式（8-26）、式（8-27）中，$y$ 为最大密度公顷蓄积（$m^3/hm^2$）；MDI 为最大密度

（株/hm$^2$）；DI 为密度指数（株/hm$^2$）；$v$ 为材积（m$^3$）；$D$ 为胸径（cm）；$a$、$b$、$\alpha$、$\beta$ 为参数。

### 8.10.2 根据前后期最大密度公顷蓄积量计算蓄积指数

设 $y_1$ 和 $y_2$ 为前后期最大密度公顷蓄积，则渐近线蓄积指数 $S$ 用下式迭代计算：

$$y_2 = S_1 e^{\frac{-(b+cS)}{\Delta A+(b+cS)/\ln(S/y_1)}} \tag{8-28}$$

式中，$\Delta A$ 为调查间隔期；e 为自然对数的底数；$b$、$c$ 为参数。

如果要用基准年龄 $A_0$ 时的最大密度蓄积指数 $S_{A_0}$，在计算得到 $S$ 的基础上，用下式

$$S_{A_0} = Se^{-(b+cS)/A_0}$$

### 8.10.3 根据环境因子计算蓄积指数

用不同的模型，如渐近线最大密度曲线——全自变量模型、基准年最大密度曲线——全自变量模型、渐近线最大密度曲线——逐步回归模型、基准年最大密度曲线——逐步回归模型，计算蓄积指数，模型形式见式（8-25）。

例如，利用松类的渐近线最大密度曲线——逐步回归模型计算渐近线蓄积指数，有一个样地的横坐标为 712（后 3 位数）、地貌为低山、土层厚度为 30cm、中坡，则渐近线蓄积指数为

$$\begin{aligned} y &= \begin{pmatrix} 1 & x_2 & x_{12} & x_7 & x_{10} & x_{23} \end{pmatrix} \begin{pmatrix} 628.9807 \\ -0.1075 \\ 320.4776 \\ 0.7802 \\ 25.5116 \\ 21.2584 \end{pmatrix} \\ &= \begin{pmatrix} 1 & 712 & 0 & 30 & 1 & 0 \end{pmatrix} \begin{pmatrix} 628.9807 \\ -0.1075 \\ 320.4776 \\ 0.7802 \\ 25.5116 \\ 21.2584 \end{pmatrix} = 601.4 \end{aligned} \tag{8-29}$$

因为是低山，则平原的自变量（$x_{12}$）为零，低山的自变量（$x_{10}$）为 1，同理

因为坡位为中坡，所以下坡的自变量（$x_{23}$）为零。

## 8.11　需继续研究的问题

1）选择几棵胸径最大的林木作为评价木需进一步研究。目前建模用的是 5 棵，计算指数用的是 1 棵。

2）蓄积指数受林分密度影响问题。

3）蓄积指数受林木相对竞争的影响问题。

4）多元回归模型精度提升问题。

5）立地质量制图。

# 第9章　浙江省毛竹林立地分类与立地质量评价

## 9.1 引　　言

立地分类与立地质量评价是适地适树和充分发挥林地生产潜力的基础。毛竹（*Phyllostachys heterocycla*）林是我国南方一种重要的森林类型，现有毛竹林立地分类主要采用三级或四级分类系统，没有与《中国森林立地分类》完整衔接，立地质量多以胸径、竹高作为评价指标，评价指标单一，难以准确评价立地质量。浙江省是我国毛竹林主产区，开展毛竹林立地分类与立地质量评价研究，可以为培育优质高效的毛竹林提供理论依据。

## 9.2 研究内容

针对当前毛竹林立地分类与立地质量评价存在的问题，以浙江省毛竹林为研究对象，基于浙江省一类清查数据和在全省东、南、西、北、中部10个县（市）设置的115个临时样地的调查数据，利用实测单株毛竹竹秆材积和生物量数据，建立毛竹竹秆材积、生物量模型和数量化模型，结合GIS技术，建立浙江省毛竹林立地分类系统，提出立地质量评价指标和方法，主要研究内容如下。

1）建立浙江省毛竹林立地分类系统。

2）基于精准实测的样竹数据，建立毛竹竹秆材积与生物量模型。

3）基于实测样地数据，建立浙江省毛竹林立地质量预测模型。

4）利用立地质量预测模型，对浙江省现有林地和毛竹林立地质量与立地潜力空间进行预估。

5）浙江省毛竹林立地适宜性和立地潜力空间评价。

## 9.3 研究方法

### 9.3.1 数据采集

数据主要来源于2009年浙江省森林资源连续清查数据和2014～2018年临时样地调查数据。

#### 9.3.1.1　样地调查

依据 2009 年浙江省森林资源连续清查数据，选取实际有效样地 2758 个，其中毛竹林样地 249 个。2014～2018 年，在浙江省北、东北、东、东南、南、西南、西、西北、中部等方向的安吉、余姚、宁海、黄岩、泰顺、庆元、常山、临安、诸暨和武义等 10 个县（市）开展毛竹林立地调查。每个地区选取近自然或近年未受人为干扰的毛竹林，在其中测设大小为 10m×10m 的临时样地，共 115 个。

样地调查方法：首先，用罗盘仪进行样地测设，用手持 GPS 仪测定样地西南角位置坐标。然后，记录样地的海拔、坡向、坡位、坡度等立地因子，并在样地内挖 50cm 宽、深至母质层的土壤剖面，记录土壤类型、土层厚度和土壤质地。最后，对样地内胸径大于 2cm 的毛竹进行每竹检尺，记录竹龄、胸径、胸高节长、竹高、枝下高、冠幅、生长状态等，并选出样地内优势竹，即调查样地中胸径最大的 5 株毛竹。

#### 9.3.1.2　样竹调查

在调查样地随机选取梢头完整、竹秆通直、断面近似圆形、无破损和病虫害的活立竹进行采伐，共采伐样竹 216 株。样竹株数按径阶呈正态分布（$P<0.05$）（图 9-1），分别进行毛竹构件因子、竹秆材积和地上部分生物量的测定。

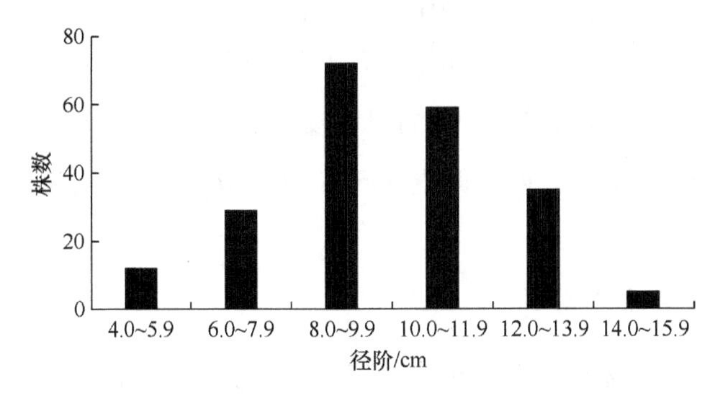


图 9-1　样竹径阶分布图

（1）毛竹构件因子测定

采伐样竹之前，测量胸径（$D$）及胸高节长（$L$），标记正北方向。样竹伐倒后，打下全部枝条。用皮尺测量竹秆全长（$H$），用围尺分段测量竹节长（$l$）及其中央直径（$d$）。在 $H/2$ 高度处锯开竹秆，用游标卡尺分别测量基部、胸高部位和 $H/2$ 高度处的东、南、西、北 4 个方向的壁厚（$t$）。

（2）毛竹地上部分生物量测定

砍下所有竹枝后，用尼龙绳捆扎，用电子提秤（精度 5g）称量枝叶总重。每株样竹选取有代表性的大、中、小三枝竹枝样品，摘取全部竹叶，用电子台秤（精度 0.1g）称量竹枝、竹叶样品鲜重。将竹秆劈成若干段后，利用电子提秤称量竹秆鲜重 $M$。在竹秆 1/2 高度处截取上下各 50cm、共 1m 长的竹段，在竹段东、南、西、北方向上各取宽 2cm 的样条 1 根，用电子台秤测定样条鲜重 $M_s$。

在实验室，将样品放入烘箱 105℃杀青 45min，再在 85℃条件下烘干至恒重。样品从烘箱中取出，冷却至室温称量干物质质量，并计算毛竹不同器官（秆、枝、叶）含水率。计算公式如下（曾伟生等，2011）：

$$P = \frac{M_f - M_d}{M_f} \times 100\% \tag{9-1}$$

式中，$P$ 为各器官含水率（%）；$M_f$ 为样品鲜重（kg）；$M_d$ 为样品干重（kg）。

由各器官样品含水率，可分别计算样竹各器官生物量，其总和即为毛竹地上部分生物量。计算公式如下：

$$W_s = M_{sf} \times (1 - P_s) \tag{9-2}$$

$$W_b = M_{bf} \times (1 - P_b) \tag{9-3}$$

$$W_l = M_{lf} \times (1 - P_l) \tag{9-4}$$

$$W_{ag} = W_s + W_b + W_l \tag{9-5}$$

式中，$W_s$、$W_b$、$W_l$ 和 $W_{ag}$ 分别为毛竹秆、枝、叶和地上部分生物量（kg）；$M_{sf}$、$M_{bf}$、$M_{lf}$ 分别为秆、枝、叶的鲜重（kg）；$P_s$、$P_b$、$P_l$ 分别为秆、枝、叶的含水率（%）。

（3）毛竹竹秆材积测定

毛竹内部中空，本研究采用可测量不规则形状物体体积的排水法测定毛竹竹壁材积。首先，将水注入定制水桶内至水龙头齐平处，排出桶内多余的水。然后，将除样条外的竹秆劈成竹条状，将竹条缓慢放入桶内，用铁桶收集由水龙头排出的水，用电子提秤称取全部竹条排水量。最后，计算毛竹竹秆材积，公式如下（唐思嘉，2017）：

$$V_s = \frac{M_w}{\rho} \tag{9-6}$$

式中，$V_s$ 为竹秆材积（$\times 10^{-3} m^3$）；$M_w$ 为排水质量（kg）；$\rho$ 为水的密度（$\rho = 1 g/cm^3$）。

样条材积的测定则利用容量为 1000mL 的量筒。将折断后的 16 根样条用材积和质量可忽略不计的细尼龙绳捆扎后，轻轻放入盛有 400～600mL 水（根据具体样条质量确定初始量筒内水的体积）的量筒内，记录前后刻度，其差值即为样条材积（1mL 水体积即为 1cm$^3$ 竹条材积）。

样竹胸径（$D$）、竹高（$H$）、胸高节长（$L$）、竹秆材积（$V$）和竹秆生物量（$W$）等主要统计指标情况如表 9-1 所示。

**表 9-1　毛竹样竹实测数据统计表**

| 变量 | 范围 | 平均值 | 标准差 | 变异系数 |
|---|---|---|---|---|
| 胸径/cm | 4.10～15.30 | 9.76 | 2.31 | 23.69% |
| 胸高节长/cm | 11.70～34.60 | 22.33 | 3.36 | 15.04% |
| 竹高/m | 4.10～26.20 | 14.40 | 2.95 | 20.47% |
| 竹秆鲜重/kg | 2.18～54.59 | 18.64 | 9.57 | 51.34% |
| 竹秆材积/（$\times10^{-3}m^3$） | 2.57～63.86 | 22.13 | 11.32 | 51.15% |
| 竹秆生物量/kg | 0.68～35.01 | 11.92 | 6.86 | 57.60% |

## 9.3.2　毛竹林立地分类方法

### 9.3.2.1　立地分类原则

（1）地域分异原则

森林立地是森林植被类型生存的空间与其各种自然环境因子的总和，而立地类型又是各类环境因子综合作用的结果，其反映了地域之间的客观差异。进行立地分类时，各级分类单元划分都应遵循地域分异这一理论基础和原则，以真实反映各种立地的本质差异（《中国森林立地分类》编写组，1989；张万儒，1997）。

（2）多级序分区分类原则

多级序层次分类现象普遍存在于自然科学领域。而林业用地中，也客观存在由大同到小异的等级差异，分类的单元等级越高，差异程度越大；反之，分类的单元等级越低，差异程度也越小。因此，要形成多级序的立地分区分类系统，应遵循在一定地域内的分异尺度标准下由大到小、逐级划分的原则（《中国森林立地分类》编写组，1989；唐思嘉，2017）。

（3）有林地和无林地统一分类原则

有林地与无林地在林业生产的不同经营阶段可以通过造林和采伐等方式相互转化，植被覆盖类型的变化产生了有林和无林之分。有林地与无林地的分类应统一在同一分类系统内，既便于经营措施的制定，也便于科学指导生产（《中国森林立地分类》编写组，1989；顾云春等，1993）。

（4）综合多因子分析基础上的主导因子原则

立地分类需要综合考虑各项立地影响因子，通过立地分异情况反映其本质特征。但综合分析在确定立地类型界线时存在较大难度，需要在综合分析的基础上，找出可以直观、稳定反映立地特征的主导因子及其划分指标，同时应考虑其在生产应用中是否易于识别和掌握（唐思嘉，2017；李培琳，2018）。

（5）定性与定量分析相结合原则

结合已有立地分类基础和技术条件，采用定性判断和定量评价相结合的方法，建立浙江省毛竹林立地分类系统。

（6）科学性与实用性相结合原则

科学性是指选择立地分类标准和构建分类系统时应遵循科学、合理的原则，其能正确反映立地的本质特征，符合实际的立地质量评价和生产力预估的要求。实用性是指应建立便于在林业生产实践中推广应用的立地分类系统（云南省林业厅和云南省林业调查规划院，1990）。

#### 9.3.2.2 立地分类主导因子筛选

在李培琳（2018）对浙江省森林立地分类的基础上，进行浙江省毛竹林立地分类，即依据综合多因子分析基础上的主导因子分类原则，分别对不同立地亚区的海拔、地貌、坡度、坡位、坡向、土层厚度等立地因子进行分析，筛选出各立地亚区的主导立地因子并排序，按照各级分类单元划分标准，逐级划分立地类型。

#### 9.3.2.3 立地分类系统构建

在确定立地分类原则及主导因子基础上，参照《中国森林立地分类》，采用六级分类方法构建浙江省毛竹林立地分类系统：

立地区域<br>
立地区<br>
立地亚区<br>
立地类型小区<br>
立地类型组<br>
立地类型

系统前三级为区划单位，其在空间上连续分布，在地域上不重复出现；后三级为分类单位，其可以不连续分布，也可以不重复出现。分区和分类单位等级越高，内部差异程度越大。其中，立地类型是分类系统中最基本的分类单位。

立地分类区划按照单位由大到小、逐级划分。《中国森林立地分类》中对浙江省的森林立地分类前三级情况如下：

Ⅶ 南方亚热带立地区域
- Ⅶ33 长江中下游滨湖立地区
  - Ⅶ33A 长江下游滨湖立地亚区
- Ⅶ35 天目山山地立地区
  - Ⅶ35B 浙皖低山丘陵立地亚区
  - Ⅶ35C 浙皖赣中低山立地亚区
  - Ⅶ35D 浙东低山丘陵立地亚区
- Ⅶ39 湘赣浙丘陵立地区
  - Ⅶ39B 东部低丘岗地立地亚区
- Ⅶ40 浙闽沿海低山丘陵立地区
  - Ⅶ40A 浙闽东南沿海丘陵立地亚区
  - Ⅶ40B 浙闽东南山地立地亚区
- Ⅶ41 武夷山山地立地区
  - Ⅶ41A 武夷山北部山地立地亚区

浙江省毛竹林立地分类系统与《中国森林立地分类》（1989 年）和浙江省森林立地分类系统（李培琳，2018）相衔接。浙江省作为独立的立地区域，其下可划分为 5 个立地区、8 个立地亚区：

浙江省立地区域
- 1 浙北平原立地区
  - 1A 浙北平原立地亚区
- 2 浙西山地立地区
  - 2A 浙西北低山丘陵立地亚区
  - 2B 浙西中低山立地亚区
  - 2C 浙东低山丘陵立地亚区
- 3 浙中西低丘岗地立地区
  - 3A 浙中西低丘岗地立地亚区
- 4 浙东沿海低山丘陵立地区
  - 4A 浙东沿海丘陵立地亚区
  - 4B 浙东南山地立地亚区
- 5 浙西南山地立地区
  - 5A 浙西南山地立地亚区

在各级分区单位下，再依据各立地主导因子划分立地类型小区、立地类型组和立地类型。

### 9.3.3 毛竹林立地质量评价方法

#### 9.3.3.1 立地质量评价原则

（1）评价指标切实有效

在前人研究提出的评价指标基础上，应根据实际评价对象的结构、功能和区域特征，提出能切实反映对象本质的指标。其中，定量化的指标更便于现实操作，受人为干预影响较小，因此应多采用定量指标开展立地质量评价（Baskerville，1972）。

（2）评价指标因子数量适宜性

在进行立地质量评价时，应当选择能对其产生较大影响的立地因子。若引入因子过多，立地质量评价效果反而会受到影响。

（3）有林地和无林地评价相统一

立地质量评价是对立地的宜林性或潜在的生产力进行判断或评价（沈国舫，2001）。对一个既定的立地，当树种相同时，无论是有林地还是无林地，其立地质量应该一致的。

#### 9.3.3.2 毛竹林立地质量评价指标

按样地内毛竹胸径大小选取 5 株优势竹，并以优势竹单株材积（或生物量）作为毛竹林立地质量评价指标，即用现有林地优势竹单株竹秆材积（或生物量）的值表示立地质量，而立地潜力空间是指现有林地平均单株材积（或生物量）与优势竹单株材积（或生物量）差值的绝对值。前者用来评价现有林地的潜在生产力，即在既定立地条件下，单株毛竹竹秆材积（或生物量）能生长的最大值；后者用以评价现有林地潜在生产力的提升空间，即现有林分平均单株竹秆材积（或生物量）与毛竹均长成优势竹时林分平均单株竹秆材积（或生物量）的理论差距。立地质量评价指标应当对立地敏感，且不受林分密度影响（唐思嘉，2017）。

**1. 毛竹竹秆材积与生物量模型研建**

立木材积方程一般有 4 类，即组合变量方程、对数材积方程、霍纳（Horner）材积方程和广义材积方程。通过初步筛选和比较，本研究基于广义材积方程，选择幂函数形式的一元模型及山本式和寺崎渡方程的 4 个二元模型进行分析比较。一元材积模型是以胸径为自变量的式（9-7），二元材积模型是以胸径、竹高和胸高节长为自变量的式（9-8）～式（9-11）。同时，选择拟合优度与精度较高且形式简单的异速生长方程形式的一元、二元和三元模型作为竹秆生物量模型，并进行比较分析（孟宪宇，2006）。一元竹秆生物量模型以胸径为自变量[式（9-12）]，二元竹秆生物量模型以胸径和竹龄为自变量[式（9-13）]，三元竹秆生物量模型则以胸径、竹龄和胸高节长为自变量[式（9-14）]。

5 个竹秆材积方程为

$$M_1:\quad V = a_0 D^{a_1} \tag{9-7}$$

$$M_2:\quad V = a_0 D^{a_1} H^{a_2} \tag{9-8}$$

$$M_3:\quad V = a_0 D^{a_1} L^{a_2} \tag{9-9}$$

$$M_4:\quad V = a_0 D^{a_1} e^{a_2/H} \tag{9-10}$$

$$M_5:\quad V = a_0 D^{a_1} e^{a_2/L} \tag{9-11}$$

3 个竹秆生物量方程为

$$M_6:\quad W = a_0 D^{a_1} \tag{9-12}$$

$$M_7:\quad W = a_0 D^{a_1} A^{a_2} \tag{9-13}$$

$$M_8:\quad W = a_0 D^{a_1} A^{a_2} L^{a_3} \tag{9-14}$$

式中，$V$ 为单株毛竹竹秆材积（$\times 10^{-3}\text{m}^3$）；$W$ 为单株毛竹竹秆生物量（kg）；$D$ 为胸径（cm）；$H$ 为竹高（m）；$L$ 为胸高节长（cm）；$A$ 为毛竹竹龄（度）；$a_i$ 为模型参数，$i$=0、1、2、3。

基于以上 8 个材积和生物量方程建立的模型，需要考虑误差项，有加性和乘性之分。若其误差项为乘性，进行对数回归参数拟合后需要转化成原始结构，且需对其进行修正（曾伟生等，2011；Baskerville，1972）。

目前，许多关于对数回归模型校正因子的研究（Finney，1941；Baskerville，1972；Snowdon，1991；曾伟生和唐守正，2011a）中，Baskerville 提出的校正因子$\left[\text{CF} = \exp\left(s^2/2\right)\right]$（$s$ 为回归估计标准差）是应用最多的。通过比较研究，采用不同校正因子修正后的模型各项评价指标并无差异（Dong *et al.*，2014），故选择常用的校正因子$\left[\text{CF} = \exp\left(s^2/2\right)\right]$进行校正，预估材积与生物量模型可表示为式（9-15）～式（9-22）：

$$V = \exp(a_0' + a_1 \ln D + s_1^2/2) \tag{9-15}$$

$$V = \exp(a_0' + a_1 \ln D + a_2 \ln H + s_2^2/2) \tag{9-16}$$

$$V = \exp(a_0' + a_1 \ln D + a_2 \ln L + s_3^2 / 2) \tag{9-17}$$

$$V = \exp(a_0' + a_1 \ln D + a_2 / H + s_4^2 / 2) \tag{9-18}$$

$$V = \exp(a_0' + a_1 \ln D + a_2 / L + s_5^2 / 2) \tag{9-19}$$

$$W = \exp(a_0' + a_1 \ln D + s_6^2 / 2) \tag{9-20}$$

$$W = \exp(a_0' + a_1 \ln D + a_2 \ln A + s_7^2 / 2) \tag{9-21}$$

$$W = \exp(a_0' + a_1 \ln D + a_2 \ln A + a_3 \ln L + s_8^2 / 2) \tag{9-22}$$

式中，$a_0'=\ln a_0$；其他符号含义同式（9-7）～式（9-14）。

采用 ForStat 2.2 软件分别对上述 16 个模型进行参数估计。

**2. 毛竹竹秆材积与生物量模型误差结构分析**

采用似然分析法，检验基于 8 个不同方程的毛竹竹秆材积和生物量模型误差结构（Ballantyne，2013；Dong *et al.*，2014；董利虎和李凤日，2016），确定应当采用对数回归或非线性回归模型进行模型拟合，具体计算步骤如下。

第 1 步：利用原始数据分别进行对数线性回归和非线性回归拟合，得到共 8 个模型的参数估计值 $a_i$ 和方差 $\sigma^2$。计算 8 个模型各自的对数似然值（ln*L*），通过式（9-23）计算各模型的赤池信息量准则（AIC）：

$$\text{AIC} = 2k - 2\ln L + \frac{2k(k+1)}{n-k-1} \tag{9-23}$$

式中，*k* 为模型参数的个数；*n* 为建模样本数量；ln*L* 为模型的对数似然值。

对数转换的线性回归模型的赤池信息量准则称为 $\text{AIC}_{\text{ln}}$，非线性回归模型的赤池信息量准则称为 $\text{AIC}_{\text{norm}}$。

第 2 步：分别对比 8 个模型的 2 个赤池信息量准则，若 ΔAIC（$\text{AIC}_{\text{norm}}-\text{AIC}_{\text{ln}}$）＜–2，表明模型的误差项是相加的，应基于原始数据进行非线性回归拟合；如果 ΔAIC（$\text{AIC}_{\text{norm}}-\text{AIC}_{\text{ln}}$）＞ 2，则说明模型的误差项是相乘的，应进行对数转换的线性回归拟合；当–2≤ΔAIC（$\text{AIC}_{\text{norm}}-\text{AIC}_{\text{ln}}$）≤2 时，两种模型拟合差别不大。

**3. 模型评价与检验**

模型拟合优度和预估精度通过以下 4 个指标进行评价检验［式（9-24）～式（9-27）］，公式如下（曾伟生等，2011）。

调整确定系数（$R_a^2$）：

$$R_a^2 = 1 - \frac{\sum_{i=1}^{n}(y_i - \hat{y}_i)^2}{\sum_{i=1}^{n}(y_i - \overline{y})^2} \times \frac{n-1}{n-p} \tag{9-24}$$

估计值标准差：

$$\mathrm{SEE}=\sqrt{\frac{\sum_{i=1}^{n}(y_i-\hat{y}_i)^2}{n-p}} \tag{9-25}$$

平均系统误差：

$$\mathrm{MSE\%}=\frac{1}{n}\sum_{i=1}^{n}\frac{y_i-\hat{y}_i}{\hat{y}_i}\times 100 \tag{9-26}$$

平均误差：

$$\mathrm{ME}=\frac{1}{n}\sum_{i=1}^{n}(y_i-\hat{y}_i) \tag{9-27}$$

式中，$y_i$和$\hat{y}_i$分别为第 $i$ 株样竹的实测值和估计值；$\bar{y}$为全部样竹平均实测值；$n$为样竹数；$p$为参数个数。

以上 4 个指标中，$R_a^2$和 SEE 是回归模型的最常用指标，既反映模型的拟合优度，也反映自变量的贡献率和因变量的离差情况；MSE%是反映拟合效果的重要指标，应控制在一定范围内（±3%或±5%），趋于 0 时效果最佳（曾伟生等，2011；Ballantyne，2013）。

#### 9.3.3.3　数量化立地质量评价方法

**1. 立地因子选择与类目划分**

结合浙江省森林资源连续清查及样地调查数据，本研究以毛竹林立地质量评指标为因变量，选择地貌、坡向、坡位、坡度、土层厚度等立地因子作为数量化评价模型的自变量。为分析不同水平下各立地因子（自变量）对立地质量评价指标（因变量）的影响，需要按照类目划分标准（浙江省林业厅，2009）（表 9-2），对各定性因子进行类目划分，其中定量因子坡度作为协变量。

**表 9-2　定性立地因子类目划分**

| 立地因子 | 划分标准 |
|---|---|
| 地貌 | 中山：海拔＞1000m<br>低山：海拔 500～999m<br>丘陵：海拔＜500m，无明显脉络<br>平原：平坦，起伏小 |
| 坡位 | 上坡：从山脊至山谷范围的山坡上部，包括脊部<br>中坡：从山脊至山谷范围的山坡中部<br>下坡：从山脊至山谷范围的山坡下部，包括山谷<br>平地：平原、台地上的样地 |

续表

| 立地因子 | 划分标准 |
| --- | --- |
| 坡向 | 阳坡：西南、南、无坡向<br>偏阳坡：东南、西<br>偏阴坡：西北、东<br>阴坡：东北、北 |
| 坡度 | 平缓坡：坡度＜15°<br>斜陡坡：坡度 15°～34°<br>急险坡：坡度≥35° |
| 土层厚度 | 薄土层：土层厚度＜40cm<br>中土层：土层厚度 40～79cm<br>厚土层：土层厚度≥80cm |

**2. 毛竹林立地质量预测模型**

本研究通过数量化理论Ⅰ，建立毛竹林立地质量预测模型。数量化理论是分析在数据中含有定性因子的一类统计方法，而自变量中包含定性因子的回归模型即为数量化理论Ⅰ（董文泉等，1979）。其一般模型为：

$$y_i = b_0 + \sum_{j=1}^{m}\sum_{k=1}^{r_j} b(j,k)\delta_i(j,k) + \sum_{j=m+1}^{p} b(j)x_{ij} + \varepsilon_i \tag{9-28}$$

式中，$y_i$ 是第 $i$ 个样地因变量的观测值；$b_0$ 是常数项；$b(j,k)$是第 $j$ 个定性因子、第 $k$ 个类目的得分；$b(j)$是第 $j$ 个定量因子的回归系数；$m$ 是定性因子的个数；$p$ 是定性因子和定量因子的总个数；$r_j$ 是第 $j$ 个项目的类目数；$x_{ij}$ 是第 $i$ 个样地、第 $j$ 个定量因子的观测值；$\varepsilon_i$ 是随机误差；$\delta_i(j,k)$是对定性因子进行定量化处理的一个示性函数（0～1 数量化理论）：

$$\delta_i(j,k) = \begin{cases} 1 & \text{第}i\text{个样地中第}j\text{立地因子的定性数据为}k\text{ 类目时} \\ 0 & \text{其他} \end{cases} \tag{9-29}$$

根据式（9-29），编制样地的立地因子数量化反应表，如表 9-3 所示。

**表 9-3 立地因子数量化反应表（部分）**

| 样地号 | 地貌 | | | | 坡向 | | | | … | 土层厚度 | | | 坡度/（°） |
| --- | --- | --- | --- | --- | --- | --- | --- | --- | --- | --- | --- | --- | --- |
| | 中山 | 低山 | 丘陵 | 平原 | 上坡 | 中坡 | 下坡 | 平地 | … | 薄 | 中 | 厚 | |
| 1 | 0 | 0 | 1 | 0 | 0 | 1 | 0 | 0 | … | 1 | 0 | 0 | 41 |
| 2 | 0 | 0 | 1 | 0 | 1 | 0 | 0 | 0 | … | 0 | 1 | 0 | 31 |
| 3 | 0 | 1 | 0 | 0 | 0 | 1 | 0 | 0 | … | 0 | 1 | 0 | 45 |
| ⋮ | ⋮ | ⋮ | ⋮ | ⋮ | ⋮ | ⋮ | ⋮ | ⋮ | ⋮ | ⋮ | ⋮ | ⋮ | ⋮ |
| 115 | 0 | 1 | 0 | 0 | 0 | 0 | 1 | 0 | … | 1 | 0 | 0 | 39 |

立地质量预测模型可落实到具体样地，方法为：根据立地因子分类和分级标准，对不同因子各个类目进行 0～1 数量化处理。随后，根据数量化结果，将 0 或 1 代入预测模型，即可预估给定立地条件下的立地质量，比较不同区域的立地质量差异。预估结果不仅能反映某个立地类型质量的高低，也可反映林地自然质量的优劣（吴恒等，2015）。

#### 9.3.3.4　毛竹林立地质量分布图制作方法

基于浙江省森林资源连续清查样地数据预估全省毛竹林立地质量，其为离散变量，而利用地统计学空间插值的方法，可获得立地质量的空间分布情况。

反距离权重插值法是根据距离衰减规律，对样本点的空间距离进行加权的方法，适用于均匀分布且密集程度足以反映局部差异的样点数据集（汤国安和杨昕，2006；易湘生等，2015）。根据 ArcGIS 10.2 的地统计分析工具插值分析的反距离权重法进行空间插值，为统一空间分辨率，设置输出像元大小为 250m，权重值等其他参数设置默认，生成覆盖全省区域的毛竹林立地质量与立地潜力空间分布图。

## 9.4　结果与分析

### 9.4.1　毛竹林立地分类系统

以《中国森林立地分类》（1989 年）和李培琳（2018）的浙江省森林立地分类结果为基础，建立浙江省毛竹林立地分类系统，划分结果见附录 6，各立地亚区各级分类单元主导因子与数量如表 9-4 所示。

**表 9-4　浙江省毛竹林各立地亚区各级分类单元主导因子与数量**

| 立地亚区 | 立地类型小区 | | 立地类型组 | | 立地类型 | |
|---|---|---|---|---|---|---|
| | 主导因子 | 单元数量 | 主导因子 | 单元数量 | 主导因子 | 单元数量 |
| 浙北平原立地亚区 | 坡度 | 3 | 土层厚度 | 8 | 坡向 | 20 |
| 浙西北低山丘陵立地亚区 | 坡度 | 3 | 坡向 | 12 | 土层厚度 | 28 |
| 浙西中低山立地亚区 | 地貌、坡向 | 13 | 土层厚度 | 29 | 坡度 | 54 |
| 浙东低山丘陵立地亚区 | 地貌、坡向 | 10 | 土层厚度 | 25 | 坡度 | 52 |
| 浙中西低丘岗地立地亚区 | 地貌、坡向 | 13 | 土层厚度 | 31 | 坡度 | 61 |
| 浙东沿海丘陵立地亚区 | 地貌、坡向 | 13 | 土层厚度 | 29 | 坡度 | 58 |
| 浙东南山地立地亚区 | 坡向 | 4 | 土层厚度 | 11 | 坡度 | 26 |
| 浙西南山地立地亚区 | 坡向 | 4 | 土层厚度 | 10 | 坡度 | 23 |

经统计，浙北平原立地亚区内，平缓坡立地类型小区包含样地占比最大，为60.82%，而平缓阳坡中土层立地类型与平缓偏阳坡中土层立地类型分别占22.68%和26.80%；浙西北低山丘陵立地亚区内，斜陡坡立地类型小区样地数量占比为48.57%；浙西中低山立地亚区内，低山阳坡立地类型小区、低山偏阳坡立地类型小区和低山偏阴坡立地类型小区样地分别占19.54%、19.28%和20.31%，该3个小区中土层立地类型组占比高；浙东低山丘陵立地亚区内，各丘陵阴坡立地类型小区样地分布较为均匀；浙中西低丘岗地立地亚区内，分布在低山丘陵地带的样地占比为88.40%，其中，中土层立地类型组分布最多，占亚区内总样地的65.20%；浙东沿海丘陵立地亚区内，丘陵地带分布着64.55%的样地，且拥有中土层的居多；浙东南山地立地亚区内，不同坡向的样地比例相近，与大部分亚区情况一致的，中土层样地占比达71.47%；浙西南山地立地亚区内，各级分类单元分布情况与浙东南山地立地亚区相似。

### 9.4.2 毛竹林立地质量评价

#### 9.4.2.1 毛竹不同器官含水率和生物量占比

毛竹地上部分不同器官不同竹龄平均含水率和生物量占比情况如图9-2所示，可见，竹叶含水率较高，竹枝和竹秆含水率则较为接近，且均低于竹叶含水率。各地上部分器官生物量占比大小排序为竹秆＞竹枝＞竹叶，且地上部分生物量大部分为竹秆生物量，占比近80%。

随着竹龄的增加，各器官含水率逐年下降，其中竹秆含水率平均下降最多，达24%。生物量积累逐年增加，竹秆生物量占比有所上升，竹枝和竹叶生物量略有下降。

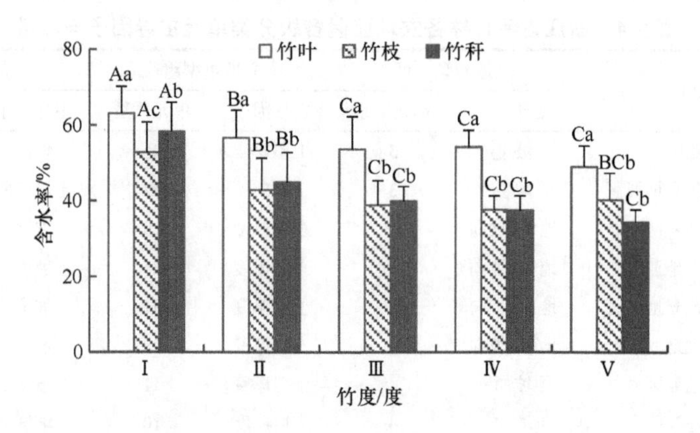

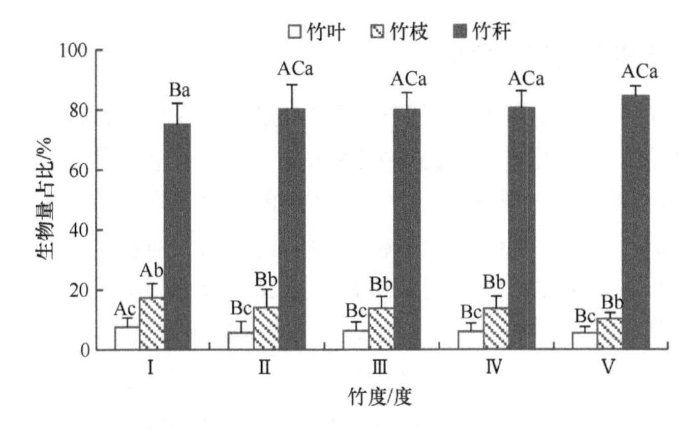


图 9-2　毛竹地上部分不同器官不同竹龄平均含水率和生物量占比统计

不同大写字母表示同一器官不同竹龄之间差异显著（$P<0.05$），不同小写字母表示同一竹龄不同器官之间差异显著（$P<0.05$）

#### 9.4.2.2　毛竹竹秆材积和生物量模型

**1. 模型误差结构分析**

分别利用原始数据的非线性回归和对数转换的线性回归拟合 8 个基础材积和生物量模型[式（9-7）～式（9-14）]，计算求得各模型的赤池信息量准则（$AIC_{norm}$ 和 $AIC_{ln}$），相比较得到 5 个模型对应的 ΔAIC（表 9-5）。

**表 9-5　浙江省毛竹竹秆材积和生物量模型误差结构似然分析统计**

| 模型 | $AIC_{norm}$ | $AIC_{ln}$ | ΔAIC |
|---|---|---|---|
| $M_1$ | 745.00 | 690.65 | 54.35 |
| $M_2$ | 779.29 | 695.03 | 84.26 |
| $M_3$ | 748.15 | 692.26 | 55.89 |
| $M_4$ | 780.14 | 692.18 | 87.95 |
| $M_5$ | 753.49 | 692.32 | 61.18 |
| $M_6$ | 1226.55 | 225.30 | 1001.25 |
| $M_7$ | 1213.72 | 221.12 | 992.60 |
| $M_8$ | 1213.65 | 185.27 | 1028.38 |

注：$M_1$～$M_5$ 为毛竹竹秆材积模型，$M_6$～$M_8$ 为毛竹竹秆生物量模型，下同

如表 9-5 所示，通过比较对数转换线性回归拟合的模型与利用原始数据直接拟合的非线性模型获得的 AIC，8 个模型的 ΔAIC 值均大于 2，因此认为本研究的浙江省毛竹竹秆材积和生物量模型误差结构均为乘积型误差，8 个模型都应采用对数转换的线性回归进行拟合分析。

### 2. 模型拟合参数与评价检验

不分建模样本和检验样本而利用全部样本建立材积模型，能充分利用其信息，可得到预估误差最小的模型（Kozak and Kozak，2003；曾伟生和唐守正，2011b；唐思嘉，2017）。利用全部样本，采用对数转换的线性回归进行竹秆材积和生物量模型的拟合分析，并通过拟合优度指标和预估精度指标对模型进行评价和检验。

竹秆材积和生物量对数回归模型拟合参数及各统计指标结果见表 9-6，可以看出，8 个模型拟合参数|$t$|检验值均大于 2，说明拟合参数稳定，模型拟合稳定。5 个材积模型的调整决定系数（$R_a^2$）均在 0.95 以上，模型 $M_2$ 最大为 0.9677，而模型 $M_3$ 和 $M_5$ 也分别达到了 0.9647 和 0.9649，说明胸径和胸高节长变量可以解释该两个模型因变量（竹秆材积）变动的 96%以上。5 个材积模型的估计值标准差（SEE）和平均系统误差（MSE）均接近于 0。通过各模型统计指标的比较，模型 $M_2$ 是最佳模型。而 3 个生物量模型中，一元模型 $M_6$ 的调整确定系数（$R_a^2$）仅为 0.7742，二元模型 $M_7$ 与三元模型 $M_8$ 均高于 0.89，且模型 $M_8$ 达到 0.9004。模型 $M_8$ 估计值标准差（SEE）和平均系统误差（MSE）最小，则模型 $M_8$ 为最佳模型。

表 9-6 竹秆材积和生物量对数回归模型拟合参数及统计指标

| 模型 | 参数估计值 | | | | 统计指标 | | | |
|---|---|---|---|---|---|---|---|---|
| | $a_0$ | $a_1$ | $a_2$ | $a_3$ | $R_a^2$ | SEE | ME | MSE% |
| $M_1$ | −2.1505（−23.24） | 2.1960（52.62） | / | / | 0.9580 | 0.1192 | 0.0000 | 0.0944 |
| $M_2$ | −2.6161（−24.75） | 1.8831（34.43） | 0.4426（6.50） | / | 0.9677 | 0.1046 | 0.0000 | 0.0822 |
| $M_3$ | −2.9911（−19.62） | 2.1195（55.40） | 0.3272（6.66） | / | 0.9647 | 0.1094 | 0.0000 | 0.0863 |
| $M_4$ | −1.4292（−10.81） | 1.9882（39.83） | −3.4819（−5.20） | / | 0.9643 | 0.1099 | 0.0000 | 0.0869 |
| $M_5$ | −1.6543（−14.88） | 2.1149（54.87） | −6.8411（−6.70） | / | 0.9649 | 0.1090 | 0.0000 | 0.0864 |
| $M_6$ | −2.7755（−14.64） | 2.2578（26.92） | / | / | 0.7742 | 0.3158 | 0.0000 | −0.5945 |
| $M_7$ | −2.9567（−23.05） | 2.2052（38.96） | 0.4457（15.93） | / | 0.8975 | 0.2128 | 0.0000 | −1.0595 |
| $M_8$ | −3.6289（−12.77） | 2.1439（35.47） | 0.4495（16.27） | 0.2629（2.64） | 0.9004 | 0.2098 | 0.0000 | −1.0456 |

注：括号内数值为各参数 $t$ 检验值

为反映不同大小的毛竹竹秆材积和生物量的预估情况，对 8 个对数回归模型不同径阶的平均偏差进行了检验（表 9-7）。可见，各模型的预估偏差在不同径阶均接近于 0，说明各模型在不同径阶的预估精度均较高。从数值上看，模型在最小径阶和最大径阶范围时，平均预估偏差相对较大，但在其他径阶范围，偏差较小。从表中也能看出，对于竹秆材积模型，模型 $M_2$ 在不同径阶的预估效果均为最佳，但与模型 $M_4$ 和 $M_5$ 较为接近；而对于竹秆生物量对数模型而言，除最大径阶（14.0～15.9cm）外，模型 $M_8$ 在不同径阶的预估效果均是最佳的。

表 9-7　不同径阶竹秆材积和生物量对数模型平均偏差检验结果

| 径阶/cm | 模型 | | | | | | | |
|---|---|---|---|---|---|---|---|---|
| | $M_1$ | $M_2$ | $M_3$ | $M_4$ | $M_5$ | $M_6$ | $M_7$ | $M_8$ |
| 4.0～5.9 | 0.0521 | 0.0382 | 0.0852 | 0.0415 | 0.0829 | −0.1236 | −0.0938 | −0.0904 |
| 6.0～7.9 | 0.0153 | 0.0077 | 0.0090 | 0.0128 | 0.0088 | 0.0556 | 0.0273 | 0.0243 |
| 8.0～9.9 | −0.0165 | −0.0096 | −0.0113 | −0.0125 | −0.0111 | 0.0161 | 0.0136 | 0.0129 |
| 10.0～11.9 | 0.0048 | 0.0036 | −0.0038 | −0.0009 | −0.0030 | −0.0180 | −0.0023 | −0.0005 |
| 12.0～13.9 | 0.0044 | −0.0019 | −0.0010 | −0.0004 | −0.0023 | −0.0121 | 0.0003 | −0.0002 |
| 14.0～15.9 | −0.0635 | −0.0268 | −0.0415 | 0.0194 | −0.0380 | 0.0460 | −0.1001 | −0.0991 |

从对数回归模型残差分布图（图 9-3）也可看出，各模型的残差随着预测值的增大基本呈均匀分布，不存在异方差。

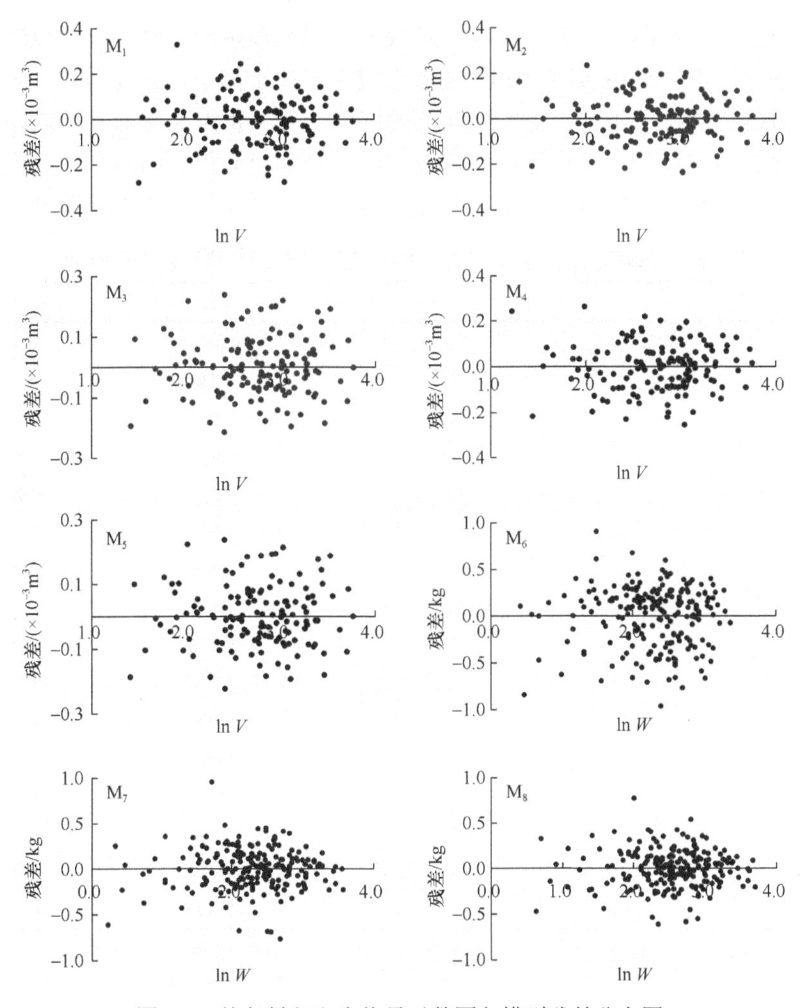


图 9-3　竹秆材积和生物量对数回归模型残差分布图

综上所述，结合模型拟合优度和预估精度，考虑到实践中胸高节长比竹高更易准确测量，故本研究选择基于胸径和胸高节长的竹秆材积模型 $M_5$ 和基于胸径、竹龄和胸高节长的竹秆生物量模型 $M_8$ 作为预估全省毛竹竹秆材积和生物量的模型。

**3. 对数模型校正**

基于对数转换的线性回归模型预测的是期望材积或生物量的对数值，而要获得材积或生物量的实际值（即材积或生物量预估值），则需要对对数模型预测值进行反对数转换（Dong *et al.*，2014）。一般认为，反对数转换过程中会对材积或生物量等预测值产生系统上的低估，因此需要对其进行校正（Finney，1941；Packard and Birchard，2008；曾伟生等，2011；Clifford *et al.*，2013）。

Madgwick 和 Satoo（1975）、Zianis 等（2011）研究指出，反对数转换时引入校正因子会高估预测值，因此认为当对数模型误差项足够小时，反对数转换过程中无需进行校正。Dong 等（2014）通过比较不同校正因子进行反对数转换模型校正与不做校正的统计指标，也发现同样的规律。表 9-8 为 8 个对数回归模型进行反对数转换后的部分统计指标，可以看出，根据本研究得到的对数回归模型进行反对数转换，对得到的材积或生物量预估值进行评价检验，从 ME 和 MSE 指标

**表 9-8　对数模型反对数转换在原始尺度下的非线性模型校正评价检验**

| 模型 | 校正因子（CF） | ME/（$\times10^{-3}$m$^3$） | MSE/% |
|---|---|---|---|
| $M_1'$ | $CF_0$ | 0.0831 | 0.6039 |
| | $CF_1$ | –0.0252 | –0.0060 |
| $M_2'$ | $CF_0$ | 0.0804 | 0.4603 |
| | $CF_2$ | –0.0030 | –0.0097 |
| $M_3'$ | $CF_0$ | 0.0778 | 0.4577 |
| | $CF_3$ | –0.0039 | –0.0023 |
| $M_4'$ | $CF_0$ | 0.0994 | 0.5037 |
| | $CF_4$ | 0.0089 | –0.0062 |
| $M_5'$ | $CF_0$ | 0.0804 | 0.4565 |
| | $CF_5$ | –0.0013 | –0.0035 |
| $M_6'$ | $CF_0$ | 0.4689 | 4.8313 |
| | $CF_6$ | –1.6691 | –11.5996 |
| $M_7'$ | $CF_0$ | 0.1471 | 2.2437 |
| | $CF_7$ | –2.4357 | –16.0861 |
| $M_8'$ | $CF_0$ | 0.1422 | 2.1866 |
| | $CF_8$ | –2.4522 | –16.1937 |

注：$M_i'$（$i$=1, 2, 3, ⋯, 8）表示原始尺度下，模型 $M_i$（$i$=1, 2, 3, ⋯, 8）分别进行反对数转换后的非线性模型；校正因子 $CF_0$ 指不做校正，$CF_i$（$i$=1, 2, 3, ⋯, 8）为各模型校正因子，其中，$CF_1$=1.0061，$CF_2$=1.0047，$CF_3$=1.0046，$CF_4$=1.0051，$CF_5$=1.0046，$CF_6$=1.1859，$CF_7$=1.2184，$CF_8$=1.2193

评价结果可知，模型本身即具有较高的拟合优度与预估精度，误差较小。若对其进行校正，5 个材积模型校正前后检验指标并无显著变化，而生物量模型在校正后会较为明显地高估生物量。

### 9.4.2.3　毛竹林立地质量评价指标

选取调查样地中胸径最大的 5 株毛竹作为优势竹，利用其单株竹秆材积和生物量评价立地质量。根据 115 个毛竹林样地调查结果及毛竹竹秆材积模型和生物量模型，计算得出各样地优势竹单株竹秆材积和生物量。从图 9-4 可以看出，各样地优势竹单株竹秆材积和或生物量与毛竹林立竹密度之间不存在明显的相关性。

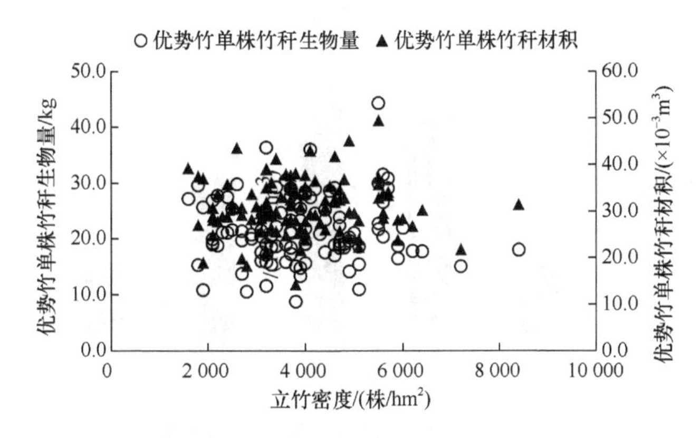


图 9-4　样地优势竹单株竹秆材积和生物量与立竹密度关系图

从表 9-9 可知，优势竹单株竹秆材积和生物量的变异系数分别达 21.26%和 27.03%，其对立地质量较为敏感，是适宜评价毛竹林立地质量的指标。

表 9-9　毛竹林样地优势竹单株竹秆材积和生物量统计

| 统计因子 | 均值 | 最小值 | 最大值 | 变动范围 | 标准差 | 变异系数 |
|---|---|---|---|---|---|---|
| 优势竹单株竹秆材积/（$\times10^{-3}m^3$） | 31.01 | 12.85 | 52.89 | 40.04 | 6.59 | 21.26% |
| 优势竹单株竹秆生物量/kg | 21.72 | 8.85 | 44.33 | 35.48 | 5.87 | 27.03% |

### 9.4.2.4　毛竹林立地质量评价等级划分

根据选择的竹秆材积模型和生物量模型，估算 115 个毛竹林样地优势竹单株竹秆材积和生物量，并分析其变化特征，确定立地质量等级。统计结果表明（表 9-9），优势竹单株竹秆材积 $\overline{V}_D$ 的均值为 $31.01\times10^{-3}m^3$，最大值为 $52.89\times10^{-3}m^3$，最小值为 $12.85\times10^{-3}m^3$，标准差为 $6.59\times10^{-3}m^3$；优势竹单株竹秆生物量 $\overline{W}_D$ 的均值为 21.72kg，变动范围 35.48kg，标准差为 5.87kg。优势竹单株竹秆材积和生物量频数分布情况如图 9-5 所示，经 $\chi^2$ 检验（$\alpha$=0.01），毛竹林优势竹单株竹秆材积和生物量频数分布呈极显著的正态分布。

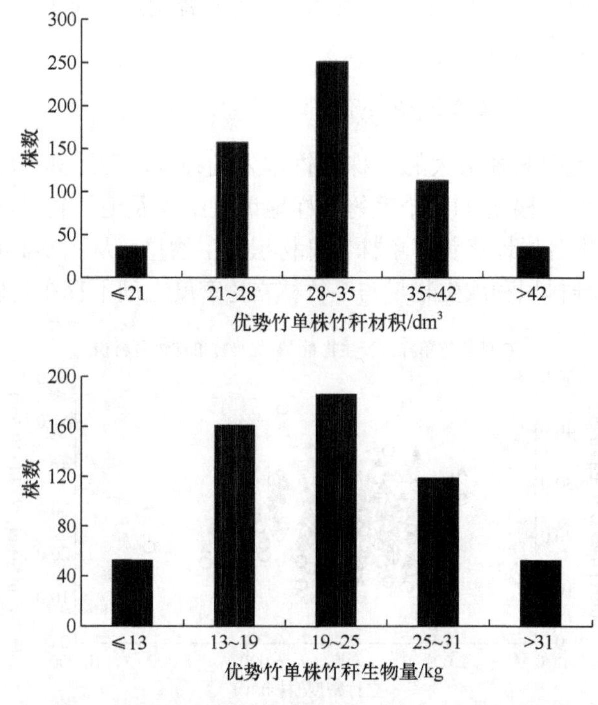


图 9-5　毛竹林优势竹单株竹秆材积和生物量频数分布图

分别取优势竹单株竹秆材积 $\overline{V}_D$ 均值 $31\times10^{-3}\text{m}^3$ 和优势竹单株竹秆生物量 $\overline{W}_D$ 均值 22kg 为毛竹林立地质量等级的中间级，等级间距分别为 $7\times10^{-3}\text{m}^3$ 和 6kg，划分为 5 个立地质量等级、5 个适宜性等级，见表 9-10。

表 9-10　毛竹林立地质量等级

| 优势竹单株竹秆材积/（$\times10^{-3}\text{m}^3$） | 优势竹单株竹秆生物量/kg | 立地质量等级 | 适宜性等级 |
|---|---|---|---|
| $\overline{V}_D > 42$ | $\overline{W}_D > 31$ | I | 高 |
| $35 < \overline{V}_D \leqslant 42$ | $25 < \overline{W}_D \leqslant 31$ | II | 较高 |
| $28 < \overline{V}_D \leqslant 35$ | $19 < \overline{W}_D \leqslant 25$ | III | 中 |
| $21 < \overline{V}_D \leqslant 28$ | $13 < \overline{W}_D \leqslant 19$ | Ⅳ | 较低 |
| $\overline{V}_D \leqslant 21$ | $\overline{W}_D \leqslant 13$ | V | 低 |

### 9.4.2.5　毛竹林立地质量评价模型

#### 1. 毛竹林立地质量预测模型

根据 115 个样地调查数据估算的优势竹单株竹秆材积和生物量，利用 ForStat

2.2 软件数量化理论 I 程序，建立与立地因子的关系模型。各立地因子项目、水平数量化综合系数及检验结果如表 9-11、表 9-12 所示。基于优势竹单株竹秆材积的毛竹林立地质量数量化预测模型经 $F$ 检验，达到显著水平（$P<0.05$），表明可应用于实际。

**表 9-11　基于优势竹单株竹秆材积的毛竹林立地质量数量化预测模型参数（得分）及检验表**

| 因子 | 水平 | 得分 | 标准差 | $T$ 值 | Pr>$T$ |
|---|---|---|---|---|---|
| 截距 | | 20.0317 | 6.11 | 3.28 | 0.00 |
| 地貌 | 丘陵 | −5.4188 | 3.59 | −1.51 | 0.13 |
| | 低山 | −3.4065 | 3.81 | −0.89 | 0.37 |
| | 平原 | 9.0299 | 7.02 | 1.29 | 0.20 |
| | 中山 | 0.0000 | | | |
| 坡位 | 上坡 | 9.0950 | 5.44 | 1.67 | 0.10 |
| | 下坡 | 9.2496 | 5.33 | 1.74 | 0.09 |
| | 中坡 | 8.4090 | 5.37 | 1.56 | 0.12 |
| | 平地 | 0.0000 | | | |
| 坡向 | 阴坡 | 0.5077 | 1.38 | 0.37 | 0.71 |
| | 偏阴 | −1.3653 | 1.49 | −0.91 | 0.36 |
| | 阳坡 | −0.2829 | 1.56 | −0.18 | 0.86 |
| | 偏阳 | 0.0000 | | | |
| 土层厚度 | 中 | 2.7788 | 1.28 | 2.17 | 0.03 |
| | 厚 | 5.4788 | 1.58 | 3.48 | 0.00 |
| | 薄 | 0.0000 | | | |
| 坡度 | | 0.1395 | 0.06 | 2.53 | 0.01 |
| 复相关系数 | 0.5356 | | | | |
| $F$ 值 | $3.0530^{**}$ | | | | |

**表 9-12　基于优势竹单株竹秆生物量的毛竹林立地质量数量化预测模型参数（得分）及检验表**

| 因子 | 水平 | 得分 | 标准差 | $T$ 值 | Pr>$T$ |
|---|---|---|---|---|---|
| 截距 | | 11.4294 | 5.88 | 1.94 | 0.05 |
| 地貌 | 丘陵 | −3.1941 | 3.46 | −0.92 | 0.36 |
| | 低山 | −4.4187 | 3.67 | −1.20 | 0.23 |
| | 平原 | 5.3516 | 6.77 | 0.79 | 0.43 |
| | 中山 | 0.0000 | | | |
| 坡位 | 上坡 | 6.9995 | 5.25 | 1.33 | 0.19 |
| | 下坡 | 9.3874 | 5.14 | 1.83 | 0.07 |
| | 中坡 | 9.6830 | 5.18 | 1.87 | 0.06 |
| | 平地 | 0.0000 | | | |

续表

| 因子 | 水平 | 得分 | 标准差 | $T$值 | Pr>$T$ |
|---|---|---|---|---|---|
| 坡向 | 阴坡 | 0.1726 | 1.30 | 0.13 | 0.89 |
| | 偏阴 | –0.5295 | 1.45 | –0.36 | 0.72 |
| | 阳坡 | 0.6126 | 1.48 | 0.41 | 0.68 |
| | 偏阳 | 0.0000 | | | |
| 土层厚度 | 中 | 4.2627 | 1.26 | 3.39 | 0.00 |
| | 厚 | 5.2159 | 1.54 | 3.38 | 0.00 |
| | 薄 | 0.0000 | | | |
| 坡度 | | 0.0173 | 0.05 | 0.32 | 0.75 |
| 复相关系数 | 0.5121 | | | | |
| $F$值 | 2.4719** | | | | |

根据表 9-11，得到数量化立地质量计算公式：

$$\hat{\hat{V}}_D = 20.0317 + \sum_{j=1}^{3}\sum_{k=1}^{4} b(j,k)\delta(j,k) + \sum_{k=1}^{3} b(4,k)\delta(4,k) + 0.1395x_s \quad (9\text{-}30)$$

式中，$\hat{\hat{V}}_D$是优势竹单株竹秆材积（$\times10^{-3}\ \mathrm{m}^3$）；$b(j,k)$表示第$j$个定性因子、第$k$水平（类目）的得分；$\delta(j,k)$是对定性因子进行定量化处理的一个示性函数，当样地中第$j$立地因子的定性数据为$k$水平时，$\delta(j,k)=1$，否则，$\delta(j,k)=0$；$j$是样地定性因子的个数（$j$=1、2、3 时，分别表示地貌、坡位和坡向；$j$=4 时，表示土层厚度）；$k$是第$j$个定性因子的第$k$个水平；$x_s$是坡度。

如某样地立地因子中地貌为丘陵，坡位为中坡，坡向为阴坡，土层厚度为中土层，坡度为 30°。由式（9-30）可得，该立地理论的立地质量得分即优势竹单株竹秆材积为：

$$\hat{\hat{V}}_D = 20.0317 - 5.4188 + 8.4090 + 0.5077 + 2.7788 + 0.1395\times30 = 30.4934\left(\times10^{-3}\mathrm{m}^3\right)$$

由表 9-10 可知，该立地为中等适宜毛竹生长。

同理，由表 9-12 可得基于竹秆生物量的数量化立地质量评价模型：

$$\hat{\hat{W}}_D = 11.4294 + \sum_{j=1}^{3}\sum_{k=1}^{4} b(j,k)\delta(j,k) + \sum_{k=1}^{3} b(4,k)\delta(4,k) + 0.0173x_s \quad (9\text{-}31)$$

式中，$\hat{\hat{W}}_D$是优势竹单株竹秆生物量（kg）；其他同式（9-30）。

通过毛竹林数量化立地质量计算公式，不仅可以对现有毛竹林生长状况进行评价，还可以评价无林地的生产潜力，预测毛竹的生长状况。

**2. 毛竹林立地潜力空间评价**

与立地质量预测模型相似，仅因变量改为样地平均竹秆材积和生物量，应用数量化理论 I 建立关系模型，评价模型经 $F$ 检验达到显著水平（$P$<0.05），结果见表 9-13 和表 9-14，得到数量化现有立地 $\hat{\hat{V}}_A$ 计算公式：

$$\hat{\hat{V}}_A = 15.0356 + \sum_{j=1}^{3}\sum_{k=1}^{4} b(j,k)\delta(j,k) + \sum_{k=1}^{3} b(4,k)\delta(4,k) + 0.0913x_s \qquad (9\text{-}32)$$

式中，$\hat{\hat{V}}_A$ 是现有林分平均竹秆材积（$\times10^{-3}\ m^3$）；其他同式（9-30）。

**表 9-13　基于毛竹林分平均竹秆材积的数量化预测模型系数（得分）及检验表**

| 因子 | 水平 | 得分 | 标准差 | $T$ 值 | Pr>$T$ |
|---|---|---|---|---|---|
| 截距 | | 15.0356 | 4.77 | 3.15 | 0.00 |
| 地貌 | 丘陵 | −7.3733 | 2.81 | −2.63 | 0.01 |
| | 低山 | −6.6284 | 3.00 | −2.21 | 0.03 |
| | 平原 | 4.5797 | 5.48 | 0.84 | 0.41 |
| | 中山 | 0.0000 | | | |
| 坡位 | 上坡 | 6.2555 | 4.25 | 1.47 | 0.14 |
| | 下坡 | 6.4904 | 4.16 | 1.56 | 0.12 |
| | 中坡 | 6.8777 | 4.20 | 1.64 | 0.10 |
| | 平地 | 0.0000 | | | |
| 坡向 | 阴坡 | 1.3502 | 1.08 | 1.25 | 0.21 |
| | 偏阴 | 0.2239 | 1.16 | 0.19 | 0.85 |
| | 阳坡 | 0.5687 | 1.22 | 0.47 | 0.64 |
| | 偏阳 | 0.0000 | | | |
| 土层厚度 | 中 | 2.2052 | 1.00 | 2.20 | 0.03 |
| | 厚 | 3.9019 | 1.23 | 3.17 | 0.00 |
| | 薄 | 0.0000 | | | |
| 坡度 | | 0.0913 | 0.04 | 2.12 | 0.04 |
| 复相关系数 | 0.5514 | | | | |
| $F$ 值 | 3.3196** | | | | |

**表 9-14　基于毛竹林分平均竹秆生物量的数量化预测模型系数（得分）及检验表**

| 因子 | 水平 | 得分 | 标准差 | $T$ 值 | Pr>$T$ |
|---|---|---|---|---|---|
| 截距 | | 9.8409 | 3.94 | 2.50 | 0.01 |
| 地貌 | 丘陵 | −4.5322 | 2.32 | −1.96 | 0.05 |
| | 低山 | −3.4470 | 2.45 | −1.41 | 0.16 |
| | 平原 | 2.5493 | 4.53 | 0.56 | 0.57 |
| | 中山 | 0.0000 | | | |
| 坡位 | 上坡 | 4.0132 | 3.50 | 1.14 | 0.26 |
| | 下坡 | 4.9693 | 3.43 | 1.45 | 0.15 |
| | 中坡 | 5.0498 | 3.46 | 1.46 | 0.15 |

续表

| 因子 | 水平 | 得分 | 标准差 | $T$值 | Pr>$T$ |
|---|---|---|---|---|---|
| 坡位 | 平地 | 0.0000 | | | |
| 坡向 | 阴坡 | 0.9671 | 0.89 | 1.09 | 0.28 |
| | 偏阴 | 0.3008 | 0.96 | 0.31 | 0.76 |
| | 阳坡 | –0.0127 | 1.00 | –0.01 | 0.99 |
| | 偏阳 | 0.0000 | | | |
| 土层厚度 | 中 | 2.3955 | 0.83 | 2.90 | 0.00 |
| | 厚 | 3.3351 | 1.02 | 3.28 | 0.00 |
| | 薄 | 0.0000 | | | |
| 坡度 | | 0.0543 | 0.04 | 1.53 | 0.13 |
| 复相关系数 | 0.5312 | | | | |
| $F$值 | 2.9641** | | | | |

同理，得到基于毛竹林分平均竹秆生物量的数量化预测模型为：

$$\hat{\hat{W}}_A = 9.8409 + \sum_{j=1}^{3}\sum_{k=1}^{4} b(j,k)\delta(j,k) + \sum_{k=1}^{3} b(4,k)\delta(4,k) + 0.0543x_s \qquad (9\text{-}33)$$

式中，$\hat{\hat{W}}_A$是现有林分平均竹秆生物量（kg）；其他同式（9-30）。

那么，利用式（9-32）和式（9-33）可对现有林地平均竹秆材积和生物量进行预估，而式（9-30）预测值$\hat{\hat{V}}_D$与式（9-32）预测值$\hat{\hat{V}}_A$之差或式（9-31）预测值$\hat{\hat{W}}_D$与式（9-33）预测值$\hat{\hat{W}}_A$之差的绝对值即为各样地的立地潜力空间。

### 3. 毛竹林立地质量评价模型选择

由表 9-9 可知，根据实测样地优势竹单株竹秆材积和生物量数据，两者的变异系数分别为 21.26%和 27.03%，均可考虑作为立地质量评价指标。分析比较 4 个数量化预测模型，基于优势竹单株竹秆材积的立地质量预测模型的复相关系数及各系数 $T$ 检验结果均优于基于优势竹单株竹秆生物量的模型，而基于现实林分平均竹秆材积和生物量的两个预测模型亦存在相同的比较结果。同时，竹秆材积模型比竹秆生物量模型有更高的拟合优度和预估精度。因此，建议采用基于优势竹单株竹秆材积的立地质量预测模型和基于现实林分平均竹秆材积的数量化预测模型对全省林地立地质量和立地潜力空间进行预估和评价。

根据表 9-11 及式（9-30），从数值上来看，当某地为平原、处在急险阴下坡，且土层厚度较厚时，该立地具有最高的立地质量。但结合现实林地立地质量情况可知，中山、偏阴上坡、斜陡急险坡、中土层的立地具有较高的立地质量。

### 9.4.2.6　毛竹林立地质量评价结果

根据式（9-30），基于浙江省森林资源连续清查数据，对全省现有林地及毛竹林样地进行毛竹林立地质量等级评价，结果见图 9-6，可见研究区内毛竹林立地质量等级较高区域较为集中的有浙西北-浙西、浙西南山区。

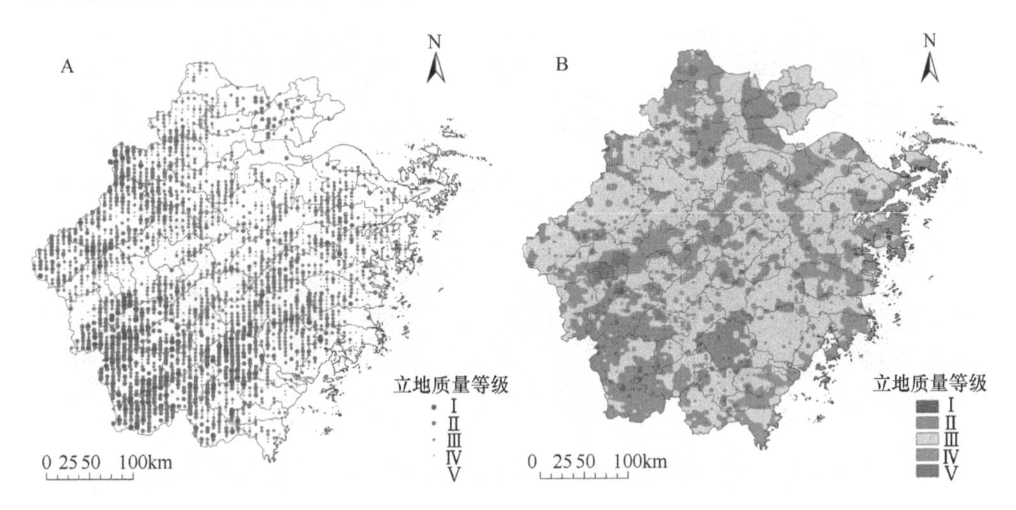


图 9-6　浙江省毛竹林样地立地质量分布图（彩图请扫封底二维码）

A. 点状分布图；B. 插值后分布图，下同

从全省范围来看，具有较高立地潜力空间区域相对集中在浙西和浙东（图 9-7）。毛竹林立地质量等级较高区域的立地生产潜力得到比较充分的发挥，尤其是浙西南高立地质量区。

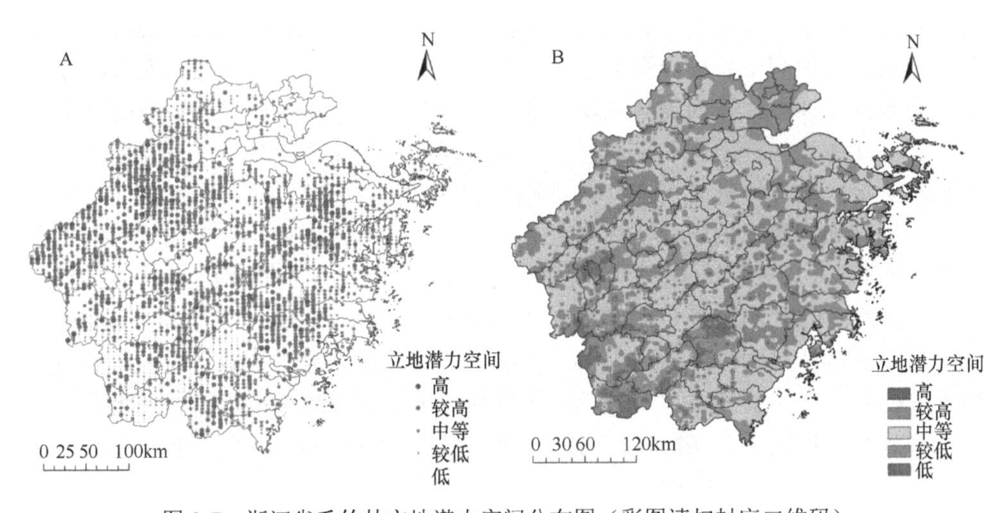


图 9-7　浙江省毛竹林立地潜力空间分布图（彩图请扫封底二维码）

图9-8为浙江省不同立地亚区毛竹林立地质量等级与立地潜力空间分布情况，可以看出，浙西南山地立地亚区和浙东南山地立地亚区立地质量较高，但立地潜力空间整体较低；浙西中低山立地亚区几乎处于Ⅱ、Ⅲ级立地质量等级，但其立地潜力空间整体均在中等及以上。

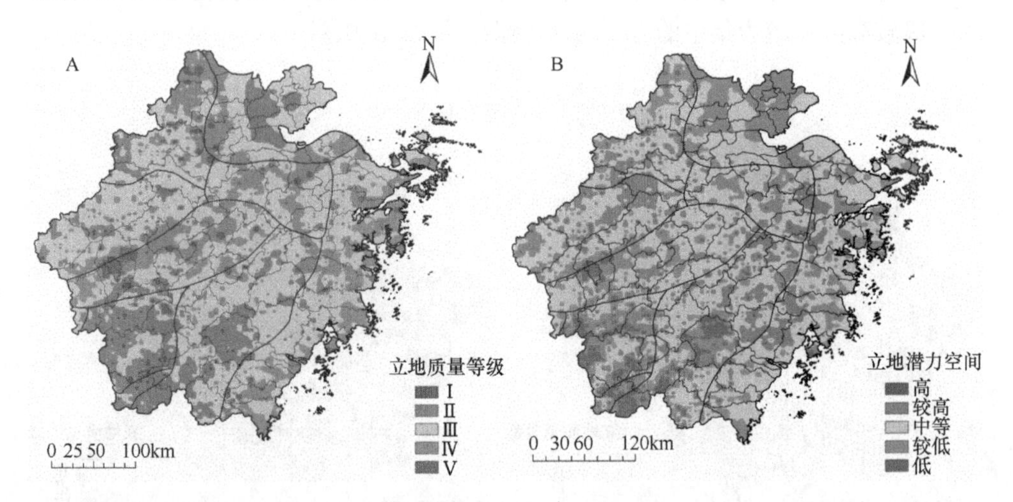


图9-8 浙江省不同立地亚区毛竹林立地质量等级与立地潜力空间分布图（彩图请扫封底二维码）

### 9.4.3 毛竹林立地适宜性与潜力空间评价

根据毛竹林立地质量与立地潜力空间评价结果，统计浙江省毛竹林不同立地适宜性等级与立地潜力空间分布情况，结果见图9-9。全省林地和毛竹林地中适宜性等级中等以上区域分别占 74.55%和 79.93%，全省大部分地区具有较为适宜毛竹生长的立地条件，表明现有毛竹林种植区域分布较为合理。根据立地潜力空间分布，大部分现有毛竹林分潜力空间在中等及以下等级，全省林地和毛竹林样地中具有较高立地潜力空间的区域仅分别占 26.21%和 28.43%，说明在现有立地条件下，浙江省大部分地区的立地潜力得到比较充分的发挥，但仍有28%左右的毛竹林有必要采取林地管理措施，以发挥林地生产潜力，提高毛竹林产量。

不同立地亚区立地适宜性和立地潜力空间分布统计结果见图9-10。在浙江省8个立地亚区中，适宜区（适宜性等级中等及以上区域）样地平均占比为73.28%，其中，浙西南山地立地亚区适宜区占比达93.87%，浙西中低山立地亚区和浙东南山地立地亚区适宜区占比超过80%，而浙东沿海丘陵立地亚区适宜区占比最小，仅有58.52%。就立地潜力空间而言，各立地亚区具有较高等级及以上立地潜力空间的样地平均占比为24.62%，其中浙北平原立地亚区仅有5.15%，浙西中低山立地亚区占比最高，达43.19%。

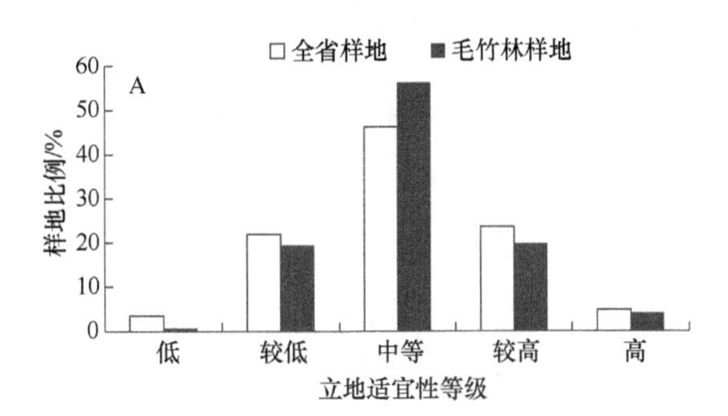


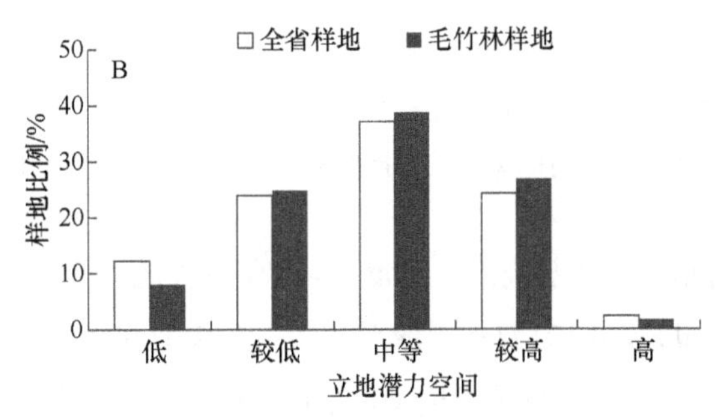


图 9-9　浙江省毛竹林样地与全省样地的立地适宜性等级（A）及立地潜力空间（B）分布

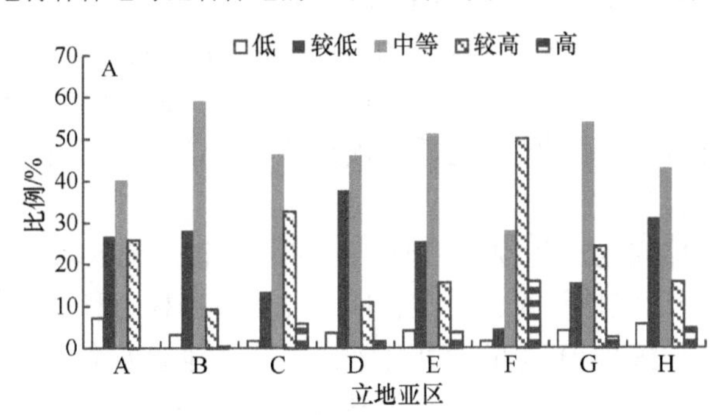


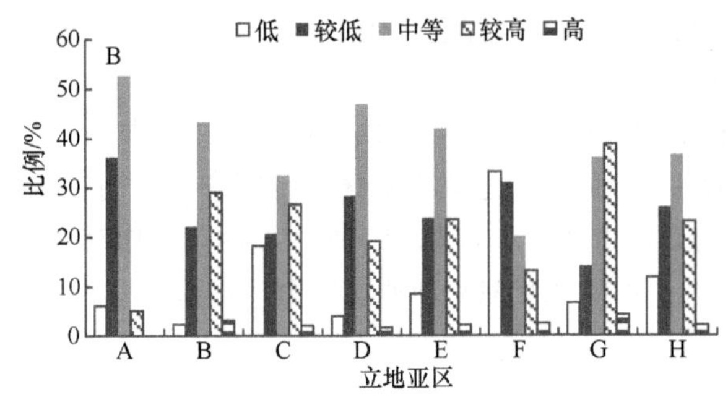


图 9-10　不同立地亚区立地适宜性（A）和立地潜力空间（B）分布

图中横坐标各大写字母分别表示不同立地亚区，其中：A 表示浙北平原立地亚区；B 表示浙东低山丘陵立地亚区；C 表示浙东南山地立地亚区；D 表示浙东沿海丘陵立地亚区；E 表示浙西北低山丘陵立地亚区；F 表示浙西南山地立地亚区；G 表示浙西中低山立地亚区；H 表示浙中西低丘岗地立地亚区

# 9.5 结论与讨论

## 9.5.1 结论

以浙江省毛竹林为研究对象，基于浙江省一类清查数据和在全省东、南、西、北、中部 10 个县（市）的调查数据，开展浙江省毛竹林立地分类和立地质量评价研究，主要结论如下。

1）构建了浙江省毛竹林立地分类系统。全省立地共可划分为 5 个立地区、8 个立地亚区、20 个立地类型小区、65 个立地类型组、110 个立地类型。

2）通过竹秆材积模型的研建和评价检验，表明排水法是测定竹秆材积的有效方法。

3）利用对数回归拟合方法，基于胸径-胸高节长的二元模型是预估毛竹竹秆材积的最优模型，即 $V=0.1912D^{2.1149}e^{-6.8411/L}$；而基于胸径-胸高节长-竹龄的三元模型是预估毛竹竹秆生物量的最优模型，即 $W=0.0265D^{2.1439}A^{0.4495}L^{0.2629}$，两个模型的调整确定系数 $R^2$ 分别为 0.9649 和 0.9004。

4）以林分优势竹单株竹秆材积和生物量分别作为毛竹林立地质量评价指标，建立的数量化立地质量预测模型经检验达显著水平（$P<0.05$）。经比较，建议选择基于优势竹单株竹秆材积的立地质量预测模型，该模型可用于评价林地立地质量和立地潜力空间。

5）根据毛竹林立地质量预测模型，可将浙江省立地区域划分为 5 个立地质量等级，对应 5 个适宜性等级。由全省样地优势竹单株竹秆材积和生物量与现有林分平均单株竹秆材积和生物量，可将研究区域立地潜力空间划分为 5 个等级。全省 74%以上的林地和 79%以上的毛竹林地均适宜毛竹生长，而有较高立地潜力空间的区域占比达 28%左右。全省毛竹林立地质量较高区域集中在浙西-浙西北及浙西南高立地质量区。

6）浙江省 8 个立地亚区适宜区平均占比 73.28%，具有较高立地潜力空间区域平均占比 24.62%。浙西南山地立地亚区适宜区占比最高，达 93.87%，浙东沿海丘陵立地亚区适宜区占比最小，为 58.52%。浙西中低山立地亚区较高立地潜力空间区域达 43.19%，但浙北平原立地亚区仅有 5.15%。

## 9.5.2 讨论

常用的单木生物量或材积模型大多采用基于幂函数形式的非线性函数（如异速生长方程等）直接进行非线性拟合或通过对数回归拟合的方法获得（Parresol,

2001；Zianis *et al.*，2011；Dong *et al.*，2014），而对于应当采用何种方式进行模型拟合所获得的效果最佳依然存有争论（Bi *et al.*，2004；Packard and Birchard，2008；Kerkhoff and Enquist，2009）。近年来，林业及生态研究领域的一些学者也开始利用似然分析方法对林木生物量模型等的误差结构进行分析，从而确定以何种方式开展模型研建（Ballantyne，2013；Lai *et al.*，2013；董利虎等，2015；董利虎和李凤日，2016）。

与二元材积模型相比，一元模型的拟合优度和各径阶偏差等并无显著差异（表 9-2，表 9-3），亦能满足单株材积或单位面积竹林蓄积预估的精度要求，在生产上具有简便性和实用性。但引入胸高节长变量与竹高变量后，所建立的二元竹秆材积模型具有更高的拟合优度。同时，与以胸径为自变量的一元生物量模型相比，引入胸高节长变量后，二元模型和三元模型的拟合优度及预估精度均有一定程度的提高（表 9-2，表 9-3）。实际应用时，考虑到变量测量的准确性和便利性，若要求生产上的简便和实用性，建议采用基于胸径的一元竹秆材积模型 $M_1$ 和基于胸径与竹龄的生物量模型 $M_7$，可满足单株立竹竹秆材积和生物量或单位面积竹秆材积和生物量预估的精度要求。如果要求模型具有更高的精度，可以采用基于胸径和胸高节长的二元竹秆材积模型 $M_5$ 和基于胸径、竹龄、胸高节长的生物量模型 $M_8$。

基于异速生长方程的模型参数会随着树种和立地条件的变化而不同（Wang and Klinka，1996）。Gao 等（2015）指出，竹林生物量异速生长模型参数在不同生长阶段具有明显的差异。为更精准地估测林木生物量，需针对林木不同生长阶段或者不同径级建立相应的生物量模型（董点等，2014）。本研究验证了竹秆生物量模型在不同径阶的预估效果。在后续研究中，可针对不同生长阶段或径级的毛竹进行异速生长关系研究。

有研究指出，利用易获得的胸径变量建立的生物量模型能有效地预估林分生物量（张宇等，2016），而黄启民和杨迪蝶（1993）研究发现利用竹秆胸径与全株生物量的关系来估算林分生物量可以得到误差小且可行性高的结果。本研究采用竹秆胸径、竹龄和胸高节长建立的竹秆生物量模型具有较高的预估性能，在此基础上开展对全株生物量的研究可为进一步预估竹林生物量提供更为精准有效的方法。

应当指出，包含胸高节长变量的毛竹林生物量模型具有广阔的应用前景，因为胸高节长与胸径、年龄一样比竹高容易准确测量，在调查胸径和竹龄的基础上，再测量胸高节长，并不会明显增加工作量，又可取得较高的材积和生物量估计精度。同时，有必要在更大范围进行数据调查，提高模型精度，增强模型的适用性，不断扩大模型适用范围，并推广应用于我国毛竹林经营实践。

本研究对象为近自然生长的毛竹林，其生长过程并未受到人为经营管理的影响。彭在清等（2002）指出，经营程度不同，地上生物量和地下生物量的比值不同。不同经营措施的毛竹林生物量存在差异，采取适度或适当的管理与施肥措施可以提高毛竹林生产力（朱琳琳等，2014）。同时，钩梢这一经营修剪方式，也直接影响着毛竹枝、叶总生物量及其分配关系，还会影响其生长和材性（桂仁意等，2011；朱强根等，2015）。因此，有必要研究不同经营条件下的毛竹林生物量模型，建立完备的毛竹林生物量模型体系，从而更好地开展毛竹林立地研究。

开展立地质量评价需要选择适宜的立地质量评价指标（唐思嘉，2017）。本研究以优势竹单株竹秆材积作为立地质量评价指标，通过立地因子建立数量化预测模型，既反映了林地的生产潜力，也为预估无林地立地质量提供了数量化模型方法。生物量从生态角度解释了生产力与环境因子之间的关系，也能直接反映森林的立地质量（Bradshaw，1965；邱尧荣和郑云峰，2006；季碧勇等，2012）。本研究也以优势竹单株竹秆生物量作为立地质量评价指标建立预测模型，而通过分析比较，其模型拟合优度和精度相较基于优势竹单株竹秆材积的模型低。在后续生物量模型优化研究的基础上，也可继续对两类预测模型进行更多的比较。

水热条件、地形特征、土壤因子等环境因子与森林植被生长密切相关（Wang and Klinka，1996；王雪军等，2014；Bueis *et al.*，2016），目前，许多立地质量评价研究均是基于相关因子建立综合评定森林立地质量的预测模型。对不同树种和不同立地而言，影响立地质量的因子有所不同，而某一变量在不同立地区域对树种的影响也有差异（Chen *et al.*，2002）。因此，需要根据立地情况，考虑采用哪些环境变量（Moreno-Fernández *et al.*，2018）。地形因子和土壤因子是影响立地质量的根本环境因子，而水热条件作为影响森林生产力的重要环境因子，已有许多文献对两者关系模型进行研究（刘世荣等，1998；朴世龙等，2001；赵敏和周广胜，2005；黄兴召等，2017；Moreno-Fernández *et al.*，2018）。考虑到目前的森林资源清查数据缺少土壤理化性质和气候因子等相关数据，在相关大尺度粗放数据基础上通过 GIS 技术所得结果存在一定的误差（王雪军等，2014）。本研究结合地貌、坡度、坡向、坡位等地形因子与土层厚度，建立了毛竹林立地质量预测模型，在进一步研究中，建议采用更多实测样地数据，提高毛竹林立地质量评价模型精度。

本研究以优势竹单株竹秆材积作为评价指标对毛竹林立地质量进行评价，以现有样地单株竹秆材积与优势竹单株竹秆材积的差值评价林地潜力提升空间。在现实林经营中，如何针对现有未充分发挥潜力区域，根据适地适树原则，加强抚育管理、结构优化等措施，充分发挥林地生产潜力，提高毛竹林产量也是值得进一步研究的问题。

# 参考文献


波格来勃涅克 П С. 1959. 林型学原理. 赵兴梁, 译. 北京: 科学出版社.

柏立君. 1994. 加拿大森林的立地分类和土地分类. 林业科技, (4): 21-23.

曹元帅, 孙玉军. 2017. 基于广义代数差分法的杉木人工林地位指数模型. 南京林业大学学报(自然科学版), 41(5): 79-84.

柴锡周, 洪利兴, 沈辛作, 等. 1991. 天目山东部地区森林立地分类评价及适地适树的研究. 浙江林业科技, 11(2): 1-12.

陈昌雄. 2005. 天然常绿阔叶林生长潜力及择伐经营研究. 南京: 南京林业大学博士学位论文.

陈楚莹, 廖利平, 汪思龙. 2000. 杉木人工林生态学. 北京: 科学出版社.

陈大珂, 石家深, 王义弘, 等. 1984. 森林立地分类与森林生产力: 帽儿山次生林立地分类和评价. 东北林学院学报, 12(1): 1-18.

陈华豪. 1984. 刀切法在生态学中的应用. 东北林学院学报, 12(增刊): 134-143.

陈婷婷, 徐辉, 杨青, 等. 2018. 武夷山常绿阔叶林空间结构参数分布特征. 生态学报, 38(5): 1817-1825.

陈孝源. 1996. 因子选择中的若干问题和解决思路. 浙江气象科技, 17(3): 31-33.

迟健, 李桂英, 陈家明, 等. 1995. 浙江省马尾松人工林立地质量的数量化研究. 林业科学研究, (3): 303-308.

迟健, 李桂英, 王伟雄, 等. 1996. 浙江省马尾松人工林多形地位指数表及林分生长过程表的编制. 林业科学研究, (1): 68-74.

褚建民, 李毅夫, 张雷, 等. 2017. 濒危物种长柄扁桃的潜在分布与保护策略. 生物多样性, 25(8): 799-806.

崔鸿侠, 熊德礼, 张维, 等. 2008. 不同立地条件对毛竹生长影响研究. 湖北林业科技, 1: 8-11.

崔之益, 徐大平, 杨曾奖, 等. 2017. 桉树无性系在华南 6 种立地条件下的适生性评价. 华南农业大学学报, 37(3): 79-86.

邓飞, 李晓兵, 王宏, 等. 2014. 基于 MaxEnt 模型评价紫花苜蓿在锡林郭勒盟的分布适宜性及主导因子. 草业科学, 31(10): 1840-1847.

董点, 林天喜, 唐景毅, 等. 2014. 紫椴生物量分配格局及异速生长方程. 北京林业大学学报, 36(4): 54-63.

董利虎, 李凤日. 2016. 大兴安岭东部天然落叶松林可加性林分生物量估算模型. 林业科学, 52(7): 13-21.

董利虎, 张连军, 李凤日. 2015. 立木生物量模型的误差结构和可加性. 林业科学, 51(2): 28-36.

董文泉, 周光亚, 夏立显. 1979. 数量化理论及其应用. 长春: 吉林人民出版社.

丁圣彦, 宋永昌. 2004. 常绿阔叶林植被动态研究进展. 生态学报, (8): 1769-1779.

樊后保, 李燕燕, 苏兵强, 等. 2006. 马尾松-阔叶树混交异龄林生物量与生产力分配格局. 生态学报, (8): 2463-2473.

范济洲, 詹昭宁. 1978. 立地指数综述. 林业实用技术, (8): 21-24.

范金顺, 高兆蔚, 蔡元晃, 等. 2012. 福建省森林立地分类与立地质量评价. 林业勘察设计(福建), (1): 1-5.

方精云, 陈安平, 赵淑清, 等. 2002. 中国森林生物量的估算: 对 Fang 等 Science 一文(Science, 2001, 291: 2320-2322)的若干说明. 植物生态学报, 26(2): 243-249.

冯益明, 刘洪霞. 2010. 基于 MaxEnt 与 GIS 的锈色棕榈象在中国潜在的适生性分析. 华中农业大学学报, 29(5): 552-556.

付满意. 2014. 梁山慈竹和料慈竹立地类型划分与立地质量评价. 昆明: 西南林业大学硕士学位论文.

付小勇, 泽桑梓, 周晓, 等. 2015. 基于 MaxEnt 的云南省薇甘菊分布预测及评价. 广东农业科学, (12): 159-162.

付晓, 王雪军, 马炜, 等. 2019. 内蒙古大兴安岭林区立地质量评价及生产潜力研究. 沈阳农业大学学报, 50(2): 221-230.

傅宾领, 聂祥永, 姚顺彬. 2007. 浙江省森林资源连续清查系统抽样防偏试验初报. 浙江林学院学报, 24(1): 44-49.

高若楠, 苏喜友, 谢阳生, 等. 2017. 基于随机森林的杉木适生性预测研究. 北京林业大学学报, 39(12): 36-43.

高友珍. 1994. 湖北省毛竹立地分类与评价. 竹子研究汇刊, 1: 24-30.

高兆蔚. 1992. 福建省森林立地分类的研究. 福建林业科技, 19(3): 22-27.

高智慧. 1986. 浙江省杉木栽培区气候区划的初步研究. 浙江林学院学报, (2): 13-19.

高智慧, 柴锡周, 周琪, 等. 1991a. 浙江省马尾松数量化地位指数表的编制. 林业科技通讯, (11): 14-17.

高智慧, 柴锡周, 周琪, 等. 1991b. 浙江省马尾松实生林地位指数表的编制. 林业科技通讯, (2): 16-19.

高智慧, 张志宏, 杨少校. 1994. 浙江省马尾松速生丰产用材林经济效益分析与评估. 浙江林业科技, (2): 36-40.

葛晓改, 肖文发, 曾立雄, 等. 2012. 不同林龄马尾松凋落物基质质量与土壤养分的关系. 生态学报, 32(3): 852-862.

龚伟, 胡庭兴, 王景燕, 等. 2007. 川南天然常绿阔叶林人工更新后枯落物对土壤的影响. 林业科学, (7): 112-119.

巩垠熙, 巩文, 杨芫钦, 等. 2015. 基于信息熵的森林立地离散空间场相关性研究. 西北林学院学报, 30(1): 87-95.

顾云春, 李永斌, 杨承栋. 1993. 森林立地分类与评价的立地要素原理与方法. 北京: 科学出版社.

关宝树. 1988. 围岩分类的数量化研究. 铁道学报, (4): 2-28.

关君蔚. 1957. 北松橡混交林区石质山地的土壤和造林的立地条件. 北京: 中国林业出版社: 22-37.

桂仁意, 邵继锋, 俞友明, 等. 2011. 钩梢对 5 年生毛竹竹材物理力学性质的影响. 林业科学, 47(6): 194-198.

郭明玲, 赵克昌. 2004. 河西走廊农田防护林立地质量评价. 防护林科技, (5): 5-7.

郭如意, 韦新良, 刘姗姗. 2016. 天目山区针阔混交林立地质量评价研究. 西北林学院学报, 31(4): 233-240.

郭亚东, 史舟. 2003. 先进星载热发射和反射辐射仪(ASTER)的特点及应用. 遥感技术与应用, 18(5): 346-352.

郭艳荣, 刘洋, 吴保国. 2014. 福建省宜林地立地质量的分级与数量化评价. 东北林业大学学报, (10): 54-59.

郭志华, 彭少麟, 王伯荪. 2002. 利用 TM 数据提取粤西地区的森林生物量. 生态学报, 22(11): 1832-1839.

国家市场监督管理总局, 国家标准化管理委员会. 2020. GB/T 38590—2020 森林资源连续清查技术规程.

韩畅, 宋敏, 杜虎, 等. 2017. 广西不同林龄杉木、马尾松人工林根系生物量及碳储量特征. 生态学报, 37(7): 2282-2289.

何瑞珍, 孟庆法, 刘志术, 等. 2010. 基于RS和GIS技术的森林立地类型分类研究: 以河南省商城县国营黄柏山林场为例. 河南科学, 28(7): 799-803.

何淑婷, 白碧玉, 但佳惠, 等. 2014. 基于 MaxEnt 的南丹参在中国的潜在分布区预测及适生性分析. 安徽农业科学, 42(8): 2311-2314.

何晓群. 2015. 多元统计分析. 北京: 中国人民大学出版社.

洪宜聪. 2017. 马尾松闽粤栲异龄复层混交林的林分特征及涵养水源能力. 东北林业大学学报, 45(4): 53-59.

洪莹, 王继周, 李昂. 2009. 地形特征提取的一种简易算法. 测绘科学, 34(6): 125-127.

胡建忠, 马国力, 党维勤, 等. 2004. 黄土高原重点水土流失区人工栽培乔木树种的区位配置方案. 中国水土保持科学, 2(1): 62-68.

胡文杰, 崔鸿侠, 王晓荣, 等. 2019. 三峡库区马尾松次生林林分结构特征分析. 南京林业大学学报(自然科学版): 43(3): 67-76.

胡秀, 吴福川, 郭微, 刘念. 2015. 基于 MaxEnt 生态学模型的檀香在中国的潜在种植区预测. 林业科学, 50(5): 27-32.

华伟平, 邱甜, 江希钿, 等. 2015. 立地质量等级为哑变量的黄山松地位级指数模型的研制. 武夷学院学报, 34(3): 15-18.

黄承才, 葛滢, 朱锦茹, 等. 2005. 浙江省马尾松生态公益林凋落物及与群落特征关系. 生态学报, (10): 2507-2513.

黄承才, 张信娣, 沈军全, 等. 2000. 浙江省马尾松(*Pinus massoniana*)林凋落物量及土壤碳库的初步研究. 绍兴文理学院学报(自然科学版), (6): 61-64.

黄俊臻, 韦新良, 王志辉, 等. 2010. 浙西北针阔混交林主要树种生态位特征研究. 广东农业科学, (5): 144-147.

黄启民, 杨迪蝶. 1993. 毛竹林的初级生产力研究. 林业科学研究, 6(5): 536-540.

黄兴召, 许崇华, 徐俊, 等. 2017. 利用结构方程解析杉木林生产力与环境因子及林分因子的关系. 生态学报, 37(7): 2274-2281.

黄永平, 田小海. 2000. 数量化理论 I 在土地分级中的应用. 湖北农学院学报, 20(3): 236-240.

黄云鹏. 2002. 森林培育学. 北京: 高等教育出版社.

黄正秋, 张万儒, 黄雨霖. 1989. 年珠林场杉木人工林立地分类与评价的研究. 林业科学研究, 2(3): 286-290.

季碧勇. 2014. 基于森林资源连续清查体系的浙江省立地分类与质量评价. 杭州: 浙江大学硕士学位论文.

季碧勇, 陶吉兴, 王文武. 2012. 基于连续清查固定样地生物量的立地质量评价. 西南林业大学学报, 32(4): 45-50.

贾俊平. 2010. 统计学基础. 北京: 中国人民大学出版社.
江传阳. 2014. 福建柏地位级指数曲线模型的研制. 林业勘察设计(福建), (2): 5-8, 13.
姜志林, 叶镜中. 1965. 现有林经营专题讨论会论文选集: 老山林场次生林类型划分. 北京: 农业出版社: 12-20.
蒋航, 李亚光, 周延夫, 等. 2010. 基于 GIS 的密云县水源涵养林区立地类型分类制图. 水土保持通报, 30(6): 103-107.
蒋伊尹. 1982. 森林生产力的评定方法. 北京: 中国林业出版社.
蒋英文. 1989. 毛竹数量化地位指数表编制方法的探讨. 林业资源管理, (2): 51-54.
蒋有绪. 1963. 川西米亚罗、马尔康高山林区生境类型的初步研究. 林业科学, 8(4): 321-335.
蒋育昊. 2017. 基于随机森林模型的红松潜在分布预测及适宜性评价. 北京: 中国林业科学研究院硕士学位论文.
邝立刚, 梁守伦, 雍鹏. 2008. 山西省立地类型区划: 山西省立地类型划分与造林模式研究(Ⅰ). 山西林业科技, (4): 1-4.
赖挺. 2005. 四川巨桉人工林立地分类研究. 雅安: 四川农业大学硕士学位论文.
赖玉玲, 殷陆华, 陈赐辉, 等. 2016. 崇阳县毛竹立地分类. 湖北林业科技, 45(5): 30-33.
雷相东, 符利勇, 李海奎, 等. 2018. 基于林分潜在生长量的立地质量评价方法与应用. 林业科学, 54(12): 116-126.
雷瑞德. 1988. 苏联的森林资源和林型学说. 西北林学院学报, 3(2): 101-109.
李芬兰. 1987. 南方立地分类若干问题的探讨. 华东森林经理, (4): 36-38.
李海奎, 雷渊才. 2010. 中国森林植被生物量和碳储量评估. 北京: 中国林业出版社.
李慧霞. 2016. 丽水市林权抵押贷款结构特征分析与研究. 杭州: 浙江农林大学硕士学位论文.
李培琳. 2018. 浙江省森林立地分类与杉木适宜性研究. 杭州: 浙江农林大学硕士学位论文.
李培琳, 韦新良, 汤孟平. 2018. 基于NFI和DEM数据的浙江森林立地分类研究. 西南林业大学学报(自然科学版), 38(3): 137-144.
李青, 魏迅, 李峰, 等. 1993. 自助法和刀切法在森林调查中的应用. 齐齐哈尔师范学院学报(自然科学版), 13(2): 26-31.
李细牛, 何少春. 1999. 立地类型对于造林类型适宜性评定初探. 湖北林业科技, (2): 5-7.
李正茂, 李昌珠, 张良波, 等. 2010. 油料树种光皮树人工林立地质量评价. 中南林业科技大学学报, 30(3): 75-79.
李正品, 蒋菊生. 1985. 第二讲　立地调查分类与评价. 中南林业调查规划, (2): 53-45.
梁春, 罗清, 陆祖正, 等. 2017. 基于MaxEnt与GIS的我国建兰地理分布预测及关键生物气候因子分析. 北方园艺, (9): 199-204.
梁文业, 贺鹏, 肖前辉. 2014. 利用度量误差模型和分段建模方法建立云南云杉相容性立木材积和地上生物量模型. 中南林业调查规划, 33(1): 8-12.
林开淼. 2017. 亚热带常绿阔叶林生物量模型及其分析. 中南林业科技大学学报, 37(11): 115-120, 126.
林民治. 1987. 森林立地分类与质量评价综述. 广东林业科技, (5): 18-20.
刘安兴. 2005. 浙江省森林资源动态监测体系方案. 浙江林学院学报, 22(4): 449-453.
刘安兴, Aguirre-Bravo C, Smith F W. 1987. 墨西哥展叶松的地位指数和材积公式. 中南林业调查规划, (2): 57-60.
刘灿然, 马克平, 周文能, 等. 1997. 生物群落多样性的测度方法Ⅳ刀切法和自助法在生物多样性测度研究中的应用. 生物多样性, 5(1): 61-66.
刘建军, 薛智德. 1994. 森林立地分类及质量评价. 西北林学院学报, (3): 79-84.
刘劲松, 陈辉, 杨彬云, 等. 2009. 河北省年均降水量插值方法比较. 生态学报, 29(7): 3493-3500.
刘荣杰, 吴亚丛, 张英, 等. 2012. 中国北亚热带天然次生林与杉木人工林土壤活性有机碳库的比较. 植物生态学报, 36(5): 431-437.
刘士玲, 杨保国, 郑路, 等. 2019. 马尾松人工林小气候调节效应. 中南林业科技大学学报, 39(2): 15-20.
刘世荣, 郭泉水, 王兵. 1998. 中国森林生产力对气候变化响应的预测研究. 生态学报, 18(5): 478-483.
刘寿坡, 汪祥森, 陈舜礼. 1986. 立地类型调查、分类及质量评价(以东北山地林区为例). 林业资源管理, (2): 38-45.
刘学军, 龚健雅, 周启鸣, 等. 2004. 基于 DEM 坡度坡向算法精度的分析研究. 测绘学报, 33(3): 258-263.
陆继策. 2006. 闽东高海拔山地地形因子对杉木人工林生长的影响. 福建林业科技, 33(2): 120-128.
罗丽娅, 熊灿, 陈晓琴. 2018. 早期血清降钙素原和 C 反应蛋白检测对感染性胰腺坏死的预测价值. 临床肝胆病杂志, 34(2): 346-349.
骆汉. 2014. 华北东部高速公路边坡立地类型划分和质量评价. 北京: 北京林业大学博士学位论文.
骆期邦, 吴志德, 肖永林. 1989. 立地质量的树种代换评价研究. 林业科学, 25(5): 410-419.
马得利, 孙永康, 杨建英, 等. 2018. 基于无人机遥感技术的废弃采石场立地条件类型划分. 北京林业大学学报, 40(9): 90-97.
马建路. 1996. 世界森林立地研究的现状与发展趋势. 应用生态学报, (S1): 105-109.
马俊, 韦新良, 尤建林, 等. 2008. 生态景观林树种选择定量研究. 浙江林学院学报, 25(5): 578-583.
马明东, 刘跃建. 1988. 四川西部松潘县云杉林数量化立地质量评价及其立地分类的研究. 四川林业科技, 9(1): 15-21.
马天晓, 王艳梅, 尚铁军, 等. 2013. 基于 LVQ 神经网络森林立地类型划分研究. 中国农学通报, 29(19): 57-61.
麻亚鸿. 2013. 基于最大熵模型(MaxEnt)和地理信息系统(ArcGIS)预测藓类植物的地理分布范围: 以广西花坪自然保护区为例. 上海: 上海师范大学硕士学位论文.
毛志忠. 1983. 浙江省编成杉木实生林地位指数表. 浙江林业科技, (2): 42.
毛志忠. 1985. 浙江省杉木实生林地位指数数量化得分表的编制与应用. 浙江林业科技, (4): 48-52.
毛志忠. 1987. 浙江省杉木实生林地位指数表的编制与应用. 浙江林学院学报, 4(2): 107-114.
毛竹区划课题组. 1992. 浙江省毛竹立地分类和评价. 竹子研究汇刊, 11(2): 26-37.
孟宪宇. 2006. 测树学. 3 版. 北京: 中国林业出版社.
明安刚, 张治军, 谌红辉, 等. 2013. 抚育间伐对马尾松人工林生物量与碳贮量的影响. 林业科学, 49(10): 1-6.
南方十四省区杉木栽培科研协作组. 1983. 杉木立地条件的系统研究及应用. 林业科学, 19(3): 246-253.
欧阳明, 杨清培, 陈昕, 等. 2016. 毛竹扩张对次生常绿阔叶林物种组成、结构与多样性的影响.

生物多样性, 24(6): 649-657.
彭在清, 林益明, 刘建斌, 等. 2002. 福建永春毛竹种群生物量和能量研究. 厦门大学学报(自然科学版), 41(5): 579-583.
朴世龙, 方精云, 郭庆华. 2001. 1982-1999 年我国植被净第一性生产力及其时空变化. 北京大学学报(自然科学版), 37(4): 563-569.
浦瑞良. 1987. 模糊聚类分析在立地类型航片判读中的应用研究. 林业资源管理, (1): 41-46.
浦瑞良, 杨金中, 刘毓起, 等. 1994. 紫金山彩红外片马尾松数量化立地指数表的编制. 浙江林学院学报, 11(1): 64-68.
杞金华, 章永江, 张一平, 等. 2012. 哀牢山常绿阔叶林水源涵养功能及其在应对西南干旱中的作用. 生态学报, 32(6): 1692-1702.
钱凤魁. 2011. 基于耕地质量及其立地条件评价体系的基本农田划定研究. 沈阳: 沈阳农业大学博士学位论文.
钱喜友, 权崇义. 2001. 天然次生林立地质量评价的研究. 防护林科技, (1): 21-22.
邱耀荣. 1987. 我国立地分类和评价的问题与展望. 华东森林经理, (2): 10-14.
邱尧荣, 郑云峰. 2006. 林地分等评级的背景分析与技术构架. 林业资源管理, (4): 1-5.
荣薏, 何斌, 黄恒川, 等. 2008. 桂西北第二代杉木人工林的生物生产力. 广西农业生物科学, 27(4): 451-455.
沈楚楚, 朱汤军, 季碧勇, 等. 2013. 浙江省马尾松林生物量换算因子研究. 浙江林业科技, 33(3): 39-42.
沈国舫. 1987. 对《试论我国立地分类理论基础》一文的几点意见. 林业科学, 23(4): 463-467.
沈国舫. 2001. 森林培育学. 北京: 中国林业出版社.
沈国舫, 邢北任. 1979. 影响北京市西山地区油松人工林生长的立地因子. 北京林业学院学报, (1): 96-104.
沈国舫, 邢北任. 1980. 北京市西山地区立地条件类型的划分及适地适树. 林业实用技术, (6): 11-16.
沈泽昊, 胡志伟, 赵俊, 等. 2007. 安徽牯牛降的植物多样性垂直分布特征: 兼论山顶效应的影响. 山地学报, 25(2): 160-168.
施恭明. 2011. 基于投影寻踪的森林立地质量评价模型. 林业勘察设计, (2): 5-8.
石家琛. 1988. 论森林立地分类的若干问题. 林业科学, 24(1): 57-62.
斯波尔 S H, 巴恩斯 B V. 1982. 森林生态学. 赵克绳, 周祉, 译. 北京: 中国林业出版社.
宋永昌. 2004. 中国常绿阔叶林分类试行方案. 植物生态学报, (4): 435-448.
苏亨荣. 2008. 杉木人工林立地质量评价方法的研究. 林业勘察设计, 34(2): 12-16.
孙长忠, 沈国舫, 李吉跃, 等. 2001. 我国主要树种人工林生产力现状及潜力的调查研究Ⅱ. 桉树、落叶松及樟子松人工林生产力研究. 林业科学研究, (6): 657-667.
汤萃文, 陈银萍, 陶玲, 等. 2010. 森林生物量和净生长量测算方法综述. 干旱区研究, 27(6): 939-946.
汤国安, 杨昕. 2006. ArcGIS 地理信息系统空间分析实验教程. 北京: 科学出版社.
汤孟平, 徐文兵, 陈永刚, 等. 2011. 天目山近自然毛竹林空间结构与生物量的关系. 林业科学, 47(8): 1-6.
汤孟平, 周国模, 施拥军, 等. 2006. 天目山常绿阔叶林优势种群及其空间分布格局. 植物生态学报, (5): 743-752.

唐思嘉. 2017. 毛竹林立地分类与立地质量评价研究. 杭州: 浙江农林大学硕士学位论文.
唐守正, 张会儒, 胥辉. 2000. 相容性生物量模型的建立及其估计方法研究. 林业科学, 36(S1): 19-27.
唐正良, 陶吉兴. 1991. 浙江省杉木立地条件划分的初步方案. 浙江林业科技, 11(6): 1-6.
唐正良, 王同新. 1989. 浙江省杉木用材林林价评定的研究. 浙江林业科技, (1): 1-7.
陶吉兴. 2003. 浙江海岛适地适树技术研究. 浙江林学院学报, 20(4): 346-352.
陶吉兴, 杜群, 季碧勇. 2014. 浙江森林碳汇功能监测. 北京: 中国林业出版社: 6-7.
陶吉兴, 余国信. 1994. 浙江省沿海立地区立地分类的研究. 浙江林业科技, 14(5): 31-36.
滕维超, 万文生, 王凌晖. 2009. 森林立地分类与质量评价研究进展. 南方农业学报, 40(8): 1110-1114.
田大伦, 项文化, 闫文德. 2004. 马尾松与湿地松人工林生物量动态及养分循环特征. 生态学报, 24(10): 2207-2210.
铁烈华, 符饶, 张仕斌, 等. 2018. 模拟氮、硫沉降对华西雨屏区常绿阔叶林凋落叶分解速率的影响. 应用生态学报, 29(7): 2243-2250.
佟金权. 2008. 不同地位指数不同密度杉木人工林生产力的比较. 福建农林大学学报(自然科学版), (4): 369-373.
汪炳根, 卢立华. 1998. 广西大青山实验基地森林立地评价与适地适树研究. 林业科学研究, (1): 78-85.
汪祥森. 1986. 浅谈立地分类、质量评价和应用问题. 中南林业调查规划, (2): 14-18.
汪祥森. 1988. 对我国森林立地分类系统和划分依据的探讨. 林业资源管理, (6): 61-63.
汪祥森. 1990. 国外森林立地分类和立地质量评价. 中南林业调查规划, (1): 53-58.
汪阳东. 2001. 竹子秆形生长和变异的研究进展. 竹子研究汇刊, 20(4): 28-32.
王斌瑞, 高志义, 刘荩忱, 等. 1982. 山西吉县黄土残塬沟壑区刺槐数量化立地指数表的编制及其在造林地立地条件类型划分中的应用. 北京林业大学学报, (3): 116-128.
王灿, 项文化, 赵梅芳, 等. 2012. 基于 TRIPLEX 模型的湖南省杉木林生产力模拟及预测. 中南林业科技大学学报, 32(6): 104-109.
王高峰. 1986. 森林立地分类研究评价. 南京林业大学学报(自然科学版), (3): 108-124.
王可安. 1989. 关于海南省立地类型系统建立初议. 中南林业调查规划, (4): 41-44.
王可安. 1991. 关于我国立地分类工作中几个应用问题的探讨. 中南林业调查规划, (2): 33-36.
王枫, 沈月琴, 孙玉贵. 2012a. 基于成本利润率的碳汇交易价格研究: 以浙江省杉木林经营为例. 林业经济问题, 32(2): 104-108.
王枫, 沈月琴, 朱臻, 等. 2012b. 杉木碳汇的经济学分析: 基于浙江省的调查. 浙江农林大学学报, 29(5): 762-767.
王璐, 王海燕, 何丽鸿, 等. 2016. 天然云冷杉针阔混交林立地质量评价. 东北林业大学学报, 44(3): 1-7.
王璞, 马履一, 段劼, 等. 2013. 华北落叶松林平均木: 优势木树高模型的研究. 安徽农业科学, 41(21): 8963-8964.
王茹琳, 李庆, 封传红, 等. 2017. 基于 MaxEnt 的西藏飞蝗在中国的适生区预测. 生态学报, 37(24): 8556-8566.
王绍强, 朱松丽, 周成虎. 2001. 中国土壤土层厚度的空间变异性特征. 地理研究, 20(2): 161-169.

王小明, 敖为赳, 陈利苏, 等. 2010. 基于 GIS 和 Logistic 模型的香榧生态适宜性评价. 农业工程学报, 26(S1): 252-257.
王雪军, 张煜星, 黄国胜, 等. 2014. 赣州市林地质量评价及生产潜力研究. 江西农业大学学报, 36(5): 1159-1166.
王运生, 谢丙炎, 万方浩, 等. 2007. ROC 曲线分析在评价入侵物种分布模型中的应用. 生物多样性, 15(4): 365-372.
韦红, 邢世和. 2009. 基于 GIS 技术的区域主要桉树树种用地适宜性评价. 林业勘察设计, (2): 61-63.
韦新良. 2009. 乡村森林生态适宜性定量评价技术研究. 浙江林学院学报, 26(1): 1-6.
韦新良, 郭仁鉴, 赵斌. 2001. 浙江省马尾松天然林生长模型及采伐年龄的确定. 浙江林学院学报, (4): 3-6.
韦修喜, 周永权. 2010. 基于 ROC 曲线的两类分类问题性能评估方法. 计算机技术与发展, 20(11): 47-50.
魏玮, 李康, 刘炳环, 等. 1994. 纵膈淋巴结肿大 CT 和 X 线诊断比较的 ROC 曲线分析. 临床医学影像杂志, 4(5): 189-191.
温阳, 曹建军, 刘宗顺, 等. 2008. 大兴安岭南段山地造林立地类型划分. 内蒙古林业科技, 34(3): 9-13.
吴承祯, 洪伟, 林成来. 2002. 马尾松人工林 Sloboda 多形地位指数模型的研究. 生物数学学报, 17(4): 489-493.
吴菲. 2010. 森林立地分类及质量评价研究综述. 林业科技情报, 42(1): 12-14.
吴恒, 党坤良, 田相林, 等. 2015. 秦岭林区天然次生林与人工林立地质量评价. 林业科学, 51(4): 78-88.
吴伟志, 赵沛忠, 金伟, 等. 2011. 景宁畲族自治县森林立地类型分类与质量评价. 华东森林经理, 25(3): 16-19.
吴雨峰. 2015. 基于胸径极限生长量的乔木树种立地质量评价指标研究. 杭州: 浙江农林大学硕士学位论文.
肖复明, 范少辉, 汪思龙, 等. 2007. 毛竹(*Phyllostachy pubescens*)、杉木(*Cunninghamia lanceolata*)人工林生态系统碳贮量及其分配特征. 生态学报, 27(7): 2794-2801.
肖乾广, 陈维英, 盛永伟, 等. 1996. 用 NOAA 气象卫星的 AVHRR 遥感资料估算中国的净第一性生产力. 植物学报, 38(1): 35-39.
肖兴威. 2005. 中国森林生物量与生产力的研究. 哈尔滨: 东北林业大学博士学位论文.
许绍远. 1985. 浙江省杉木林适宜密度表的编制. 林业科技通讯, (2): 19-21.
许绍远, 孙鹏峰, 许树洪, 等. 1989. 柳杉林立地质量评价. 浙江林学院学报, 6(4): 337-345.
许绍远, 吴祖映, 章慧强, 等. 1982. 檫树单纯林立地条件类型划分. 浙江林业科技, (3): 16-19.
徐化成. 1988a. 国外森林立地分类系统的发展综述. 世界林业研究, (2): 33-41.
徐化成. 1988b. 关于我国森林立地分类的发展问题. 林业科学, (3): 313-318.
徐罗. 2014. 天然林立地质量评价: 以金沟岭林场云冷杉针阔混交林为例. 北京: 北京林业大学硕士学位论文.
徐新良, 曹明奎. 2006. 森林生物量遥感估算与应用分析. 地球信息科学学报, 8(4): 122-128.
阎恩荣, 王希华, 周武. 2008. 天童常绿阔叶林不同退化群落的凋落物特征及与土壤养分动态的关系. 植物生态学报, (1): 1-12.

杨会侠, 汪思龙, 范冰, 等. 2010. 不同林龄马尾松人工林年凋落量与养分归还动态. 生态学杂志, 29(12): 2334-2340.
杨胜利, 崔相富, 陈绘画. 2007. 浙江省仙居县马尾松林分树种结构调整. 林业勘察设计, (2): 154-155.
杨双保, 潘德乾. 2000. 小陇山林区林地立地类型划分与林地质量评价的研究. 甘肃林业科技, 25(4): 20-26.
杨文姬, 王秀茹. 2004. 国内立地质量评价研究浅析. 水土保持研究, 11(3): 289-292.
杨小兰, 吴国欣, 刘志斌, 等. 2013. 派阳山林场森林立地分类与质量评价. 林业调查规划, 38(6): 8-12.
杨玉盛, 邱仁辉, 何宗明, 等. 1998. 不同栽杉代数29年生杉木林净生产力及营养元素生物循环的研究. 林业科学, (6): 5-13.
杨远盛, 张晓霞, 于海艳, 等. 2015. 中国森林生物量的空间分布及其影响因素. 西南林业大学学报, 35(6): 45-52.
姚山. 2008. 基于数据挖掘技术的造林决策研究. 北京: 北京林业大学博士学位论文.
叶镜中, 王高峰, 赵仁寿, 等. 1989. 紫金山南坡森林立地的数值分类. 生态学杂志, (5): 4-9.
易湘生, 李国胜, 尹衍雨, 等. 2015. 土壤厚度的空间插值方法比较: 以青海三江源地区为例. 地理研究, 31(10): 1793-1805.
殷有, 王萌, 刘明国, 等. 2007. 森林立地分类与评价研究. 安徽农业科学, 35(19): 5765-5767.
《用材林基地立地分类、评价及适地适树研究专题》森林立地分类系统研究组. 1990. 试论建立我国森林立地分类系统. 林业科学, 26(3): 262-270.
于丽, 王明年, 房敦敏, 等. 2009. 岩质围岩施工阶段亚级分级的数量化理论研究. 岩土力学, 30(12): 3846-3850.
余国信, 陶吉兴. 1996. 浙江省内陆立地区立地分类的研究. 浙江林业科技, 16(3): 15-23.
俞新妥. 1989. 杉木连栽林地土壤生化特性及土壤肥力的研究. 福建林学院学报, (3): 263-271.
云南省林业厅, 云南省林业调查规划院. 1990. 云南森林立地分类及其应用. 北京: 中国林业出版社.
曾春阳, 唐代生, 唐嘉锴. 2010. 森林立地指数的地统计学空间分析. 生态学报, 30(13): 3465-3471.
曾鸣, 聂祥永, 曾伟生. 2013. 中国杉木相容性立木材积和地上生物量方程. 林业科学, 49(10): 74-79.
曾伟生, 陈新云, 蒲莹, 等. 2018. 基于国家森林资源清查数据的不同生物量和碳储量估计方法的对比分析. 林业科学研究, 31(1): 66-71.
曾伟生, 唐守正. 2011a. 非线性模型对数回归的偏差校正及与加权回归的对比分析. 林业科学研究, 24(2): 137-143.
曾伟生, 唐守正. 2011b. 立木生物量方程的优度评价和精度分析. 林业科学, 47(11): 106-113.
曾伟生, 张会儒, 唐守正. 2011. 立木生物量建模方法. 北京: 中国林业出版社.
詹昭宁. 1982. 森林生产力的评定方法. 北京: 中国林业出版社.
詹昭宁. 1986. 建立我国立地分类和评价系统的几个问题. 中南林业调查规划, (1): 12-14.
詹昭宁. 1987. 三论建立我国森林立地分类和评价系统的几个问题. 林业资源管理, (5): 68-69.
詹昭宁, 邱尧荣. 1996. 中国森林立地"分类"和"类型". 林业资源管理, (1): 28-30.
张本家, 高岚. 1997. 辽宁土壤土层厚度与抗蚀年限. 水土保持研究, 4(4): 57-59.

张国栋, 金爱武, 张四海. 2014. 毛竹林土壤养分对坡位和土层深度的响应. 竹子研究汇刊, 33(4): 40-44.
张会儒, 唐守正, 胥辉. 1999. 关于生物量模型中的异方差问题. 林业资源管理, (1): 46-49.
张健, 蔡霖生. 1987. 立地分类理论、系统及方法的研究. 四川农业大学学报, 5(2): 135-139.
张骏, 葛滢, 江波, 等. 2010. 浙江省杉木生态公益林碳储量效益分析. 林业科学, 46(6): 22-26.
张康健, 王蓝, 孙长忠. 1988. 森林立地定量评价与分类. 西安: 陕西科学技术出版社.
张林林, 刘效东, 苏艳, 等. 2018. 马尾松人工林生物量与生产力研究进展. 生态科学, 37(3): 213-221.
张璐, 章大全, 封国林. 2010. 中国旱涝极端事件前兆信号及可预测性研究. 物理学报, 59(8): 5897-5904.
张茂震, 王广兴, 刘安兴. 2009. 基于森林资源连续清查资料估算的浙江省森林生物量及生产力. 林业科学, 45(9): 13-17.
张鹏超, 张一平, 杨国平, 等. 2010. 哀牢山亚热带常绿阔叶林乔木碳储量及固碳增量. 生态学杂志, 29(6): 1047-1053.
张水松, 吴克选, 何寿庆. 1980. 江西省杉木人工林生产能力的研究. 林业科学, (S1): 65-76.
张万儒. 1997. 中国森林立地. 北京: 科学出版社.
张万儒, 盛炜彤, 蒋有绪, 等. 1992. 中国森林立地分类系统. 林业科学研究, 5(3): 251-262.
张文彤, 邝春伟. 2011. SPSS统计分析基础教程. 北京: 高等教育出版社.
张小波, 郭兰萍, 赵曼茜, 等. 2016. 马尾松生产适宜性区划研究. 中国中药杂志, 41(17): 3115-3121.
张新时, 张瑛山, 陈望义, 等. 1964. 天山雪岭云杉林的迹地类型及其更新. 林业科学, (2): 167-183.
张雄清, 张建国, 段爱国. 2014. 基于贝叶斯法估计杉木人工林树高生长模型. 林业科学, 50(3): 69-75.
张雄清, 张建国, 段爱国. 2015. 杉木人工林林分断面积生长模型的贝叶斯法估计. 林业科学研究, 28(4): 538-542.
张雅梅, 何瑞珍, 安裕伦, 等. 2005. 基于 RS 与 GIS 的森林立地分类研究. 西北林学院学报, 20(4): 147-152.
张宇, 岳祥华, 漆良华, 等. 2016. 利用异速生长关系和地统计方法估算武夷山南麓毛竹林生物量. 生态学杂志, 35(7): 1957-1962.
张志云, 蔡学林. 1992. 安远县森林立地分类、评价及适地适树研究(总报告). 江西农业大学学报, (6): 1-6.
张志云, 蔡学林, 杜天真, 等. 1997a. 江西森林立地分类、评价及适地适树研究(总报告). 江西农业大学学报, 19(6): 1-30.
张志云, 蔡学林, 欧阳勋志. 1997b. 森林立地研究综述. 江西农业大学学报, 19(6): 166-173.
张宗艺. 2016. 基于数据挖掘的储备林树种适宜性研究. 北京: 北京林业大学硕士学位论文.
章绍尧, 丁炳扬. 1993. 浙江植物志　总论. 杭州: 浙江科学技术出版社: 12-13.
赵琳, 邓继峰, 周永斌, 等. 2016. 基于灰色理论分析辽西北半干旱地区适地适树造林决策. 林业资源管理, (5): 77-102.
赵美丽, 王才旺. 1994. 林分优势高测定方法的探讨. 内蒙古林业调查设计院, (2): 10-16.
赵敏, 周广胜. 2004. 基于森林资源清查资料的生物量估算模式及其发展趋势. 应用生态学报, (8): 1468-1472.

浙江林学院杉木课题组. 1989. “多对多”回归分析方法在立地质量评价中的应用初探. 浙江林学院学报, 6(1): 44-49.
浙江省林业勘察设计院. 1985. 林业勘察设计常用数表. 杭州: 浙江科学技术出版社: 130-133.
浙江省林业局. 2002. 浙江林业自然资源(森林卷). 北京: 中国农业科学技术出版社: 9-11.
浙江省林业厅. 2009. 国家森林资源连续清查・浙江省第六次复查技术操作细则(内部资料).
浙江省林业厅. 2014. 浙江省森林资源规划设计调查技术操作细则(内部资料).
浙江省林业厅区划办公室. 1991. 浙江省林业区划. 北京: 中国林业出版社: 6-12.
郑镜明. 1994. 建立地方森林立地分类、评价系统的基本方法. 中南林业调查规划, (3): 12-16.
郑勇平, 方俊良, 杨志涌, 等. 1991. 湖州市杉木林立地质量的数量化评价. 浙江林学院学报, 8(2): 234-244.
郑勇平, 曾建福, 汪和木, 等. 1993. 浙江省杉木实生林多形地位指数曲线模型. 浙江林学院学报, (1): 59-66.
《中国森林立地分类》编写组. 1989. 中国森林立地分类. 北京: 中国林业出版社.
《中国森林立地类型》编写组. 1995. 中国森林立地类型. 北京: 中国林业出版社.
周国模, 郭仁鉴, 韦新良, 等. 2001. 浙江省杉木人工林生长模型及主伐年龄的确定. 浙江林学院学报, (3): 3-6.
周世兴, 黄从德, 向元彬, 等. 2016. 模拟氮沉降对华西雨屏区天然常绿阔叶林凋落物木质素和纤维素降解的影响. 应用生态学报, 27(5): 1368-1374.
周政贤, 杨世逸. 1987. 试论我国立地分类理论基础. 林业科学, (1): 61-67.
邹洪森, 秦锋, 程泽凯, 等. 2009. 二分类器的 ROC 曲线生成算法. 计算机技术与发展, 19(6): 109-112.
邹奕巧, 杜群, 葛宏立. 2012. 有年龄生长模型应用于无年龄情况研究. 浙江农林大学学报, 29(6): 889-896.
朱德兰, 马国强, 朱首军, 等. 2003. 榆林风沙区乔灌木树种适宜性评价. 西北林学院学报, 18(4): 54-56.
朱琳琳, 张萌新, 赵竑绯, 等. 2014. 不同经营措施对毛竹林生物量与碳储量的影响. 经济林研究, 32(1): 58-64.
朱强根, 金爱武, 唐世刚, 等. 2015. 毛竹枝叶生物量的冠层分布对钩梢和施肥的响应. 中南林业科技大学学报, 35(1): 24-29.
Aertsen W, Kint V, Orshoven J V, *et al*. 2010. Comparison and ranking of different modelling techniques for prediction of site index in Mediterranean Mountain forests. Ecological Modelling, 221(8): 1119-1130.
Bailey R G. 1996. Ecosystem Geography. New York: Springer-Verlag.
Ballantyne F. 2013. Evaluating model fit to determine if logarithmic transformations are necessary in allometry: A comment on the exchange between Packard (2009) and Kerkhoff and Enquist (2009). Journal of Theoretical Biology, 317: 418-421.
Barnes B V, Pregitzer K S, Spies T A, *et al*. 1982. Ecological forest site classification. Journal of Forestry, 80(8): 493-498.
Baskerville G L. 1972. Use of logarithmic regression in the estimation of plant biomass. Canadian Journal of Forest Research, 2 (1): 49-53.
Bi H, Turner J, Lambert M J. 2004. Additive biomass equations for native eucalypt forest trees of temperate Australia. Trees, 18(4): 467-479.
Blujdea V N B, Pilli R, Dutca I, *et al*. 2011. Allometric biomass equations for young broadleaved

trees in plantations in Romania. Forest Ecology and Management, 264: 172-184.

Bradshaw A D. 1965. Evolutionary significance of phenotypic plasticity in plants. Advances in Genetics, 13(1): 115-155.

Bruce D. 1926. A method of preparing timber yield tables. Journal of Agricultural Research, (32): 543-557.

Bueis T, Bravo F, Pando V, *et al*. 2016. Relationship between environmental parameters and *Pinus sylvestris* L. site index in forest plantations in northern Spain acidic plateau. iForest, 9: 394-401.

Bull H. 1931. The use of polymorphic curves in determining site quality in young red pine plantations. Journal of Agricultural Research, (43): 1-28.

Burrough P A, McDonnell R A. 1998. Principle of Geographic Information Systems. New York: Oxford University Press.

Cajander A K. 1926. The theory of forest types. Acta Forestalia Fennica, 29: 1-108.

Carmean W H. 1975. Forest Site Quality Evaluation in the United States. New York: Academic Press.

Chen H Y, Krestov P V, Klinka K. 2002. Trembling aspen site index in relation to environmental measures of site quality at two spatial scales. Canadian Journal of Forest Research, 32: 112-119.

Cimalová, Lososová Z. 2009. Arable weed vegetation of the northeastern part of the Czech Republic: effects of environmental factors on species composition. Plant Ecology, 203(1): 45-57.

Clifford D, Cressie N, England J, *et al*. 2013. Correction factors for unbiased, efficient estimation and prediction of biomass from log-log allometric models. Forest Ecology and Management, 310: 375-381.

Clutter J L, Fortson J C, Pienaar L V, *et al*. 1983. Timber Management: A Quantitative Approach. New York: John Wiley and Sons.

Сукач В Н, Эонн С В. 1961. Мстодичсские укаэания к нэучснно тнпов лсса. Иэдатсльство АНСССР.

Damman A W H. 1979. The role of vegetation analysis in land classification. Forestry Chronicle, 55: 175-182.

Daubenmire R. 1976. The use of vegetation in assessing the productivity of forest lands. The Botanical Review, 42(2): 115-143.

Dhôte J F, Hervé J C. 2000. Productivity changes in four sessile oak forests since 1930: a stand-level approach. Annals of Forest Science, 57(7): 651-680.

Dong J R, Kaufmannr K, Myneni R B, *et al*. 2003. Remote sensing estimates of boreal and temperate forest woody biomass: carbon pools, sources, and sinks. Remote Sensing of Environment, 84(3): 393-410.

Dong L, Zhang L, Li F. 2014. A compatible system of biomass equations for three conifer species in Northeast China. Forest Ecology and Management, 329: 306-317.

Durbin J, Watson G S. 1951. Testing for serial correlation in least squares regression Ⅱ. Biometrika, (38): 159-178.

Elaalem M. 2013. A comparison of parametric and fuzzy multi-criteria methods for evaluating land suitability for olive in Jeffara Plain of Libya. APCBEE Procedia, 5: 405-409.

Fang J Y, Chen A P, Peng C H, *et al*. 2001. Changes in forest biomass carbon storage in China between 1949 and 1998. Science, 292(5525): 2320-2322.

Farrelly N, Áine Ní Dhubháin, Nieuwenhuis M. 2011. Site index of Sitka spruce (*Picea sitchensis*) in relation to different measures of site quality in Ireland. Canadian Journal of Forest Research, 41(2): 265-278.

Fernow B E. 1913. History of Forestry. 3rd ed. Toronto: University Press: 506.

Finney D J. 1941. On the distribution of a variate whose logarithm is normally distributed.

Supplement to the Journal of the Royal Statistical Society, 7(2): 155-161.
Gao X, Jiang Z, Guo Q, *et al.* 2015. Allometry and biomass production of *Phyllostachys heterocycla* across the whole lifespan. Polish Journal of Environmental Studies, 24: 511-517.
Guisan A, Weiss S B, Weiss A D. 1999. GLM versus CCA spatial modeling of plant species distribution. Plant Ecology, 143: 107-122.
Günlü A, Baskent E Z, Kadiogullari A I, *et al.* 2008. Classifying oriental beech (*Fagus orientalis* Lipsky.) forest sites using direct, indirect and remote sensing methods: a case study from Turkey. Sensors, (8): 2526-2540.
Hägglund B. 1976. Estimating site index in young stands of Scots pine and Norway spruce in Sweden. Rapporter och Uppsatser-Skogshoegskolan: 23-30.
Hame T, Salli A, Andersson K, *et al.* 1997. A new methodology for the estimation of biomass of conifer-dominated boreal forest using NOAA AVHRR data. International Journal of Remote Sensing, 18(15): 3211-3243.
Hanley J A, McNeil B J. 1982. The meaning and use of the area under a receiver operating characteristic (ROC) Curve. Radiology, 143(1): 29-36.
Hills G A. 1960. Regional site research. Forestry Chronicle, (36): 401-423.
Höck B K, Payn T W, Shirley J W. 1993. Using a geographic information system and geostatistics to estimate site index of *Pinus radiata* for Kaingaroa Forest, New Zealand. New Zealand Journal of Forestry Science, 23(3): 264-277.
Jaynes E T. 1957. Information theory and statisticalmechanics. Physical Review, (106): 620-630.
Jenness J. 2006. Topographic Position Index (tpi_jen. avx) extension for ArcView 3.x,v.1.2. Jenness Enterprises.
Jeroen D R, Jean B, Machteld B, *et al.* 2013. Application of the topographic position index to heterogeneous landscapes. Geomorphology, 186: 39-49.
Jurdant M, Dionne J C, Beaubien J, *et al.* 1970. Ecological map of the Saguenay-Lac Saint Jean region of Quebec. Annales De Lacfas: 9-10.
Kattar S, Rjeily K A, Souidi Z, *et al.* 2017. Evaluation of land suitability for stone pine (*Pinus pinea*) plantation in Lebanon. International Journal of Environment, Agriculture and Biotechnology, 2(2): 563-583.
Kerkhoff A J, Enquist B J. 2009. Multiplicative by nature: Why logarithmic transformation is necessary in allometry. Journal of Theoretical Biology, 257(3): 519-521.
Kimsey M J, Garrisonjohnston M T, Johnson L. 2011. Characterization of volcanic ash-influenced forest soils across a geoclimatic sequence. Soil Science Society of America Journal, 75(1): 267-279.
Koo K A, Madden M, Patten B C. 2014. Projection of red spruce (*Picea rubens* Sargent) habitat suitability and distribution in the Southern Appalachian Mountains, USA. Ecological Modelling, 293(6): 91-101.
Kozak A, Kozak R. 2003. Does cross validation provide additional information in the evaluation of regression models? Canadian Journal of Forest Research, 33(6): 976-987.
Lauer D K, Kush J S. 2010. Dynamic site index equation for thinned stands of even-aged natural longleaf pine. Southern Journal of Applied Forestry, 34(1): 28-37.
Lai J, Yang B, Lin D, *et al.* 2013. The allometry of coarse root biomass: log-transformed linear regression or nonlinear regression? PLoS One, 8(10): e77007.
Lekwadi S O, Nemesova A, Lynch T, *et al.* 2012. Site classification and growth models for Sitka spruce plantations in Ireland. Forest Ecology and Management, (283): 56-65.
Lewis N B, Ferguson I S, Sutton W R J, *et al.* 1993. Management of Radiata Pine. Oxford: Inkata

Press Pty Ltd/Butterworth-Heinemann.

Lou M, Zhang H, Lei X, *et al.* 2016. Spatial autoregressive models for stand top and stand mean height relationship in mixed *Quercus mongolica* broadleaved natural stands of northeast China. Forests, 7(2): 43.

Louw J H, Scholes M. 2002. Forest site classification and evaluation: a South African perspective. Forest Ecology and Management, 171(1-2): 153-168.

Madgwick H A I, Satoo T. 1975. On estimating the aboveground weights of tree stands. Ecology, 56(6): 1446-1450.

Mashimo Y, Arimitsu K. 1986. A site classification for forest land use in Japan. *In*: Gessel S P. Forest Site and Productivity. Forestry Sciences Volzo: 29-41. Dordrecht: Springer.

Monserud R A. 1984. Problems With Site Index: An Opinionated Review. Forest Service: 167-180.

Moreno-Fernández D, Álvarez-González J G, Rodríguez-Soalleiro R, *et al.* 2018. National-scale assessment of forest site productivity in Spain. Forest Ecology and Management, 417: 197-207.

Murgante B, Casas G L. 2004. GIS and fuzzy sets for the land suitability analysis. Lecture Notes in Computer Science, 3044: 1034-1045.

Packard G C, Birchard G F. 2008. Traditional allometric analysis fails to provide a valid predictive model for mammalian metabolic rates. Journal of Experimental Biology, 211(22): 3581-3587.

Parresol B R. 2001. Additivity of nonlinear biomass equations. Canadian Journal of Forest Research, 31(5): 865-878.

Peterson D L, Waring R H. 1994. Overview of the oregon transect ecosystem research project. Ecological Applications, 4(2): 211-225.

Phillips O L, Malhi Y, Vinceti B, *et al.* 2002. Changes in growth of tropical forests: Evaluating potential biases. Ecological Applications, 12(2): 576-587.

Phillips S J, Anderson R P, Schapire R E. 2006. Maximum entropy modeling of species geographic distributions . Ecological Modelling, 190(3/4): 231-259.

Phillips S J, Dudik M, Schapire R E. 2004. A maximum entropy approach to species distribution modeling. Proceedings of the Twenty-First International Conference on Machine Learning: 655-662.

Pienaar L V, Turnbull K J. 1973. The Chapman-Richards generalization of Von Bertalanffy's growth model for basal area growth and yield in even-aged stands. Forest Science, 19(1): 2-22.

Pretzsch H. 2009. Forest Dynamics, Growth and Yield-from Measurement to Model. Berlin: Springer Verlag Heidelberg.

Pyatt G, Ray D, Fletcher J. 2001. An ecological site classification for forestry in Great Britain. Forestry Commission Bulletin, 124.

Quichimbo P, Jiménez L, Veintimilla D, *et al.* 2017. Forest site classification in the Southern Andean Region of ecuador: a case study of pine plantations to collect a base of soil attributes. Forests, (8): 1-22.

Ramann E. 1893. Forstiche Bodenkunde und Standortslehre. Berlin: Julius Springer.

Richards F J. 1959. A flexible growth function for empirical use. Journal of Experimental Botany, 10(2): 290-301.

Rodenkirchen H. 2009. On the occasion of the 120th birth year and 40th death year of Gustav Adolf Krauss (1888-1968): the old master of forest site classification and his commitment to a close-to-nature, ecologically-based silviculture. Mitteilungen des Vereins für Forstliche Standortskunde und Forstpflanzenzüchtung, (46): 63-68.

Running S W, Gower S T. 1991. FOREST-BGC, A general model of forest ecosystem processes for regional applications. II. Dynamic carbon allocation and nitrogen budgets. Tree Physiology,

9(1-2): 147-160.

Ryzhkova V, Danilova I. 2012. GIS-based classification and mapping of forest site conditions and vegetation. Bosque, 33(3): 293-297.

Sabatia C O, Burkhart H E. 2014. Predicting site index of plantation loblolly pine from biophysical variables. Forest Ecology and Management, 326: 142-156.

Schmidt M G, Carmean W H. 2011. Jack pine site quality in relation to soil and topography in north central Ontario. Canadian Journal of Forest Research, 18(3): 297-305.

Skovsgaard J P, Vanclay J K. 2008. Forest site productivity: a review of the evolution of dendrometric concepts for even-aged stands. Forestry, 81(1): 13-31.

Smalley G W. 1986. Classification and evaluation of forest sites on the northern Cumberland Plateau. New York: USDA Forest Service: 72-74.

Snowdon P. 1991. A ratio estimator for bias correction in logarithmic regressions. Revue Canadienne De Recherche Forestière, 21(5): 720-724.

Tang S, Li Y, Wang Y. 2001. Simultaneous equations, error-in-variable models, and model integration in systems ecology. Ecological Modelling, 142(3): 285-294.

Teka K, Welday Y. 2017. Soil suitability evaluation for selected tree species in the highlands of Northern Ethiopia. Momona Ethiopian Journal of Science, 9(2): 215-231.

Tesch S D. 1980. The evaluation of forest yield determination and site classification. Forest Ecology and Management, (3): 169-182.

Vanclay J K, Skovsgaard J P, Hansen C P. 1995. Assessing the quality of permanent sample plot databases for growth modelling in forest plantations. Forest Ecology and Management, 71(3): 177-186.

Wang G G, Klinka K. 1996. Use of synoptic variables in predicting white spruce site index. Forest Ecology and Management, 80: 95-105.

Weiss A D. 2001. Topographic position and landforms analysis. San Diego: Poster Presentation, ESRI Users Conference.

Wu Y, Qin K L, Zhang M H, *et al.* 2013. Study on forest site classification of Southern Xiaoxing'an Mountain in Northeast of China. World Rural Observations, 5(4): 27-32.

Yang T H, Song K, Da L J, *et al.* 2010. The biomass and aboveground net primary productivity of *Schima superba-Castanopsis carlesii* forests in east China. Science China Life Sciences, 53(7): 811-821.

Zeng W S, Tang S Z. 2012. Modeling compatible single-tree aboveground biomass equations for masson pine (*Pinus massoniana*) in southern China. Journal of Forestry Research, 23(4): 593-598.

Zhang G L, Wang K Y, Liu X W, *et al.* 2006. Simulation of the biomass dynamics of Masson pine forest under different management. Journal of Forestry Research (Harbin), 17(4): 305-311.

Zianis D, Xanthopoulos G, Kalabokidis K, *et al.* 2011. Allometric equations for aboveground biomass estimation by size class for *Pinus brutia*, Ten. trees growing in North and South Aegean Islands, Greece. European Journal of Forest Research, 130(2): 145-160.

# 附　录

附录 1　研究区立地类型划分统计表

| 编号 | 立地类型小区 | 面积/亩 | 面积比例/% | 编号 | 立地类型组 | 面积/亩 | 面积比例/% | 编号 | 立地类型 | 面积/亩 | 面积比例/% |
|---|---|---|---|---|---|---|---|---|---|---|---|
| A | 丘陵立地类型小区 | 824 241 | 21.14 | a | 丘陵上部立地类型组 | 132 096 | 3.39 | （1） | 丘陵上部阳坡薄土层立地类型 | 1 201 | 0.03 |
| | | | | | | | | （2） | 丘陵上部阳坡中土层立地类型 | 57 591 | 1.48 |
| | | | | | | | | （3） | 丘陵上部阳坡厚土层立地类型 | 13 528 | 0.35 |
| | | | | | | | | （4） | 丘陵上部阴坡薄土层立地类型 | 867 | 0.02 |
| | | | | | | | | （5） | 丘陵上部阴坡中土层立地类型 | 48 921 | 1.25 |
| | | | | | | | | （6） | 丘陵上部阴坡厚土层立地类型 | 9 988 | 0.26 |
| | | | | b | 丘陵中部立地类型组 | 54 978 | 1.41 | （7） | 丘陵中部阳坡薄土层立地类型 | 1 502 | 0.04 |
| | | | | | | | | （8） | 丘陵中部阳坡中土层立地类型 | 15 292 | 0.39 |
| | | | | | | | | （9） | 丘陵中部阳坡厚土层立地类型 | 10 967 | 0.28 |
| | | | | | | | | （10） | 丘陵中部阴坡薄土层立地类型 | 1 843 | 0.05 |
| | | | | | | | | （11） | 丘陵中部阴坡中土层立地类型 | 15 673 | 0.40 |
| | | | | | | | | （12） | 丘陵中部阴坡厚土层立地类型 | 9 701 | 0.25 |
| | | | | c | 丘陵下部立地类型组 | 114 998 | 2.95 | （13） | 丘陵下部阳坡薄土层立地类型 | 2 597 | 0.07 |
| | | | | | | | | （14） | 丘陵下部阳坡中土层立地类型 | 35 075 | 0.90 |
| | | | | | | | | （15） | 丘陵下部阳坡厚土层立地类型 | 28 470 | 0.73 |
| | | | | | | | | （16） | 丘陵下部阴坡薄土层立地类型 | 963 | 0.02 |
| | | | | | | | | （17） | 丘陵下部阴坡中土层立地类型 | 27 298 | 0.70 |
| | | | | | | | | （18） | 丘陵下部阴坡厚土层立地类型 | 20 595 | 0.53 |
| | | | | d | 丘陵全坡立地类型组 | 522 169 | 13.39 | （19） | 丘陵全坡阳坡薄土层立地类型 | 3 000 | 0.08 |
| | | | | | | | | （20） | 丘陵全坡阳坡中土层立地类型 | 182 373 | 4.68 |
| | | | | | | | | （21） | 丘陵全坡阳坡厚土层立地类型 | 86 886 | 2.23 |
| | | | | | | | | （22） | 丘陵全坡阴坡薄土层立地类型 | 2 177 | 0.06 |
| | | | | | | | | （23） | 丘陵全坡阴坡中土层立地类型 | 172 231 | 4.42 |
| | | | | | | | | （24） | 丘陵全坡阴坡厚土层立地类型 | 75 502 | 1.94 |

续附录 1

| 编号 | 立地类型小区 | 面积/亩 | 面积比例/% | 编号 | 立地类型组 | 面积/亩 | 面积比例/% | 编号 | 立地类型 | 面积/亩 | 面积比例/% |
|---|---|---|---|---|---|---|---|---|---|---|---|
| B | 低山立地类型小区 | 2 522 720 | 64.71 | a | 低山上部立地类型组 | 334 471 | 8.58 | （25） | 低山上部阳坡薄土层立地类型 | 14 337 | 0.37 |
| | | | | | | | | （26） | 低山上部阳坡中土层立地类型 | 135 114 | 3.47 |
| | | | | | | | | （27） | 低山上部阳坡厚土层立地类型 | 26 294 | 0.67 |
| | | | | | | | | （28） | 低山上部阴坡薄土层立地类型 | 11 987 | 0.31 |
| | | | | | | | | （29） | 低山上部阴坡中土层立地类型 | 119 305 | 3.06 |
| | | | | | | | | （30） | 低山上部阴坡厚土层立地类型 | 27 434 | 0.70 |
| | | | | b | 低山中部立地类型组 | 156 783 | 4.02 | （31） | 低山中部阳坡薄土层立地类型 | 8 468 | 0.22 |
| | | | | | | | | （32） | 低山中部阳坡中土层立地类型 | 58 615 | 1.50 |
| | | | | | | | | （33） | 低山中部阳坡厚土层立地类型 | 11 025 | 0.28 |
| | | | | | | | | （34） | 低山中部阴坡薄土层立地类型 | 10 892 | 0.28 |
| | | | | | | | | （35） | 低山中部阴坡中土层立地类型 | 51 754 | 1.33 |
| | | | | | | | | （36） | 低山中部阴坡厚土层立地类型 | 16 029 | 0.41 |
| | | | | c | 低山下部立地类型组 | 421 968 | 10.82 | （37） | 低山下部阳坡薄土层立地类型 | 8 480 | 0.22 |
| | | | | | | | | （38） | 低山下部阳坡中土层立地类型 | 176 216 | 4.52 |
| | | | | | | | | （39） | 低山下部阳坡厚土层立地类型 | 35 139 | 0.90 |
| | | | | | | | | （40） | 低山下部阴坡薄土层立地类型 | 9 961 | 0.26 |
| | | | | | | | | （41） | 低山下部阴坡中土层立地类型 | 159 497 | 4.09 |
| | | | | | | | | （42） | 低山下部阴坡厚土层立地类型 | 32 675 | 0.84 |
| | | | | d | 低山全坡立地类型组 | 1 609 498 | 41.28 | （43） | 低山全坡阳坡薄土层立地类型 | 45 894 | 1.18 |
| | | | | | | | | （44） | 低山全坡阳坡中土层立地类型 | 685 447 | 17.58 |
| | | | | | | | | （45） | 低山全坡阳坡厚土层立地类型 | 119 227 | 3.06 |
| | | | | | | | | （46） | 低山全坡阴坡薄土层立地类型 | 41 065 | 1.05 |
| | | | | | | | | （47） | 低山全坡阴坡中土层立地类型 | 602 493 | 15.45 |
| | | | | | | | | （48） | 低山全坡阴坡厚土层立地类型 | 115 372 | 2.96 |

续附录 1

| 编号 | 立地类型小区 | 面积/亩 | 面积比例/% | 编号 | 立地类型组 | 面积/亩 | 面积比例/% | 编号 | 立地类型 | 面积/亩 | 面积比例/% |
|---|---|---|---|---|---|---|---|---|---|---|---|
| C | 中山立地类型小区 | 551 558 | 14.15 | a | 中山上部立地类型组 | 111 285 | 2.85 | （49） | 中山上部阳坡薄土层立地类型 | 2 947 | 0.08 |
| | | | | | | | | （50） | 中山上部阳坡中土层立地类型 | 47 733 | 1.22 |
| | | | | | | | | （51） | 中山上部阳坡厚土层立地类型 | 19 755 | 0.51 |
| | | | | | | | | （52） | 中山上部阴坡薄土层立地类型 | 808 | 0.02 |
| | | | | | | | | （53） | 中山上部阴坡中土层立地类型 | 27 954 | 0.72 |
| | | | | | | | | （54） | 中山上部阴坡厚土层立地类型 | 12 088 | 0.31 |
| | | | | b | 中山中部立地类型组 | 48 874 | 1.25 | （55） | 中山中部阳坡薄土层立地类型 | 652 | 0.02 |
| | | | | | | | | （56） | 中山中部阳坡中土层立地类型 | 25 621 | 0.66 |
| | | | | | | | | （57） | 中山中部阳坡厚土层立地类型 | 8 678 | 0.22 |
| | | | | | | | | （58） | 中山中部阴坡薄土层立地类型 | 767 | 0.02 |
| | | | | | | | | （59） | 中山中部阴坡中土层立地类型 | 10 793 | 0.28 |
| | | | | | | | | （60） | 中山中部阴坡厚土层立地类型 | 2 363 | 0.06 |
| | | | | c | 中山下部立地类型组 | 57 263 | 1.47 | （62） | 中山下部阳坡中土层立地类型 | 29 091 | 0.75 |
| | | | | | | | | （63） | 中山下部阳坡厚土层立地类型 | 5 160 | 0.13 |
| | | | | | | | | （65） | 中山下部阴坡中土层立地类型 | 20 464 | 0.52 |
| | | | | | | | | （66） | 中山下部阴坡厚土层立地类型 | 2 548 | 0.07 |
| | | | | d | 中山全坡立地类型组 | 334 136 | 8.57 | （67） | 中山全坡阳坡薄土层立地类型 | 2 543 | 0.07 |
| | | | | | | | | （68） | 中山全坡阳坡中土层立地类型 | 134 650 | 3.45 |
| | | | | | | | | （69） | 中山全坡阳坡厚土层立地类型 | 42 886 | 1.10 |
| | | | | | | | | （70） | 中山全坡阴坡薄土层立地类型 | 2 451 | 0.06 |
| | | | | | | | | （71） | 中山全坡阴坡中土层立地类型 | 116 000 | 2.98 |
| | | | | | | | | （72） | 中山全坡阴坡厚土层立地类型 | 35 606 | 0.91 |

## 附录 2　研究区毛竹林立地类型划分统计表

| 编号 | 立地类型小区 | 面积/亩 | 面积比例/% | 编号 | 立地类型组 | 面积/亩 | 面积比例/% | 编号 | 立地类型 | 面积/亩 | 面积比例/% |
|---|---|---|---|---|---|---|---|---|---|---|---|
| A | 丘陵立地类型小区 | 85 717 | 25.91 | a | 丘陵上部立地类型组 | 15 026 | 4.54 | （1） | 丘陵上部阳坡薄土层立地类型 | 514 | 0.16 |
| | | | | | | | | （2） | 丘陵上部阳坡中土层立地类型 | 6 624 | 2.00 |
| | | | | | | | | （3） | 丘陵上部阳坡厚土层立地类型 | 1 780 | 0.54 |
| | | | | | | | | （4） | 丘陵上部阴坡薄土层立地类型 | 457 | 0.14 |
| | | | | | | | | （5） | 丘陵上部阴坡中土层立地类型 | 4 573 | 1.38 |
| | | | | | | | | （6） | 丘陵上部阴坡厚土层立地类型 | 1 078 | 0.33 |
| | | | | b | 丘陵中部立地类型组 | 6 026 | 1.82 | （7） | 丘陵中部阳坡薄土层立地类型 | 319 | 0.10 |
| | | | | | | | | （8） | 丘陵中部阳坡中土层立地类型 | 1 486 | 0.45 |
| | | | | | | | | （9） | 丘陵中部阳坡厚土层立地类型 | 1 614 | 0.49 |
| | | | | | | | | （10） | 丘陵中部阴坡薄土层立地类型 | 304 | 0.09 |
| | | | | | | | | （11） | 丘陵中部阴坡中土层立地类型 | 1 210 | 0.37 |
| | | | | | | | | （12） | 丘陵中部阴坡厚土层立地类型 | 1 093 | 0.33 |
| | | | | c | 丘陵下部立地类型组 | 10 389 | 3.14 | （13） | 丘陵下部阳坡薄土层立地类型 | 277 | 0.08 |
| | | | | | | | | （14） | 丘陵下部阳坡中土层立地类型 | 3 166 | 0.96 |
| | | | | | | | | （15） | 丘陵下部阳坡厚土层立地类型 | 2 536 | 0.77 |
| | | | | | | | | （16） | 丘陵下部阴坡薄土层立地类型 | 18 | 0.01 |
| | | | | | | | | （17） | 丘陵下部阴坡中土层立地类型 | 2 348 | 0.71 |
| | | | | | | | | （18） | 丘陵下部阴坡厚土层立地类型 | 2 044 | 0.62 |
| | | | | d | 丘陵全坡立地类型组 | 54 276 | 16.41 | （19） | 丘陵全坡阳坡薄土层立地类型 | 709 | 0.21 |
| | | | | | | | | （20） | 丘陵全坡阳坡中土层立地类型 | 21 168 | 6.40 |
| | | | | | | | | （21） | 丘陵全坡阳坡厚土层立地类型 | 6 894 | 2.08 |
| | | | | | | | | （22） | 丘陵全坡阴坡薄土层立地类型 | 248 | 0.07 |
| | | | | | | | | （23） | 丘陵全坡阴坡中土层立地类型 | 18 221 | 5.51 |
| | | | | | | | | （24） | 丘陵全坡阴坡厚土层立地类型 | 7 036 | 2.13 |

续附录 2

| 编号 | 立地类型小区 | 面积/亩 | 面积比例/% | 编号 | 立地类型组 | 面积/亩 | 面积比例/% | 编号 | 立地类型 | 面积/亩 | 面积比例/% |
|---|---|---|---|---|---|---|---|---|---|---|---|
| B | 低山立地类型小区 | 194 367 | 58.75 | a | 低山上部立地类型组 | 27 163 | 8.21 | （25） | 低山上部阳坡薄土层立地类型 | 1 083 | 0.33 |
| | | | | | | | | （26） | 低山上部阳坡中土层立地类型 | 9 777 | 2.96 |
| | | | | | | | | （27） | 低山上部阳坡厚土层立地类型 | 1 921 | 0.58 |
| | | | | | | | | （28） | 低山上部阴坡薄土层立地类型 | 2 235 | 0.68 |
| | | | | | | | | （29） | 低山上部阴坡中土层立地类型 | 9 971 | 3.01 |
| | | | | | | | | （30） | 低山上部阴坡厚土层立地类型 | 2 176 | 0.66 |
| | | | | b | 低山中部立地类型组 | 21 524 | 6.51 | （31） | 低山中部阳坡薄土层立地类型 | 1 180 | 0.36 |
| | | | | | | | | （32） | 低山中部阳坡中土层立地类型 | 8 040 | 2.43 |
| | | | | | | | | （33） | 低山中部阳坡厚土层立地类型 | 2 031 | 0.61 |
| | | | | | | | | （34） | 低山中部阴坡薄土层立地类型 | 1 767 | 0.53 |
| | | | | | | | | （35） | 低山中部阴坡中土层立地类型 | 6 058 | 1.83 |
| | | | | | | | | （36） | 低山中部阴坡厚土层立地类型 | 2 448 | 0.74 |
| | | | | c | 低山下部立地类型组 | 28 792 | 8.70 | （37） | 低山下部阳坡薄土层立地类型 | 1 239 | 0.37 |
| | | | | | | | | （38） | 低山下部阳坡中土层立地类型 | 9 336 | 2.82 |
| | | | | | | | | （39） | 低山下部阳坡厚土层立地类型 | 2 813 | 0.85 |
| | | | | | | | | （40） | 低山下部阴坡薄土层立地类型 | 1 477 | 0.45 |
| | | | | | | | | （41） | 低山下部阴坡中土层立地类型 | 10 636 | 3.22 |
| | | | | | | | | （42） | 低山下部阴坡厚土层立地类型 | 3 291 | 0.99 |
| | | | | d | 低山全坡立地类型组 | 116 888 | 35.33 | （43） | 低山全坡阳坡薄土层立地类型 | 4 890 | 1.48 |
| | | | | | | | | （44） | 低山全坡阳坡中土层立地类型 | 45 347 | 13.71 |
| | | | | | | | | （45） | 低山全坡阳坡厚土层立地类型 | 8 638 | 2.61 |
| | | | | | | | | （46） | 低山全坡阴坡薄土层立地类型 | 4 683 | 1.42 |
| | | | | | | | | （47） | 低山全坡阴坡中土层立地类型 | 44 544 | 13.47 |
| | | | | | | | | （48） | 低山全坡阴坡厚土层立地类型 | 8 786 | 2.66 |

续附录 2

| 编号 | 立地类型小区 | 面积/亩 | 面积比例/% | 编号 | 立地类型组 | 面积/亩 | 面积比例/% | 编号 | 立地类型 | 面积/亩 | 面积比例/% |
|---|---|---|---|---|---|---|---|---|---|---|---|
| C | 中山立地类型小区 | 50 727 | 15.33 | a | 中山上部立地类型组 | 10 505 | 3.18 | （49） | 中山上部阳坡薄土层立地类型 | 534 | 0.16 |
| | | | | | | | | （50） | 中山上部阳坡中土层立地类型 | 5 992 | 1.81 |
| | | | | | | | | （51） | 中山上部阳坡厚土层立地类型 | 1 768 | 0.53 |
| | | | | | | | | （53） | 中山上部阴坡中土层立地类型 | 1 733 | 0.52 |
| | | | | | | | | （54） | 中山上部阴坡厚土层立地类型 | 478 | 0.14 |
| | | | | b | 中山中部立地类型组 | 4 130 | 1.25 | （56） | 中山中部阳坡中土层立地类型 | 2 256 | 0.68 |
| | | | | | | | | （57） | 中山中部阳坡厚土层立地类型 | 568 | 0.17 |
| | | | | | | | | （58） | 中山中部阴坡薄土层立地类型 | 77 | 0.02 |
| | | | | | | | | （59） | 中山中部阴坡中土层立地类型 | 983 | 0.30 |
| | | | | | | | | （60） | 中山中部阴坡厚土层立地类型 | 246 | 0.07 |
| | | | | c | 中山下部立地类型组 | 4 892 | 1.48 | （62） | 中山下部阳坡中土层立地类型 | 3 462 | 1.05 |
| | | | | | | | | （63） | 中山下部阳坡厚土层立地类型 | 320 | 0.10 |
| | | | | | | | | （65） | 中山下部阴坡中土层立地类型 | 925 | 0.28 |
| | | | | | | | | （66） | 中山下部阴坡厚土层立地类型 | 185 | 0.06 |
| | | | | d | 中山全坡立地类型组 | 31 200 | 9.43 | （67） | 中山全坡阳坡薄土层立地类型 | 338 | 0.10 |
| | | | | | | | | （68） | 中山全坡阳坡中土层立地类型 | 12 882 | 3.89 |
| | | | | | | | | （69） | 中山全坡阳坡厚土层立地类型 | 3 905 | 1.18 |
| | | | | | | | | （70） | 中山全坡阴坡薄土层立地类型 | 111 | 0.03 |
| | | | | | | | | （71） | 中山全坡阴坡中土层立地类型 | 9 675 | 2.92 |
| | | | | | | | | （72） | 中山全坡阴坡厚土层立地类型 | 4 289 | 1.30 |

附录3 研究区毛竹林立地分类与适宜性等级统计表

| 适宜性等级 | 立地类型小区 | 面积/亩 | 立地类型组 | 面积/亩 | 立地类型 | 面积/亩 | 面积比例/% |
|---|---|---|---|---|---|---|---|
| 最适宜 | 丘陵立地类型小区 | 30 128 | 丘陵中部立地类型组 | 17 879 | 丘陵中部阳坡厚土层立地类型 | 8 500 | 7.77 |
| | | | | | 丘陵中部阳坡中土层立地类型 | 9 379 | 8.57 |
| | | | 丘陵下部立地类型组 | 4 218 | 丘陵下部阳坡厚土层立地类型 | 3 895 | 3.56 |
| | | | | | 丘陵下部阳坡中土层立地类型 | 323 | 0.30 |
| | | | 丘陵全坡立地类型组 | 8 031 | 丘陵全坡阳坡厚土层立地类型 | 8 031 | 7.34 |
| | 低山立地类型小区 | 79 033 | 低山中部立地类型组 | 71 888 | 低山中部阳坡厚土层立地类型 | 12 935 | 11.82 |
| | | | | | 低山中部阳坡中土层立地类型 | 58 953 | 53.86 |
| | | | 低山下部立地类型组 | 5 230 | 低山下部阳坡厚土层立地类型 | 4 159 | 3.80 |
| | | | | | 低山下部阳坡中土层立地类型 | 1 071 | 0.98 |
| | | | 低山全坡立地类型组 | 1 915 | 低山全坡阳坡厚土层立地类型 | 1 838 | 1.68 |
| | | | | | 低山全坡阳坡中土层立地类型 | 77 | 0.07 |
| | 中山立地类型小区 | 286 | 中山中部立地类型组 | 286 | 中山中部阳坡厚土层立地类型 | 286 | 0.26 |
| 较适宜 | 丘陵立地类型小区 | 322 885 | 丘陵上部立地类型组 | 44 089 | 丘陵上部阳坡厚土层立地类型 | 14 630 | 1.00 |
| | | | | | 丘陵上部阳坡中土层立地类型 | 29 459 | 2.01 |
| | | | 丘陵中部立地类型组 | 17 888 | 丘陵中部阳坡薄土层立地类型 | 614 | 0.04 |
| | | | | | 丘陵中部阳坡厚土层立地类型 | 191 | 0.01 |
| | | | | | 丘陵中部阳坡中土层立地类型 | 1 587 | 0.11 |
| | | | | | 丘陵中部阴坡厚土层立地类型 | 7 578 | 0.52 |
| | | | | | 丘陵中部阴坡中土层立地类型 | 7 918 | 0.54 |
| | | | 丘陵下部立地类型组 | 37 981 | 丘陵下部阳坡厚土层立地类型 | 15 471 | 1.06 |
| | | | | | 丘陵下部阳坡中土层立地类型 | 22 320 | 1.52 |
| | | | | | 丘陵下部阴坡厚土层立地类型 | 190 | 0.01 |
| | | | 丘陵全坡立地类型组 | 222 927 | 丘陵全坡阳坡厚土层立地类型 | 75 526 | 5.16 |
| | | | | | 丘陵全坡阳坡中土层立地类型 | 147 401 | 10.06 |

续附录 3

| 适宜性等级 | 立地类型小区 | 面积/亩 | 立地类型组 | 面积/亩 | 立地类型 | 面积/亩 | 面积比例/% |
|---|---|---|---|---|---|---|---|
| 较适宜 | 低山立地类型小区 | 1 065 969 | 低山上部立地类型组 | 105 798 | 低山上部阳坡厚土层立地类型 | 31 703 | 2.16 |
| | | | | | 低山上部阳坡中土层立地类型 | 74 095 | 5.06 |
| | | | 低山中部立地类型组 | 61 016 | 低山中部阳坡薄土层立地类型 | 5 830 | 0.40 |
| | | | | | 低山中部阳坡厚土层立地类型 | 40 | 0.00 |
| | | | | | 低山中部阳坡中土层立地类型 | 5 587 | 0.38 |
| | | | | | 低山中部阴坡厚土层立地类型 | 19 802 | 1.35 |
| | | | | | 低山中部阴坡中土层立地类型 | 29 757 | 2.03 |
| | | | 低山下部立地类型组 | 157 905 | 低山下部阳坡厚土层立地类型 | 22 238 | 1.52 |
| | | | | | 低山下部阳坡中土层立地类型 | 135 504 | 9.25 |
| | | | | | 低山下部阴坡厚土层立地类型 | 163 | 0.01 |
| | | | 低山全坡立地类型组 | 741 250 | 低山全坡阳坡厚土层立地类型 | 101 162 | 6.91 |
| | | | | | 低山全坡阳坡中土层立地类型 | 640 088 | 43.69 |
| | 中山立地类型小区 | 76 057 | 中山中部立地类型组 | 54 276 | 中山中部阳坡厚土层立地类型 | 11 735 | 0.80 |
| | | | | | 中山中部阳坡中土层立地类型 | 42 541 | 2.90 |
| | | | 中山下部立地类型组 | 12 345 | 中山下部阳坡厚土层立地类型 | 3 481 | 0.24 |
| | | | | | 中山下部阳坡中土层立地类型 | 8 864 | 0.61 |
| | | | 中山全坡立地类型组 | 9 436 | 中山全坡阳坡厚土层立地类型 | 6 008 | 0.41 |
| | | | | | 中山全坡阳坡中土层立地类型 | 3 428 | 0.23 |
| 适宜 | 丘陵立地类型小区 | 335 844 | 丘陵上部立地类型组 | 56 344 | 丘陵上部阳坡薄土层立地类型 | 1 148 | 0.06 |
| | | | | | 丘陵上部阳坡厚土层立地类型 | 1 029 | 0.06 |
| | | | | | 丘陵上部阳坡中土层立地类型 | 19 064 | 1.03 |
| | | | | | 丘陵上部阴坡厚土层立地类型 | 11 674 | 0.63 |
| | | | | | 丘陵上部阴坡中土层立地类型 | 23 429 | 1.26 |
| | | | 丘陵中部立地类型组 | 7 372 | 丘陵中部阳坡薄土层立地类型 | 419 | 0.02 |
| | | | | | 丘陵中部阳坡厚土层立地类型 | 54 | 0.00 |

续附录3

| 适宜性等级 | 立地类型小区 | 面积/亩 | 立地类型组 | 面积/亩 | 立地类型 | 面积/亩 | 面积比例/% |
|---|---|---|---|---|---|---|---|
| 适宜 | 丘陵立地类型小区 | 335 844 | 丘陵中部立地类型组 | 7 372 | 丘陵中部阳坡中土层立地类型 | 13 | 0.00 |
| | | | | | 丘陵中部阴坡薄土层立地类型 | 681 | 0.04 |
| | | | | | 丘陵中部阴坡厚土层立地类型 | 1 384 | 0.07 |
| | | | | | 丘陵中部阴坡中土层立地类型 | 4 821 | 0.26 |
| | | | 丘陵下部立地类型组 | 40 747 | 丘陵下部阳坡薄土层立地类型 | 2 734 | 0.15 |
| | | | | | 丘陵下部阳坡中土层立地类型 | 290 | 0.02 |
| | | | | | 丘陵下部阴坡厚土层立地类型 | 17 648 | 0.95 |
| | | | | | 丘陵下部阴坡中土层立地类型 | 20 075 | 1.08 |
| | | | 丘陵全坡立地类型组 | 231 381 | 丘陵全坡阳坡薄土层立地类型 | 4 016 | 0.22 |
| | | | | | 丘陵全坡阳坡中土层立地类型 | 925 | 0.05 |
| | | | | | 丘陵全坡阴坡厚土层立地类型 | 78 698 | 4.23 |
| | | | | | 丘陵全坡阴坡中土层立地类型 | 147 742 | 7.95 |
| | 低山立地类型小区 | 1 126 717 | 低山上部立地类型组 | 193 996 | 低山上部阳坡薄土层立地类型 | 8 839 | 0.48 |
| | | | | | 低山上部阳坡厚土层立地类型 | 2 188 | 0.12 |
| | | | | | 低山上部阳坡中土层立地类型 | 71 334 | 3.84 |
| | | | | | 低山上部阴坡厚土层立地类型 | 36 714 | 1.97 |
| | | | | | 低山上部阴坡中土层立地类型 | 74 921 | 4.03 |
| | | | 低山中部立地类型组 | 44 960 | 低山中部阳坡薄土层立地类型 | 4 857 | 0.26 |
| | | | | | 低山中部阳坡厚土层立地类型 | 38 | 0.00 |
| | | | | | 低山中部阳坡中土层立地类型 | 287 | 0.02 |
| | | | | | 低山中部阴坡薄土层立地类型 | 8 330 | 0.45 |
| | | | | | 低山中部阴坡厚土层立地类型 | 677 | 0.04 |
| | | | | | 低山中部阴坡中土层立地类型 | 30 771 | 1.65 |
| | | | 低山下部立地类型组 | 155 492 | 低山下部阳坡薄土层立地类型 | 7 925 | 0.43 |
| | | | | | 低山下部阳坡中土层立地类型 | 312 | 0.02 |

续附录 3

| 适宜性等级 | 立地类型小区 | 面积/亩 | 立地类型组 | 面积/亩 | 立地类型 | 面积/亩 | 面积比例/% |
|---|---|---|---|---|---|---|---|
| 适宜 | 低山立地类型小区 | 1 126 717 | 低山下部立地类型组 | 155 492 | 低山下部阴坡厚土层立地类型 | 29 055 | 1.56 |
| | | | | | 低山下部阴坡中土层立地类型 | 118 200 | 6.36 |
| | | | 低山全坡立地类型组 | 732 269 | 低山全坡阳坡薄土层立地类型 | 39 057 | 2.10 |
| | | | | | 低山全坡阳坡厚土层立地类型 | 84 | 0.00 |
| | | | | | 低山全坡阳坡中土层立地类型 | 19 930 | 1.07 |
| | | | | | 低山全坡阴坡厚土层立地类型 | 104 958 | 5.65 |
| | | | | | 低山全坡阴坡中土层立地类型 | 568 240 | 30.56 |
| | 中山立地类型小区 | 396 747 | 中山上部立地类型组 | 97 960 | 中山上部阳坡厚土层立地类型 | 30 121 | 1.62 |
| | | | | | 中山上部阳坡中土层立地类型 | 67 839 | 3.65 |
| | | | 中山中部立地类型组 | 24 055 | 中山中部阳坡薄土层立地类型 | 799 | 0.04 |
| | | | | | 中山中部阳坡中土层立地类型 | 605 | 0.03 |
| | | | | | 中山中部阴坡厚土层立地类型 | 3 143 | 0.17 |
| | | | | | 中山中部阴坡中土层立地类型 | 19 508 | 1.05 |
| | | | 中山下部立地类型组 | 38 088 | 中山下部阳坡厚土层立地类型 | 3 854 | 0.21 |
| | | | | | 中山下部阳坡中土层立地类型 | 28 126 | 1.51 |
| | | | | | 中山下部阴坡厚土层立地类型 | 2 144 | 0.12 |
| | | | | | 中山下部阴坡中土层立地类型 | 3 964 | 0.21 |
| | | | 中山全坡立地类型组 | 236 644 | 中山全坡阳坡薄土层立地类型 | 272 | 0.01 |
| | | | | | 中山全坡阳坡厚土层立地类型 | 47 599 | 2.56 |
| | | | | | 中山全坡阳坡中土层立地类型 | 174 265 | 9.37 |
| | | | | | 中山全坡阴坡厚土层立地类型 | 5 773 | 0.31 |
| | | | | | 中山全坡阴坡中土层立地类型 | 8 735 | 0.47 |
| 较不适宜 | 丘陵立地类型小区 | 22 055 | 丘陵上部立地类型组 | 19 254 | 丘陵上部阳坡薄土层立地类型 | 1 056 | 0.33 |
| | | | | | 丘陵上部阴坡厚土层立地类型 | 490 | 0.15 |
| | | | | | 丘陵上部阴坡中土层立地类型 | 17 708 | 5.52 |

续附录 3

| 适宜性等级 | 立地类型小区 | 面积/亩 | 立地类型组 | 面积/亩 | 立地类型 | 面积/亩 | 面积比例/% |
|---|---|---|---|---|---|---|---|
| 较不适宜 | 丘陵立地类型小区 | 22 055 | 丘陵中部立地类型组 | 1 060 | 丘陵中部阴坡薄土层立地类型 | 1 060 | 0.33 |
| | | | 丘陵下部立地类型组 | 866 | 丘陵下部阳坡厚土层立地类型 | 222 | 0.07 |
| | | | | | 丘陵下部阴坡薄土层立地类型 | 508 | 0.16 |
| | | | | | 丘陵下部阴坡中土层立地类型 | 136 | 0.04 |
| | | | 丘陵全坡立地类型组 | 875 | 丘陵全坡阴坡薄土层立地类型 | 193 | 0.06 |
| | | | | | 丘陵全坡阴坡中土层立地类型 | 682 | 0.21 |
| | 低山立地类型小区 | 81 099 | 低山上部立地类型组 | 52 994 | 低山上部阳坡薄土层立地类型 | 7 452 | 2.32 |
| | | | | | 低山上部阴坡厚土层立地类型 | 1 108 | 0.35 |
| | | | | | 低山上部阴坡中土层立地类型 | 44 434 | 13.86 |
| | | | 低山中部立地类型组 | 7 233 | 低山中部阳坡中土层立地类型 | 91 | 0.03 |
| | | | | | 低山中部阴坡薄土层立地类型 | 7 142 | 2.23 |
| | | | 低山下部立地类型组 | 2 548 | 低山下部阳坡中土层立地类型 | 14 | 0.00 |
| | | | | | 低山下部阴坡薄土层立地类型 | 2 068 | 0.65 |
| | | | | | 低山下部阴坡中土层立地类型 | 466 | 0.15 |
| | | | 低山全坡立地类型组 | 18 324 | 低山全坡阳坡薄土层立地类型 | 413 | 0.13 |
| | | | | | 低山全坡阳坡厚土层立地类型 | 115 | 0.04 |
| | | | | | 低山全坡阴坡薄土层立地类型 | 3 631 | 1.13 |
| | | | | | 低山全坡阴坡厚土层立地类型 | 64 | 0.02 |
| | | | | | 低山全坡阴坡中土层立地类型 | 14 101 | 4.40 |
| | 中山立地类型小区 | 217 390 | 中山上部立地类型组 | 14 744 | 中山上部阳坡薄土层立地类型 | 299 | 0.09 |
| | | | | | 中山上部阳坡厚土层立地类型 | 722 | 0.23 |
| | | | | | 中山上部阳坡中土层立地类型 | 1 776 | 0.55 |
| | | | | | 中山上部阴坡厚土层立地类型 | 4 063 | 1.27 |
| | | | | | 中山上部阴坡中土层立地类型 | 7 884 | 2.46 |
| | | | 中山中部立地类型组 | 871 | 中山中部阴坡薄土层立地类型 | 821 | 0.26 |

续附录 3

| 适宜性等级 | 立地类型小区 | 面积/亩 | 立地类型组 | 面积/亩 | 立地类型 | 面积/亩 | 面积比例/% |
|---|---|---|---|---|---|---|---|
| 较不适宜 | 中山立地类型小区 | 217 390 | 中山中部立地类型组 | 871 | 中山中部阴坡厚土层立地类型 | 50 | 0.02 |
| | | | 中山下部立地类型组 | 20 150 | 中山下部阴坡厚土层立地类型 | 1 044 | 0.33 |
| | | | | | 中山下部阴坡中土层立地类型 | 19 106 | 5.96 |
| | | | 中山全坡立地类型组 | 181 625 | 中山全坡阳坡薄土层立地类型 | 3 042 | 0.95 |
| | | | | | 中山全坡阴坡厚土层立地类型 | 39 576 | 12.35 |
| | | | | | 中山全坡阴坡中土层立地类型 | 139 007 | 43.37 |
| 不适宜 | 丘陵立地类型小区 | 7 623 | 丘陵上部立地类型组 | 3 340 | 丘陵上部阳坡厚土层立地类型 | 14 | 0.01 |
| | | | | | 丘陵上部阳坡中土层立地类型 | 23 | 0.02 |
| | | | | | 丘陵上部阴坡薄土层立地类型 | 3 032 | 2.10 |
| | | | | | 丘陵上部阴坡中土层立地类型 | 271 | 0.19 |
| | | | 丘陵中部立地类型组 | 639 | 丘陵中部阳坡薄土层立地类型 | 115 | 0.08 |
| | | | | | 丘陵中部阴坡厚土层立地类型 | 474 | 0.33 |
| | | | | | 丘陵中部阴坡中土层立地类型 | 50 | 0.03 |
| | | | 丘陵下部立地类型组 | 583 | 丘陵下部阳坡中土层立地类型 | 221 | 0.15 |
| | | | | | 丘陵下部阴坡薄土层立地类型 | 302 | 0.21 |
| | | | | | 丘陵下部阴坡中土层立地类型 | 60 | 0.04 |
| | | | 丘陵全坡立地类型组 | 3 061 | 丘陵全坡阳坡厚土层立地类型 | 81 | 0.06 |
| | | | | | 丘陵全坡阳坡中土层立地类型 | 164 | 0.11 |
| | | | | | 丘陵全坡阴坡薄土层立地类型 | 2 593 | 1.80 |
| | | | | | 丘陵全坡阴坡厚土层立地类型 | 75 | 0.05 |
| | | | | | 丘陵全坡阴坡中土层立地类型 | 148 | 0.10 |
| | 低山立地类型小区 | 58 775 | 低山上部立地类型组 | 13 861 | 低山上部阳坡中土层立地类型 | 108 | 0.07 |
| | | | | | 低山上部阴坡薄土层立地类型 | 13 630 | 9.45 |
| | | | | | 低山上部阴坡厚土层立地类型 | 84 | 0.06 |
| | | | | | 低山上部阴坡中土层立地类型 | 39 | 0.03 |

续附录 3

| 适宜性等级 | 立地类型小区 | 面积/亩 | 立地类型组 | 面积/亩 | 立地类型 | 面积/亩 | 面积比例/% |
|---|---|---|---|---|---|---|---|
| 不适宜 | 低山立地类型小区 | 58 775 | 低山中部立地类型组 | 191 | 低山中部阴坡中土层立地类型 | 191 | 0.13 |
| | | | 低山下部立地类型组 | 5 947 | 低山下部阳坡薄土层立地类型 | 138 | 0.10 |
| | | | | | 低山下部阳坡中土层立地类型 | 95 | 0.07 |
| | | | | | 低山下部阴坡薄土层立地类型 | 5 639 | 3.91 |
| | | | | | 低山下部阴坡厚土层立地类型 | 38 | 0.03 |
| | | | | | 低山下部阴坡中土层立地类型 | 37 | 0.03 |
| | | | 低山全坡立地类型组 | 38 776 | 低山全坡阳坡薄土层立地类型 | 14 | 0.01 |
| | | | | | 低山全坡阳坡厚土层立地类型 | 223 | 0.15 |
| | | | | | 低山全坡阳坡中土层立地类型 | 384 | 0.27 |
| | | | | | 低山全坡阴坡薄土层立地类型 | 37 009 | 25.65 |
| | | | | | 低山全坡阴坡厚土层立地类型 | 283 | 0.20 |
| | | | | | 低山全坡阴坡中土层立地类型 | 863 | 0.60 |
| | 中山立地类型小区 | 77 911 | 中山上部立地类型组 | 61 946 | 中山上部阳坡薄土层立地类型 | 4 454 | 3.09 |
| | | | | | 中山上部阳坡中土层立地类型 | 437 | 0.30 |
| | | | | | 中山上部阴坡薄土层立地类型 | 2 148 | 1.49 |
| | | | | | 中山上部阴坡厚土层立地类型 | 14 006 | 9.71 |
| | | | | | 中山上部阴坡中土层立地类型 | 40 901 | 28.34 |
| | | | 中山中部立地类型组 | 1 790 | 中山中部阴坡薄土层立地类型 | 1 790 | 1.24 |
| | | | 中山下部立地类型组 | 121 | 中山下部阴坡中土层立地类型 | 121 | 0.08 |
| | | | 中山全坡立地类型组 | 14 054 | 中山全坡阳坡薄土层立地类型 | 476 | 0.33 |
| | | | | | 中山全坡阳坡厚土层立地类型 | 232 | 0.16 |
| | | | | | 中山全坡阳坡中土层立地类型 | 1 154 | 0.80 |
| | | | | | 中山全坡阴坡薄土层立地类型 | 2 940 | 2.04 |
| | | | | | 中山全坡阴坡厚土层立地类型 | 1 088 | 0.75 |
| | | | | | 中山全坡阴坡中土层立地类型 | 8 164 | 5.66 |

**附录 4　杉木生长适宜性等级与浙江省森林立地类型统计表**

| 立地亚区 | 样地数/块 | 适宜性等级 | 样地数/块 | 样地数比例/% | 立地类型 | 样地数/块 | 样地数比例/% |
|---|---|---|---|---|---|---|---|
| 浙北平原立地亚区 | 97 | 不适宜 | 26 | 26.80 | 平缓坡厚土薄腐立地类型 | 26 | 100.00 |
| | | 低适宜 | 50 | 51.55 | 平缓坡薄土薄腐立地类型 | 5 | 10.00 |
| | | | | | 平缓坡中土薄腐立地类型 | 42 | 84.00 |
| | | | | | 斜陡坡薄土薄腐立地类型 | 3 | 6.00 |
| | | 中适宜 | 18 | 18.56 | 平缓坡厚土中腐立地类型 | 1 | 5.56 |
| | | | | | 平缓坡中土中腐立地类型 | 2 | 11.11 |
| | | | | | 斜陡坡中土薄腐立地类型 | 15 | 83.33 |
| | | 高适宜 | 3 | 3.09 | 斜陡坡厚土薄腐立地类型 | 1 | 33.33 |
| | | | | | 斜陡坡中土中腐立地类型 | 2 | 66.67 |
| 浙东低山丘陵立地亚区 | 217 | 低适宜 | 76 | 35.02 | 低海拔急险半阳坡中土立地类型 | 2 | 2.63 |
| | | | | | 低海拔平缓半阳坡薄土立地类型 | 3 | 3.95 |
| | | | | | 低海拔平缓半阳坡中土立地类型 | 21 | 27.63 |
| | | | | | 低海拔平缓半阴坡薄土立地类型 | 5 | 6.58 |
| | | | | | 低海拔平缓半阴坡中土立地类型 | 13 | 17.11 |
| | | | | | 低海拔平缓阴坡薄土立地类型 | 4 | 5.26 |
| | | | | | 低海拔平缓阴坡中土立地类型 | 23 | 30.26 |
| | | | | | 低海拔斜陡阳坡薄土立地类型 | 3 | 3.95 |
| | | | | | 中高海拔平缓半阳坡薄土立地类型 | 1 | 1.32 |
| | | | | | 中高海拔平缓阳坡薄土立地类型 | 1 | 1.32 |
| | | 中适宜 | 77 | 35.48 | 低海拔急险阳坡中土立地类型 | 1 | 1.30 |
| | | | | | 低海拔急险阴坡中土立地类型 | 1 | 1.30 |
| | | | | | 低海拔平缓阳坡薄土立地类型 | 2 | 2.60 |
| | | | | | 低海拔斜陡半阳坡薄土立地类型 | 6 | 7.79 |
| | | | | | 低海拔斜陡半阴坡薄土立地类型 | 5 | 6.49 |
| | | | | | 低海拔斜陡半阴坡中土立地类型 | 17 | 22.08 |
| | | | | | 低海拔斜陡阴坡薄土立地类型 | 6 | 7.79 |
| | | | | | 低海拔斜陡阴坡中土立地类型 | 15 | 19.48 |
| | | | | | 中高海拔急险阴坡中土立地类型 | 1 | 1.30 |
| | | | | | 中高海拔平缓半阳坡中土立地类型 | 1 | 1.30 |
| | | | | | 中高海拔平缓半阴坡中土立地类型 | 1 | 1.30 |
| | | | | | 中高海拔平缓阳坡中土立地类型 | 7 | 9.09 |
| | | | | | 中高海拔斜陡半阳坡薄土立地类型 | 1 | 1.30 |
| | | | | | 中高海拔斜陡半阴坡薄土立地类型 | 1 | 1.30 |
| | | | | | 中高海拔斜陡半阴坡中土立地类型 | 4 | 5.19 |
| | | | | | 中高海拔斜陡阳坡薄土立地类型 | 1 | 1.30 |
| | | | | | 中高海拔斜陡阳坡中土立地类型 | 7 | 9.09 |

续附录 4

| 立地亚区 | 样地数/块 | 适宜性等级 | 样地数/块 | 样地数比例/% | 立地类型 | 样地数/块 | 样地数比例/% |
|---|---|---|---|---|---|---|---|
| 浙东低山丘陵立地亚区 | 217 | 高适宜 | 64 | 29.49 | 低海拔平缓阳坡中土立地类型 | 18 | 28.13 |
| | | | | | 低海拔斜陡半阳坡中土立地类型 | 17 | 26.56 |
| | | | | | 低海拔斜陡阳坡中土立地类型 | 19 | 29.69 |
| | | | | | 中高海拔平缓阴坡中土立地类型 | 1 | 1.56 |
| | | | | | 中高海拔斜陡半阳坡中土立地类型 | 3 | 4.69 |
| | | | | | 中高海拔斜陡阴坡薄土立地类型 | 2 | 3.13 |
| | | | | | 中高海拔斜陡阴坡中土立地类型 | 4 | 6.25 |
| 浙东南山地立地亚区 | 624 | 低适宜 | 51 | 8.17 | 急险半阳坡薄土立地类型 | 2 | 3.92 |
| | | | | | 平缓半阳坡薄土立地类型 | 13 | 25.49 |
| | | | | | 平缓半阴坡薄土立地类型 | 12 | 23.53 |
| | | | | | 平缓阳坡薄土立地类型 | 11 | 21.57 |
| | | | | | 平缓阴坡薄土立地类型 | 13 | 25.49 |
| | | 中适宜 | 450 | 72.12 | 急险半阳坡中土立地类型 | 8 | 1.78 |
| | | | | | 急险半阴坡薄土立地类型 | 2 | 0.44 |
| | | | | | 急险半阴坡中土立地类型 | 6 | 1.33 |
| | | | | | 急险阳坡中土立地类型 | 6 | 1.33 |
| | | | | | 急险阴坡中土立地类型 | 8 | 1.78 |
| | | | | | 平缓半阳坡中土立地类型 | 60 | 13.33 |
| | | | | | 平缓半阴坡中土立地类型 | 46 | 10.22 |
| | | | | | 平缓阳坡中土立地类型 | 42 | 9.33 |
| | | | | | 平缓阴坡中土立地类型 | 28 | 6.22 |
| | | | | | 斜陡半阳坡薄土立地类型 | 31 | 6.89 |
| | | | | | 斜陡半阳坡中土立地类型 | 60 | 13.33 |
| | | | | | 斜陡半阴坡薄土立地类型 | 37 | 8.22 |
| | | | | | 斜陡阳坡薄土立地类型 | 21 | 4.67 |
| | | | | | 斜陡阴坡薄土立地类型 | 29 | 6.44 |
| | | | | | 斜陡阴坡中土立地类型 | 66 | 14.67 |
| | | 高适宜 | 123 | 19.71 | 急险阳坡薄土立地类型 | 3 | 2.44 |
| | | | | | 急险阴坡薄土立地类型 | 1 | 0.81 |
| | | | | | 斜陡半阴坡中土立地类型 | 53 | 43.09 |
| | | | | | 斜陡阳坡中土立地类型 | 66 | 53.66 |
| 浙东沿海丘陵立地亚区 | 488 | 不适宜 | 11 | 2.25 | 低海拔平缓阴坡薄土立地类型 | 11 | 100.00 |
| | | 低适宜 | 261 | 53.48 | 低海拔平缓半阳坡薄土立地类型 | 12 | 4.60 |
| | | | | | 低海拔平缓半阳坡厚土立地类型 | 2 | 0.77 |
| | | | | | 低海拔平缓半阳坡中土立地类型 | 48 | 18.39 |
| | | | | | 低海拔平缓半阴坡薄土立地类型 | 15 | 5.75 |

续附录 4

| 立地亚区 | 样地数/块 | 适宜性等级 | 样地数/块 | 样地数比例/% | 立地类型 | 样地数/块 | 样地数比例/% |
|---|---|---|---|---|---|---|---|
| 浙东沿海丘陵立地亚区 | 488 | 低适宜 | 261 | 53.48 | 低海拔平缓半阴坡厚土立地类型 | 3 | 1.15 |
| | | | | | 低海拔平缓半阴坡中土立地类型 | 42 | 16.09 |
| | | | | | 低海拔平缓阳坡薄土立地类型 | 10 | 3.83 |
| | | | | | 低海拔平缓阳坡中土立地类型 | 44 | 16.86 |
| | | | | | 低海拔平缓阴坡厚土立地类型 | 1 | 0.38 |
| | | | | | 低海拔平缓阴坡中土立地类型 | 34 | 13.03 |
| | | | | | 低海拔斜陡半阳坡薄土立地类型 | 6 | 2.30 |
| | | | | | 低海拔斜陡半阴坡薄土立地类型 | 9 | 3.45 |
| | | | | | 低海拔斜陡阳坡薄土立地类型 | 15 | 5.75 |
| | | | | | 低海拔斜陡阴坡薄土立地类型 | 16 | 6.13 |
| | | | | | 中海拔平缓阴坡中土立地类型 | 4 | 1.53 |
| | | 中适宜 | 130 | 26.64 | 低海拔急险阳坡薄土立地类型 | 1 | 0.77 |
| | | | | | 低海拔急险阳坡中土立地类型 | 5 | 3.85 |
| | | | | | 低海拔急险阴坡薄土立地类型 | 1 | 0.77 |
| | | | | | 低海拔急险阴坡中土立地类型 | 5 | 3.85 |
| | | | | | 低海拔斜陡半阴坡中土立地类型 | 33 | 25.38 |
| | | | | | 低海拔斜陡阴坡厚土立地类型 | 1 | 0.77 |
| | | | | | 低海拔斜陡阴坡中土立地类型 | 33 | 25.38 |
| | | | | | 中海拔急险半阳坡中土立地类型 | 1 | 0.77 |
| | | | | | 中海拔平缓半阳坡中土立地类型 | 1 | 0.77 |
| | | | | | 中海拔平缓阳坡薄土立地类型 | 1 | 0.77 |
| | | | | | 中海拔平缓阳坡中土立地类型 | 6 | 4.62 |
| | | | | | 中海拔平缓阴坡薄土立地类型 | 3 | 2.31 |
| | | | | | 中海拔斜陡半阳坡中土立地类型 | 10 | 7.69 |
| | | | | | 中海拔斜陡半阴坡薄土立地类型 | 4 | 3.08 |
| | | | | | 中海拔斜陡半阴坡中土立地类型 | 1 | 0.77 |
| | | | | | 中海拔斜陡阳坡薄土立地类型 | 7 | 5.38 |
| | | | | | 中海拔斜陡阳坡中土立地类型 | 10 | 7.69 |
| | | | | | 中海拔斜陡阴坡薄土立地类型 | 3 | 2.31 |
| | | | | | 中海拔斜陡阴坡中土立地类型 | 4 | 3.08 |
| | | 高适宜 | 86 | 17.62 | 低海拔急险半阳坡中土立地类型 | 1 | 1.16 |
| | | | | | 低海拔急险半阴坡薄土立地类型 | 1 | 1.16 |
| | | | | | 低海拔平缓阳坡厚土立地类型 | 4 | 4.65 |
| | | | | | 低海拔斜陡半阳坡厚土立地类型 | 2 | 2.33 |
| | | | | | 低海拔斜陡半阳坡中土立地类型 | 31 | 36.05 |
| | | | | | 低海拔斜陡半阴坡厚土立地类型 | 2 | 2.33 |

续附录 4

| 立地亚区 | 样地数/块 | 适宜性等级 | 样地数/块 | 样地数比例/% | 立地类型 | 样地数/块 | 样地数比例/% |
|---|---|---|---|---|---|---|---|
| 浙东沿海丘陵立地亚区 | 488 | 高适宜 | 86 | 17.62 | 低海拔斜陡阳坡厚土立地类型 | 1 | 1.16 |
| | | | | | 低海拔斜陡阳坡中土立地类型 | 37 | 43.02 |
| | | | | | 中海拔急险半阴坡中土立地类型 | 1 | 1.16 |
| | | | | | 中海拔急险阳坡中土立地类型 | 1 | 1.16 |
| | | | | | 中海拔急险阴坡中土立地类型 | 2 | 2.33 |
| | | | | | 中海拔平缓半阴坡中土立地类型 | 3 | 3.49 |
| 浙西北低山丘陵立地亚区 | 315 | 低适宜 | 85 | 26.98 | 平缓半阳坡薄土薄腐立地类型 | 3 | 3.53 |
| | | | | | 平缓半阴坡薄土薄腐立地类型 | 10 | 11.76 |
| | | | | | 平缓半阴坡中土薄腐立地类型 | 34 | 40.00 |
| | | | | | 平缓阳坡薄土薄腐立地类型 | 5 | 5.88 |
| | | | | | 平缓阴坡薄土薄腐立地类型 | 5 | 5.88 |
| | | | | | 平缓阴坡中土薄腐立地类型 | 28 | 32.94 |
| | | 中适宜 | 179 | 56.83 | 急险半阳坡中土薄腐立地类型 | 5 | 2.79 |
| | | | | | 急险半阴坡薄土薄腐立地类型 | 1 | 0.56 |
| | | | | | 急险半阴坡中土薄腐立地类型 | 2 | 1.12 |
| | | | | | 急险阴坡中土薄腐立地类型 | 1 | 0.56 |
| | | | | | 平缓半阳坡中土薄腐立地类型 | 27 | 15.08 |
| | | | | | 平缓半阴坡中土中腐立地类型 | 1 | 0.56 |
| | | | | | 平缓阳坡中土薄腐立地类型 | 38 | 21.23 |
| | | | | | 斜陡半阳坡薄土薄腐立地类型 | 9 | 5.03 |
| | | | | | 斜陡半阴坡薄土薄腐立地类型 | 13 | 7.26 |
| | | | | | 斜陡半阴坡中土薄腐立地类型 | 30 | 16.76 |
| | | | | | 斜陡阳坡薄土薄腐立地类型 | 12 | 6.70 |
| | | | | | 斜陡阴坡薄土薄腐立地类型 | 10 | 5.59 |
| | | | | | 斜陡阴坡中土薄腐立地类型 | 30 | 16.76 |
| | | 高适宜 | 51 | 16.19 | 急险阳坡中土薄腐立地类型 | 1 | 1.96 |
| | | | | | 急险阴坡薄土薄腐立地类型 | 1 | 1.96 |
| | | | | | 平缓半阳坡中土中腐立地类型 | 1 | 1.96 |
| | | | | | 平缓阳坡中土中腐立地类型 | 1 | 1.96 |
| | | | | | 斜陡半阳坡中土薄腐立地类型 | 18 | 35.29 |
| | | | | | 斜陡阳坡中土薄腐立地类型 | 26 | 50.98 |
| | | | | | 斜陡阳坡中土中腐立地类型 | 2 | 3.92 |
| | | | | | 斜陡阴坡中土中腐立地类型 | 1 | 1.96 |
| 浙西南山地立地亚区 | 309 | 低适宜 | 16 | 5.18 | 急险半阳坡薄土立地类型 | 4 | 25.00 |
| | | | | | 急险阳坡中土立地类型 | 7 | 43.75 |
| | | | | | 平缓半阴坡薄土立地类型 | 1 | 6.25 |

续附录 4

| 立地亚区 | 样地数/块 | 适宜性等级 | 样地数/块 | 样地数比例/% | 立地类型 | 样地数/块 | 样地数比例/% |
|---|---|---|---|---|---|---|---|
| 浙西南山地立地亚区 | 309 | 低适宜 | 16 | 5.18 | 平缓阳坡薄土立地类型 | 3 | 18.75 |
| | | | | | 平缓阴坡薄土立地类型 | 1 | 6.25 |
| | | 中适宜 | 224 | 72.49 | 急险半阳坡中土立地类型 | 7 | 3.13 |
| | | | | | 急险半阴坡薄土立地类型 | 1 | 0.45 |
| | | | | | 急险半阴坡中土立地类型 | 5 | 2.23 |
| | | | | | 急险阳坡薄土立地类型 | 4 | 1.79 |
| | | | | | 急险阴坡薄土立地类型 | 1 | 0.45 |
| | | | | | 平缓半阳坡薄土立地类型 | 3 | 1.34 |
| | | | | | 平缓半阴坡中土立地类型 | 24 | 10.71 |
| | | | | | 平缓阴坡中土立地类型 | 19 | 8.48 |
| | | | | | 斜陡半阳坡薄土立地类型 | 10 | 4.46 |
| | | | | | 斜陡半阳坡中土立地类型 | 52 | 23.21 |
| | | | | | 斜陡半阴坡薄土立地类型 | 8 | 3.57 |
| | | | | | 斜陡半阴坡中土立地类型 | 39 | 17.41 |
| | | | | | 斜陡阳坡薄土立地类型 | 6 | 2.68 |
| | | | | | 斜陡阴坡薄土立地类型 | 8 | 3.57 |
| | | | | | 斜陡阴坡中土立地类型 | 37 | 16.52 |
| | | 高适宜 | 69 | 22.33 | 急险阴坡中土立地类型 | 3 | 4.35 |
| | | | | | 平缓半阳坡中土立地类型 | 12 | 17.39 |
| | | | | | 平缓阳坡中土立地类型 | 19 | 27.54 |
| | | | | | 斜陡阳坡中土立地类型 | 35 | 50.72 |
| 浙西中低山立地亚区 | 389 | 低适宜 | 114 | 29.31 | 低海拔急险半阳坡薄土立地类型 | 1 | 0.88 |
| | | | | | 低海拔急险阴坡薄土立地类型 | 4 | 3.51 |
| | | | | | 低海拔平缓半阳坡薄土立地类型 | 7 | 6.14 |
| | | | | | 低海拔平缓半阳坡中土立地类型 | 27 | 23.68 |
| | | | | | 低海拔平缓半阴坡薄土立地类型 | 10 | 8.77 |
| | | | | | 低海拔平缓半阴坡中土立地类型 | 20 | 17.54 |
| | | | | | 低海拔平缓阳坡薄土立地类型 | 12 | 10.53 |
| | | | | | 低海拔平缓阴坡薄土立地类型 | 8 | 7.02 |
| | | | | | 低海拔平缓阴坡中土立地类型 | 23 | 20.18 |
| | | | | | 中高海拔急险阳坡薄土立地类型 | 2 | 1.75 |
| | | 中适宜 | 270 | 69.41 | 低海拔急险半阴坡薄土立地类型 | 2 | 0.74 |
| | | | | | 低海拔急险半阴坡中土立地类型 | 2 | 0.74 |
| | | | | | 低海拔平缓阳坡中土立地类型 | 27 | 10.00 |
| | | | | | 低海拔斜陡半阳坡薄土立地类型 | 15 | 5.56 |
| | | | | | 低海拔斜陡半阳坡中土立地类型 | 27 | 10.00 |

续附录 4

| 立地亚区 | 样地数/块 | 适宜性等级 | 样地数/块 | 样地数比例/% | 立地类型 | 样地数/块 | 样地数比例/% |
|---|---|---|---|---|---|---|---|
| 浙西中低山立地亚区 | 389 | 中适宜 | 270 | 69.41 | 低海拔斜陡半阴坡薄土立地类型 | 8 | 2.96 |
| | | | | | 低海拔斜陡半阴坡中土立地类型 | 21 | 7.78 |
| | | | | | 低海拔斜陡阳坡薄土立地类型 | 7 | 2.59 |
| | | | | | 低海拔斜陡阳坡中土立地类型 | 32 | 11.85 |
| | | | | | 低海拔斜陡阴坡薄土立地类型 | 4 | 1.48 |
| | | | | | 低海拔斜陡阴坡中土立地类型 | 29 | 10.74 |
| | | | | | 中高海拔急险半阳坡中土立地类型 | 5 | 1.85 |
| | | | | | 中高海拔急险半阴坡中土立地类型 | 1 | 0.37 |
| | | | | | 中高海拔急险阳坡中土立地类型 | 3 | 1.11 |
| | | | | | 中高海拔急险阴坡中土立地类型 | 2 | 0.74 |
| | | | | | 中高海拔平缓半阳坡薄土立地类型 | 2 | 0.74 |
| | | | | | 中高海拔平缓半阳坡中土立地类型 | 3 | 1.11 |
| | | | | | 中高海拔平缓半阴坡中土立地类型 | 3 | 1.11 |
| | | | | | 中高海拔平缓阳坡中土立地类型 | 4 | 1.48 |
| | | | | | 中高海拔平缓阴坡中土立地类型 | 3 | 1.11 |
| | | | | | 中高海拔斜陡半阳坡薄土立地类型 | 6 | 2.22 |
| | | | | | 中高海拔斜陡半阳坡中土立地类型 | 18 | 6.67 |
| | | | | | 中高海拔斜陡半阴坡薄土立地类型 | 5 | 1.85 |
| | | | | | 中高海拔斜陡半阴坡中土立地类型 | 13 | 4.81 |
| | | | | | 中高海拔斜陡阳坡薄土立地类型 | 2 | 0.74 |
| | | | | | 中高海拔斜陡阳坡中土立地类型 | 12 | 4.44 |
| | | | | | 中高海拔斜陡阴坡中土立地类型 | 14 | 5.19 |
| | | 高适宜 | 5 | 1.29 | 低海拔急险阳坡薄土立地类型 | 1 | 20.00 |
| | | | | | 低海拔急险阴坡中土立地类型 | 1 | 20.00 |
| | | | | | 中高海拔急险半阳坡薄土立地类型 | 1 | 20.00 |
| | | | | | 中高海拔急险阳坡薄土立地类型 | 1 | 20.00 |
| | | | | | 中高海拔斜陡阴坡薄土立地类型 | 1 | 20.00 |
| 浙中西低丘岗地立地亚区 | 319 | 低适宜 | 98 | 30.72 | 低海拔平缓半阳坡薄土立地类型 | 5 | 5.10 |
| | | | | | 低海拔平缓半阴坡薄土立地类型 | 13 | 13.27 |
| | | | | | 低海拔平缓半阴坡中土立地类型 | 30 | 30.61 |
| | | | | | 低海拔平缓阳坡薄土立地类型 | 9 | 9.18 |
| | | | | | 低海拔平缓阴坡薄土立地类型 | 12 | 12.24 |
| | | | | | 低海拔平缓阴坡中土立地类型 | 24 | 24.49 |
| | | | | | 低海拔斜陡半阳坡薄土立地类型 | 4 | 4.08 |
| | | | | | 中高海拔平缓半阳坡薄土立地类型 | 1 | 1.02 |
| | | 中适宜 | 145 | 45.45 | 低海拔平缓半阳坡中土立地类型 | 29 | 20.00 |

续附录 4

| 立地亚区 | 样地数/块 | 适宜性等级 | 样地数/块 | 样地数比例/% | 立地类型 | 样地数/块 | 样地数比例/% |
|---|---|---|---|---|---|---|---|
| 浙中西低丘岗地立地亚区 | 319 | 中适宜 | 145 | 45.45 | 低海拔斜陡半阴坡薄土立地类型 | 6 | 4.14 |
| | | | | | 低海拔斜陡半阴坡中土立地类型 | 14 | 9.66 |
| | | | | | 低海拔斜陡阳坡薄土立地类型 | 5 | 3.45 |
| | | | | | 低海拔斜陡阴坡薄土立地类型 | 6 | 4.14 |
| | | | | | 低海拔斜陡阴坡中土立地类型 | 21 | 14.48 |
| | | | | | 中高海拔急险半阴坡薄土立地类型 | 1 | 0.69 |
| | | | | | 中高海拔急险阳坡薄土立地类型 | 1 | 0.69 |
| | | | | | 中高海拔急险阳坡中土立地类型 | 2 | 1.38 |
| | | | | | 中高海拔急险阴坡中土立地类型 | 5 | 3.45 |
| | | | | | 中高海拔平缓半阳坡中土立地类型 | 2 | 1.38 |
| | | | | | 中高海拔平缓半阴坡薄土立地类型 | 1 | 0.69 |
| | | | | | 中高海拔平缓半阴坡中土立地类型 | 1 | 0.69 |
| | | | | | 中高海拔平缓阳坡中土立地类型 | 3 | 2.07 |
| | | | | | 中高海拔平缓阴坡中土立地类型 | 4 | 2.76 |
| | | | | | 中高海拔斜陡半阳坡薄土立地类型 | 4 | 2.76 |
| | | | | | 中高海拔斜陡半阳坡中土立地类型 | 10 | 6.90 |
| | | | | | 中高海拔斜陡半阴坡薄土立地类型 | 2 | 1.38 |
| | | | | | 中高海拔斜陡半阴坡中土立地类型 | 5 | 3.45 |
| | | | | | 中高海拔斜陡阳坡薄土立地类型 | 2 | 1.38 |
| | | | | | 中高海拔斜陡阳坡中土立地类型 | 9 | 6.21 |
| | | | | | 中高海拔斜陡阴坡薄土立地类型 | 2 | 1.38 |
| | | | | | 中高海拔斜陡阴坡中土立地类型 | 10 | 6.90 |
| | | 高适宜 | 76 | 23.82 | 低海拔急险阳坡中土立地类型 | 2 | 2.63 |
| | | | | | 低海拔急险阴坡中土立地类型 | 2 | 2.63 |
| | | | | | 低海拔平缓阳坡中土立地类型 | 31 | 40.79 |
| | | | | | 低海拔斜陡半阳坡中土立地类型 | 22 | 28.95 |
| | | | | | 低海拔斜陡阳坡中土立地类型 | 19 | 25.00 |

# 附录 5

计算最大胸径生长率（*R*）的程序代码如下。

## 一、1994 年与 2004 年版代码转换

--1994 年与 2004 年版代码转换

```
-- 样木表，仅用材树种
alter table tree2004_330 add 树种代码1999 numeric(3,0)
update tree2004_330 set 树种代码1999 = 20 where 树种代码 = 110
update tree2004_330 set 树种代码1999 = 30 where 树种代码 = 120
update tree2004_330 set 树种代码1999 = 50 where 树种代码 = 130
update tree2004_330 set 树种代码1999 = 130 where 树种代码 = 140
update tree2004_330 set 树种代码1999 = 70 where 树种代码 = 150
update tree2004_330 set 树种代码1999 = 10 where 树种代码 = 160
update tree2004_330 set 树种代码1999 = 80 where 树种代码 = 170
update tree2004_330 set 树种代码1999 = 90 where 树种代码 = 180
update tree2004_330 set 树种代码1999 = 100 where 树种代码 = 190
update tree2004_330 set 树种代码1999 = 110 where 树种代码 = 200
update tree2004_330 set 树种代码1999 = 120 where 树种代码 = 210
update tree2004_330 set 树种代码1999 = 140 where 树种代码 = 220
update tree2004_330 set 树种代码1999 = 150 where 树种代码 = 230
update tree2004_330 set 树种代码1999 = 160 where 树种代码 = 240
update tree2004_330 set 树种代码1999 = 170 where 树种代码 = 250
update tree2004_330 set 树种代码1999 = 171 where 树种代码 = 251
update tree2004_330 set 树种代码1999 = 141 where 树种代码 = 261
update tree2004_330 set 树种代码1999 = 143 where 树种代码 = 262
update tree2004_330 set 树种代码1999 = 144 where 树种代码 = 290
update tree2004_330 set 树种代码1999 = 180 where 树种代码 = 310
update tree2004_330 set 树种代码1999 = 190 where 树种代码 = 320
update tree2004_330 set 树种代码1999 = 200 where 树种代码 = 330
update tree2004_330 set 树种代码1999 = 201 where 树种代码 = 340
update tree2004_330 set 树种代码1999 = 60 where 树种代码 = 350
update tree2004_330 set 树种代码1999 = 190 where 树种代码 = 360
update tree2004_330 set 树种代码1999 = 191 where 树种代码 = 390
update tree2004_330 set 树种代码1999 = 240 where 树种代码 = 410
update tree2004_330 set 树种代码1999 = 250 where 树种代码 = 420
update tree2004_330 set 树种代码1999 = 250 where 树种代码 = 421
update tree2004_330 set 树种代码1999 = 250 where 树种代码 = 422
update tree2004_330 set 树种代码1999 = 210 where 树种代码 = 430
update tree2004_330 set 树种代码1999 = 210 where 树种代码 = 431
update tree2004_330 set 树种代码1999 = 210 where 树种代码 = 432
```

```
update tree2004_330 set 树种代码1999 = 210 where 树种代码 = 433
update tree2004_330 set 树种代码1999 = 220 where 树种代码 = 440
update tree2004_330 set 树种代码1999 = 230 where 树种代码 = 450
update tree2004_330 set 树种代码1999 = 260 where 树种代码 = 460
update tree2004_330 set 树种代码1999 = 261 where 树种代码 = 470
update tree2004_330 set 树种代码1999 = 262 where 树种代码 = 480
update tree2004_330 set 树种代码1999 = 260 where 树种代码 = 490
update tree2004_330 set 树种代码1999 = 270 where 树种代码 = 510
update tree2004_330 set 树种代码1999 = 280 where 树种代码 = 520
update tree2004_330 set 树种代码1999 = 310 where 树种代码 = 530
update tree2004_330 set 树种代码1999 = 315 where 树种代码 = 530
update tree2004_330 set 树种代码1999 = 316 where 树种代码 = 535
update tree2004_330 set 树种代码1999 = 321 where 树种代码 = 540
update tree2004_330 set 树种代码1999 = 290 where 树种代码 = 550
update tree2004_330 set 树种代码1999 = 301 where 树种代码 = 560
update tree2004_330 set 树种代码1999 = 300 where 树种代码 = 570
update tree2004_330 set 树种代码1999 = 331 where 树种代码 = 580
update tree2004_330 set 树种代码1999 = 333 where 树种代码 = 590
update tree2004_330 set 树种代码1999 = 350 where 树种代码 = 610
update tree2004_330 set 树种代码1999 = 370 where 树种代码 = 620
update tree2004_330 set 树种代码1999 = 360 where 树种代码 = 630
update tree2004_330 set 树种代码1999 = 390 where 树种代码 = 641
update tree2004_330 set 树种代码1999 = 390 where 树种代码 = 642
update tree2004_330 set 树种代码1999 = 390 where 树种代码 = 643
update tree2004_330 set 树种代码1999 = 390 where 树种代码 = 644
--Bamboo
update tree2004_330 set 树种代码1999 = 401 where 树种代码 = 660
update tree2004_330 set 树种代码1999 = 402 where 树种代码 = 670
update tree2004_330 set 树种代码1999 = 402 where 树种代码 = 680
update tree2004_330 set 树种代码1999 = 402 where 树种代码 = 690
```

## 二、1994～2009年杉木综合生长率计算

```
--Workspace -- FSite330_20170825
--2017-8-25 Modifed -- 加注释，限检尺类型于第一次提取样木
```

```
--2017-8-26 Modifed -- 将提取复位样木与提取杉木复位样木分开为前后两段
--2017-8-27 Modifed -- 将剔除 3 倍标准差以外数据放在此程序段，杉木提取后

-- 1、提取复位样木数据
--------------------------------------------------------------------
--1.1 提取 1994-1999 年复位样木数据，存入复位样木表 rTrees9499
-- 1994-1999 年树种代码相同，用 c.species = d.species 提取所有前后期相同树种
drop table rTrees9499
select a.plot_no pno,a.ordinate y,a.abscisa x,a.avg_age avg_A1,a.age_group ageP1,
a.avg_dbh avg_D1,a.avg_height avg_H1,
b.avg_age avg_A2,b.age_group ageP2,b.avg_dbh avg_D2,b.avg_height avg_H2,
c.tree_no,c.species species1,d.species species2,c.tree_type type1,d.tree_type type2,
c.tally_type tally1,d.tally_type tally2,c.dbh dbh1,d.dbh dbh2,c.volume vol1, d.volume vol2,
(d.dbh - c.dbh)/5.00 DGrow_year,(d.dbh - c.dbh)/c.dbh/5.00*100 dRate
into rTrees9499
from plot1994_330 a,plot1999_330 b,tree1994_330 c,tree1999_330 d
  where a.ordinate = b.ordinate and a.abscisa = b.abscisa
  and a.plot_no = c.plot_no
  and a.plot_no = d.plot_no and c.tree_no = d.tree_no
  and c.species = d.species and d.tally_type not in (13,14)
--------------------------------------------------------------------
--1.2 提取 1999-2004 年复位样木数据，存入复位样木表 rTrees9904
-- 1999 年与 2004 年树种代码不同，用（c.species = d.树种代码 1999），之前必须在 tree2004_330 中添加一列（树种代码 1999）
drop table rTrees9904
select a.plot_no pno,a.ordinate y,a.abscisa x,a.avg_age avg_A1,a.age_group
ageP1,a.avg_dbh avg_D1,a.avg_height avg_H1,b.平均年龄 avg_A2,b.龄组 ageP2,
b.平均胸径 avg_D2,b.平均树高 avg_H2,c.tree_no,c.species species1,
d.树种代码 species2,c.tree_type type1,d.立木类型 type2,c.TALLY_TYPE tally1,
d.检尺类型 tally2,c.dbh dbh1,d.胸径
dbh2,c.VOLUME vol1,d.单株材积 vol2,(d.胸径 - c.DBH)/5.00 DGrow_year,(d.胸径 - c.dbh)/c.dbh/5.00*100 dRate
```

```
into rTrees9904
from plot1999_330 a,plot2004_330 b,tree1999_330 c,tree2004_330 d
   where a.ordinate = b.纵坐标 and a.abscisa = b.横坐标
   and a.PLOT_NO = c.PLOT_NO
   and a.PLOT_NO = d.样地号 and c.TREE_NO = d.样木号
   and c.species = d.树种代码 1999 and d.检尺类型 not in (13,14)
-----------------------------------------------------------------
--1.3 提取 2004-2009 年复位样木数据，存入复位样木表 rTrees0409
-- 1994-1999 年树种代码相同，用 c.树种代码 = d.树种代码提取所有前后期相同树种
drop table rTrees0409
select a.样地号 pno,a.纵坐标 y,a.横坐标 x,a.平均年龄 avg_A1,a.龄组 ageP1,a.平均胸径
avg_D1,a.平均树高 avg_H1,b.平均年龄 avg_A2,b.龄组 ageP2,b.平均胸径 avg_D2,
b.平均树高 avg_H2,c.样木号 tree_no,c.树种代码 species1,
d.树种代码 species2,c.立木类型 type1,d.立木类型 type2,c.检尺类型 tally1,
d.检尺类型 tally2,c.胸径 dbh1,d.胸径 dbh2,c.单株材积 vol1,d.单株材积 vol2,
(d.胸径 - c.胸径)/5.00 DGrow_year,(d.胸径 - c.胸径)/c.胸径/5.00*100 dRate
into rTrees0409
from plot2004_330 a,plot2009_330 b,tree2004_330 c,tree2009_330 d
   where a.纵坐标 = b.纵坐标 and a.横坐标 = b.横坐标
   and a.样地号 = c.样地号
   and a.样地号 = d.样地号 and c.样木号 = d.样木号
   and c.树种代码 = d.树种代码 and d.检尺类型 not in (13,14)
-----------------------------------------------------
--修改复位样木表结构
   alter table rtrees9499 alter column DGrow_year dec(8,4)
   alter table rtrees9904 alter column DGrow_year dec(8,4)
   alter table rtrees0409 alter column DGrow_year dec(8,4)
   alter table rtrees9499 alter column dRate dec(8,4)
   alter table rtrees9904 alter column dRate dec(8,4)
   alter table rtrees0409 alter column dRate dec(8,4)
```

```
--查询复位样木
  select * from rtrees9499
  select * from rtrees9904
  select * from rtrees0409
-----------------------------------------------------------------
-- 2、从复位样木中提取杉木数据
Drop table rTree9499Fir
Drop table rTree9904Fir
Drop table rTree0409Fir
Select * into rTree9499Fir from rTrees9499 where species2 = 180
Select * into rTree9904Fir from rTrees9904 where species2 = 310
Select * into rTree0409Fir from rTrees0409 where species2 = 310
```

-- 3、删除生长异常样木，剔除大于 3 倍标准差的数据，具体处理方法：对于胸径生长率，计算均值和标准差，把大于平均值+3 倍标准差和小于 0 的数据剔除。

```
drop table aa
select (avg(drate) + 3*STDEV(drate)) as rate1 into aa from rTree9499fir
Delete from rTree9499Fir where drate ＞ (select rate1 from aa) or  drate＜= 0
drop table aa
select (avg(drate) + 3*STDEV(drate)) as rate1 into aa from rTree9904fir
Delete from rTree9904Fir where drate ＞ (select rate1 from aa) or  drate＜= 0
drop table aa
select (avg(drate) + 3*STDEV(drate)) as rate1 into aa from rTree0409fir
Delete from rTree0409Fir where drate ＞ (select rate1 from aa) or  drate＜= 0
---------------------------------------------------------------
-- 4、四期样木连接查询
drop table Fir9409
select a.pno,a.x,a.y,a.species1 sp1,b.species1 sp2,c.species1 sp3,c.species2 sp4,
a.avg_a1 A1,b.avg_a1 A2,c.avg_a1 A3,c.avg_a2 A4,
a.agep1 Agp1,b.agep1 Agp2,c.agep1 Agp3,c.agep2 Agp4,
a.dbh1 D1,b.dbh1 D2,c.dbh1 D3,c.dbh2 D4
    into Fir9409
    from rtree9499Fir a,rtree9904Fir b,rtree0409Fir c
    where a.pno = b.pno and a.pno = c.pno and a.tree_no = b.tree_no and
a.tree_no = c.tree_no
    and b.type1 = 1 and c.tally1 = 11 and a.species1 = 180
-----------------------------------------------------------------
```

```
-- 5、临时分析用数据
-- 5.1 通过 1994～2009 年四期连续复位样木计算各龄组（5 个）的平均生长率
 select  Agp1,round(AVG((d2-d1)/(d1))/5*100,2)  r1,round(AVG((d3-d2)/(d2))/
5*100,2) r2,
round(AVG((d4-d3)/(d3))/5*100,2) r3 from Fir9409
 where agp1 ＞ 0 group by Agp1 order by Agp1
 --格式化结果：6 位，2 位小数，去除后面的 0
 select Agp1,convert(decimal(6,2),round(AVG((d2-d1)/(d1))/5*100,2)) r1,
 convert(decimal(6,2),round(AVG((d3-d2)/(d2))/5*100,2)) r2,
 convert(decimal(6,2),round(AVG((d4-d3)/(d3))/5*100,2)) r3
 from Fir9409
 where agp1 ＞ 0 group by Agp1 order by Agp1
--group1  格式化结果：6 位,2 位小数,去除后面的 0
 select Agp1,convert(decimal(6,2),round(AVG((d2-d1)/(d1))/5*100,2)) r1,COUNT(*)
样木数,
 convert(decimal(6,2),round(AVG((d3-d2)/(d2))/5*100,2)) r2,
 convert(decimal(6,2),round(AVG((d4-d3)/(d3))/5*100,2)) r3
 from Fir9409
 where agp1 ＞ 0 and a1＜=a2
 group by Agp1 order by Agp1
 -----------------------------------------------------------------
 -- 5.2 通过 1994～1999 年两期复位样木计算各龄组（5 个）的平均生长率——
杉木
 select ageP1,round(AVG((dbh2-dbh1)/(dbh1))/5*100,2) r1,COUNT(*) cnt
 from rTrees9499
 where ageP1 ＞ 0 and agep1 ＜= agep2 and (agep2-agep1) ＜= 1 and tally2 in
(11,15,16) and
species1 = 180
group by ageP1 order by ageP1
-----------------------------------------------------------------------------
 -- 5.3 通过 1999～2004 年两期复位样木计算各龄组（5 个）的平均生长率——
杉木
 select ageP1,round(AVG((dbh2-dbh1)/(dbh1))/5*100,2) r1,COUNT(*) cnt
 from rTrees9904
 where ageP1 ＞ 0 and tally2 = 11 and species1 = 180
 group by ageP1 order by ageP1
-----------------------------------------------------------------------------
```

-- 5.4 通过2004～2009年两期复位样木计算各龄组（5个）的平均生长率——杉木

```
select ageP1,round(AVG((dbh2-dbh1)/(dbh1))/5*100,2) r1,COUNT(*) cnt
from rTrees0409
where ageP1 ＞ 0 and tally2 = 11 and species1 = 310
group by ageP1 order by ageP1
```

三、杉木四期最大胸径生长率（仅前后两期样木为同一株，计算3个独立的胸径生长率——（94-99、99-04、04-09）

```
/* 杉木四期数据的最大胸径生长率提取
-- 2017-7-25 Modified - 加条件 dbh2 ＞ dbh1
-- 2017-7-26 Modified - 树种条件加括号，即修改 species1 = 180 or species2 = 180 为(species1 = 180 or species2 = 180)
-- 2004年以后杉木代码改成310，为(species1 = 310 or species2 = 310)
-- 查询 1994～2009 年杉木四期数据的最大胸径生长率，样地中生长率最大的3株胸径生长率平均值
-- 分别求：1994～1999年、1999～2004年、2004～2009年各样地最大胸径生长率
*/
-- 1、1994～1999年每个样地3株最大胸径生长率
If exists(select * from sysobjects where objectproperty(object_id('rTree9499Fir_3DomTrees'),'istable') = 1)
Drop table rTree9499Fir_3DomTrees
Select t.* Into rTree9499Fir_3DomTrees
From(select *,RANK()OVER(PARTITION BY PNO ORDER BY dRate DESC)as rnk
From rTree9499Fir)t Where t.rnk ＜=3 and tally2 not in(13,14)
and(species1 = 180 or species2 = 180)and dbh2 ＞ dbh1
Order by pno,X,Y

Select * from rTree9499Fir_3DomTrees order by pno,X,Y


-- 每个样地平均胸径生长率
If exists(select * from sysobjects where objectproperty(object_id('rPlot9499Fir_dRate'),'istable')= 1)
Drop table rPlot9499Fir_dRate
Select pno,X,Y,AVG(dGrow_year) dGrowRt,avg(dRate) rate
into rPlot9499Fir_dRate from rTree9499Fir_3DomTrees
```

```
Group by pno,X,Y
Order by pno,X,Y
-------------------------------------------------------------------------------
-- 2、1999～2004 年每个样地 3 株最大胸径生长率
If exists(select * from sysobjects where objectproperty(object_id('rTree9904Fir_3DomTrees'),'istable')= 1)
Drop table rTree9904Fir_3DomTrees
Select t.* Into rTree9904Fir_3DomTrees
From(select *,RANK()OVER(PARTITION BY PNO ORDER BY dRate) as rnk From rTree9904Fir)t
Where t.rnk <=3 and tally2 not in(13,14)
and(species1 = 180 or species2 = 310)and dbh2 > dbh1
Order by pno,X,Y
Select * from rTree9904Fir_3DomTrees order by pno,X,Y

-- 每个样地平均胸径生长率
If exists(select * from sysobjects where objectproperty(object_id('rPlot9904Fir_dRate'),'istable')= 1)
Drop table rPlot9904Fir_dRate
Select pno,X,Y,AVG(dGrow_year)dGrowRt,avg(dRate)rate
into rPlot9904Fir_dRate From rTree9904Fir_3DomTrees
Group by pno,X,Y
Order by pno,X,Y
-------------------------------------------------------------------------------
-- 3、2004～2009 年每个样地 3 株最大胸径生长率
If exists(select * from sysobjects where objectproperty(object_id('rTree0409Fir_3DomTrees'),'istable')= 1)
Drop table rTree0409Fir_3DomTrees
Select t.* Into rTree0409Fir_3DomTrees
From(select *,RANK()OVER(PARTITION BY PNO ORDER BY dRate DESC) as rnk
From rTree0409Fir)t Where t.rnk <=3 and tally2 not in(13,14)and(species1= 310 or species2 = 310)and dbh2 > dbh1
Order by pno,X,Y
Select * from rTree0409Fir_3DomTrees order by pno,X,Y

-- 每个样地平均胸径生长率
If exists(select * from sysobjects where objectproperty(object_id('rPlot0409
```

```
Fir_dRate'),'istable')= 1)
    Drop table rPlot0409Fir_dRate
    Select pno,X,Y,AVG(dGrow_year) dGrowRt,avg(dRate) rate
    into rPlot0409Fir_dRate from rTree0409Fir_3DomTrees
    Group by pno,X,Y
    Order by pno,X,Y
    --------------------------------------
    --4、连接结果表，得到各样地最大胸径生长率
    --    连接 1、2、3 结果表
    drop table drate1
    select a.pno,a.x,a.y,a.rate rate1,b.rate rate2,c.rate rate3,a.rate maxrate into drate1
    from rPlot9499Fir_dRate a,rPlot9904Fir_dRate b,rPlot0409Fir_dRate c
    where a.pno=b.pno and a.pno = c.pno
    update drate1 set maxrate = rate1 where rate1  >= rate2 and rate1  >= rate3
    update drate1 set maxrate = rate2 where rate2  >= rate1 and rate2  >= rate3
    update drate1 set maxrate = rate3 where rate3  >= rate2 and rate3  >= rate1

    select '4 期数据最大胸径生长率'
    select * from drate1
    ------ 除以上 4 期同样木号以外的 3 期最大值-maxrate
    drop table drate2
    select a.pno,a.x,a.y,a.rate rate1,b.rate rate2,0.00 rate3,a.rate as maxrate
    into drate2
    from rPlot9499Fir_dRate a,rPlot9904Fir_dRate b
    where a.pno=b.pno
    update drate2 set maxrate = rate1 where rate1  >= rate2
    update drate2 set maxrate = rate2 where rate2  >= rate1
    select '94-99-04 3 期数据最大胸径生长率'
    select * from drate2
    ---------------------------
    drop table drate3
    select a.pno,a.x,a.y,a.rate rate1,b.rate rate2,0.00 rate3,a.rate as maxrate
    into drate3
    from rPlot9904Fir_dRate a,rPlot0409Fir_dRate b
    where a.pno=b.pno
    update drate2 set maxrate = rate1 where rate1  >= rate2
    update drate2 set maxrate = rate2 where rate2  >= rate1
    select '99-04-09 3 期数据最大胸径生长率'
```

```
select * from drate3
----------------------------
select pno into temp1 from drate1
union
select pno from drate2
go
drop table FirRate
select pno,x,y,maxrate into FirRate from drate1
Insert into FirRate
select pno,x,y,maxrate from drate2 where pno not in (select pno from drate1)
go
Insert into FirRate
select pno,x,y,maxrate from drate3 where pno not in (select pno from temp1)
go
drop table temp1

-- 添加 gpsx， gpsy
drop table FirRate1
select a.pno,a.x,a.y,b.gps 横坐标 gpsx,b.gps 纵坐标 gpsy,a.maxrate
Into FirRate1
from FirRate a,plot2004_330 b
where a.pno = b.样地号
select '1994～2009 年 4 期数据合成最大胸径生长率'
select * from FirRate1 order by maxrate desc

/****** Script for createing Model data of 1994～2009 年******/
-- 提取样地表中地理信息，结合 FirRate 表组成建模数据
drop table model_fir
select a.pno,x,gps 横坐标 gpsx,gps 纵坐标 gpsy,y,海拔,地貌,坡向,坡度,土壤名称,maxrate
into model_fir
from FirRate1 a,plot2004_330 b where a.pno = b.样地号

/****** Script for createing Model data of 1994～2009 年******/
--1994～2009 年建模数据-3 株样木胸径生长率
drop table model_fir_9409
select a.pno,x,gps 横坐标 gpsx,gps 纵坐标 gpsy,y,海拔,地貌,坡向,坡度,土壤名称,maxrate
```

```
into model_fir_9409
from dRate1 a,plot2004_330 b    where a.pno = b.样地号
```

四、提取 2004～2009 年建模数据

```
/****** Script for createing Model data of 2004-2009 年******/
-- 提取 3 株复位样木所在样地的位置
drop table aa
SELECT [pno],[y],[x],avg([dRate])dRate
   into aa
   FROM rTree0409Fir_3DomTrees
   group by [pno],[y],[x]

--2004-2009 年建模数据-3 株样木胸径生长率
drop table model_fir_2004_09
select  a.pno,x,gps 横坐标  gpsx,gps 纵坐标  gpsy,y,海拔,地貌,坡向,坡度,土壤名称,drate maxrate
into model_fir_2004_09
from aa a,plot2004_330 b    where a.pno = b.样地号
```

**附录6　浙江省毛竹林立地类型划分统计表**

| 立地亚区 | 样地/个 | 比例/% | 立地类型小区 | 样地/个 | 比例/% | 立地类型组 | 样地/个 | 比例/% | 立地类型 | 样地/个 | 比例/% |
|---|---|---|---|---|---|---|---|---|---|---|---|
| 浙北平原立地亚区 | 97 | 3.52 | 平缓坡立地类型小区 | 59 | 60.82 | 平缓坡薄土层立地类型组 | 1 | 1.03 | 平缓偏阳坡薄土层立地类型 | 1 | 1.03 |
| | | | | | | 平缓坡中土层立地类型组 | 31 | 31.96 | 平缓阳坡中土层立地类型 | 22 | 22.68 |
| | | | | | | | | | 平缓阴坡中土层立地类型 | 5 | 5.15 |
| | | | | | | | | | 平缓偏阳坡中土层立地类型 | 4 | 4.12 |
| | | | | | | 平缓坡厚土层立地类型组 | 27 | 27.84 | 平缓阳坡厚土层立地类型 | 26 | 26.80 |
| | | | | | | | | | 平缓阴坡厚土层立地类型 | 1 | 1.03 |
| | | | 斜陡坡立地类型小区 | 31 | 31.96 | 斜陡坡薄土层立地类型组 | 5 | 5.15 | 斜陡偏阳坡薄土层立地类型 | 1 | 1.03 |
| | | | | | | | | | 斜陡阴坡薄土层立地类型 | 2 | 2.06 |
| | | | | | | | | | 斜陡偏阴坡薄土层立地类型 | 2 | 2.06 |
| | | | | | | 斜陡坡中土层立地类型组 | 25 | 25.77 | 斜陡阳坡中土层立地类型 | 5 | 5.15 |
| | | | | | | | | | 斜陡阴坡中土层立地类型 | 4 | 4.12 |
| | | | | | | | | | 斜陡偏阳坡中土层立地类型 | 6 | 6.19 |
| | | | | | | | | | 斜陡偏阴坡中土层立地类型 | 10 | 10.31 |
| | | | | | | 斜陡坡厚土层立地类型组 | 1 | 1.03 | 斜陡阳坡厚土层立地类型 | 1 | 1.03 |
| | | | 急险坡立地类型小区 | 7 | 7.22 | 急险坡薄土层立地类型组 | 2 | 2.06 | 急险阴坡薄土层立地类型 | 1 | 1.03 |
| | | | | | | | | | 急险偏阴坡薄土层立地类型 | 1 | 1.03 |
| | | | | | | 急险坡中土层立地类型组 | 5 | 5.15 | 急险阳坡中土层立地类型 | 1 | 1.03 |
| | | | | | | | | | 急险阴坡中土层立地类型 | 2 | 2.06 |
| | | | | | | | | | 急险偏阳坡中土层立地类型 | 1 | 1.03 |
| | | | | | | | | | 急险偏阴坡中土层立地类型 | 1 | 1.03 |
| 浙西北低山丘陵立地亚区 | 315 | 11.42 | 平缓坡立地类型小区 | 45 | 14.29 | 平缓阳坡立地类型组 | 22 | 6.98 | 平缓阳坡中土层立地类型 | 21 | 6.67 |
| | | | | | | | | | 平缓阳坡厚土层立地类型 | 1 | 0.32 |

续附录 6

| 立地亚区 | 样地/个 | 比例/% | 立地类型小区 | 样地/个 | 比例/% | 立地类型组 | 样地/个 | 比例/% | 立地类型 | 样地/个 | 比例/% |
|---|---|---|---|---|---|---|---|---|---|---|---|
| 浙西北低山丘陵立地亚区 | 315 | 11.42 | 平缓坡立地类型小区 | 45 | 14.29 | 平缓阴坡立地类型组 | 5 | 1.59 | 平缓阴坡中土层立地类型 | 5 | 1.59 |
| | | | | | | 平缓偏阳坡立地类型组 | 13 | 4.13 | 平缓偏阳坡薄土层立地类型 | 1 | 0.32 |
| | | | | | | | | | 平缓偏阳坡中土层立地类型 | 11 | 3.49 |
| | | | | | | | | | 平缓偏阳坡厚土层立地类型 | 1 | 0.32 |
| | | | | | | 平缓偏阴坡立地类型组 | 5 | 1.59 | 平缓偏阴坡中土层立地类型 | 5 | 1.59 |
| | | | 斜陡坡立地类型小区 | 153 | 48.57 | 斜陡阳坡立地类型组 | 46 | 14.60 | 斜陡阳坡薄土层立地类型 | 7 | 2.22 |
| | | | | | | | | | 斜陡阳坡中土层立地类型 | 38 | 12.06 |
| | | | | | | | | | 斜陡阳坡厚土层立地类型 | 1 | 0.32 |
| | | | | | | 斜陡阴坡立地类型组 | 30 | 9.52 | 斜陡阴坡薄土层立地类型 | 3 | 0.95 |
| | | | | | | | | | 斜陡阴坡中土层立地类型 | 26 | 8.25 |
| | | | | | | | | | 斜陡阴坡厚土层立地类型 | 1 | 0.32 |
| | | | | | | 斜陡偏阳坡立地类型组 | 32 | 10.16 | 斜陡偏阳坡薄土层立地类型 | 7 | 2.22 |
| | | | | | | | | | 斜陡偏阳坡中土层立地类型 | 24 | 7.62 |
| | | | | | | | | | 斜陡偏阳坡厚土层立地类型 | 1 | 0.32 |
| | | | | | | 斜陡偏阴坡立地类型组 | 45 | 14.29 | 斜陡偏阴坡薄土层立地类型 | 5 | 1.59 |
| | | | | | | | | | 斜陡偏阴坡中土层立地类型 | 39 | 12.38 |
| | | | | | | | | | 斜陡偏阴坡厚土层立地类型 | 1 | 0.32 |
| | | | 急险坡立地类型小区 | 117 | 37.14 | 急险阳坡立地类型组 | 26 | 8.25 | 急险阳坡薄土层立地类型 | 9 | 2.86 |
| | | | | | | | | | 急险阳坡中土层立地类型 | 17 | 5.40 |
| | | | | | | 急险阴坡立地类型组 | 30 | 9.52 | 急险阴坡薄土层立地类型 | 11 | 3.49 |
| | | | | | | | | | 急险阴坡中土层立地类型 | 18 | 5.71 |

续附录 6

| 立地亚区 | 样地/个 | 比例/% | 立地类型小区 | 样地/个 | 比例/% | 立地类型组 | 样地/个 | 比例/% | 立地类型 | 样地/个 | 比例/% |
|---|---|---|---|---|---|---|---|---|---|---|---|
| 浙西北低山丘陵立地亚区 | 315 | 11.42 | 急险坡立地类型小区 | 117 | 37.14 | 急险阴坡立地类型组 | 30 | 9.52 | 急险阴坡厚土层立地类型 | 1 | 0.32 |
| | | | | | | 急险偏阳坡立地类型组 | 34 | 10.79 | 急险偏阳坡薄土层立地类型 | 17 | 5.40 |
| | | | | | | | | | 急险偏阳坡中土层立地类型 | 17 | 5.40 |
| | | | | | | 急险偏阴坡立地类型组 | 27 | 8.57 | 急险偏阴坡薄土层立地类型 | 9 | 2.86 |
| | | | | | | | | | 急险偏阴坡中土层立地类型 | 18 | 5.71 |
| 浙西中低山立地亚区 | 389 | 14.10 | 丘陵阳坡立地类型小区 | 30 | 7.71 | 丘陵阳坡薄土层立地类型组 | 7 | 1.80 | 丘陵斜陡阳坡薄土层立地类型 | 5 | 1.29 |
| | | | | | | | | | 丘陵急险阳坡薄土层立地类型 | 2 | 0.51 |
| | | | | | | 丘陵阳坡中土层立地类型组 | 22 | 5.66 | 丘陵平缓阳坡中土层立地类型 | 10 | 2.57 |
| | | | | | | | | | 丘陵斜陡阳坡中土层立地类型 | 8 | 2.06 |
| | | | | | | | | | 丘陵急险阳坡中土层立地类型 | 4 | 1.03 |
| | | | | | | 丘陵阳坡厚土层立地类型组 | 1 | 0.26 | 丘陵斜陡阳坡厚土层立地类型 | 1 | 0.26 |
| | | | 丘陵阴坡立地类型小区 | 13 | 3.34 | 丘陵阴坡薄土层立地类型组 | 4 | 1.03 | 丘陵斜陡阴坡薄土层立地类型 | 4 | 1.03 |
| | | | | | | 丘陵阴坡中土层立地类型组 | 9 | 2.31 | 丘陵平缓阴坡中土层立地类型 | 2 | 0.51 |
| | | | | | | | | | 丘陵斜陡阴坡中土层立地类型 | 3 | 0.77 |
| | | | | | | | | | 丘陵急险阴坡中土层立地类型 | 4 | 1.03 |
| | | | 丘陵偏阳坡立地类型小区 | 15 | 3.86 | 丘陵偏阳坡薄土层立地类型组 | 4 | 1.03 | 丘陵斜陡偏阳坡薄土层立地类型 | 3 | 0.77 |
| | | | | | | | | | 丘陵急险偏阳坡薄土层立地类型 | 1 | 0.26 |
| | | | | | | 丘陵偏阳坡中土层立地类型组 | 10 | 2.57 | 丘陵斜陡偏阳坡中土层立地类型 | 8 | 2.06 |
| | | | | | | | | | 丘陵急险偏阳坡中土层立地类型 | 2 | 0.51 |
| | | | | | | 丘陵偏阳坡厚土层立地类型组 | 1 | 0.26 | 丘陵平缓偏阳坡厚土层立地类型 | 1 | 0.26 |

续附录6

| 立地亚区 | 样地/个 | 比例/% | 立地类型小区 | 样地/个 | 比例/% | 立地类型组 | 样地/个 | 比例/% | 立地类型 | 样地/个 | 比例/% |
|---|---|---|---|---|---|---|---|---|---|---|---|
| 浙西中低山立地亚区 | 389 | 14.10 | 丘陵偏阴坡立地类型小区 | 24 | 6.17 | 丘陵偏阴坡薄土层立地类型组 | 9 | 2.31 | 丘陵平缓偏阴坡薄土层立地类型 | 1 | 0.26 |
| | | | | | | | | | 丘陵斜陡偏阴坡薄土层立地类型 | 4 | 1.03 |
| | | | | | | | | | 丘陵急险偏阴坡薄土层立地类型 | 4 | 1.03 |
| | | | | | | 丘陵偏阴坡中土层立地类型组 | 15 | 3.86 | 丘陵平缓偏阴坡中土层立地类型 | 3 | 0.77 |
| | | | | | | | | | 丘陵斜陡偏阴坡中土层立地类型 | 6 | 1.54 |
| | | | | | | | | | 丘陵急险偏阴坡中土层立地类型 | 6 | 1.54 |
| | | | 低山阳坡立地类型小区 | 76 | 19.54 | 低山阳坡薄土层立地类型组 | 15 | 3.86 | 低山斜陡阳坡薄土层立地类型 | 3 | 0.77 |
| | | | | | | | | | 低山急险阳坡薄土层立地类型 | 12 | 3.08 |
| | | | | | | 低山阳坡中土层立地类型组 | 60 | 15.42 | 低山平缓阳坡中土层立地类型 | 4 | 1.03 |
| | | | | | | | | | 低山斜陡阳坡中土层立地类型 | 23 | 5.91 |
| | | | | | | | | | 低山急险阳坡中土层立地类型 | 33 | 8.48 |
| | | | | | | 低山阳坡厚土层立地类型组 | 1 | 0.26 | 低山斜陡阳坡厚土层立地类型 | 1 | 0.26 |
| | | | 低山阴坡立地类型小区 | 53 | 13.62 | 低山阴坡薄土层立地类型组 | 13 | 3.34 | 低山斜陡阴坡薄土层立地类型 | 5 | 1.29 |
| | | | | | | | | | 低山急险阴坡薄土层立地类型 | 8 | 2.06 |
| | | | | | | 低山阴坡中土层立地类型组 | 39 | 10.03 | 低山平缓阴坡中土层立地类型 | 2 | 0.51 |
| | | | | | | | | | 低山斜陡阴坡中土层立地类型 | 16 | 4.11 |
| | | | | | | | | | 低山急险阴坡中土层立地类型 | 21 | 5.40 |
| | | | | | | 低山阴坡厚土层立地类型组 | 1 | 0.26 | 低山急险阴坡厚土层立地类型 | 1 | 0.26 |
| | | | 低山偏阳坡立地类型小区 | 75 | 19.28 | 低山偏阳坡薄土层立地类型组 | 20 | 5.14 | 低山斜陡偏阳坡薄土层立地类型 | 4 | 1.03 |
| | | | | | | | | | 低山急险偏阳坡薄土层立地类型 | 16 | 4.11 |

续附录6

| 立地亚区 | 样地/个 | 比例/% | 立地类型小区 | 样地/个 | 比例/% | 立地类型组 | 样地/个 | 比例/% | 立地类型 | 样地/个 | 比例/% |
|---|---|---|---|---|---|---|---|---|---|---|---|
| 浙西中低山立地亚区 | 389 | 14.10 | 低山偏阳坡立地类型小区 | | | 低山偏阳坡中土层立地类型组 | 54 | 13.88 | 低山平缓偏阳坡中土层立地类型 | 3 | 0.77 |
| | | | | | | | | | 低山斜陡偏阳坡中土层立地类型 | 23 | 5.91 |
| | | | | | | | | | 低山急险偏阳坡中土层立地类型 | 28 | 7.20 |
| | | | | | | 低山偏阳坡厚土层立地类型组 | 1 | 0.26 | 低山斜陡偏阳坡厚土层立地类型 | 1 | 0.26 |
| | | | 低山偏阴坡立地类型小区 | 79 | 20.31 | 低山偏阴坡薄土层立地类型组 | 23 | 5.91 | 低山斜陡偏阴坡薄土层立地类型 | 9 | 2.31 |
| | | | | | | | | | 低山急险偏阴坡薄土层立地类型 | 14 | 3.60 |
| | | | | | | 低山偏阴坡中土层立地类型组 | 55 | 14.14 | 低山斜陡偏阴坡中土层立地类型 | 24 | 6.17 |
| | | | | | | | | | 低山急险偏阴坡中土层立地类型 | 31 | 7.97 |
| | | | | | | 低山偏阴坡厚土层立地类型组 | 1 | 0.26 | 低山斜陡偏阴坡厚土层立地类型 | 1 | 0.26 |
| | | | 中山阳坡立地类型小区 | 1 | 0.26 | 中山阳坡中土层立地类型组 | 1 | 0.26 | 中山急险阳坡中土层立地类型 | 1 | 0.26 |
| | | | 中山阴坡立地类型小区 | 7 | 1.80 | 中山阴坡薄土层立地类型组 | 1 | 0.26 | 中山斜陡阴坡薄土层立地类型 | 1 | 0.26 |
| | | | | | | 中山阴坡中土层立地类型组 | 6 | 1.54 | 中山斜陡阴坡中土层立地类型 | 1 | 0.26 |
| | | | | | | | | | 中山急险阴坡中土层立地类型 | 5 | 1.29 |
| | | | 中山偏阳坡立地类型小区 | 10 | 2.57 | 中山偏阳坡薄土层立地类型组 | 3 | 0.77 | 中山急险偏阳坡薄土层立地类型 | 3 | 0.77 |
| | | | | | | 中山偏阳坡中土层立地类型组 | 7 | 1.80 | 中山平缓偏阳坡中土层立地类型 | 1 | 0.26 |
| | | | | | | | | | 中山斜陡偏阳坡中土层立地类型 | 3 | 0.77 |
| | | | | | | | | | 中山急险偏阳坡中土层立地类型 | 3 | 0.77 |
| | | | 中山偏阴坡立地类型小区 | 4 | 1.03 | 中山偏阴坡中土层立地类型组 | 4 | 1.03 | 中山急险偏阴坡中土层立地类型 | 4 | 1.03 |
| | | | 平原阳坡立地类型小区 | 2 | 0.51 | 平原阳坡中土层立地类型组 | 2 | 0.51 | 平原平缓阳坡中土层立地类型 | 2 | 0.51 |
| 浙东低山丘陵立地亚区 | 217 | 7.87 | 丘陵阳坡立地类型小区 | 23 | 10.60 | 丘陵阳坡薄土层立地类型组 | 5 | 2.30 | 丘陵平缓阳坡薄土层立地类型 | 2 | 0.92 |

续附录 6

| 立地亚区 | 样地/个 | 比例/% | 立地类型小区 | 样地/个 | 比例/% | 立地类型组 | 样地/个 | 比例/% | 立地类型 | 样地/个 | 比例/% |
|---|---|---|---|---|---|---|---|---|---|---|---|
| 浙东低山丘陵立地亚区 | 217 | 7.87 | 丘陵阳坡立地类型小区 | 23 | 10.60 | 丘陵阳坡薄土层立地类型组 | 5 | 2.30 | 丘陵斜陡阳坡薄土层立地类型 | 2 | 0.92 |
| | | | | | | | | | 丘陵急险阳坡薄土层立地类型 | 1 | 0.46 |
| | | | | | | 丘陵阳坡中土层立地类型组 | 17 | 7.83 | 丘陵平缓阳坡中土层立地类型 | 3 | 1.38 |
| | | | | | | | | | 丘陵斜陡阳坡中土层立地类型 | 11 | 5.07 |
| | | | | | | | | | 丘陵急险阳坡中土层立地类型 | 3 | 1.38 |
| | | | | | | 丘陵阳坡厚土层立地类型组 | 1 | 0.46 | 丘陵平缓阳坡厚土层立地类型 | 1 | 0.46 |
| | | | 丘陵阴坡立地类型小区 | 35 | 16.13 | 丘陵阴坡薄土层立地类型组 | 4 | 1.84 | 丘陵斜陡阴坡薄土层立地类型 | 3 | 1.38 |
| | | | | | | | | | 丘陵急险阴坡薄土层立地类型 | 1 | 0.46 |
| | | | | | | 丘陵阴坡中土层立地类型组 | 29 | 13.36 | 丘陵平缓阴坡中土层立地类型 | 5 | 2.30 |
| | | | | | | | | | 丘陵斜陡阴坡中土层立地类型 | 17 | 7.83 |
| | | | | | | | | | 丘陵急险阴坡中土层立地类型 | 7 | 3.23 |
| | | | | | | 丘陵阴坡厚土层立地类型组 | 2 | 0.92 | 丘陵平缓阴坡厚土层立地类型 | 1 | 0.46 |
| | | | | | | | | | 丘陵斜陡阴坡厚土层立地类型 | 1 | 0.46 |
| | | | 丘陵偏阳坡立地类型小区 | 21 | 9.68 | 丘陵偏阳坡薄土层立地类型组 | 2 | 0.92 | 丘陵斜陡偏阳坡薄土层立地类型 | 1 | 0.46 |
| | | | | | | | | | 丘陵急险偏阳坡薄土层立地类型 | 1 | 0.46 |
| | | | | | | 丘陵偏阳坡中土层立地类型组 | 17 | 7.83 | 丘陵平缓偏阳坡中土层立地类型 | 3 | 1.38 |
| | | | | | | | | | 丘陵斜陡偏阳坡中土层立地类型 | 10 | 4.61 |
| | | | | | | | | | 丘陵急险偏阳坡中土层立地类型 | 4 | 1.84 |
| | | | | | | 丘陵偏阳坡厚土层立地类型组 | 2 | 0.92 | 丘陵平缓偏阳坡厚土层立地类型 | 2 | 0.92 |
| | | | 丘陵偏阴坡立地类型小区 | 26 | 11.98 | 丘陵偏阴坡薄土层立地类型组 | 6 | 2.76 | 丘陵斜陡偏阴坡薄土层立地类型 | 2 | 0.92 |

续附录 6

| 立地亚区 | 样地/个 | 比例/% | 立地类型小区 | 样地/个 | 比例/% | 立地类型组 | 样地/个 | 比例/% | 立地类型 | 样地/个 | 比例/% |
|---|---|---|---|---|---|---|---|---|---|---|---|
| 浙东低山丘陵立地亚区 | 217 | 7.87 | 丘陵偏阴坡立地类型小区 | 26 | 11.98 | 丘陵偏阴坡薄土层立地类型组 | 6 | 2.76 | 丘陵急险偏阴坡薄土层立地类型 | 4 | 1.84 |
| | | | | | | 丘陵偏阴坡中土层立地类型组 | 18 | 8.29 | 丘陵平缓偏阴坡中土层立地类型 | 2 | 0.92 |
| | | | | | | | | | 丘陵斜陡偏阴坡中土层立地类型 | 13 | 5.99 |
| | | | | | | | | | 丘陵急险偏阴坡中土层立地类型 | 3 | 1.38 |
| | | | | | | 丘陵偏阴坡厚土层立地类型组 | 2 | 0.92 | 丘陵平缓偏阴坡厚土层立地类型 | 1 | 0.46 |
| | | | | | | | | | 丘陵斜陡偏阴坡厚土层立地类型 | 1 | 0.46 |
| | | | 低山阳坡立地类型小区 | 27 | 12.44 | 低山阳坡薄土层立地类型组 | 9 | 4.15 | 低山平缓阳坡薄土层立地类型 | 1 | 0.46 |
| | | | | | | | | | 低山斜陡阳坡薄土层立地类型 | 1 | 0.46 |
| | | | | | | | | | 低山急险阳坡薄土层立地类型 | 7 | 3.23 |
| | | | | | | 低山阳坡中土层立地类型组 | 17 | 7.83 | 低山斜陡阳坡中土层立地类型 | 15 | 6.91 |
| | | | | | | | | | 低山急险阳坡中土层立地类型 | 2 | 0.92 |
| | | | | | | 低山阳坡厚土层立地类型组 | 1 | 0.46 | 低山斜陡阳坡厚土层立地类型 | 1 | 0.46 |
| | | | 低山阴坡立地类型小区 | 27 | 12.44 | 低山阴坡薄土层立地类型组 | 3 | 1.38 | 低山斜陡阴坡薄土层立地类型 | 1 | 0.46 |
| | | | | | | | | | 低山急险阴坡薄土层立地类型 | 2 | 0.92 |
| | | | | | | 低山阴坡中土层立地类型组 | 21 | 9.68 | 低山平缓阴坡中土层立地类型 | 2 | 0.92 |
| | | | | | | | | | 低山斜陡阴坡中土层立地类型 | 10 | 4.61 |
| | | | | | | | | | 低山急险阴坡中土层立地类型 | 9 | 4.15 |
| | | | | | | 低山阴坡厚土层立地类型组 | 3 | 1.38 | 低山斜陡阴坡厚土层立地类型 | 2 | 0.92 |
| | | | | | | | | | 低山急险阴坡厚土层立地类型 | 1 | 0.46 |
| | | | 低山偏阳坡立地类型小区 | 28 | 12.90 | 低山偏阳坡薄土层立地类型组 | 4 | 1.84 | 低山急险偏阳坡薄土层立地类型 | 4 | 1.84 |

续附录6

| 立地亚区 | 样地/个 | 比例/% | 立地类型小区 | 样地/个 | 比例/% | 立地类型组 | 样地/个 | 比例/% | 立地类型 | 样地/个 | 比例/% |
|---|---|---|---|---|---|---|---|---|---|---|---|
| 浙东低山丘陵立地亚区 | 217 | 7.87 | 低山偏阳坡立地类型小区 | 28 | 12.90 | 低山偏阳坡中土层立地类型组 | 24 | 11.06 | 低山平缓偏阳坡中土层立地类型 | 1 | 0.46 |
| | | | | | | | | | 低山斜陡偏阳坡中土层立地类型 | 17 | 7.83 |
| | | | | | | | | | 低山急险偏阳坡中土层立地类型 | 6 | 2.76 |
| | | | 低山偏阴坡立地类型小区 | 27 | 12.44 | 低山偏阴坡薄土层立地类型组 | 7 | 3.23 | 低山平缓偏阴坡薄土层立地类型 | 1 | 0.46 |
| | | | | | | | | | 低山急险偏阴坡薄土层立地类型 | 6 | 2.76 |
| | | | | | | 低山偏阴坡中土层立地类型组 | 20 | 9.22 | 低山平缓偏阴坡中土层立地类型 | 2 | 0.92 |
| | | | | | | | | | 低山斜陡偏阴坡中土层立地类型 | 12 | 5.53 |
| | | | | | | | | | 低山急险偏阴坡中土层立地类型 | 6 | 2.76 |
| | | | 中山阳坡立地类型小区 | 1 | 0.46 | 中山阳坡薄土层立地类型组 | 1 | 0.46 | 中山急险阳坡薄土层立地类型 | 1 | 0.46 |
| | | | 平原阳坡立地类型小区 | 2 | 0.92 | 平原阳坡厚土层立地类型组 | 1 | 0.46 | 平原平缓阳坡厚土层立地类型 | 1 | 0.46 |
| | | | | | | 平原阳坡中土层立地类型组 | 1 | 0.46 | 平原平缓阳坡中土层立地类型 | 1 | 0.46 |
| 浙中西低丘岗地立地亚区 | 319 | 11.57 | 丘陵阳坡立地类型小区 | 47 | 14.73 | 丘陵阳坡薄土层立地类型组 | 7 | 2.19 | 丘陵斜陡阳坡薄土层立地类型 | 5 | 1.57 |
| | | | | | | | | | 丘陵急险阳坡薄土层立地类型 | 2 | 0.63 |
| | | | | | | 丘陵阳坡中土层立地类型组 | 39 | 12.23 | 丘陵平缓阳坡中土层立地类型 | 18 | 5.64 |
| | | | | | | | | | 丘陵斜陡阳坡中土层立地类型 | 17 | 5.33 |
| | | | | | | | | | 丘陵急险阳坡中土层立地类型 | 4 | 1.25 |
| | | | | | | 丘陵阳坡厚土层立地类型组 | 1 | 0.31 | 丘陵平缓阳坡厚土层立地类型 | 1 | 0.31 |
| | | | 丘陵阴坡立地类型小区 | 25 | 7.84 | 丘陵阴坡薄土层立地类型组 | 4 | 1.25 | 丘陵斜陡阴坡薄土层立地类型 | 1 | 0.31 |
| | | | | | | | | | 丘陵急险阴坡薄土层立地类型 | 3 | 0.94 |
| | | | | | | 丘陵阴坡中土层立地类型组 | 19 | 5.96 | 丘陵平缓阴坡中土层立地类型 | 5 | 1.57 |

续附录 6

| 立地亚区 | 样地/个 | 比例/% | 立地类型小区 | 样地/个 | 比例/% | 立地类型组 | 样地/个 | 比例/% | 立地类型 | 样地/个 | 比例/% |
|---|---|---|---|---|---|---|---|---|---|---|---|
| 浙中西低丘岗地立地亚区 | 319 | 11.57 | 丘陵阴坡立地类型小区 | 25 | 7.84 | 丘陵阴坡中土层立地类型组 | 19 | 5.96 | 丘陵斜陡阴坡中土层立地类型 | 14 | 4.39 |
| | | | | | | 丘陵阴坡厚土层立地类型组 | 2 | 0.63 | 丘陵平缓阴坡厚土层立地类型 | 1 | 0.31 |
| | | | | | | | | | 丘陵斜陡阴坡厚土层立地类型 | 1 | 0.31 |
| | | | 丘陵偏阳坡立地类型小区 | 35 | 10.97 | 丘陵偏阳坡薄土层立地类型组 | 10 | 3.13 | 丘陵平缓偏阳坡薄土层立地类型 | 1 | 0.31 |
| | | | | | | | | | 丘陵斜陡偏阳坡薄土层立地类型 | 4 | 1.25 |
| | | | | | | | | | 丘陵急险偏阳坡薄土层立地类型 | 5 | 1.57 |
| | | | | | | 丘陵偏阳坡中土层立地类型组 | 23 | 7.21 | 丘陵平缓偏阳坡中土层立地类型 | 3 | 0.94 |
| | | | | | | | | | 丘陵斜陡偏阳坡中土层立地类型 | 18 | 5.64 |
| | | | | | | | | | 丘陵急险偏阳坡中土层立地类型 | 2 | 0.63 |
| | | | | | | 丘陵偏阳坡厚土层立地类型组 | 2 | 0.63 | 丘陵平缓偏阳坡厚土层立地类型 | 1 | 0.31 |
| | | | | | | | | | 丘陵斜陡偏阳坡厚土层立地类型 | 1 | 0.31 |
| | | | 丘陵偏阴坡立地类型小区 | 35 | 10.97 | 丘陵偏阴坡薄土层立地类型组 | 5 | 1.57 | 丘陵斜陡偏阴坡薄土层立地类型 | 4 | 1.25 |
| | | | | | | | | | 丘陵急险偏阴坡薄土层立地类型 | 1 | 0.31 |
| | | | | | | 丘陵偏阴坡中土层立地类型组 | 29 | 9.09 | 丘陵平缓偏阴坡中土层立地类型 | 7 | 2.19 |
| | | | | | | | | | 丘陵斜陡偏阴坡中土层立地类型 | 19 | 5.96 |
| | | | | | | | | | 丘陵急险偏阴坡中土层立地类型 | 3 | 0.94 |
| | | | | | | 丘陵偏阴坡厚土层立地类型组 | 1 | 0.31 | 丘陵平缓偏阴坡厚土层立地类型 | 1 | 0.31 |
| | | | 低山阳坡立地类型小区 | 33 | 10.34 | 低山阳坡薄土层立地类型组 | 11 | 3.45 | 低山平缓阳坡薄土层立地类型 | 3 | 0.94 |
| | | | | | | | | | 低山斜陡阳坡薄土层立地类型 | 2 | 0.63 |
| | | | | | | | | | 低山急险阳坡薄土层立地类型 | 6 | 1.88 |

续附录 6

| 立地亚区 | 样地/个 | 比例/% | 立地类型小区 | 样地/个 | 比例/% | 立地类型组 | 样地/个 | 比例/% | 立地类型 | 样地/个 | 比例/% |
|---|---|---|---|---|---|---|---|---|---|---|---|
| 浙中西低丘岗地立地亚区 | 319 | 11.57 | 低山阳坡立地类型小区 | 33 | 10.34 | 低山阳坡中土层立地类型组 | 21 | 6.58 | 低山平缓阳坡中土层立地类型 | 4 | 1.25 |
| | | | | | | | | | 低山斜陡阳坡中土层立地类型 | 13 | 4.08 |
| | | | | | | | | | 低山急险阳坡中土层立地类型 | 4 | 1.25 |
| | | | | | | 低山阳坡厚土层立地类型组 | 1 | 0.31 | 低山斜陡阳坡厚土层立地类型 | 1 | 0.31 |
| | | | 低山阴坡立地类型小区 | 36 | 11.29 | 低山阴坡薄土层立地类型组 | 9 | 2.82 | 低山斜陡阴坡薄土层立地类型 | 2 | 0.63 |
| | | | | | | | | | 低山急险阴坡薄土层立地类型 | 7 | 2.19 |
| | | | | | | 低山阴坡中土层立地类型组 | 27 | 8.46 | 低山斜陡阴坡中土层立地类型 | 13 | 4.08 |
| | | | | | | | | | 低山急险阴坡中土层立地类型 | 14 | 4.39 |
| | | | 低山偏阳坡立地类型小区 | 35 | 10.97 | 低山偏阳坡薄土层立地类型组 | 15 | 4.70 | 低山斜陡偏阳坡薄土层立地类型 | 4 | 1.25 |
| | | | | | | | | | 低山急险偏阳坡薄土层立地类型 | 11 | 3.45 |
| | | | | | | 低山偏阳坡中土层立地类型组 | 20 | 6.27 | 低山斜陡偏阳坡中土层立地类型 | 9 | 2.82 |
| | | | | | | | | | 低山急险偏阳坡中土层立地类型 | 11 | 3.45 |
| | | | 低山偏阴坡立地类型小区 | 36 | 11.29 | 低山偏阴坡薄土层立地类型组 | 6 | 1.88 | 低山斜陡偏阴坡薄土层立地类型 | 1 | 0.31 |
| | | | | | | | | | 低山急险偏阴坡薄土层立地类型 | 5 | 1.57 |
| | | | | | | 低山偏阴坡中土层立地类型组 | 30 | 9.40 | 低山平缓偏阴坡中土层立地类型 | 3 | 0.94 |
| | | | | | | | | | 低山斜陡偏阴坡中土层立地类型 | 19 | 5.96 |
| | | | | | | | | | 低山急险偏阴坡中土层立地类型 | 8 | 2.51 |
| | | | 中山阳坡立地类型小区 | 11 | 3.45 | 中山阳坡薄土层立地类型组 | 2 | 0.63 | 中山斜陡阳坡薄土层立地类型 | 2 | 0.63 |
| | | | | | | 中山阳坡中土层立地类型组 | 9 | 2.82 | 中山斜陡阳坡中土层立地类型 | 3 | 0.94 |
| | | | | | | | | | 中山急险阳坡中土层立地类型 | 6 | 1.88 |

续附录 6

| 立地亚区 | 样地/个 | 比例/% | 立地类型小区 | 样地/个 | 比例/% | 立地类型组 | 样地/个 | 比例/% | 立地类型 | 样地/个 | 比例/% |
|---|---|---|---|---|---|---|---|---|---|---|---|
| 浙中西低丘岗地立地亚区 | 319 | 11.57 | 中山阴坡立地类型小区 | 9 | 2.82 | 中山阴坡薄土层立地类型组 | 2 | 0.63 | 中山斜陡阴坡薄土层立地类型 | 1 | 0.31 |
| | | | | | | | | | 中山急险阴坡薄土层立地类型 | 1 | 0.31 |
| | | | | | | 中山阴坡中土层立地类型组 | 7 | 2.19 | 中山斜陡阴坡中土层立地类型 | 3 | 0.94 |
| | | | | | | | | | 中山急险阴坡中土层立地类型 | 4 | 1.25 |
| | | | 中山偏阳坡立地类型小区 | 6 | 1.88 | 中山偏阳坡薄土层立地类型组 | 1 | 0.31 | 中山斜陡偏阳坡薄土层立地类型 | 1 | 0.31 |
| | | | | | | 中山偏阳坡中土层立地类型组 | 5 | 1.57 | 中山斜陡偏阳坡中土层立地类型 | 2 | 0.63 |
| | | | | | | | | | 中山急险偏阳坡中土层立地类型 | 3 | 0.94 |
| | | | 中山偏阴坡立地类型小区 | 9 | 2.82 | 中山偏阴坡薄土层立地类型组 | 2 | 0.63 | 中山急险偏阴坡薄土层立地类型 | 2 | 0.63 |
| | | | | | | 中山偏阴坡中土层立地类型组 | 7 | 2.19 | 中山斜陡偏阴坡中土层立地类型 | 5 | 1.57 |
| | | | | | | | | | 中山急险偏阴坡中土层立地类型 | 2 | 0.63 |
| | | | 平原阳坡立地类型小区 | 2 | 0.63 | 平原阳坡中土层立地类型组 | 1 | 0.31 | 平原平缓阳坡中土层立地类型 | 1 | 0.31 |
| | | | | | | 平原阳坡厚土层立地类型组 | 1 | 0.31 | 平原平缓阳坡厚土层立地类型 | 1 | 0.31 |
| 浙东沿海丘陵立地亚区 | 488 | 17.69 | 丘陵阳坡立地类型小区 | 92 | 18.85 | 丘陵阳坡薄土层立地类型组 | 25 | 5.12 | 丘陵平缓阳坡薄土层立地类型 | 2 | 0.41 |
| | | | | | | | | | 丘陵斜陡阳坡薄土层立地类型 | 7 | 1.43 |
| | | | | | | | | | 丘陵急险阳坡薄土层立地类型 | 16 | 3.28 |
| | | | | | | 丘陵阳坡中土层立地类型组 | 65 | 13.32 | 丘陵平缓阳坡中土层立地类型 | 9 | 1.84 |
| | | | | | | | | | 丘陵斜陡阳坡中土层立地类型 | 50 | 10.25 |
| | | | | | | | | | 丘陵急险阳坡中土层立地类型 | 6 | 1.23 |
| | | | | | | 丘陵阳坡厚土层立地类型组 | 2 | 0.41 | 丘陵平缓阳坡厚土层立地类型 | 1 | 0.20 |
| | | | | | | | | | 丘陵斜陡阳坡厚土层立地类型 | 1 | 0.20 |

续附录 6

| 立地亚区 | 样地/个 | 比例/% | 立地类型小区 | 样地/个 | 比例/% | 立地类型组 | 样地/个 | 比例/% | 立地类型 | 样地/个 | 比例/% |
|---|---|---|---|---|---|---|---|---|---|---|---|
| 浙东沿海丘陵立地亚区 | 488 | 17.69 | 丘陵阴坡立地类型小区 | 76 | 15.57 | 丘陵阴坡薄土层立地类型组 | 19 | 3.89 | 丘陵平缓阴坡薄土层立地类型 | 1 | 0.20 |
| | | | | | | | | | 丘陵斜陡阴坡薄土层立地类型 | 10 | 2.05 |
| | | | | | | | | | 丘陵急险阴坡薄土层立地类型 | 8 | 1.64 |
| | | | | | | 丘陵阴坡中土层立地类型组 | 57 | 11.68 | 丘陵平缓阴坡中土层立地类型 | 7 | 1.43 |
| | | | | | | | | | 丘陵斜陡阴坡中土层立地类型 | 44 | 9.02 |
| | | | | | | | | | 丘陵急险阴坡中土层立地类型 | 6 | 1.23 |
| | | | 丘陵偏阳坡立地类型小区 | 69 | 14.14 | 丘陵偏阳坡薄土层立地类型组 | 17 | 3.48 | 丘陵平缓偏阳坡薄土层立地类型 | 1 | 0.20 |
| | | | | | | | | | 丘陵斜陡偏阳坡薄土层立地类型 | 10 | 2.05 |
| | | | | | | | | | 丘陵急险偏阳坡薄土层立地类型 | 6 | 1.23 |
| | | | | | | 丘陵偏阳坡中土层立地类型组 | 51 | 10.45 | 丘陵平缓偏阳坡中土层立地类型 | 9 | 1.84 |
| | | | | | | | | | 丘陵斜陡偏阳坡中土层立地类型 | 34 | 6.97 |
| | | | | | | | | | 丘陵急险偏阳坡中土层立地类型 | 8 | 1.64 |
| | | | | | | 丘陵偏阳坡厚土层立地类型组 | 1 | 0.20 | 丘陵斜陡偏阳坡厚土层立地类型 | 1 | 0.20 |
| | | | 丘陵偏阴坡立地类型小区 | 78 | 15.98 | 丘陵偏阴坡薄土层立地类型组 | 12 | 2.46 | 丘陵斜陡偏阴坡薄土层立地类型 | 7 | 1.43 |
| | | | | | | | | | 丘陵急险偏阴坡薄土层立地类型 | 5 | 1.02 |
| | | | | | | 丘陵偏阴坡中土层立地类型组 | 65 | 13.32 | 丘陵平缓偏阴坡中土层立地类型 | 11 | 2.25 |
| | | | | | | | | | 丘陵斜陡偏阴坡中土层立地类型 | 42 | 8.61 |
| | | | | | | | | | 丘陵急险偏阴坡中土层立地类型 | 12 | 2.46 |
| | | | | | | 丘陵偏阴坡厚土层立地类型组 | 1 | 0.20 | 丘陵平缓偏阴坡厚土层立地类型 | 1 | 0.20 |
| | | | 低山阳坡立地类型小区 | 34 | 6.97 | 低山阳坡薄土层立地类型组 | 9 | 1.84 | 低山斜陡阳坡薄土层立地类型 | 3 | 0.61 |

续附录6

| 立地亚区 | 样地/个 | 比例/% | 立地类型小区 | 样地/个 | 比例/% | 立地类型组 | 样地/个 | 比例/% | 立地类型 | 样地/个 | 比例/% |
|---|---|---|---|---|---|---|---|---|---|---|---|
| 浙东沿海丘陵立地亚区 | 488 | 17.69 | 低山阳坡立地类型小区 | 34 | 6.97 | 低山阳坡薄土层立地类型组 | 9 | 1.84 | 低山急险阳坡薄土层立地类型 | 6 | 1.23 |
| | | | | | | 低山阳坡中土层立地类型组 | 25 | 5.12 | 低山斜陡阳坡中土层立地类型 | 17 | 3.48 |
| | | | | | | | | | 低山急险阳坡中土层立地类型 | 8 | 1.64 |
| | | | 低山阴坡立地类型小区 | 26 | 5.33 | 低山阴坡薄土层立地类型组 | 4 | 0.82 | 低山斜陡阴坡薄土层立地类型 | 3 | 0.61 |
| | | | | | | | | | 低山急险阴坡薄土层立地类型 | 1 | 0.20 |
| | | | | | | 低山阴坡中土层立地类型组 | 21 | 4.30 | 低山平缓阴坡中土层立地类型 | 1 | 0.20 |
| | | | | | | | | | 低山斜陡阴坡中土层立地类型 | 11 | 2.25 |
| | | | | | | | | | 低山急险阴坡中土层立地类型 | 9 | 1.84 |
| | | | | | | 低山阴坡厚土层立地类型组 | 1 | 0.20 | 低山斜陡阴坡厚土层立地类型 | 1 | 0.20 |
| | | | 低山偏阳坡立地类型小区 | 39 | 7.99 | 低山偏阳坡薄土层立地类型组 | 15 | 3.07 | 低山斜陡偏阳坡薄土层立地类型 | 5 | 1.02 |
| | | | | | | | | | 低山急险偏阳坡薄土层立地类型 | 10 | 2.05 |
| | | | | | | 低山偏阳坡中土层立地类型组 | 23 | 4.71 | 低山斜陡偏阳坡中土层立地类型 | 9 | 1.84 |
| | | | | | | | | | 低山急险偏阳坡中土层立地类型 | 14 | 2.87 |
| | | | | | | 低山偏阳坡厚土层立地类型组 | 1 | 0.20 | 低山斜陡偏阳坡厚土层立地类型 | 1 | 0.20 |
| | | | 低山偏阴坡立地类型小区 | 41 | 8.40 | 低山偏阴坡薄土层立地类型组 | 12 | 2.46 | 低山斜陡偏阴坡薄土层立地类型 | 3 | 0.61 |
| | | | | | | | | | 低山急险偏阴坡薄土层立地类型 | 9 | 1.84 |
| | | | | | | 低山偏阴坡中土层立地类型组 | 29 | 5.94 | 低山平缓偏阴坡中土层立地类型 | 1 | 0.20 |
| | | | | | | | | | 低山斜陡偏阴坡中土层立地类型 | 18 | 3.69 |
| | | | | | | | | | 低山急险偏阴坡中土层立地类型 | 10 | 2.05 |
| | | | 中山阳坡立地类型小区 | 4 | 0.82 | 中山阳坡薄土层立地类型组 | 1 | 0.20 | 中山斜陡阳坡薄土层立地类型 | 1 | 0.20 |

续附录6

| 立地亚区 | 样地/个 | 比例/% | 立地类型小区 | 样地/个 | 比例/% | 立地类型组 | 样地/个 | 比例/% | 立地类型 | 样地/个 | 比例/% |
|---|---|---|---|---|---|---|---|---|---|---|---|
| 浙东沿海丘陵立地亚区 | 488 | 17.69 | 中山阳坡立地类型小区 | 4 | 0.82 | 中山阳坡中土层立地类型组 | 3 | 0.61 | 中山急险阳坡中土层立地类型 | 3 | 0.61 |
| | | | 中山阴坡立地类型小区 | 4 | 0.82 | 中山阴坡薄土层立地类型组 | 1 | 0.20 | 中山急险阴坡薄土层立地类型 | 1 | 0.20 |
| | | | | | | 中山阴坡中土层立地类型组 | 3 | 0.61 | 中山斜陡阴坡中土层立地类型 | 2 | 0.41 |
| | | | | | | | | | 中山急险阴坡中土层立地类型 | 1 | 0.20 |
| | | | 中山偏阳坡立地类型小区 | 2 | 0.41 | 中山偏阳坡中土层立地类型组 | 2 | 0.41 | 中山斜陡偏阳坡中土层立地类型 | 1 | 0.20 |
| | | | | | | | | | 中山急险偏阳坡中土层立地类型 | 1 | 0.20 |
| | | | 中山偏阴坡立地类型小区 | 2 | 0.41 | 中山偏阴坡中土层立地类型组 | 2 | 0.41 | 中山斜陡偏阴坡中土层立地类型 | 1 | 0.20 |
| | | | | | | | | | 中山急险偏阴坡中土层立地类型 | 1 | 0.20 |
| | | | 平原阳坡立地类型小区 | 21 | 4.30 | 平原阳坡中土层立地类型组 | 11 | 2.25 | 平原平缓阳坡中土层立地类型 | 11 | 2.25 |
| | | | | | | 平原阳坡厚土层立地类型组 | 10 | 2.05 | 平原平缓阳坡厚土层立地类型 | 10 | 2.05 |
| 浙东南山地立地亚区 | 624 | 22.63 | 阳坡立地类型小区 | 160 | 25.64 | 阳坡薄土层立地类型组 | 43 | 6.89 | 斜陡阳坡薄土层立地类型 | 16 | 2.56 |
| | | | | | | | | | 急险阳坡薄土层立地类型 | 27 | 4.33 |
| | | | | | | 阳坡中土层立地类型组 | 116 | 18.59 | 平缓阳坡中土层立地类型 | 11 | 1.76 |
| | | | | | | | | | 斜陡阳坡中土层立地类型 | 70 | 11.22 |
| | | | | | | | | | 急险阳坡中土层立地类型 | 35 | 5.61 |
| | | | | | | 阳坡厚土层立地类型组 | 1 | 0.16 | 平缓阳坡厚土层立地类型 | 1 | 0.16 |
| | | | 阴坡立地类型小区 | 155 | 24.84 | 阴坡薄土层立地类型组 | 43 | 6.89 | 平缓阴坡薄土层立地类型 | 1 | 0.16 |
| | | | | | | | | | 斜陡阴坡薄土层立地类型 | 16 | 2.56 |
| | | | | | | | | | 急险阴坡薄土层立地类型 | 26 | 4.17 |
| | | | | | | 阴坡中土层立地类型组 | 111 | 17.79 | 平缓阴坡中土层立地类型 | 8 | 1.28 |

续附录 6

| 立地亚区 | 样地/个 | 比例/% | 立地类型小区 | 样地/个 | 比例/% | 立地类型组 | 样地/个 | 比例/% | 立地类型 | 样地/个 | 比例/% |
|---|---|---|---|---|---|---|---|---|---|---|---|
| 浙东南山地立地亚区 | 624 | 22.63 | 阴坡立地类型小区 | 155 | 24.84 | 阴坡中土层立地类型组 | 111 | 17.79 | 斜陡阴坡中土层立地类型 | 67 | 10.74 |
| | | | | | | | | | 急险阴坡中土层立地类型 | 36 | 5.77 |
| | | | | | | 阴坡厚土层立地类型组 | 1 | 0.16 | 斜陡阴坡厚土层立地类型 | 1 | 0.16 |
| | | | 偏阳坡立地类型小区 | 139 | 22.28 | 偏阳坡薄土层立地类型组 | 43 | 6.89 | 平缓偏阳坡薄土层立地类型 | 1 | 0.16 |
| | | | | | | | | | 斜陡偏阳坡薄土层立地类型 | 13 | 2.08 |
| | | | | | | | | | 急险偏阳坡薄土层立地类型 | 29 | 4.65 |
| | | | | | | 偏阳坡中土层立地类型组 | 95 | 15.22 | 平缓偏阳坡中土层立地类型 | 8 | 1.28 |
| | | | | | | | | | 斜陡偏阳坡中土层立地类型 | 47 | 7.53 |
| | | | | | | | | | 急险偏阳坡中土层立地类型 | 40 | 6.41 |
| | | | | | | 偏阳坡厚土层立地类型组 | 1 | 0.16 | 斜陡偏阳坡厚土层立地类型 | 1 | 0.16 |
| | | | 偏阴坡立地类型小区 | 170 | 27.24 | 偏阴坡薄土层立地类型组 | 46 | 7.37 | 平缓偏阴坡薄土层立地类型 | 1 | 0.16 |
| | | | | | | | | | 斜陡偏阴坡薄土层立地类型 | 17 | 2.72 |
| | | | | | | | | | 急险偏阴坡薄土层立地类型 | 28 | 4.49 |
| | | | | | | 偏阴坡中土层立地类型组 | 124 | 19.87 | 平缓偏阴坡中土层立地类型 | 8 | 1.28 |
| | | | | | | | | | 斜陡偏阴坡中土层立地类型 | 65 | 10.42 |
| | | | | | | | | | 急险偏阴坡中土层立地类型 | 51 | 8.17 |
| 浙西南山地立地亚区 | 309 | 11.20 | 阳坡立地类型小区 | 75 | 24.27 | 阳坡薄土层立地类型组 | 16 | 5.18 | 平缓阳坡薄土层立地类型 | 1 | 0.32 |
| | | | | | | | | | 斜陡阳坡薄土层立地类型 | 4 | 1.29 |
| | | | | | | | | | 急险阳坡薄土层立地类型 | 11 | 3.56 |
| | | | | | | 阳坡中土层立地类型组 | 57 | 18.45 | 平缓阳坡中土层立地类型 | 5 | 1.62 |

续附录 6

| 立地亚区 | 样地/个 | 比例/% | 立地类型小区 | 样地/个 | 比例/% | 立地类型组 | 样地/个 | 比例/% | 立地类型 | 样地/个 | 比例/% |
|---|---|---|---|---|---|---|---|---|---|---|---|
| 浙西南山地立地亚区 | 309 | 11.20 | 阳坡立地类型小区 | 75 | 24.27 | 阳坡中土层立地类型组 | 57 | 18.45 | 斜陡阳坡中土层立地类型 | 31 | 10.03 |
| | | | | | | | | | 急险阳坡中土层立地类型 | 21 | 6.80 |
| | | | | | | 阳坡厚土层立地类型组 | 2 | 0.65 | 平缓阳坡厚土层立地类型 | 1 | 0.32 |
| | | | | | | | | | 急险阳坡厚土层立地类型 | 1 | 0.32 |
| | | | 阴坡立地类型小区 | 78 | 25.24 | 阴坡薄土层立地类型组 | 6 | 1.94 | 急险阴坡薄土层立地类型 | 6 | 1.94 |
| | | | | | | 阴坡中土层立地类型组 | 72 | 23.30 | 平缓阴坡中土层立地类型 | 2 | 0.65 |
| | | | | | | | | | 斜陡阴坡中土层立地类型 | 35 | 11.33 |
| | | | | | | | | | 急险阴坡中土层立地类型 | 35 | 11.33 |
| | | | 偏阳坡立地类型小区 | 82 | 26.54 | 偏阳坡薄土层立地类型组 | 19 | 6.15 | 斜陡偏阳坡薄土层立地类型 | 3 | 0.97 |
| | | | | | | | | | 急险偏阳坡薄土层立地类型 | 16 | 5.18 |
| | | | | | | 偏阳坡中土层立地类型组 | 62 | 20.06 | 平缓偏阳坡中土层立地类型 | 2 | 0.65 |
| | | | | | | | | | 斜陡偏阳坡中土层立地类型 | 26 | 8.41 |
| | | | | | | | | | 急险偏阳坡中土层立地类型 | 34 | 11.00 |
| | | | | | | 偏阳坡厚土层立地类型组 | 1 | 0.32 | 斜陡偏阳坡厚土层立地类型 | 1 | 0.32 |
| | | | 偏阴坡立地类型小区 | 74 | 23.95 | 偏阴坡薄土层立地类型组 | 9 | 2.91 | 斜陡偏阴坡薄土层立地类型 | 2 | 0.65 |
| | | | | | | | | | 急险偏阴坡薄土层立地类型 | 7 | 2.27 |
| | | | | | | 偏阴坡中土层立地类型组 | 65 | 21.04 | 平缓偏阴坡中土层立地类型 | 4 | 1.29 |
| | | | | | | | | | 斜陡偏阴坡中土层立地类型 | 40 | 12.94 |
| | | | | | | | | | 急险偏阴坡中土层立地类型 | 21 | 6.80 |